图 2-6　自然界气味关系图

图 3-1　麝鹿

图 3-2　麝香

图 3-3　大灵猫

图 3-4　海狸

图 3-5　抹香鲸

图 3-6　麝鼠

图 3-8　冷吸法提香

(a) 采集鲜花

(b) 将鲜花放置于涂满脂肪基的玻璃板上

(c) 刮下饱和的脂肪基

(d) 香脂成品

图 3-11　　小花茉莉

图 3-12　　玫瑰

　　墨红月季

图 3-14　桂花

图 3-15　树兰

图 3-16　岩蔷薇

图 3-17　鸢尾

图 3-18　玉兰花

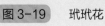　玳玳花

图 3-20　依兰（左）、卡南伽（右）

图 3-21　薰衣草（左）、穗薰衣草（右）

图 3-22　丁香（左）、丁香罗勒（右）

图 3-23　甜橙

图 3-24　柠檬

图 3-25　香柠檬

图 3-26　檀香

图 6-2　香调分类

XIANGLIAO XIANGJING
YINGYONG JISHU JICHU

香料香精
应用技术基础

向杰 程锴 主编

化学工业出版社
·北京·

内 容 简 介

《香料香精应用技术基础》系统介绍了香料香精应用发展史、香料香精工业的发展现状及趋势、香味化学基础理论、天然香料与合成香料的生产方法、多种天然香料与合成香料的香气性质和安全性、香料香精基本术语、香精配方的原理和香精制备方法、香料香精的检验技术、香料香精在各种工业制品（化妆品、食品、烟酒、饲料、塑料、纸制品、涂料、纺织品等）中的应用、新技术在香料香精应用开发领域（香料合成、香精加工、仪器分析、香料香精评价等）中的应用等。

书后附有香料管理机构信息、IFRA实践法规对香料的限用要求（部分）、常用合成香料名称中英文对照表等资料，以供读者参考。

本书可作为大中专院校相关专业对应课程的教材，亦可作为从事香料香精及相关产品的应用研究开发人员和生产技术人员的参考书。

图书在版编目（CIP）数据

香料香精应用技术基础/向杰，程锴主编.—北京：
化学工业出版社，2021.8　（2024.2重印）
ISBN 978-7-122-39181-0

Ⅰ.①香⋯　Ⅱ.①向⋯ ②程⋯　Ⅲ.①香料②香精
Ⅳ.①TQ65

中国版本图书馆CIP数据核字（2021）第100042号

责任编辑：王海燕　旷英姿　　　　　　文字编辑：崔婷婷　陈小滔
责任校对：王鹏飞　　　　　　　　　　装帧设计：王晓宇

出版发行：化学工业出版社（北京市东城区青年湖南街13号　邮政编码100011）
印　　装：三河市延风印装有限公司
710mm×1000mm　1/16　印张20　彩插4　字数377千字　2024年2月北京第1版第4次印刷

购书咨询：010-64518888　　　　　　　售后服务：010-64518899
网　　址：http://www.cip.com.cn
凡购买本书，如有缺损质量问题，本社销售中心负责调换。

定　　价：59.00元　　　　　　　　　　　　　　　版权所有　违者必究

前言

香料香精是现代社会人类高质量生活和工业生产中不可或缺的重要原料，现已广泛应用于化妆品、食品、烟酒、饲料、塑料、纸制品、涂料、纺织品等领域。随着科学技术的进步，人们物质和文化生活水平的提高，对香料香精的需求量越来越大，改进加香产品的性能、提高加香产品的质量是该行业持续关注的热点。

为适应当前香料香精工业的发展以及大中专院校相关专业培养人才的需要，编者收集了近年来国内外发表的科技文献资料，并结合编者多年的教学、实践经验编写此书。借此希望，本书在各大中专院校相关专业的教学实践中，对学生专业知识体系的建立、应用型技能的形成及其将来就业方向的选择能发挥一定的作用。

本书共分为十一章，具体内容如下：第一章绪论，对香料香精的分类、香料香精应用发展史、香料香精工业的现状及发展趋势作综述性介绍；第二章香味化学，对嗅觉与味觉的生理学基础知识、香料分子结构与香气之间的关系、香味的分类作综述性介绍；第三章天然香料化学，介绍天然香料的类别及特征、天然香料的加工及应用、常用天然香料的特性等内容；第四章合成香料化学，介绍合成香料的类别及特征、合成香料的生产工艺、常用合成香料的特性及应用等内容；第五章香精调配技术，介绍调香基础知识、香精基本组成、香精配方原理和制备方法、香精的技术要求及质量检验等内容；第六章香水，对香水发展史作综述性介绍，介绍香水及其香精分类、香水生产及香水香精的配方设计等内容；第七章加香技术在化妆品、日化品中的应用，介绍化妆品相关香料香精应用法规和标准、化妆品用香料香精类别及应用要求、代表性化妆品与日化品的加香技术等内容；第八章加香技术在食品中的应用，介绍食品加香相关法规及标准、食品用香料香精类别及应用要求、代表性食品的加香技术等内容；第九章加香技术在烟酒中的应用，介绍加香技术在烟草制品与酒类中的应用等内容；第十章加香技术在其他工业产品中的应用，介绍加香技术在饲料、塑料制品、纸制品、涂料、纺织品及其他工业制品中的应用等内容；第十一章新技术在香料香精工业中的应用，对香料合成、香精加工、仪器分析、香料香精评价技术等方面的新技术应用作综述性介绍，其中重点介绍了香料香精微胶囊技术的应用。

本书由广东轻工职业技术学院向杰和程锴共同主编。编写人员有广东轻工职业技术学院向杰（第一章、第四章、第十一章）、程锴（第一章、第六章）、梁晨（第三章）、廖文通（第八章）、陈素怡（第九章），惠州学院刁贵强（第二章），广东工业大学叶飞（第五章）、孙明（第七章），嘉应学院蓝邦（第十章）。本书在编写过程中，广州馨博格香精香料有限公司冯学泉等行业专家和化学工业出版社的编辑对编者给予了大力支持和帮助，特在此一并表示感谢！

本书集理论与实践于一体，可供全日制大中专院校相关专业作为教材用书，也可供相关从业人员参考。鉴于编者水平有限，书中难免存在不妥之处，恳请广大读者批评指正！

编　者

2021 年 5 月

目录

第一章　绪论 ……………………………………………………… 001

第一节　香料香精分类 …………………………………………… 001
一、香料 ………………………………………………………… 001
二、香精 ………………………………………………………… 003
第二节　香料香精应用发展史 …………………………………… 007
一、中国香文化发展史 ………………………………………… 007
二、古代、近代国外香料应用发展史 ………………………… 012
第三节　香料香精工业的现状和发展趋势 ……………………… 013
一、香料香精工业现状 ………………………………………… 013
二、香料香精在现代工业、生活中的应用 …………………… 016
三、香料香精工业发展趋势 …………………………………… 017

第二章　香味化学 ………………………………………………… 020

第一节　嗅觉与味觉 ……………………………………………… 020
一、嗅觉生理学 ………………………………………………… 020
二、味觉生理学 ………………………………………………… 024
三、香味与嗅觉阈值 …………………………………………… 028
第二节　香料分子结构与香气的关系 …………………………… 029
一、碳原子个数对香气的影响 ………………………………… 029
二、不饱和性对香气的影响 …………………………………… 031
三、官能团对香气的影响 ……………………………………… 031
四、取代基对香气的影响 ……………………………………… 032
五、立体异构体对香气的影响 ………………………………… 032

第三节　香气的分类 ··· 033
　一、香气 ··· 033
　二、国际惯用的香气分类 ·· 034
　三、国内调香工作者的香气分类 ·· 043

第三章　天然香料化学 ·· 062

第一节　天然香料概述 ·· 062
　一、天然动物性香料 ·· 062
　二、天然植物性香料 ·· 067
第二节　天然植物性香料加工 ·· 070
　一、天然植物性香料的预处理 ·· 071
　二、天然植物性香料产品 ·· 073
　三、天然植物性香料常用加工方法 ·· 074
第三节　天然植物性香料应用分类 ·· 082
第四节　代表性天然植物性香料 ·· 085

第四章　合成香料化学 ·· 097

第一节　合成香料 ··· 097
　一、合成香料分类 ·· 098
　二、各类合成香料基本特征 ·· 098
第二节　香料合成生产工艺 ·· 102
　一、天然植物精油生产合成香料 ·· 102
　二、煤炭化工产品生产合成香料 ·· 104
　三、石油化工产品生产合成香料 ·· 105
第三节　常用合成香料及其应用 ·· 108
　一、青滋香 ·· 108
　二、草香（包括芳草香和药草香） ·· 119
　三、木香 ··· 120
　四、蜜甜香 ·· 123
　五、脂蜡香 ·· 127
　六、膏香 ··· 128
　七、琥珀香 ·· 129
　八、动物香 ·· 130

　　九、辛香 ……………………………………………………… 133

　　十、豆香 ……………………………………………………… 134

　　十一、果香 …………………………………………………… 135

　　十二、酒香 …………………………………………………… 138

第五章　香精调配技术 …………………………………………… 139

第一节　调香基础知识 ………………………………………… 139

　　一、调香概述 ………………………………………………… 139

　　二、辨香与评香的要求和影响因素 ………………………… 141

　　三、辨香与评香的准备 ……………………………………… 142

　　四、现代评香组织及感官分析 ……………………………… 145

　　五、相关名词和术语简介 …………………………………… 149

第二节　香精基本组成 ………………………………………… 152

　　一、按照香料在香精中的作用分类 ………………………… 152

　　二、按照香料在香精中的挥发度分类 ……………………… 154

第三节　香精处方调配步骤 …………………………………… 156

　　一、确定香型组成（明体例） ……………………………… 157

　　二、选定组分种类及质量（定品质） ……………………… 158

　　三、拟定配方及试验（拟配方） …………………………… 159

第四节　香精的技术要求 ……………………………………… 162

　　一、持久性 …………………………………………………… 162

　　二、稳定性 …………………………………………………… 165

　　三、安全性 …………………………………………………… 167

第五节　香精的质量检验 ……………………………………… 167

　　一、检验试样的制备 ………………………………………… 168

　　二、香气、香味和色泽检验 ………………………………… 169

　　三、理化常数的测定 ………………………………………… 170

　　四、毒理学检验 ……………………………………………… 170

第六章　香水 ……………………………………………………… 173

第一节　香水的发展历史 ……………………………………… 173

　　一、古代香水应用历史 ……………………………………… 173

　　二、近现代香水应用历史 …………………………………… 175

第二节　香水及香水香精的分类 …………………………………………… 179
　　一、按照香气特征分类 ……………………………………………… 179
　　二、按照浓度分类 …………………………………………………… 180
　　三、按照香调类型分类 ……………………………………………… 181
第三节　香水的生产 ………………………………………………………… 186
　　一、香水生产技术 …………………………………………………… 187
　　二、香水香精配方设计 ……………………………………………… 192

第七章　加香技术在化妆品、日化品中的应用 …………………… 198

第一节　化妆品原料（含香料、香精)法规及标准 ……………………… 198
第二节　化妆品及日化品用香料、香精 ………………………………… 200
　　一、化妆品用香料、香精的定义和分类 …………………………… 200
　　二、化妆品用香精的应用要求 ……………………………………… 203
第三节　化妆品与日化品加香技术 ……………………………………… 203
　　一、膏霜类化妆品用香精与加香 …………………………………… 203
　　二、香粉类化妆品用香精与加香 …………………………………… 205
　　三、唇膏类化妆品用香精与加香 …………………………………… 208
　　四、皂用香精与加香 ………………………………………………… 209
　　五、洗衣粉用香精与加香 …………………………………………… 211
　　六、液体洗涤剂用香精与加香 ……………………………………… 212
　　七、发用梳妆品用香精与加香 ……………………………………… 214

第八章　加香技术在食品中的应用 ………………………………… 217

第一节　食品加香相关法规及标准 ……………………………………… 217
　　一、国外食品加香相关法规和标准 ………………………………… 217
　　二、我国食品加香相关法规和标准 ………………………………… 219
第二节　食品用香料、香精 ……………………………………………… 220
　　一、食品用香料、香精的定义和分类 ……………………………… 220
　　二、食品用香料、香精的使用原则和注意事项 …………………… 223
　　三、香料、香精在饮料中的应用 …………………………………… 224
　　四、香料、香精在糖果中的应用 …………………………………… 227
　　五、香料、香精在肉制品中的应用 ………………………………… 231

第九章　加香技术在烟酒中的应用 ································· 234

第一节　加香技术在烟草制品中的应用 ·················· 234
一、烟草的品种和类型 ································· 234
二、烟草制品的种类 ································· 235
三、烟草制品的加香 ································· 236
四、烟草加香评价及规范 ························· 240
第二节　加香技术在酒类中的应用 ·················· 242
一、酒的种类 ································· 242
二、酒的加香类型 ································· 243
三、酒的加香法规及标准 ························· 248

第十章　加香技术在其他工业产品中的应用 ················· 250

第一节　加香技术在饲料中的应用 ·················· 250
一、饲料香精的作用机理 ························· 250
二、饲料香精的种类及添加方法 ················· 251
三、饲料香精的功能 ································· 253
第二节　加香技术在塑料制品中的应用 ·················· 257
一、基质情况 ································· 257
二、对香精的要求 ································· 257
三、加香工艺 ································· 258
四、香型及配方举例 ································· 258
第三节　加香技术在纸制品中的应用 ·················· 259
一、基质情况 ································· 259
二、对香精的要求 ································· 259
三、加香工艺 ································· 260
四、香型及配方举例 ································· 260
第四节　加香技术在涂料中的应用 ·················· 261
一、基质情况 ································· 261
二、对香精的要求 ································· 262
三、加香工艺 ································· 262
四、香型及配方举例 ································· 262
第五节　新型加香技术在纺织品中的应用 ················· 263

一、香味印花 ··· 264

二、织物卫生除臭整理 ······································ 265

三、加香合成纤维 ··· 266

第六节 新型加香技术在其他领域中的应用 ············· 267

第十一章 新技术在香料香精工业中的应用 ················· 269

第一节 分子蒸馏技术 ·· 269

一、分子蒸馏工艺 ··· 269

二、分子蒸馏工艺特点 ······································ 270

第二节 超临界流体萃取技术 ······························· 271

一、超临界流体萃取工艺 ··································· 272

二、超临界流体萃取工艺应用 ······························ 273

第三节 香精微胶囊技术 ···································· 273

一、微胶囊香精 ··· 274

二、香料香精微胶囊化的方法 ······························ 279

三、微胶囊化香料香精技术的应用 ························· 288

四、香料香精微胶囊技术发展趋势 ························· 290

第四节 其他香料香精工业新技术应用 ···················· 291

一、微波辐射诱导萃取技术 ·································· 291

二、多元溶媒转移萃取技术 ·································· 292

第五节 新技术在香料香精仪器分析中的应用 ············ 292

一、气相色谱/质谱联用技术 ································ 292

二、气相色谱/嗅觉检测器 (GC/O) 法 ···················· 294

三、电子感官分析 ··· 295

附录 ··· 297

附录一 香料管理机构、法规及其缩略语 ················· 297

附录二 QRA 对产品的 11 种分类 ·························· 298

附录三 IFRA 实践法规对所限用物质的标准 ·············· 299

附录四 常用合成香料名称中英文对照表 ················· 304

参考文献 ··· 308

第一章
绪论

香料和香精都是具有挥发性的呈香物质（广义上的呈香物质泛指能被人的嗅觉和味觉感知到一定香气、香味的化学物质），其用途广泛，与人们的日常生活有着密切的关系。香料香精作为食品、烟酒、日用化学品（如化妆品、卫生洗涤用品）、工业制品（如橡胶、塑料）、饲料等的添加剂，对提升和改善产品质量有着十分重要的作用，与加香产品的安全卫生问题也密切相关。随着人们物质文化生活水平的逐步提高，香料、香精的需求量不断增长，对它们的质量要求也随其用途扩大而愈加严格。

第一节　香料香精分类

一、香料

从广义来说，香料是指香料（香原料）与香精的统称，通常说的香料工业就是指生产香料与香精的工业。从狭义来说，香料只是指香原料而不包括香精。平时说的合成香料、天然香料中的香料两字就是狭义的概念。为了避免词义混淆，下文提到的"香料"两字都是采用它的狭义的内容。

香料（perfume）是一种能被嗅觉感受器嗅出香气或尝出香味的物质，它可能是一种"单一体"，也可能是一种"混合体"；可以存在于生物（动植物）体内，也可以由化学法或生物法制取。一种香料在具有一定质量规格的情况下，它应具有自己特有的香气或者香味。

通常，根据呈香物质的来源，香料分为天然香料和合成香料两大类（表1-1）。

表 1-1　香料分类简表

分类			用途
香料	天然香料	植物性香料	调配香精，一般不可直接使用
		动物性香料	
	合成香料（含单离香料）		调配香精，可直接使用

1. 天然香料

天然香料，是从含香的动、植物的器官（如香囊、香腺、花、叶、枝、干、根、茎、皮、果、籽等）或分泌物中经过加工提取出来的致香成分，如精油、浸膏、香树脂、净油、酊剂等物质。配制日用品香精和食用香精使用的天然香料主要有 5 类：动物性香料、植物性香料、美拉德反应产物、微生物发酵产物和自然反应产物。

天然动物性香料是以动物的分泌物等为原料，通过科学手段提取或收集的致香物质。该类香料很少，主要有麝香、灵猫香、海狸香、龙涎香和麝鼠香，产量极少且价格极高。另外，配制食用和饲料用香精使用的动物香料还有：水解鱼浸膏、鱿鱼浸膏、牛肉膏、鱼露、虾油、虾萃取物、蟹萃取物、猪肉萃取物、羊肉酶解物、鸡肉萃取物等。

天然植物性香料是从芳香植物的组织中用水蒸气蒸馏法、浸提法等方法提取出来的有机混合物，大多数呈油状或膏状，少数呈树脂状或半固态。该类香料品种繁多，如玫瑰净油/浸膏、茉莉净油/浸膏、桂花净油/浸膏、鸢尾净油/浸膏、薰衣草油、依兰油、丁香油、甜橙油、除萜甜橙油、香柠檬油、茶树油、檀香油、广藿香油、安息香膏、香荚兰酊剂等。

美拉德反应（Maillard reaction）是一种常见的非酶褐变现象，该技术在肉类香精及烟草香精中有非常好的应用，所形成的香精具有天然肉类和其他天然物质香味的逼真效果。该技术在香精生产中的应用，国外研究较多，国内研究目前尚少。笔者认为，该技术在香精领域的应用打破了传统的香精调配和生产工艺范畴，是一种全新的香精生产应用技术，前景广阔，值得大力研究和推广。

微生物发酵技术和自然反应技术在国内外香料香精应用方面仍处于摸索阶段，尚未形成体系化生产技术手段。

天然香料成分组成十分复杂，是一种天然的混合物。这些混合物所含的组分，如按化学结构的特点或官能团来区分，则有烃、醇、酸、酯、内酯、醚、醛、酮、缩醛、缩酮、酚、大环、多环、杂环（含氮、氧、硫元素）、卤代物、腈类等化合物。每一种组分又有其各自的香气特征和挥发、扩散的特点，因此由其组成的某类天然香料就具有一定的香味特征和物理化学性质。

同一种天然香料，因产地、动植物品种及加工方法的不同，在其品质和用途上就要加以区分，在调香处方时要加以注明，如：茉莉浸膏有"小花"与"大花"之分，柑橘类油有蒸馏、冷磨、冷榨或除萜之分等。

目前，应用技术成熟的天然香料品种已超过600种。

另外，一般把从天然精油中分离出来的某些香成分称为"单离香料"（如从香茅油中分离出来的香叶醇、香茅醛，从山苍子油中分离出来的柠檬醛等），可以把这类香料品种单独列为一类，或者将其列入合成香料。

2. 合成香料

合成香料则是通过化学合成的方法制取的芳香物质，一部分是用石油、煤焦油、天然气、松节油、苎烯、甜橙油、杂醇油、各种油脂等与酸、碱等化学物质通过各种化学反应生产，一部分是用比较廉价的天然香料通过精馏、结晶、吸收解吸等物理化学过程提取出来（即单体香料）。天然香料中，绝大多数成分可通过有机合成的方法合成出来。合成香料虽然仅有100多年发展史，但发展速度非常快且品种繁多，现已成为精细有机化工的重要组成部分。全世界各大香料公司不遗余力地开发了数量巨大的新型香料，经过严格的安全测试及巾场检验，优胜劣汰而得到的合成香料品种目前约有1200种。

3. 香料的技术应用要求

作为一种香料，无论是天然香料还是合成香料，都应满足以下几个重要要求。

（1）有一定的香气和香味特征，这些香气和香味是能通过人们的嗅觉或味觉器官感觉到的。

（2）达到产品（如化妆品、食品、烟酒等）应用规定的卫生标准，主要表现在两个方面：

① 它本身应对人体是安全的；

② 不应含有对人体有害的杂质或污染物。

（3）要有一定范围的理化指标。

（4）对加香介质要有相应的适应性和稳定性。

目前，不论是天然香料还是合成香料的使用需求，在世界范围内都是每年递增的。出于盈利角度考虑，大部分加香产品的生产中会优先选用合成香料，但近年来为迎合消费者"回归大自然"的消费时尚，天然香料的使用量在配方中的权重逐年提升。

二、香精

一般来说，香精（perfume compound）是一种以天然香料和合成香料为原料，通过分析技术、生物工程技术、新型分离和深加工技术等手段辅助，将天然香料或人造香料按照适当比例调配出来的含有两种以上乃至几十种香料（一般含有适宜的溶剂或载体）的芳香类混合物，具有一定香型。这个调配过程称为调香。事实上，在产品加香过程中使用的大多是香精。香精具有品种多、用量少、作用大和技术及设备专用性、配套性强等特点，是现代香精香料工业"高、精、新"技术的集中体现。

作为直接加入加香产品中的香精需要加入一定比例的溶剂，如甘油、含水乙醇、丙二醇、邻苯二甲酸乙二酯等。

另外，有些香精不是直接加到加香产品中的，而是作为在调配直接加香用的香精时的香料组分之一使用的。譬如说，配制某些专用的香基、配制精油和配制浸膏等。香精的剂型一般可以划分为液态（包括浆状、乳状）、固态（包括粉状、块状）等类型。香精如按它的溶解性能可以划分为水溶性（包括醇溶性）和油溶性两类。

1. 常见香精分类方式

（1）根据产品应用领域的不同，通常将香精划分为食用香精、日化香精和其他香精等（表1-2）。

表1-2　香精分类简表

产品分类	主要应用领域
食用香精	乳品、饮料、糖果、烘焙食品、冰品、休闲食品、速冻食品、肉制品等
日化香精	口腔护理等卫生制品、皂用品、化妆品、洗涤清洁用品、烟酒等
其他香精	塑料、橡胶、纺织品、纸张、皮革等

① 食用香精。食用香精是香精的一个重要分支，对食品的香气和口味起着举足轻重的作用。食用香精能对食品起到赋香、固香、调解口味、中和口感等作用，矫正食品中的不良气味，补充食品中原有香气的不足，稳定和辅助食品中的固有香气，在食品工业中的应用十分广泛。通过添加不同风味组分的香精可调配出符合市场消费需求的各类新型食品。

例如：在糖果（如硬糖、充气糖果、焦香糖果、果汁糖、凝胶糖果、口香糖、泡泡糖及粉糖等）的生产中，食用香精是其不可缺少的重要添加成分；在肉制品、膨化食品、饼干和方便面等方便食品的生产中，适当添加食用香精可以弥补香气不足的缺陷，让消费者享受到"色、香、味"俱全的美味食品；在含乳制品（如冰淇淋、雪糕和乳酸饮料）的生产中，添加适量食用香精，能使其保持新鲜怡人的口感。

根据国际食品香料香精工业组织（International Organization of the Flavor Industry，IOFI）的定义，食用香精中除了含有对食品香味有贡献的物质外，还含有对食品香味没有贡献的物质，如溶剂、抗氧化剂、防腐剂、载体等。

② 日化香精。供日化品使用的香精，起到遮盖不良气息、赋予美好香气的作用。主要应用于香水、古龙水、花露水、美容化妆品、护肤化妆品、香皂、浴用

剂、洗涤剂、毛发化妆品、芳香疗效剂、室内芳香剂、祛臭剂、杀虫剂等。

日化香精作为一种混合物，其整体香气能容易地被分辨出主题。其香气按性质可归纳为：清凉香、叶香、柑橘香、果香、花香、辛香、草香、树脂香、膏香、木香、壤香、苔香、动物香、皮革香、醛香（脂蜡香）等。

③ 其他香精。供其他工农业品使用的香精，可进一步划分为塑料用、橡胶用、纺织品用、皮革用、纸张用、油墨用、涂料用、工艺品用、饲料用等。

（2）根据香精的香型（香料、香精或加香制品的整体香气类型或格调）和使用需要，一般将香精分为如下几种。

① 花香型香精：大多数是模仿天然花香调制而成的。常见的有玫瑰、茉莉、桂花、百合、铃兰、白兰、紫罗兰、橙花等。

② 果香型香精：大多数是模仿果实的气味调制而成的。常见的有柑橘类如橘子、柠檬、佛手柑等和一般水果类如苹果、草莓、樱桃、甜瓜等。

③ 非花香型香精：大多数是模仿天然实物调制而成的。比如木香、蜜甜香、脂蜡香、膏香、动物香、酒香等。

④ 幻想型香精：是在模仿型香精基础上由经验丰富的调香师创造的具备美妙幻想的香精类型。常见的有古龙、素心兰、毒药、海风、夜巴黎、吉卜赛等，主要用于化妆品。

（3）根据香精的形态分类，可以将香精分为液体香精、膏状香精和粉末香精三类。其中，液体香精又可以细分为水溶性香精、油溶性香精和乳化香精三类。

① 水溶性香精：即水质香精，是将各种天然或合成香料调配成的香精溶解于40%～60%的水溶性溶剂（一般为乙醇，也可为内醇、内二醇、甘油或其他）中，必要时再加入果汁等制成。

此类香精广泛用于果酱、果汁、果冻、果子露、汽水、冰淇淋、烟草和酒类中。在化妆品（如香水、花露水等）中也必不可少。其优点是在水中有较好的透明度，且具有轻快的头香；缺点是耐热性较差。

② 油溶性香精：即油质香精，是将天然香料和合成香料溶解在油性溶剂中或者直接用天然香料和合成香料调配而成的。常用的油性溶剂分为两类：一类是植物油脂，如花生油、菜籽油、芝麻油、橄榄油和茶油等；另一类是有机溶剂，常用的有苯甲醇、三乙酸甘油酯等。有些油溶性香精可不外加油性溶剂，由香料本身的互溶性配制而成。

以植物油脂作溶剂调配而成的油溶性香精具有香味浓度高、耐热性好、留香时间比较长的优点，但在水相中不易分散，主要用于饼干、点心、糖果、巧克力、口香糖等热加工食品中。

以有机溶剂作溶剂或与香料互溶而配制成的油溶性香精，通常用于膏霜、唇膏、发油、发脂等化妆品中。

③ 乳化香精：在油溶性香精中加入适当的乳化剂、稳定剂，使其在水中分散为微粒而制成。在此类香精中，只有少量的香料、乳化剂和稳定剂，大部分是蒸馏水。由于乳化效果不同，乳化后产品的形态也不同（表1-3）。

表 1-3　乳化后产品形态

乳化液滴直径/m	外　观	稳定性
$>10^{-6}$	乳白色乳状液	小
$>10^{-7} \sim 10^{-6}$	亮白色乳状液	↓
$5 \times 10^{-8} \sim 10^{-7}$	灰色半透明液	
$<5 \times 10^{-8}$	淡蓝色透明液	大

乳化香精中常用的乳化剂有大豆磷脂、聚氧乙烯木糖醇酐单硬脂酸酯、单硬脂酸甘油酯、山梨糖醇酐脂肪酸酯等。另外，阿拉伯胶（金合欢胶）、琼脂、果胶、明胶、羧甲基纤维素钠（CMC-Na）、淀粉、海藻酸钠（SA）等在乳化香精中能起到稳定剂和增稠剂的作用。

在很多饮料如清凉饮料中，不但要求有可口的味道和宜人的香味，而且还需要具有一定的浑浊度，使饮料具有天然的真实感，所以需要使用乳化香精来进行乳化加工。乳化香精主要应用于软饮料、冷饮和果糖等食品中，此外也常用于发乳、发膏、粉蜜等化妆品中。其特征是香气温和、有保香效果，但稳定性较差，应防止其腐败变质。

④ 膏状香精：在反应型香精中较多，尤其是肉味香精。主要应用于：各种方便食品的调味包、熟肉制品、复合调味品（如鸡精等）、速冻调理食品、膨化休闲食品、菜肴、火锅、汤面以及酱卤制品等。近年来，咸味香精发展迅猛，膏状香精的种类也越来越多。其特征是香气浓郁、圆润、醇厚，同时兼有味觉的特征，但头香不足。

⑤ 粉末香精：有两种制备方法，一种是将香基混合后附着在乳糖之类的载体上制成；另一种是先将香基制成乳化香精后，再经过喷雾干燥使其粉末化。两种产品均便于使用，稳定性强，但易吸湿结块。经过喷雾干燥制成的产品，由于香精被赋形剂包裹，故其香精的稳定性和持久性较好。粉末香精广泛用于糕点、固体饮料、固体汤料、快餐食品、休闲食品、香粉、香袋中。

2. 香精的技术应用

作为一种香精，应具有以下的主要条件：

（1）有一定的香型、香气或香味特征。

（2）有一定的香料（包括载体、辅料、溶剂或其他添加剂）配合比例及配制工艺。

（3）对人体是安全的。

（4）适合一定的加香应用要求（包括适合加香工艺条件、价格要求等）。

（5）要与加香介质的性能和效用相适应，并能保持一定的稳定性和持久性。

（6）要符合规定的剂型。

调配香精的大致步骤：首先，明确调香的目标，也就是在调配香精前要先明确要调配香精的香型和香韵。其次，根据所确定的香型，选择适宜的主香剂作为调配香精的香基。再次，选择适宜的和香剂、修饰剂和定香剂等再做进一步的调配和修饰。最后，加入富有魅力的顶香剂，完成香精的初步调配。完成香精的初步调配后，还要经过小样评估和大样评估，考查通过后，香精配方的拟定才算完成。

影响香精稳定性的因素有：

（1）氧化反应　香精中的醇、醛等含有不饱和键的分子与空气之间发生氧化反应而影响香精的稳定性；

（2）缩合反应　香精中的某些香料分子之间发生酯交换、酯化、酚醛缩合、醇醛缩合等反应而影响香精的稳定性；

（3）物化反应　香精中的某些醛、酮、含氮化合物等遇光照后发生物理化学反应而影响香精的稳定性；

（4）水解反应　香精中的某些成分之间受酸碱度的影响发生水解反应而影响香精的稳定性；

（5）其他反应　香精中的某些成分与加香制品或包装容器材料之间发生反应而影响香精的稳定性。

使用香精的注意事项：

（1）使用香精时要注意用量，要视实际情况而定，一般添加量为 0.1%～0.2%；

（2）使用香精时要注意是否能够溶解，香型和颜色是否适合；

（3）使用香精时要注意温度适宜，产品加香时，不得超过规定的温度范围，尽量在产品温度最低时加入，日化产品一般在 40～45℃进行调香，油溶性香精加热不得超过 120℃；

（4）使用香精时要注意酸碱度适宜，酸碱度太高会改变香精的香味，香精最好不要与酸碱度太高的溶液混合使用。

第二节　香料香精应用发展史

一、中国香文化发展史

香料的历史悠久，可以追溯到 5000 年前。黄帝神农氏时代，就有采集树皮、草根作为医药用品来驱疫避秽。当时人类对植物挥发出来的香气已经非常重视，又加以自然界花卉的芳香，使人对它产生了美感。因此在上古时代就把这些有香物质作为敬神拜福、清净身心之用，同时也用于祭祀和丧葬方面，后逐渐用于饮食、装饰和美容上。

根据考古发现，我国在夏、商、周三代前就开始了对香料的使用。

从现有的史料可知，公元前770~公元前221年的春秋战国时期，中国对香料植物已经有了广泛的利用。由于地域所限，中土（中原地区）气候温凉，不太适宜香料植物的生长，所用香木香草的种类尚不如后世繁多。兰花曾普遍受到各阶层、各行业人民的喜爱，当时多用泽兰（非春兰）、蕙草（罗勒）、椒（椒树）、桂（桂树）、萧（艾蒿）、郁（郁金香）、芷（白芷）、茅（香茅）等。那时香木香草的使用方法已非常丰富，已有熏烧（如罗勒、艾蒿），佩带（香囊、香花香草），煮汤（泽兰），熬膏（兰膏），入酒等方法。《诗经》《尚书》《礼记》《周礼》《左传》《山海经》等典籍都有很多相关记述。楚国著名诗人屈原所著的《九歌·东皇太一》中有"蕙肴蒸兮兰藉，奠桂酒兮椒浆"的描述。据考证，蕙即蕙草，别名罗勒，是一种天然香料；兰即鸢尾，当时多指菖蒲，也是一种天然香料；桂酒是用肉桂皮浸泡的酒；椒浆是花椒汁。这两句楚辞的大意是祭祀用的肉以罗勒叶子包裹，放在菖蒲上以增香，并以肉桂酒和花椒汁祭奠，说明当时香料在饮食方面的使用已相当考究。

秦汉时，随着国家的统一、疆域的扩大，南方湿热地区出产的香料逐渐进入中土。后来随着"陆上丝绸之路"和"海上丝绸之路"的活跃，东南亚、南亚及欧洲的许多香料也传入了中土。沉香、苏合香、鸡舌香等在汉代已成为王公贵族的炉中佳品。

西汉初期，在汉武帝之前，熏香就已在贵族阶层流行开来。长沙马王堆汉墓就出土了陶制的熏炉和熏烧的香草。熏香在南方两广地区尤为盛行。汉代的熏炉（图1-1）

图1-1　中国汉、晋时期民间常见的焚香器具——博山炉

甚至还传入了东南亚，在印度尼西亚苏门答腊岛就曾发现刻有西汉"初元四年"字样的陶炉。伴随香炉的广泛使用，熏香风习更为普遍。向皇帝奏事的官员也要先熏香（烧香熏衣），奏事时还要口含"鸡舌香"（南洋出产的丁香树的花蕾，用于香口）。汉代还出现了能直接放在衣物中熏香的"熏笼"，以及能盖在被子里的"熏球"（由两个半球形的镂空的金属片扣在一起，中央悬挂一个杯形的容器，在容器内可以焚烧香品，即使把香球拿在手里摇摆晃动，容器内的香品也不会倾出来）。当时，熏香在上层社会更为普遍。同时，道教、佛教兴盛，两家都提倡用香，这也在一定程度上推动了香文化的发展。这一时期，人们对各种香料的作用和特点有了较深的研究，并广泛利用多种香料的配伍调和制造出特有的香气，出现了"香方"的概念。香方的种类丰富，当时出现了许多专用于治病的药香。

随着唐王朝成为一个空前富强的大帝国，其对外贸易及国内贸易空前繁荣，西域的大批香料通过横跨亚洲腹地的丝绸之路源源不断地运抵中土。虽然安史之乱后，北方的"陆上丝绸之路"被阻塞，但随着造船和航海技术的提高，唐中期以后，南方的"海上丝绸之路"开始兴盛起来，从而又有大量的香料经两广、福建进入北方。香料贸易的繁荣，促使唐朝出现许多专门经营香料的商家。社会的富庶和香料总量的增长，为我国香文化的全面发展创造了极为有利的条件。在唐代，大批文人、药师、医师及佛家、道家人士的参与，使人们对香的研究和利用进入了一个精细化、系统化的阶段。佛教在唐代的兴盛对香文化也是一个重要的推动。唐代以前，人们已经用龙脑、郁金香等调配后加入墨、金箔、蜜蜡中赋香；唐代后，更有使用茉莉、桂花等净油和浸膏的记载。随着人们对各种香料的产地、性能、炮制、作用、配伍等专门研究的不断深入，制作合香的配方层出不穷，逐渐形成了"古法调香"技法，传承至今，在一些地区的手工制香业（如福建地区制备小花茉莉浸膏、云南、西藏地区手工制作熏香用香条等）中仍在采用。

宋代之后，不仅佛家、道家提倡用香，而且香更成为普通百姓日常生活的一部分。在居室厅堂里有熏香，各式宴会庆典场合也要焚香助兴，而且还有专人负责焚香的事务；不仅有熏烧的香，还有各式各样精美的香囊香袋可以佩挂，制作点心、茶汤、墨锭等物品时也会调入香料；集市上有专门供香的店铺，人们不仅可以买香，还可以请人上门做香；富贵之家的妇人出行，常有丫鬟持香熏球陪伴左右；文人雅士不仅用香，还亲手制香，并呼朋唤友，鉴赏品评。这一时期，合香的配方种类不断增加，制作工艺更加精良，而且在香品造型上也更加丰富多彩。除了香饼、香丸、线香等，还已广泛使用"印香"（也称篆香，用模具把调配好的香粉压成回环往复的图案或文字，既便于用香，又增添了很多情趣）。此时，与"焚香"不同的"隔火熏香"的方法也较为流行：不直接点燃香品，而是先点燃一块木炭（或合制的炭团），把它大半埋入香灰中，再在炭上隔上一层传热的薄片

（如云母片），最后在薄片上面放上香品（单一的香料或调制的香丸），如此慢慢熏烤，既可消除烟气，又能使香味散发更加舒缓。宋朝进士洪刍曾写有《香谱》，其中详细记述了龙脑、麝香、白檀、苏合香、郁金香、丁香、兰香、迷迭香、芸香、甘松等81种香料的产地、性质和应用，其中也有与化妆品、食品有关的21种应用处方和简单加工方法，这是极其珍贵的有关中国古代香料的文献。当时的福建提举市舶司（海外贸易监督官）赵汝南编著的《诸蕃志》下卷中介绍有47种贸易商品的名称、产地、使用价值和采收方法的说明，其中香料就有23种之多，有乳香、芍药、苏合香、安息香、檀香、丁香、胡椒、肉豆蔻、白豆蔻、山苍子、芦荟、龙涎香、栀子花、蔷薇水、沉香等，比意大利航海家哥伦布开始大航海时代还要早约200年。

到明朝时，线香已广泛使用，并且形成了成熟的制作技术。在饮食、药用方面，对香料的研究和应用更是有了极大的进展。各类典籍都有很多关于香料的记载，周嘉胄所撰《香乘》尤为丰富，李时珍所著的《本草纲目》中作为医药使用的芳香植物就有60种之多。

清朝后期，香料的使用已普及百姓之家。19世纪初期出现了专业化妆品作坊，上海有妙香宝香粉局和戴春林香粉局，扬州有流传至今的谢馥春（图1-2）香粉局，杭州有孔凤春香粉局。当时的主要加香产品是百姓和宫廷用的香粉，香粉生产方法是在细微粒的石粉层上敷以茉莉鲜花，花上面再撒石粉层，如此交替叠合，让鲜花散发的微量香气成分能吸附到石粉上，有时在石粉层下用木炭稍微加温，强化吸附效果（窨熏法）。另一种常见加香产品是香发油，用鲜花和肉桂皮长时间在茶油中浸渍而得。这些产品一直沿用至20世纪初期。第一次世界大战后，欧洲的现代香精倾销我国，从此逐渐改变了我国化妆品加香的传统。

图1-2　扬州古老的化妆品品牌"谢馥春"

新中国成立前，我国出口的香料品种很少，主要的仅有四种，即麝香、大茴香、肉桂和薄荷脑，并且当时进口的基本上是香精。在国外化妆品、香皂及日用化学品等充斥市场的情况下，我国民族工商业也逐步发展起来与之抗衡，需用的香精也逐渐增多。最初是用进口香精配制香精，然后是用香精加部分香料来配制香精，最后才过渡到完全用香料来配制香精。新中国成立后，我国的香料香精工业逐步走上正轨，增添了天然与合成香料的品种，逐步扩大了产量，提高了质量，从此国内香精生产走向以国产香料为主而配以少数进口香料的方向。

当代中国香料香精工业发展史可概括如下。

（1）20世纪50年代，从零起步到初创 1950年以前，香料香精绝大部分依赖进口，国内只开设经营香料香精的洋行或小厂，仅调配中低档的皂用香精。在20世纪50年代中期，香料工业开始萌芽，在这个时期，香料的加工技术、品种发掘和探索有所进步，生产规模也逐步扩大。

（2）20世纪60年代，质量提升 到60年代，在轻工业部香料工业研究所即后来的上海香料研究所带动下，我国的香料工业逐步发展起来。

（3）20世纪60~80年代，合成香料产业布局 这一时期，国外的合成香料技术逐渐进入中国，国内香精企业开始生产合成香料，这个阶段的产品总体技术含量不高，工艺路线较为落后。其中一类是天然产品延伸出来的半合成香料，如松油醇、樟脑、龙脑、洋茉莉醛等；另一类是几个较为基础含苯环的香料，如香兰素、香豆素、檀香803、苯乙醇和水杨酸甲酯等。这个时候生产工厂主要是上海、天津、广州等地国营工厂以及江浙、四川和福建等产地的工厂。在70到80年代，天然香料的提取加工工艺和加工设备通过技术革新，取得了很大的进步，使得产品的质量和收率进一步地提升。

（4）20世纪90年代，十年飞跃 90年代是中国合成香料飞跃的时期，经过几十年的经验积累，同时通过技术模仿并加以工艺改进，一大批富有竞争力的香料新品种相继涌现。其中对整个行业有重大影响的有佳乐麝香、二氢月桂烯醇、内酯、柏木系列和麦芽酚系列，特别是应用最广的香料品种——芳樟醇系列产品。中国在短短的十年间，成功实现了β-蒎烯路线、α-蒎烯路线和乙炔丙酮路线的工业化，另外像叶醇、茴香脑、洋茉莉醛、香芹醛等品种不胜枚举。

（5）21世纪，走向世界 目前，中国合成香料产业已经达到一定规模，生产的种类较多、产量大、系列化，很多品种（如松节油衍生物、香兰素、香豆素、苯乙醇、洋茉莉醛等品种）产量已经居全球首位。品种极大丰富的同时，在过去的一二十年间，也涌现出一批有实力的生产厂家，为中国香料行业的发展奠定了基础。

二、古代、近代国外香料应用发展史

英语中香料一词是"perfume"，源自拉丁语"perfumum"，是通过烟雾的意思，这说明古代西方使用香料是从熏香开始的。古中国、古印度、古希腊、古巴比伦、阿拉伯等是最早使用香料的国家和地区。

古埃及人对使用香料很有研究。他们喜欢在沐浴时加些香油或香膏，认为这样既有益于肌肤又能使身心感到愉悦。当时使用的香油有百里香、甘牛至、芍药、乳香、甘松等，常以芝麻油、杏仁油、橄榄油为加香介质。古埃及法老死后用香料等裹尸防腐，制作成木乃伊，可以永久保存，现在著名的博物馆里多有陈列。在 1897 年，开掘公元前 3500 年埃及法老墓及贵族墓时，发现陪葬品中的油膏缸内的膏质仍有香气，似是树脂或香膏，该物品现可在美国和埃及的博物馆内看到。

公元前 1729 年在一些地区就有香料贸易，公元前 370 年古希腊著作中记载了至今仍在使用的香料植物，还提出了吸附、浸提等方法。植物学鼻祖齐亚弗拉斯托斯（Theopbrastus）在其著作中记载了很多香料方面的情况，谈及了混合香料、香料的持久性和调配香料的操作技巧。当时的用料是花、叶、枝、根、木、果或树胶的混合物，如玫瑰、铃兰、薄荷、百里香、藏红花、鸢尾、甘牛至、岩兰草、桂皮、没药等。

早期使用的香料都是未经加工的动植物发香部位。14 世纪，阿拉伯人经营香料业，开始采用蒸馏法从花中提油（提取玫瑰油和玫瑰水）。中世纪后，亚欧有贸易往来，我国香料随丝绸之路远销西方，东方的香料被传播到当时落后的欧洲，英、法等国才开始使用香料和化妆品。15 世纪麦哲伦和达·伽马等环球旅行者也在冒险途中探索香料。

1370 年，第一支使用乙醇作为溶剂的香水——匈牙利水出现了，开始是从迷迭香中蒸馏制得，其后才逐渐从薰衣草、甘牛至等植物中制得。那时的香料已在贵族奢侈的生活中出现。自 1420 年，在蒸馏中采用蛇形冷凝器后，精油提取工业迅速发展。随后在法国格拉斯等地开始花油和香水生产，自此格拉斯成为世界著名的天然香料（特别是香花）的生产基地，此后世界各地也逐步采用蒸馏法提取精油。实践中有人从柑橘树的花、果实及叶子中提取精油，这样就将香料从固体转变成液体，提取了植物中的精油，这是划时代的进展。此时的调香比以前采用纯粹的天然香料植物来制备前进了一大步，已有辛香、花香、果香、木香等精油和其他香料植物的精油、香膏等供调香者使用，香气或香韵也渐趋复杂。1670年，马里·谢尔都蒙制造了香粉，这种产品畅销了两个世纪之多。1710 年，著名的古龙香水问世，这是第一种极为成功的调香作品。

18 世纪起，由于有机化学的发展，开始了对天然香料的成分分析与产品结构的探索，逐渐用化学合成法来仿制天然香料。19世纪，合成香料在单离香料之后陆续问世，在动植物香料外，增加了以煤焦油等为起始香料的合成香料品种，由此进入了合成香料的新时期，这增加了调香用香料的来源，且降低了香料的价格，促进了香料的发展。

第三节　香料香精工业的现状和发展趋势

一、香料香精工业现状

随着天然香料和合成香料品种的日趋增多及调香技艺的提高，香料香精工业得到快速发展。时至今日，人们在产品加香中使用的大多是香精，直接使用香料的情况已非常少见。

目前，世界上的香料品种约8000种，年销售额150多亿美元。在中国，拥有分属62科的400多种香料植物，工业化生产的天然香料约120多种，约占全球工业化生产总数的60％。另外，中国生产的其他香料近800种，是世界上最大的天然香料香精生产国。

1. 我国香料香精工业发展现状

随着科技水平和人们生活水平的提高，国内外市场对香料香精的需求逐年增长，其中食用香料香精的市场需求更是呈现出快速增长的发展态势，这为我国香料香精制造行业的快速发展提供了广阔的市场空间。近年来国内香料香精制造行业呈现出良好的发展态势。截至2014年年底，全国共有规模（年销售额2000万元以上）以上香料香精生产企业356家。2011—2014年，国内香料香精销售收入总额分别约为469.72亿元、492.5亿元、538.1亿元与587.6亿元。

总体来看，我国香料香精工业发展迅速，取得了长足的进步，也涌现了一批自主创新龙头企业。具体来说，出口贸易额不断扩大；从完全依靠进口到部分产品大量出口；从小作坊式生产到工业化生产；从仿制到开发；从进口设备到自主设计专业设备；从感官评价到使用高精度仪器检测；从拜师学艺到培训专业人才；从野生资源采集到引种栽培和建立基地等，使这一新兴工业发展成为国民经济中一个较完整的体系。香料香精行业各项经济指标均有所增长，发展态势良好。

目前国内香料香精行业竞争格局主要表现为外资企业与民营企业之间的市场竞争。由于中国香料香精市场拥有巨大的发展潜力与市场空间，国际著名香料香精公司纷纷在中国本土投资建厂，与此同时，国内民营香料香精制造企业经过多年的发展，涌现出一批行业领先企业，凭借稳定的产品质量、合理的产品价格、周到的技术服务，赢得了客户的认可和青睐，市场份额和品牌知名度日渐提高，迅速发展成为国内香料香精行业的骨干力量。从地域分布来看，国内香料香精制造企业主要集中在华东地区和华南地区，其中广东、浙江、江苏、四川、上海等省市的发展速度较快，企业数量和销售收入均位居行业前列。

2. 国际香料香精工业发展现状

在 20 世纪 80 年代，发达国家的香料香精企业同样处于高度分散状态，经过近几十年的集聚，才形成了今天的国际行业巨头。2003 年以前，国际香料香精产品基本上被发达国家垄断，发达国家总需求量占生产总量的 90% 左右，10% 产品外销，证明其他国家用量很少。随着经济的发展，人民的生活水平不断提高，只有 10% 消费量的这些国家，成为香料香精行业新的增长点和动力。国际十大香料公司在本国（地区）的销售额仅占 30%～50%，其余 50%～70% 的香料香精产品销售到其他国家和地区。由于欧洲、北美洲的香料香精消费已趋于饱和状态，主要竞争焦点是亚洲、大洋洲和南美洲的第三世界国家和地区。

国际香料香精市场在 1970 年销售 13 亿美元，在 1990 年销售 51 亿美元，在 2000 年销售 100 亿美元，在 2004 年销售 165 亿美元，到 2008 年香料香精销售额就达到了 200 亿美元，发展速度很快，随后遭遇了全球金融危机，2010 年全球香料香精销售额仍维持在 200 亿美元左右，2017 年全球香料香精市场规模达 263 亿美元。据相关数据统计，市场主要掌握在以下发达国家的少数大公司手中，具有相当规模：

美国有香料香精公司 120 多家，最大的公司是国际香料香精公司（International Flavors and Fragrances Inc，简称 IFF），它在 38 个国家和地区设有工厂、实验室和办事处。英国是以松节油为原料合成萜类香料技术最成熟的国家，主要香料企业是布希·波克·阿兰公司（Bush Boake Allen，简称 BBA）。IFF 以 9.7 亿美元收购该公司后，在国际香精界的地位得到了进一步巩固。

瑞士主要的香料香精企业有 2 家，其中奇华顿公司（Givaudan）近些年来销售额始终排名世界第一，是目前世界上最大的香料公司。公司每年生产超过 300 种的香原料，在苏黎世附近研究中心的化学部，不断地开发和研究新的香分子结构。瑞士的另一家芬美意公司（Firmenich）已连续十年保持销售额增长，业绩最好的是食品香精部，收购奎斯特（Quest）部分业务后，芬美意公司巩固了其世界前三的地位。

德国香料香精年销售总额占世界总额的 8% 左右。德之馨（Symrise）自从 2003 年合并了哈门-莱默尔公司（Harman Reimer，简称 HR）和德威龙之后，稳固了世界前列的位置。

法国是天然香料生产最发达的国家，主要业务集中在法国东部地中海的山区城市格拉斯（Grasse）。该地区有 20 多家天然香料企业，法国曼化公司总部设在此处，坐落于此的香料香精企业还有著名的 P. Robertet 公司、V. MaheFils 公司、Lautiev Fils 公司和 Charabot 公司。

日本有 100 多家香料香精企业，其中高砂香料公司和长谷川香料株式会社均在世界十大香料公司行列之内。最大的企业是高砂香料公司，该公司创建于 1920 年，公司本部在东京，分支机构和销售网点遍布五洲。日本香料香精公司以生产合成香料为主，天然香料仅占 1％，每年需要从国外进口大量的天然香料。

发达国家的香料香精企业每年按销售额的 5％～10％投入研发，不断地开发新产品，不断优化员工结构，技术人员达到 20％以上，香料品种约有 7000 种，分析能力可以说是达到顶级水平。

近年来，国际香料香精贸易销售情况呈不断增长的趋势。据日商环球讯息有限公司最新数据显示，未来全球香料香精需求市场的增长推动依赖发展中国家的需求增长，以及新兴发展中国家食品和饮料加工业需求增长和消费者支出增加等因素刺激。如图 1-3、图 1-4，全球香料香精市场 2017 年度销售额达 263 亿美元，

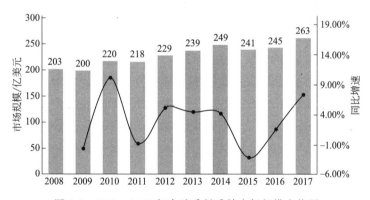

图 1-3　2008—2017 年全球香料香精市场规模走势图

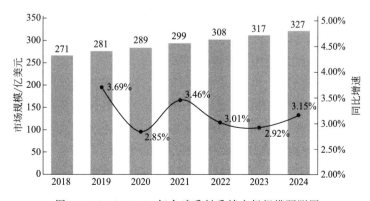

图 1-4　2018—2024 年全球香料香精市场规模预测图

同比增长 8%，并且未来将以每年 4.9% 的复合增速增长，至 2022 年该市场规模将达到 360 亿美元。而全球香料香精市场中，食品用香料香精占比为 56%，日用香料香精占比约为 44%。食品用香精又可以分为多个种类，其中规模占比最大的为饮料，约占食品用香精规模的 33%，而烟草用香精实际占比不足 4%。

总体来看，世界香料业呈现高度垄断状况，市场主要掌握在像美国 IFF 和威斯康新、瑞士奇华顿和芬美意、德国德之馨、日本高砂和长谷川等国际十大香精香料公司手中。

自 20 世纪 90 年代以来，行业集中度进程明显加快，核心生产企业日趋稳固，前十大生产企业所占的市场份额不断提升（如图 1-5）。2017 年前十大生产企业合计销售额所占比重达 78.73%。近年来国际前十大香料香精生产公司均已进入中国市场，并且纷纷加大在华投资，新建研发中心以及生产基地，以求在中国广阔的市场当中分一杯羹。国际巨头的加入为我国香精行业的发展注入了活力，同时也加剧了竞争。

图 1-5　全球香料香精前十大生产企业市场占有率

二、香料香精在现代工业、生活中的应用

香料香精的用途不但非常广泛，而且与人们的生活息息相关。目前在食品、烟酒制品、医药制品、化妆品、清洗用品等各种行业中都有广泛的应用。

植物性天然香料广泛应用于食品行业的各个方面，主要用于软饮料、糖果、罐头、焙烤食品、酒类和烟草类等，还用作食品和水果的天然保鲜剂。在化妆品行业中，香料香精也可以用来制备天然香味剂、天然防腐剂及营养剂，香水的生产直接依赖于香料香精。不少天然香料具有驱虫、防霉和杀菌的作用，能够制成驱虫剂、防霉剂与消毒剂等日用品。从植物提取物中分离而得到的单离香料，可以用于生产具有抗癌、抗氧化、抗消炎和抗病毒等功效的药品。香料植物提取物也是电镀工业良好的增光剂和工业助剂，还可以作为矿物浮选剂、光学仪器的清洗剂、溶剂和涂料的稀释剂、木材黏合剂和重金属消除剂等使用。天然香料作为饲料加香剂，可以促进家禽、家畜的食欲。此外，天然香料还应用于牙膏、洗涤剂、橡胶、卫生用品、塑料、文具、纸张等行业中，越来越受到人们的高度重视。

近年来，还出现了香疗保健用品，通过直接吸入飘逸的香气或与香料进行皮肤接触，使人产生有益的生理反应，从而达到防病、保健、振奋精神的作用。已有的香疗保健用品包括各种香疗袋、香塑料、香涂料、空气清洁剂和洗涤剂等，这些产品具有兴奋、催眠、调节食欲等多种疗效。芳香疗法可以增加人体免疫力，治疗呼吸系统疾病，消除疲劳与忧虑，减轻精神压力，促进睡眠。

三、香料香精工业发展趋势

当前香料香精需求主要还是来自发达国家，这些国家的用户对化妆品和卫生洗涤用品的要求比较高。另外，发展中国家人均收入增加，对消费品质量要求也有所提高，这会促进各种芳香油、芳香提取物和合成香料香精需求的增加。根据斯坦福研究院（SRI）调查，目前香料香精配方中主要使用的芳香化学品约有 2800 种，如苯类、萜烯类和杂环化合物等，但消费量超过 50t/a 的仅有数百种。

化妆品和医药的主原料主要是化学合成品和动物提取物，但它们多少存在一些毒副作用，而植物提取物在安全性与功效上有其优越性，因此越来越受到人们的关注。中国有中医学的基础，所以植物提取物的应用较早且很广泛，但技术水平远远不能满足作为天然香料的要求，有待深入研究。

近年来，发达国家对天然香料的研究方向是提高收率、综合利用，进行深加工，开发具有特效功能性的高附加值产品。而我国香料香精工业产品的市场主要集中在以下三个大方向。

1. 烟用香精

作为世界第一烟草生产和消费国，2019 年我国吸烟人数达到 3.5 亿，占全球吸烟人数的 30% 以上。我国烟草产业曾保持迅猛的发展态势，至 2015 年达到顶峰。据国家统计局统计显示，2015 年我国共销售卷烟 26127.20 亿支。随后，由于宏观经济环境、国内控烟形式以及烟草行业提税顺价影响（表 1-4），行业发展遇阻。尤其是 2015 年 5 月由财政部和国家税务总局联合下发的《关于调整卷烟消费税的通知》，明确将卷烟批发环节价税税率由 5% 提高至 11%，并按 0.005 元/支加征从量税，使得卷烟终端零售价格大幅提高，导致产销量明显下滑。

表 1-4　2015 年中国控烟履约相关内容

法律法规及政策措施	相关部门	时间	具体内容
《中华人民共和国广告法》	全国人大常委会	2021 年 4 月	禁止在大众传播媒介或公共场所、公共交通工具、户外发布烟草广告，禁止向未成年人发送任何形式的烟草广告。禁止利用其他商品或者服务的广告、公益广告，宣传烟草制品名称、商标、包装、装潢以及类似内容。烟草制品生产者或者销售者发布的迁址、更名、招聘等启事中，不得含有烟草制品名称、商标、包装、装潢以及类似内容
《关于调整卷烟消费税的通知》	财政部国家税务总局	2015 年 5 月	将卷烟批发环节价税率由 5% 提高至 11%，并按 0.005 元/支加征从量税
《中华人民共和国境内卷烟包装标识的规定》	国家烟草专卖局国家市场监督管理总局	2015 年 12 月	卷烟包装体上应使用中华人民共和国的规范汉字印刷警语，警语内容分三组；警语区应位于条、盒包装正面和背面，所占面积不应小于其所在面的 35%，底色可采用原商标的单底色

尽管如此，由于我国有着庞大的消费者群体，加之我国宏观经济形势依然长期向好，卷烟行业销量虽然在 2016 年出现明显下滑，但下游总需求仍然稳定。此外，行业自 2016 年触底之后开始复苏，根据烟草在线最新数据显示，2019 年 1～8 月我国卷烟产量累计同比增幅达到 4.3%，卷烟销量累计同比增长 2.17%，预计未来 3～5 年行业整体仍然呈恢复性增长。

伴随着我国国民收入的持续增长，消费者对于卷烟品质的要求也在日益提高。据已公开的市场调研数据显示，2013 年初卷烟消费市场一类卷烟的消费比例占全部消费的 23%，而五年后这一比例已上升至 30%，二类卷烟消费比例也有相同程度的提高，三至五类卷烟消费比例则出现不同程度的下降。在消费升级的大环境下，通过使用香精能够赋予品牌香烟独有的特征香气，且有助于提升卷烟的等级。因此，如何调整叶组配方、使用香精加香加料是各大卷烟生产企业的核心技术。由于独特的作用，香精已成为卷烟生产过程中必不可少的辅料。而烟用香精作为烟草生产的必须用品，必将受益。

2. 食用香精

随着我国城市化建设突飞猛进的发展，人们的饮食结构也随之发生了巨大的变化。现代生活节奏的加快，带动了预包装食品需求的迅速增长，从而推动了香精的发展。例如甜味香精可广泛应用于饮料、乳品、糖果、烘焙等领域，而咸味香精则可应用于酱料、腌泡、调味品等。近十年来，我国食品制造业在经历了高速发展后趋于稳健（2017—2018 年统计口径改变导致主营业务收入下降），行业规模达到近两万亿水平。我们预计，未来行业整体将会向精细化发展，产品不断推陈出新，食用香精必将存在广阔的发展空间。

3. 日用香精

香精在日化行业的应用主要是为化妆品等工业制品加香矫味，目的主要是让消费者在使用这些产品的过程中能嗅到舒适合宜的香气，但作用却举足轻重。近年来我国日化行业呈快速增长态势，但由于现代香精工业起源于欧洲，国际市场目前呈现高度垄断格局。未来，随着我国日化行业的不断发展，日用香精或许可以得到新的发展契机。

考虑到当前的国民经济发展趋势、国内香料香精应用技术发展状况和市场需求情况，目前我国香料香精的研究方向为：

（1）应用生物反应工程及微波辐射诱导等新技术，再根据原料及产品的要求选择合适的工艺路线，以提高精油的提取率，有效利用宝贵的天然资源。

（2）深入研究天然香料提取物的分离、定性工作，开发出高附加值的产品。如制备可以增加免疫力、治疗呼吸系统疾病的药品，或者研制成具有抗癌、抗病毒、抗氧化和抗消炎等作用的医药品，以提高产品的经济性。

（3）采用生物技术方法模拟天然植物代谢过程生产出的化合物，已被欧洲和美国食品药品监督管理局认定为"天然的产品"，因此可以采用生物合成技术生产一些用量较大的香料代替化学合成香料。

第二章
香味化学

第一节　嗅觉与味觉

人类和一般动物都具有五种感觉：视觉、听觉、触觉、嗅觉和味觉。其中，视觉、听觉和触觉都属于物理感觉，嗅觉和味觉属于化学感觉。嗅觉和味觉作用简图如图 2-1 所示。

一、嗅觉生理学

1. 嗅觉

嗅觉是人类的一种重要感觉，在识别有害气体、选择食物、促进食欲、影响情绪等方面发挥着不可替代的作用。反映嗅觉功能的主要指标有嗅觉阈、气味识别及辨别能力、气味愉悦度的评价等。

嗅觉是一种由感官感受的知觉，它由嗅神经系统和鼻三叉神经系统共同参与。嗅觉和味觉会整合和互相作用。另外，嗅觉是一种远感，通过长距离感受化学刺激。

人的嗅觉感受器位于上鼻道及鼻中隔后上部的嗅上皮，两侧总面积约 $5cm^2$。由于它们的位置较高，平静呼吸时气流不易到达。因此在嗅闻不太显著的气味时，要用力吸气，使气流上冲，才能到达嗅上皮。嗅上皮含有三种细胞，即主细胞、支持细胞和基底细胞。主细胞（图 2-2）也称作嗅细胞（约有一千万个），呈圆瓶状，细胞顶端有 5～6 条短的纤毛，细胞的底端有长突，它们组成嗅丝，穿过筛骨直接进入嗅球（大脑皮层上产生嗅觉作用的微小区域）。嗅细胞的细胞膜两侧有一

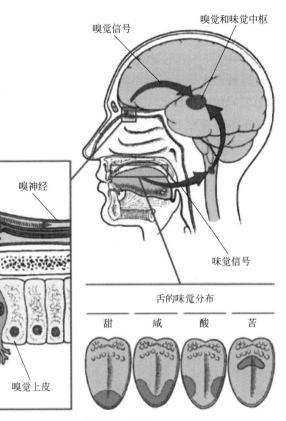

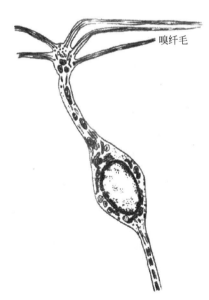

图 2-1 嗅觉和味觉作用简图

察觉气味
嗅球
嗅神经
气味
嗅觉上皮

嗅觉信号
嗅觉和味觉中枢
味觉信号

舌的味觉分布
甜　咸　酸　苦

嗅纤毛

图 2-2 嗅细胞

些蛋白质受体——气味受体。当气味分子被吸入鼻腔时，嗅细胞的纤毛受到气味分子刺激，气味受体被激活，嗅细胞就会产生神经冲动，神经冲动沿嗅神经传入神经中枢，并进而传至大脑其他区域，从而引起嗅觉。由此，人就能有意识地感受到气味，并在适当的时候回想起这种气味。

2. 嗅觉主要特征

人体约有 1000 个基因编码嗅细胞上的不同气味受体，这约占人体基因总数的 3%。人的嗅觉系统具有高度专业化的特征，每个嗅细胞会对有限的几种相关分子作出反应。尽管气味受体只有约 1000 种，但它们可以产生大量的组合，形成大量的气味模式，这也就是人们能够辨别和记忆约 1 万种不同气味的基础。美国哥伦比亚大学的科学家理查德·阿克塞尔（Richard Axel）和琳达·巴克（Linda B. Buck）因在气味受体和嗅觉系统的研究而一同分享了 2004 年度诺贝尔生理学或医学奖。

嗅细胞容易产生疲劳，这是因为嗅觉冲动信号是一峰接着一峰进行的，由第一峰到达第二峰时，神经需要 1ms 或更长的恢复时间，如第二个刺激的间隔时间大于神经所需的恢复时间，则表现为兴奋效应；如间隔时间过短，神经还处于疲劳状态，这样反而促使绝对不应期的延长，任何强度的刺激都不会引起反应，即表现为抑制效应。这就是"如入芝兰之室，久而不闻其香；如入鲍鱼之肆，久而不闻其臭"的道理。

影响嗅觉功能的因素有很多，除病理因素（如鼻腔鼻窦炎性疾病、过敏、上呼吸道感染、头部外伤、接触有毒物质、神经退行性病变等）外，还包括遗传、环境、生理（如感冒、身体疲倦或过敏等）等非病理性因素，在后者的作用下，健康人群的嗅觉功能表现出个体差异性。嗅觉的个体差异性是很大的，有的人敏锐，有的人迟钝。一般来说，女性在经期、妊娠期和更年期都会发生嗅觉缺失或过敏现象。同时随着年龄增长，人的嗅觉灵敏度一般会随之衰退，在 20～70 岁，退化曲线的斜率是每 22 年为一个二进级，即 64 岁的人平均需要 20 岁人 4 倍的香气浓度才能察觉。除上述因素外，在男女之间、一般吸烟者与不吸烟者之间，没有过于明显的嗅觉灵敏度差异，但如果一个人在辨闻香气前 10min 内抽过烟、吃过糖、喝过饮料或吃过饭，其嗅觉灵敏度可能会暂时衰退约两个二进级。

人的嗅觉能力可以通过训练提高。人类一般可以分辨出 1000～4000 种不同的气味，经过特殊训练可以分辨出高达 10000 种不同气味。大部分调香师和评香师的嗅觉灵敏度和常人无异，但对各种气味的分辨力则是一般人望尘莫及的，这是长期训练的结果。

3. 嗅觉理论

关于嗅觉产生，很多研究者都从不同的角度提出了一些理论。这些理论所能说明的主要是嗅感过程的第一阶段，即嗅感物质与鼻黏膜之间所引起的变化，至于下一阶段的刺激传导和嗅感之间的关系还有待进一步研究。关于嗅觉产生的机理，很多研究者都从不同的角度提出了理论用以解释，但并不完善。能被人们普遍接受的是产生嗅觉的基本条件，这些条件包括：产生气味的物质本身能挥发，这样才能在呼吸作用下到达鼻腔内的嗅感区；气味物质既能在嗅感黏膜中溶解，也能在嗅细胞的脂肪或脂类末端溶解；气味物质若在嗅感区内溶解，会引发化学反应，反应生成的刺激传入大脑则产生嗅觉。

嗅觉理论主要有立体结构理论、分子振动理论、吸附理论、酶理论、萨姆纳（Sumner）理论等。

（1）立体结构理论 1946 年，诺贝尔奖获得者——莱纳斯·鲍林（Linus Pauling）描述了特殊的气味与分子的形状以及大小有关。在 Jone Amoore 写的《气味的分子基础》（*Molecular Basis of Odor*）一书中，他扩展了"立体结构理论"。该理论首先由 R. W. Moncrieff 于 1949 年提出。他认为，空气中的化学物质之所以能够被嗅闻到，是因为这些分子正好适合存在于嗅觉神经上特定感觉接受器的位点。这样一个"锁-钥"的途径其实来源于酶反应的动力学。Amoore 在研究了 600 个有机化合物的呈香特征后，发现有 7 种原臭出现的频次较高。1962 年，他提出原臭概念（醚臭、樟脑臭、麝香、花香、薄荷香、刺激臭和恶臭），并对各种分子的体积、形状与它们的气味做了比较。每个这种细胞只含有一种气味感受器，每个感受器也只能探测到数量有限的气味。

当气味分子被吸入时，对这些气味很敏感的嗅觉感受器细胞就会将信息传给充当鼻脑中转站的"嗅球"，再由"嗅球"向大脑其他部位传送信息。因此，不同的气味感受器细胞所得到的信息在大脑进行整合，形成了每种气味所具有的"特征性的模式"（就像不同的锁一样，而气味分子就像一把把钥匙，只可以打开与之相配的锁，对特定的嗅觉感受器产生刺激）。由此，我们可以自由地感受到识别的气味。Amoore 认为，决定物质气味的主要因素是整个分子的几何形状，而与分子的结构或组成无关。

立体结构理论经历了多年的兴起与衰退，原臭的概念也已经风光不再。虽然还没有一个理论能够解释特殊的嗅觉缺失症，但有结果表明，将无性繁殖的嗅觉感受器克隆到小鼠中，这样的感受器只能认识有限的醛类香气。而激活作用是由 7～10 个碳的醛而不是 6～11 碳的醛引起的。因为醛有着相同的侧链基团（—C＝O），因而推断这种感受器只与链长（如形状）有关，而与侧链基团无关。但这并不能排除其他的感受器对侧链基团的响应，因而该结果仍然是支持立体结构理论的。

（2）分子振动理论 早在二十世纪二三十年代，戴逊（Malcolm Dyson）就大胆地猜想嗅觉是通过对气味分子的振动来探测区分不同的化学物质，提出了分子的红外振动（infrared resonance，IR）可能与气味有关，称为分子振动理论。分子振动理论认为香气是由香气分子的电子振动产生，在口腔温度范围内气味特征与气味分子的振动频率有关。气味分子振动能级在红外或拉曼光谱区，人的嗅觉受体能感受到分子的振动能，并产生信号。该理论在 20 世纪 50 年代流行。

许多香气的振动频率是在红外区域。那么分子的红外振动是不是与嗅觉有关呢？雄蛾扑向蜡烛是因为蜡烛发出的红外光与雌蛾的生物信息素相同。IR 的不同频率可能会产生不同的气味。20 世纪 60 年代到 70 年代初，激烈的争论因化学物气味的分类而产生。到 70 年代中期，经严格的实践检验，该理论失败了，因为光学异构体的薄荷醇和香芹酮有明显不同的气味，而相应的红外光谱是相同的。

近代则以麻省理工学院生物物理学教授都灵（Dr. Luca Turin）的嗅觉理论为

首。1996 年，Turin 提出了振动诱导电子隧道分光镜理论（vibretional induced electron tunneling spectro-scope theory）。该理论来源于分子振动理论。该理论认为，感受器蛋白起着"生物分光镜"的作用。当嗅觉感受器蛋白结合一个香气后，穿过结合位点形成一个电子隧道。嗅觉感受器的结合位点在充满电子和没有电子的情况下，有一个能量的差，假如振动模型与能量差相等，就形成电子隧道，电子隧道激活 G-蛋白，嗅觉感受器通过"谐调"其振动频率，以保持与特定香气的振动频率一致，正如人眼的圆锥细胞（谐调）到特定光波长一样。他认为要找到一个不含巯基的分子，却含另一个与巯基有相同振动频率的基团，而且这闻起来也有臭鸡蛋味。都灵用计算机算出巯基的振动频率，发现唯有硼氢键具有与之几乎完全相同的振动频率。常见含硼氢键的物质硼烷同样有难闻的臭味。所以都灵得出了一个结论：两种具有完全不同化学组成的分子形状不同却有相似的气味，而它们恰恰都含有相同振动频率的化学键，这强烈地暗示着气味和分子振动频率有着密切的关系。

此外，其他嗅觉理论如吸附理论、酶理论、萨姆纳理论等不再进行赘述。

二、味觉生理学

1. 味觉

味觉是人体重要的生理感觉之一，在很大程度上决定着动物对饮食的选择，使其能根据自身需要及时地补充有利于生存的营养物质。味觉在摄食调控、机体营养及代谢调节中均有重要作用。味觉和嗅觉会整合和互相作用。味觉是一种近感，它是在短距离上感受化学刺激的感觉。

味觉的感受器是味蕾，主要分布在舌表面和舌缘（图 2-3），口腔和咽部黏膜的表面也有分布。味蕾通常 10～14 天更新一次。人的味蕾总数约有 8 万个。儿童味蕾较多，老年时因萎缩而减少。味蕾是由味觉细胞组成的，其上面充满味觉受体，可检测和辨别各种味道。根据这些细胞的功能将其分为 3 种：支持细胞、受体细胞和基细胞。支持细胞顶端有微绒毛，可分泌物质进入味蕾的内腔。基细胞是由周围的上皮细胞内向迁移所形成，它转而分化为新的感受器。味感受器上有微绒毛（味毛）伸入腔内，在舌表面的水溶性物质能通过味孔扩散至味蕾的内腔，与感受器微绒毛的膜相接触，引起感受器兴奋。味觉细胞无轴突，而其周围绕有感觉神经末梢，两者之间形成轴突联系，后者被味觉细胞释放的递质所激活，产生神经冲动，传入中枢，引起味觉。

如图 2-4，不同部位的味蕾对不同味道刺激的敏感度不同，一般舌尖对甜味比较敏感，舌两侧对酸味比较敏感，舌两侧前部对咸味比较敏感，而软腭和舌根部则对苦味比较敏感。味觉的敏感度常受食物或刺激物本身温度的影响，温度为 20～30℃

时，味觉的敏感度最高。另外，味觉的辨别能力也受血液化学成分的影响，例如，肾上腺皮质功能低下的人，由于血液中低钠而喜食咸味食物。因此，味觉的功能不仅在于辨别不同的味道，而且与营养物质的摄取和机体内环境稳定的调节也有关系。

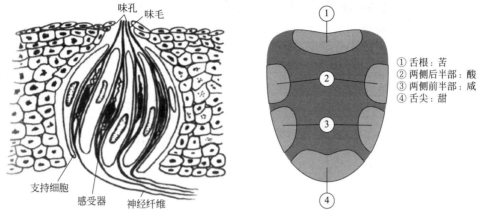

图 2-3　味觉在舌头上的分布　　　　　图 2-4　味蕾结构

味孔　味毛

支持细胞
感受器　神经纤维

① 舌根：苦
② 两侧后半部：酸
③ 两侧前半部：咸
④ 舌尖：甜

味觉是一种快适应感受，长时间受某种味质刺激时，对其味觉敏感度可降低，但此时对其他物质的味觉并无影响。不同物质的味道与它们的分子结构形式有关，但也有例外。通常 NaCl 能引起典型的咸感，H^+ 是引起酸感的关键因素，有机酸的味道与它们带负电的酸根有关，甜味觉的引起与葡萄糖的主体结构有关，而奎宁和一些有毒的生物碱的结构能引起典型的苦味。另外，同一种味质由于其浓度不同所产生的味觉也不相同，如 0.01～0.03mol/L 的食盐溶液呈微弱的甜味，0.04mol/L 时呈甜咸味，浓度大于 0.04mol/L 时才纯粹是咸味。一般情况下，对苦味的敏感程度远远高于其他味道的，当苦味强烈时，可引起呕吐或停止进食，这是一种保护性的反应。

2. 味觉机制

味觉系统能感受和区分多种味道。目前世界各国对味觉的分类并不一致。我国的分类通常为甜、苦、酸、咸、辣、鲜、涩。以生理学角度看，人类对味道的感觉由酸、甜、苦、咸 4 种基本味觉组成。一般认为，不同的基本味质为不同的味觉感受器所觉察。味觉感受器的特点是其具有广谱性，即通常对各种味质均有反应，只是幅度不同。

（1）咸味　咸味是一些中性盐类化合物所显现的滋味。由于盐类物质在溶液中离解后，Na^+ 或其他一价阳离子直接通过味觉细胞顶端膜上的通道介导，这些通道静止时开放。咸食物中 Na^+ 浓度（>100mmol/L）比唾液中高，Na^+ 单向扩散进入味觉细胞，被味觉细胞膜上的蛋白质分子的羟基或磷酸基吸附而呈咸味，而阴离子影响咸味的强弱并产生副味。

一般来说，阴离子碳链越长，咸味的感应能力越弱。例如，几种咸味剂的咸味强度顺序是：氯化钠＞甲酸钠＞丙酸钠＞酪酸钠。无机盐的咸味感随着阴、阳离子或两者的分子量增加，有越来越苦的趋势。

食品调味常用的咸味剂是食盐，主要含有 $NaCl$，还含有微量的 KCl、$MgCl_2$、$MgSO_4$ 等其他盐类，而 K^+、Mg^{2+} 也是人体所必需的营养元素。

（2）酸味　酸味是由酸味物质中的 H^+ 刺激味膜而产生的，因此在溶液中凡是能解离出 H^+ 的化合物都具有酸味。可能的机制之一是 H^+ 可以从味觉细胞顶端膜上的通道进入味觉细胞，另一可能机制是 H^+ 使 K^+ 通道关闭而去极化。

酸味料是食品中常用的调料，并有防腐作用。常用的酸味料大体上分为无机酸和有机酸两类，无机酸的 pH 值为 3.4～3.5，有机酸的 pH 值为 3.7～4.9。但物质的酸度与 pH 值不是平行的，例如在相同的 pH 值条件下，一般几种常见酸味剂的酸味强度顺序是乙酸＞甲酸＞乳酸＞草酸＞盐酸。

酸味主要是 H^+ 的味道，但阴离子也有一定的"副味"。无机酸的阴离子一般伴有苦味、涩味，令人不愉快。有机酸因阴离子的结构不同，而具有不同的风味，如柠檬酸、L-抗坏血酸具有令人愉快的酸味；苹果酸伴有苦味；乳酸、酒石酸伴有涩味；乙酸和丙酸伴有刺激性气味；琥珀酸、谷氨酸伴有鲜味等。

酸味还受其他物质的缓冲作用，例如：酸的水果加些白糖，酸味就会有所缓和，这是因为甜味使酸味减弱；酸中加些食盐，酸味会加重。

（3）苦味　单纯的苦味不可口，但其对味觉感受器官有强烈的刺激作用。苦味质激活磷酸肌醇，从而触发味觉细胞内钙增加，导致递质释放，传递到神经中枢，产生苦味。苦味物质与其他调味料若调配得当，能起到丰富、改善食品风味的作用。苦味物质就其化学结构来看，一般含有下列几个基团：$-NO_2$、$-S-$、$=C=$、$=S$、$-SO_3H$，无机盐类中的 Ca^{2+}、Mg^{2+}、NH_4^+ 等也含有苦味。

苦味物质广泛存在于生物界。植物中主要有各种生物碱，如存在于咖啡、可可等植物中的咖啡碱、茶碱，具有兴奋神经中枢的作用，是人类重要的提神物；动物中主要是存在于胆汁中。

（4）甜味　甜味是人们最喜爱的基本味觉。甜味分子通常为大分子，以高度特异性与受体结合，绝大多数此类味质因与味转导蛋白（G-蛋白）耦联受体相互作用而激活。甜味的激活可能有两种机制：一种是通过位于味觉感受器顶端膜上的通道，另一种是通过使环磷酸腺苷增高关闭位于侧基膜上的通道。

在食品中适当添加一些甜味剂，可以改善食品的可口性和某些食用性。甜味的强度以甜度表示。通常以在水中校定的非还原糖——蔗糖为基准物（5％或6％的蔗糖水溶液在20℃时的甜度为1.0），其他甜味剂在相同浓度和温度下的甜度与之比较，可得到的相对甜度称为相对甜度，是甜味剂的重要指标。

甜味剂一般可分为：按其来源可分为天然甜味剂和人工合成甜味剂；按其营

养价值分为营养性甜味剂和非营养性甜味剂；按其化学结构和性质分为糖类甜味剂和非糖类甜味剂。

① 天然甜味剂：糖是最有代表性的天然甜味剂。有许多非糖的天然化合物及其衍生物也具有甜味，如甘草、甜叶菊、甘茶素和氨基酸的衍生物等，有些已成为正在使用的或潜在的甜味剂。应注意的是，葡萄糖、果糖、蔗糖、麦芽糖、淀粉糖和乳糖等糖类物质，虽然也是天然甜味剂，但因长期被人食用且是重要的营养素，通常被视为食品原料，在中国不作为食品添加剂。

② 人工合成甜味剂：随着化学工业的发展，人工合成甜味剂有糖精、糖精钠、环己基氨基磺酸钠（甜蜜素）、天门冬酰苯丙氨酸甲酯（阿力甜）等。其中，糖精是人们最熟悉的一种。糖精在糖果、糕点、饮料中使用，本身无甜味，其在水中离解出的阳离子有较强的甜味，但浓度超过 0.5% 时会显出苦味，故其在一些食品中允许的最大使用浓度为 0.15g/kg，且在婴儿食品中不得使用。

应注意的是，很多标明"低糖""无糖""低热量"的甜味食品并不是真的无糖，其中所使用的甜味剂虽然热量很低，甚至无热量，但是大多数会增加食欲，反而使热量的摄入增大。

从市场需求和对甜味剂的研究来看，甜味剂的发展趋势主要有两个方面：

① 高甜度甜味剂：具有甜度高、热量低、不易发生龋齿、安全性高等优点，并且此类甜味剂多为非糖类物质，在代谢过程中不受胰岛素控制，不会引起肥胖症和血压升高，适合糖尿病、肥胖症患者作为甜味替代品。

② 功能性甜味剂（现阶段主要以低聚糖为主）：不仅具有低热量、稳定性高、安全无毒等特性，还有促进益生菌繁殖，抑制有害菌生长的独特功能。

鲜味一般指谷氨酸钠的味道或指一般的氨基酸味。由 G-蛋白耦联的代谢型谷氨酸受体介导，这种受体在味蕾上特异表达，而在周围的非感觉舌上皮不表达。味精可与其结合，激活特殊通道，产生神经冲动，传递到神经中枢，产生鲜味。鲜味由于其呈味物质与其他味觉物质相配合时能使食品的整个风味更为鲜美，所以一般将鲜味物质列为风味增效剂或强化剂，而不看作是一种独立的味觉。

辣味本身不能被味觉细胞感觉，而是口腔黏膜、鼻腔黏膜、皮肤和三叉神经的痛觉纤维感受到化合物辣椒素从而激活，是一种痛觉。涩味则是口腔蛋白质受到刺激而凝固时所产生的一种收敛的感觉，与触觉神经末梢有关。这两种味觉与刺激味蕾的基本味觉不同，就食品调味而言，可以看作是两种独立的味觉。

3. 味之间的相互作用

由于各种呈味物质之间的相互作用和各种味觉之间的相互联系，以及心理因素的调控，人们在饮食中会产生丰富的味觉间相互影响的现象。

（1）味的对比作用　这个现象主要是两种或两种以上的呈味物质，进行适当的调配，可以使某种呈味物质的味觉更加突出。例如，在 10% 的蔗糖中添加 0.15% 氯化钠，会使蔗糖的甜味变得更加突出；在醋酸中添加一定量的氯化钠可以使酸味更加突出；在味精中添加氯化钠会使鲜味更加突出。

（2）味的相乘作用　相乘作用是指两种具有相同味感的物质进入口腔时，其味觉强度超过两者单独使用的味觉强度之和，又称为味的协同效应。例如，甜味剂甘草酸本身的甜度是蔗糖的 50 倍，但和蔗糖共同使用时其甜度可达到蔗糖的 100 倍；味精和核苷酸共存时，也有鲜味相乘作用。

（3）味的消杀作用　这个作用是指一种呈味物质能够减弱另外一种呈味物质味觉强度的现象，也称味的拮抗作用。例如，在 1%～2% 的食盐水溶液中添加 7%～10% 的蔗糖，则咸味强度会减弱甚至消失；苦味可以被甜味抑制，如蔗糖和硫酸奎宁之间的相互作用。

（4）味的变调作用　这个作用是指两种呈味物质相互影响而导致其味感发生改变的现象。例如，刚吃过苦味的东西，喝一口水会觉得是甜的；先吃甜食，接着饮酒，酒似乎变得有点苦；刚刷过牙之后吃酸的东西也会有苦味产生。

（5）味的疲劳作用　如果人长期受到某种呈味物质的刺激，就会感觉到刺激量或刺激强度减小的现象。

三、香味与嗅觉阈值

嗅觉阈值是指引起人嗅觉最小刺激的物质浓度（或稀释倍数），嗅觉阈值有很多种，主要有感觉阈值（也称检知阈值）和识别阈值（也称认知阈值）。能够勉强感觉到有气味，但很难辨别到底是什么气味，此时气味物质浓度称为检知阈值。能够明显感觉到有气味，而且能够辨别其是什么气味，此时气味物质浓度称为确认阈值。嗅阈值的测定比较复杂，一般以 1L 空气中气味物质的质量为基础，用 mg/L 表示。

香味物质的表现不完全受含量多少所支配。若含量虽多但阈值高则其香味成分并不一定处于支配地位；而含量虽微但阈值很低时，反而会呈现强烈的气味。香味成分在物质中的呈香强弱，是由其含量和阈值两方面决定的。香味成分的香味强弱程度称为香味强度又称呈香单位，其与含量和阈值的关系如下：

$$U = \frac{F}{T}$$

式中　U——香味成分的香味强度（呈香单位）；

　　　F——香味成分的浓度，mg/L；

　　　T——香味成分的香味阈值，mg/L。

从上式可以看出，阈值越低，呈香单位越大，即香味强度越大；阈值越高，呈香单位越小，即香味强度越小。

浓度是通过化学分析或仪器分析得到的，阈值是通过感官品评测定出来的，由此不难看出化验和品评、呈香单位的关系。

在同样的浓度下，阈值小的香味成分其香味强度大，阈值大的香味成分其香味强度小。需要注意的是香味物质在单体香气和复合香气存在的情况下，因受浓度、溶剂、温度、官能团等因素的影响，其呈香呈味特征不同，尤其香精是由多种香味成分组成的集合体，其表现出来的不仅是单体香气，更重要的是复合香气。

一般的，人的嗅觉对多数气味物质的感觉阈值都在 10^{-9} 以下，而通常的化学分析、仪器分析对气味物质的最低检出浓度在 $10^{-9} \sim 10^{-6}$ 数量级范围内，这也是感官分析的方法在香味分析中的优势所在。必须注意的是，同一物质的嗅阈值会因采用测定方法及条件（如实验者、地域、时间等）和定义的不同而不同。

第二节　香料分子结构与香气的关系

香料化合物的分子结构与香气之间的关系，长期以来是人们感兴趣的研究课题。然而，由于存在以下 3 个方面的因素：

① 香料香气的表现与评价因人而异；

② 随着香料浓度的不同，香气也会发生变化；

③ 混合物的香气往往并不等于原香的复合，而是产生"相长相消"的效果。

因此，这一重要的理论课题的研究至今仍无定论。

要在香料化合物分子结构与香气之间，确定一种能准确地预测某种新化合物香气特征的理论，现在也还没有取得成功。但是，大体上有这样的认识，即香料化合物中碳原子的个数、不饱和性、官能团、取代基及立体异构体等因素会对香气产生影响。虽然这些因素对香气的影响暂时还不能从理论的角度予以解释，但对合成香料、香精，仍然具有指导作用。

一、碳原子个数对香气的影响

香料化合物的分子量一般均在 $50 \sim 300$，这相当于含有 $4 \sim 25$ 个碳原子。在有机化合物中，若碳原子个数太少，那么沸点就会很低，挥发也就会比较快。因此，这类化合物不宜作香料使用。相反，若碳原子个数太多，则会因蒸气压减小而难以挥发，因而香气强度很弱，故此类化合物亦不宜作为香料使用。

一般来说，碳原子个数对香气的影响，在醇、醛、酮和羧酸等中，都有很明显的表现。

（1）醇类化合物按其羟基所连接的主链不同，可分为脂肪醇、芳香醇、萜类醇，其香气也各不相同。

① 脂肪醇的香气随着碳原子数的增加而变化。低碳醇如甲醇、乙醇、丙醇具有酒香香气；C_4 和 C_5 的醇类具有杂醇油的香气，当碳原子数增加到 6～7 个时，除具有青香、果香外，开始带有油脂气味；C_8 的醇香气最强；当碳原子个数进一步增加时，则出现花香香气；C_{14} 以上的高级醇几乎无香味。

② 芳香醇类的香气一般比脂肪醇类要弱，以花香、皮香为主。

③ 在萜类醇中开链的单萜烯醇及倍半萜烯醇的香气以花香为主，单环或双环单萜烯醇与环状倍半萜烯醇的香气均以木香为主。

（2）在烃类香料化合物中，一般脂肪族烃类具有石油气息，且其中以 C_8 和 C_9 的化合物香气强度最大。随着分子量的增加香气变弱，C_{16} 以上的脂肪族烃类系无香物质。通常链状烃比环状烃的香气要强。

在脂肪族醛类化合物中，低级醛具有强烈的刺激性气味；C_8～C_{12} 的醛具有花香、果香和油脂气味，常用作香精的头香剂；其中 C_{10} 的醛香气最强，C_{16} 的醛由于蒸气压减小，几乎没气味。

脂肪醛中具有侧链的醛类，香气要比它的直链异构体强，且更令人愉快。例如 2-甲基十一醛具有柑橘果香，而十二醛只有在极稀的情况下才有类似紫罗兰的花香；再如 2,6,10-三甲基十一醛具有强烈的香气，而其直链异构体十四醛却只有极弱的油脂气息。

在芳香族醛中，官能团在环上的位置不同，香气也不一样，通常在 3 和 4 位上有取代基的芳香族醛，都具有很好的香草香气。如：

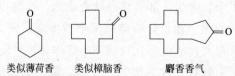

但若醛基的邻位具有羟基则呈现酚的气息。

（3）在环酮类化合物中，环的大小（即碳原子个数）不仅会影响香气的强度，而且可以导致香气性质的改变。通常 C_5～C_8 的环酮具有类似薄荷的香气，而 C_9～C_{12} 的环酮则具有樟脑香气，C_{13} 的环酮则具有木香香气，C_{14}～C_{18} 的大环酮则具有麝香香气。

类似薄荷香　类似樟脑香　麝香香气

（4）在脂肪族羧酸类化合物中，C_4 和 C_5 的羧酸具有腐败的黄油气息，且 C_5 的羧酸香气最强，C_8 和 C_{10} 的羧酸有不愉快的汗臭气味，C_{14} 的羧酸几乎无味。

（5）在酯类化合物中，一般情况下酯的香气介于醇和酸之间，但比原来的醇和酸香气要好，其香气与分子结构有一定关系。

通常由脂肪酸和脂肪醇所生成的酯具有果香。而由低级脂肪酸和萜烯醇所生成的酯则都具有花香与木香，例如乙酸芳樟酯和乙酸香叶酯等。

由芳香族羧酸和芳香族醇所生成的酯香气较弱，但因其沸点一般较高，黏度大，且有的是固体，所以此类酯具有很好的定香作用。

具有三键结构的化合物一般带有臭气，但炔类的羧酸酯类如辛炔酸甲酯、庚炔酸甲酯等则具有优雅的紫罗兰香气。

内酯类化合物都具有特殊的果香，但当内酯的环状大小不同时，香气差别也很大，例如：γ-内酯具有果香，而 δ-内酯则有奶香，大环内酯具有珍贵的麝香香气。通常环中的碳原子数为 $14\sim19$ 时，其香气最强；当碳原子数多于或少于此数值范围时则香气变弱，且会产生其他异味；当环中碳原子被别的原子如 O、N 等取代后，仍具有麝香香气。

二、不饱和性对香气的影响

对于碳原子个数相同、结构类似的香料化合物，其香气与分子中是否存在不饱和键及不饱和键位置有关。随着不饱和性的增加，一般其香气会增强。例如，乙烷是无味的，乙烯具有醚的气味，而乙炔具有青香香气。在醇类和醛类香料中，若引入双键或三键，则香气增强，当不饱和键的位置接近—OH 和—CHO 时，香气显著增强。例如：

己醇
弱果香，油脂气

顺-3-己烯醇
强青叶香，无油脂气

己醛
弱果香，酸败气

2-己烯醛
青叶香，无酸败气

三、官能团对香气的影响

在香料化合物分子中，一般都有 1 个官能团，有的甚至具有 2 个或 2 个以上的官能团。当香料化合物分子中所含官能团不同时，其香气差别就会很大。例如，苯酚、苯甲醛和苯甲酸，虽然它们均含有苯环，但因官能团不同，其香气相差很大。又如，乙醇、乙酸和乙醛，虽然其碳原子个数相同，但因官能团不同，所以香气差别也很大。

四、取代基对香气的影响

在香料化合物中，取代基的类型、数量及其在分子中的位置，对香气均有影响。例如：α-紫罗兰酮和 α-鸢尾酮，两者结构基本完全相同，仅 α-鸢尾酮多一个甲基，但其香气却有很大的区别。

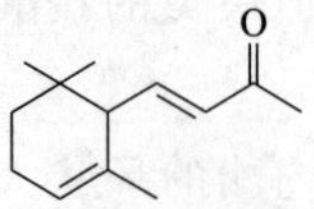

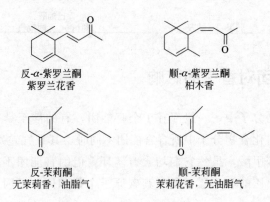

α-紫罗兰酮
紫罗兰花香

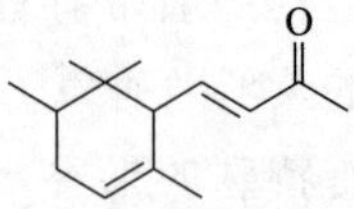

α-鸢尾酮
鸢尾根香气

在吡嗪类化合物中，随着取代基的增加，香气的特征和强度均会有所改变。

结构式	香气特征	香气阈值（g/m³）
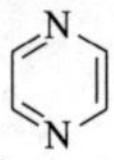	强烈芳香，弱氨气	0.5
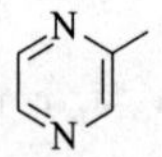	稀释后巧克力香	0.1
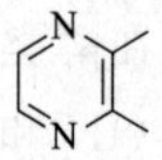	巧克力香，刺激性	0.004

五、立体异构体对香气的影响

在香料分子中，化合物的立体结构不同，对香气也会产生影响。例如紫罗兰酮和茉莉酮，它们均各有一对顺反异构体，香气特征各不相同。

反-α-紫罗兰酮
紫罗兰花香

顺-α-紫罗兰酮
柏木香

反-茉莉酮
无茉莉香，油脂气

顺-茉莉酮
茉莉花香，无油脂气

在香芹酮和薄荷醇香料中，均含有不对称碳原子，因此它们具有对映异构体，各个异构体之间香气差别很大。

l-薄荷醇　强薄荷香，有清凉感　　　　*l*-香芹酮　留兰香香气
d-薄荷醇　弱薄荷香，无清凉感　　　　*d*-香芹酮　艾蒿香气

第三节　香气的分类

香味包括香气和味道两方面，分别由嗅觉器官和味觉器官感知。香料的香味千差万别，极不统一，世上没有香味完全相同的两种香料。不同的人感觉器官各有所异，对香味的爱好也因人而异。

一、香气

香气是呈香物质的一种物理性能，是香料的灵魂。人们嗅到香气是由于呈香物质的挥发而散发出来的分子微粒，通过嗅觉神经系统而引起的香气感觉。香料香精从业人员必须全面了解香料香精的香气性能并加以运用，才能满足现代调香工作的要求。

在天然香料方面，除能辨别香气的好坏外，还要熟悉天然精油中各个单体香成分的香气及各种成分的混合香韵，也要熟知各类天然精油的特性，方能适应调香工作的需要。在合成香料方面，若能熟悉整个合成过程中的中间体香气的逐步变化，更有助于调香工作的顺利进行。

以下简述调香工作中需要运用识别香气的几个方面：

1. 天然香料研究中对于香气的运用

（1）在天然香料的品种鉴别中，需要从生物特性及经济性上来判别其精油香气质量的优异。其中，对天然精油产品的质量检查，需要进行理化指标检查和香气鉴别。

（2）在天然精油的成分分析研究中，待分离出精油中的单体成分时，需要先对其进行香气的识别，再经各种分析手段甚至通过人工合成来判定它是何种化合物，方能利于仿香。

2. 合成香料研究中对于香气的运用

在香料的合成过程中，随着化合物结构的逐步变化，其香气亦会随之逐步转

变。对合成过程中香气逐步变化的认识，是判断香料合成是否达到目的的依据。中间产物香气的区别能表示出每一步反应是否完善，随时注意其香气可能是发现新合成香料的线索。反应产物的香气鉴定，就是鉴定成品是否合格的依据。通过以上鉴定，如能找出香气与某些系列化合物分子结构间的关系，就有可能通过改变分子结构的设计，实现合成具备特定香气香韵的化合物的目的。

3. 调香研究中对于香气的运用

现代调香工作需要从业者尽可能全面通晓香气及运用香气。熟知香气分类、基本香气和香韵，方能在调香上评品、鉴定香气品质；熟练掌握各个香料香气性能、香气的配合，才能拟定香精香料配方。

辨识香气的方法如下。

（1）通晓香韵，关键在于熟悉香料香气特征。以生活中能接触到的具有花香、果香、木香、草香、药草香、辛香、酒香、豆香或动物香等的实物作为参照香气，来描述某一类的香气特征。要注意，同一类的香气在不同环境中及使用条件下可以呈现不同的香气特征。

（2）辨香时要注意记忆各种香料的标准香气，并熟悉其香气特征，同时，要熟悉其香气强度、浓度及挥发度。这需要长期训练、坚持记忆方能掌握。

二、国际惯用的香气分类

调香工作者经常要使用几百种甚至千余种的香料，这些香料各有其不同的香气特征、香气强度、香气浓度、味道特色以及理化性质。为了在调香工作中，便于根据仿香或创香的要求去选择和应用，以及议论或比较其间的特色，对各种香料进行香气分类是很有必要的。

从调香工作应用方面考虑，香料香气分类，可概括为三个方面：一是从香料本身的香韵或香型特征去划分归类，如花香、果香、木香等；二是从香料在香精中的香气组成层次或作用分类，如头香、体香、基香等；三是从香料的香气性能来分类，如对人们的生理或心理上的反应或效应（清醒气等）。

下面将国内外对香气分类的常用方法作简要介绍：

1. 亚里士多德（Aristotle）分类法

有文献可考的较早对香气进行分类的研究者有古希腊哲学家亚里士多德（公元前384～公元前322年），他将各种气息对人的生理感觉效应进行了简单分类，归为五大类，即：①甜的；②粗冲的；③收敛性的；④刺鼻的；⑤丰满浓郁的。

该分类法个人主观因素较强，这也有受限于当时的客观条件的原因。

2. 李迈尔（Rimmel）分类法

李迈尔（1865 年）根据各种天然香料的香气特征，将香气分为十八组（表 2-1），在各组中：用人们比较熟悉的一种香料来代表该组的香气，并另列出类似这组香气的其他香料品种。这种分类方法接近于客观实际，对天然香料的使用有一定的指导意义，对初学调香者来说也比较容易理解和接受。

表 2-1　李迈尔的香气分类法

组别	香气分类	代表香料	属于同类别的香料或物质
1	薰衣草样	薰衣草	穗薰衣草、百里香
2	玫瑰样	玫瑰	香叶、香茅
3	茉莉样	茉莉	铃兰、依兰、卡南伽
4	橙花样	橙花	刺槐、橙叶
5	晚香玉样	晚香玉	水仙、百合
6	香石竹样	丁香	香石竹、丁香石竹
7	紫罗兰样	紫罗兰	金合欢、鸢尾根
8	薄荷样	薄荷	留兰香、芸香、鼠尾草
9	樟脑样	樟脑	迷迭香、广藿香
10	檀香样	檀香	岩兰草、柏木
11	膏香样	香荚兰豆	安息香、苏合香、黑香豆
12	龙涎香样	龙涎香	橡苔
13	麝香样	麝香	灵猫香、麝葵籽
14	茴香样	大茴香	八角茴香、小茴香、芫荽籽
15	辛香样	玉桂	肉桂、肉豆蔻
16	柑橘样	柠檬	香柠檬、甜橙
17	果香样	梨	苹果、菠萝
18	杏仁样	苦杏仁	月桂、桃仁、硝基苯

李迈尔是较早的一位以人们的主观感觉与客观实际相结合的方法来认识和区别香气的香料香精从业人士，因限于当时的香料品种几乎都是天然香料，在现今香料品种已逾数千种的情况下，应适当加以补充，方可完整。

3. 比洛（Billot）分类法

法国著名调香师比洛（1948—1975 年）把香气分为花香、木香、田园香、膏香、果香、动物香、焦熏香、厌恶气、可食香九类。后两种在日化用香精中用途极少，但也可用于完善各种香气。现将他的分类及一些代表性的香料或物质选列于表 2-2。

表 2-2 比洛的香气分类法摘录

组别	香气类别	代表香料或物质
1		花香类
(1)	玫瑰香韵	玫瑰油、玫瑰香叶油、玫瑰草油、姜草油、玫瑰醇及其酯类、香叶醇及其酯类、β-苯乙醇及其酯类、四氢香叶醇、顺-玫瑰醚、β-突厥酮、邻氨基苯甲酸苯乙酯
(2)	茉莉香韵	茉莉净油、依兰净油、乙酸苄酯、α-戊基桂醛、α-己基桂醛、茉莉酮类、茉莉酮酸甲酯、吲哚、茉莉酯
(3)	风信子香韵	风信子净油、苯乙醛、对甲酚甲醚、苯丙醛
(4)	紫（白）丁香香韵	紫丁香花净油、铃兰净油、α-松油醇、羟基香茅醛
(5)	橙花香韵	苦橙花油、苦橙叶油、邻氨基苯甲酸甲酯、甲基萘基甲酮
(6)	晚香玉香韵	晚香玉净油、水仙净油、黄水仙净油、黄兰净油、忍冬花净油、百合净油、十一烯醛、十二醛
(7)	紫罗兰香韵	紫罗兰净油、金合欢净油、含羞花净油、鸢尾净油、胡萝卜籽油、α-紫罗兰酮、β-紫罗兰酮、甲基紫罗兰酮类
(8)	木樨草香韵	木樨草净油、癸炔羧酸乙酯
2		木香类
(1)	云杉-冷杉香韵	胡椒油、百里香油、云杉叶油、冷杉叶油
(2)	檀香香韵	东印度檀香油、柏木油、愈创木油、香脂檀香油、檀香醇及其乙酸酯、柏木醇及其乙酸酯、岩兰草醇及其乙酸酯、乙酸对叔丁基环己酯
(3)	丁香香韵	香石竹净油、烟草花净油、丁香油、中国肉桂油、斯里兰卡玉桂油、玉桂叶油、肉豆蔻衣油、肉豆蔻油、众香籽油、广藿香油、丁香酚、异丁香酚、丁香酚乙酸酯、异丁香酚乙酸酯、桂醛
3		田园香类
(1)	薄荷脑香韵	亚洲薄荷油、椒样薄荷油、胡薄荷油、薄荷酮、薄荷脑
(2)	樟脑香韵	迷迭香油、白千层油、小豆蔻油、甘牛至油、香桃木油、鼠尾草油、意大利柏叶精油
(3)	药草香韵	新刈草净油、罗勒油、洋甘菊油、芹菜油、薰衣草油、杂薰衣草油、穗薰衣草油、香紫苏油、大齿当归（独活）油、欧芹油、艾菊油、百里香油、苦艾油、水杨酸异戊酯、大茴香酸甲酯
(4)	青香香韵	紫罗兰叶净油、龙蒿油、庚炔羧酸甲酯、庚炔羧酸异戊酯、龙葵醛及其二甲醛、苯乙醛二甲缩醛、顺-3-己烯醛、叶醇及其甲酸/乙酸/水杨酸酯、2,6-壬二烯醛及其二甲缩醛
(5)	地衣香韵（含壤香）	橡苔净油、树苔净油、香薇净油、异丁基喹啉、3-壬醇、庚醛甘油缩醛
(6)	荚豆香韵	甲基庚烯酮
4		膏香类
(1)	香荚兰豆香韵	香荚兰豆净油、安息香树胶树脂、葵花净油、香兰素、乙基香兰素

组别	香气类别	代表香料或物质
（2）	乳香香韵	没药香树脂、乳香香树脂、防风根油、秘鲁香膏、吐鲁香膏、苏合香树脂、白芷精油、意大利柏叶净油、乙酸桂酯、苯甲酸桂酯、桂酸苄酯、桂醇
（3）	格蓬香韵	白苍蒲油、格蓬油、格蓬香树脂
（4）	树脂香韵	松脂、松针油、乙酸龙脑酯、银枞叶油
5		**果香类**
（1）	柑橘皮香韵	香柠檬油、芫荽籽油、柠檬草油、白柠檬油、甜橙油、香橼油、圆柚油、柠檬油、橘子油、苦橙油、防臭木油、柠檬醛及其二甲缩醛、癸醛、甲酸芳樟酯、甲酸松油酯、二氢月桂烯醇
（2）	醛香香韵	脂肪醛类（C7～C12）
（3）	杏仁样香韵	苦杏仁油
（4）	茴香香韵	八角茴香油、茴香油、大茴香脑
（5）	果香香韵	γ-十一内酯（桃醛）、δ-十一内酯、乙酸苯甲酯、乙酸异戊酯、乙酸异丁酯、γ-壬内酯、己酸烯丙酯、对甲基-β-苯基缩水甘油酸乙酯、丁酸杏叶酯、丁酸苯乙酯、内酸异内酯、2,6-二甲基-5-庚烯醛
（6）	巧克力香韵	可可豆
6		**动物香类**
（1）	麝香香韵	麝香、广木香净油、云木香油、白芷净油、酮麝香、二甲苯麝香、三甲苯麝香、麝香酮、十五内酯、环十五酮、麝香T、萨利麝香、芬檀麝香、佳乐麝香、麝香R-1、10-氧杂十六内酯
（2）	海狸香香韵	海狸香、皮革香
（3）	甲基吲哚香韵	灵猫香、灵猫酮、甲基吲哚、对甲基四氢喹啉、苯乙酸、苯乙酸异戊酯
（4）	海洋香韵	海藻净油
（5）	龙涎琥珀香韵	龙涎香、麝葵籽油、赖百当净油、赖百当浸膏、降龙涎香醚
7		**焦熏香类**
（1）	烟熏香韵	桦焦油、精制刺柏焦油、杜松油、美拉德反应衍生物
（2）	烟草样香韵	烟草净油、黄香草木樨净油、黑香豆净油

比洛的香气分类类别不多，但常用的基本香气类别均概括在内，而且每一类中，还进一步划分为几种香韵，并以常用香料或常见物质来说明其香气，显然比较客观。此外，比洛还曾补充说明粉香可与有关的木香、根香、龙涎香、琥珀香或药草香的香料香气联系记忆；地衣香与蜜香可与膏香、香薇香、苔藓香联系记忆。从上表还可以看出，比洛认为对同一种香料植物，由于加工工艺不同，所得香料制品的香气类别也有所差别（意大利柏叶通过水蒸气蒸馏得到的精油归入田园香类樟脑香韵，通过浸提法得到的净油则归入膏香类的乳香香韵；白芷精油归

入乳香香韵，而其净油则归入动物香类的麝香香韵等）。比洛的香气分类法在调香界较易被接受，有较好的实用效果。

4. 捷里聂克（P. Jellinek）分类法

捷里聂克（1949 年）在《现代日用调香术》一书中，根据人们对气息效应的心理反应，将香气归纳为动情性效应的香气、麻醉性效应的香气、抗动情性效应的香气及兴奋性效应的香气四大类（图 2-5）。

（1）动情性效应的香气　包括动物香、脂蜡香、汗泽气、酸败气、干酪气、尿样气、粪便气、氨气等。总体概括可用"碱气""呆钝"来描述。

（2）麻醉性效应的香气　包括玫瑰香、紫罗兰香、紫丁香等各种花香和膏香。总体概括可用"甜气""圆润"来描述。

（3）抗动情性效应的香气　包括薄荷脑香、樟脑香、树脂香、青香、清淡气等。总体概括可用"酸气""尖锐"来描述。

（4）兴奋性效应的香气　包括除了鲜花以外的植物性香料（如籽、根、叶、茎、干等）的香气，如辛香、木香、苔香、草香、焦香等。总体概括可用"苦/干气""坚实"来描述。

在上述四类香气之间，存在着下列关系：在酸气与苦/干气之间主要是新鲜性气息，在苦/干气与碱气之间主要是提扬性气息，在碱气与甜气之间主要是闷热性气息，在甜气与酸气之间主要是镇静性气息。

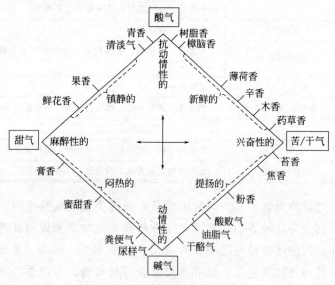

图 2-5　捷里聂克香气分类法

该种香气分类法不但借用了味觉和触觉来描述，而且划分的四类香气中有两两对应的关系（酸-碱或尖锐-呆钝，甜-苦或圆润-坚实），具有特色，便于记忆和使用。

5. 扑却 (Poucher) 分类法

法国著名调香师扑却（1954年）在《化妆品化学会志》中，发表了他按香料香气挥发度来进行分类的结果。他评定了共330种天然和合成香料及其他香料物质，依据它们在辨香纸上挥发留香的时间长短来区分头香、体香和基香三大类。首先他将各种要试验的香料，经过细致的筛选，保证是真正的原货和质量纯净，包括确定它们的来源（天然产品是产地，合成品是其起始原料）。尤其是有些贵重的香料，为了防止"老手"的掺假，他用了很多时间进行验证工作。

扑却把香气在不到一天就嗅不到的香料，定系数为"1"，其他以此类推（即不到二天的系数为"2"），把这330种分别定系数为1～100（最高为100，此后不再分高低）。当他发现有疑问时，还重复地做，这项工作他整整花了四年才结束。他将系数1～14的划为头香，15～60的划为体香，61～100的划为基香或定香剂。兹将这一分类表摘录于表2-3中，以供查阅。

表 2-3　香料香气挥发系数表（部分）

系数	品　名
1	苯乙酮、苦杏仁油、乙酸异戊酯、苯甲醛、乙酸苄酯、乙酸乙酯、乙酰乙酸乙酯、苯甲酸甲酯、绿花白千层油
2	甲酸苄酯、玫瑰木油、苯甲酸乙酯、蒸馏白柠檬油、芳樟醇、橘子油、水杨酸甲酯、乙酸辛酯、乙酸苯乙酯、甲酸苯乙酯、丙酸苯乙酯、水杨酸苯乙酯
3	桂酸苄酯、芫荽籽油、对甲酚甲醚、乙酸对甲酚酯、异丁酸对甲酚酯、蒔萝醛、丁酸环己酯、甲酸癸酯、二甲基苄基原醇、乙酸二甲基苄基原酯、癸炔羧酸乙酯、水杨酸乙酯、对甲基苯乙酮、没药油、麝香酊（3%）、异丁酸辛酯、胡薄荷油、巴拉圭橙叶油、黄樟油、留兰香油、松油醇
4	二甲基辛醇、小茴香籽油、香茅醇、桉叶油、苯甲酸香叶酯、薰衣草油、丁酸甲酯、香桃木油、壬醛、苯乙醇、鼠尾草油、对甲基水杨酸甲酯
5	二甲基苯乙酮、苯乙酸乙酯、意大利橙花油、乙酸壬酯、乙酸松油酯、对甲基苯甲醛
6	桃金娘月桂叶油、香柠檬油、葛缕籽油、香橼油、甲酸香茅酯、苯乙酸异丁酯、苯甲酸芳樟醇、苯甲酸乙酯、乙酸苏合香酯、葡萄油
7	丙酸异戊酯、茴香油、异丁酸苄酯、丙酸苄酯、庚酸苄酯、香叶醇（单离自爪哇香茅油）、姜油、辛炔羧酸甲酯、壬醇、三色堇油、亚洲薄荷油、芸香油、艾菊油、白百里香油、紫罗兰净油、异丁酸香叶酯、乙酸癸酯
8	水杨酸异戊酯、水杨酸苄酯、柏木油、斯里兰卡香茅油、乙酸香茅酯、邻氨基苯甲酸乙酯、香叶醇（单离自玫瑰草油）、苯甲酸异丁酯、水杨酸异丁酯、柠檬油、丙酸芳樟酯、橙花醇、玫瑰醇、法国玫瑰油、土荆芥油、异戊酸苯乙酯
9	二甲基壬醇、丁酸香叶酯、麝香素油、月桂叶油、大茴香酸甲酯、乙酸橙花酯、美国薄荷油、穗薰衣草油、万寿菊油、红百里香油
10	苦艾油、洋甘菊油、二苯甲烷、二苯醚、大茴香酸乙酯、杂薰衣草油、乙酸芳樟酯、甲基苯乙醛、苦橙油、丙酸苯丙酯、丁香酚甲醚
11	丁酸异戊酯、胡萝卜籽油、毕橙茄油、癸醇、格蓬油、风信子净油、脱色蜡菊净油、大叶钓樟油、甲酸芳樟酯、独活油、狭叶胡椒油、水仙净油、肉豆蔻油、辛醇、防风根油、甜橙油

系数	品　名
12	桂酸甲酯、庚炔羧酸甲酯、法国橙叶油、桂酸苯乙酯、丙酸松油酯、苯甲醚
13	苯乙酸对甲酚酯、榄香油、鸢尾凝脂、苯丙醇
14	罗勒油、卡南伽油、小茴香油、柠檬草油、黄连木油、甲基紫罗兰酮、含羞花净油、玫瑰草油、乙酸苯丙酯、异丁酸苯丙酯、木樨草净油
15	对甲氧基苯乙酮、乙酸桂酯、甲酸桂醛、爪哇香茅油、欧莳萝油、愈创木油、洋茉莉醛、甲基吲哚、苏合香油、保加利亚玫瑰油
16	大茴香酸异戊酯、丁香酚、苯乙酸苯丙酯、野百里香油
17	蜜蜂花油、四氢香叶醇
18	菖蒲油、甘牛至油、鸢尾净油、异丁酸苯氧基乙酯、异戊酸甲基苯基原酯、紫罗兰叶净油
19	异丁酸苯乙酯、优质防臭木油
20	香紫苏油
21	苯甲酸异戊酯、圆叶当归籽油、大茴香醛、山菊根油、榄香树脂、吲哚、α-紫罗兰酮、β-紫罗兰酮、邻氨基苯甲酸甲酯、没药树脂、法国迷迭香油、乙酸十一酯
22	异丁香酚苄醚、桂叶油、丙酸桂酯、丁香油、甲酸香叶酯、邻氨基苯甲酸芳樟醇、橙花水净油、苯基甲酚醚
23	金雀花净油、甲氧基苯乙酮、欧芹油
24	乙酸大茴香酯、南洋杉木油、苯甲烯丙酮、桂皮油、桂酸乙酯、糠基羟基丙酸乙酯、非洲香叶油、法国香叶油、西班牙香叶油、乙酸香叶酯、黄水仙油、马尼拉依兰净油
25	异丁香酚甲醚
26	柠檬桉油、N-异丁基邻氨基苯甲酸甲酯、苯乙酸甲酯
27	苯甲酸香茅酯、二甲基对苯二酚
28	丁酸桂酯
29	香苦木皮油、波蓬香叶油
30	麝葵籽油、小豆蔻、姜草油、白柠檬油、橙花净油
31	橙花净油
32	十二酸乙酯、对甲基苯丙醛
33	大根香叶油
34	芹菜根油
35	N-甲基邻氨基苯甲酸甲酯
38	酒花油
40	海索草油、丙酸玫瑰酯、波蓬依兰油
41	肉豆蔻衣油
42	乙酰基异丁香酚、桂酸戊酯、桂叉基甲基原醇
43	甲酸丁香酚酯、桂酸异丁酯、大花茉莉净油、玫瑰净油、晚香玉净油

系数	品　名
45	乙酸龙脑酯、肉桂油
47	大茴香醇
50	十二醇、十二醛、苯丙醛、十一醇、苦橙花油
54	乙酸柏木酯
55	橙花叔醇
60	苯乙酸苄酯、柠檬醛、甲酸玫瑰酯
62	苯乙酸异戊酯
65	天然桂醇
70	水杨酸芳樟醇、脱色大花茉莉油
73	金合欢净油
77	甲基萘基甲酮
79	灵猫香膏
80	羟基香茅醛
85	苯乙二甲缩醛
87	辛醛
88	"杨梅醛"（β-甲基苯基缩水甘油酸乙酯）
89	兔耳草醛
90	格蓬树脂、防风根树脂、鸢尾油树脂、乙酸玫瑰酯、香脂檀油、龙蒿油、脱色大花茉莉净油
91	苯乙酸苯乙酯、"桃醛"（γ-十一内酯）
94	圆叶当归油、桦芽油
99	山菊花油
100	乙酰基丁香酚、龙涎香酊（3%）、α-戊基异丁香酚、安息香香树脂、二苯甲酮、桦焦油、海狸香净油、人造桂醇、广木香油、香豆素、扁柏油、癸醛、乙基香兰素、"椰子醛"（γ-壬内酯）、愈创木醇酯类、蜡菊净油、异丁香酚、苯乙酸异丁香酚酯、赖百当浸膏、苯乙酸芳樟酯、甲基壬基醛、人造麝香、橡苔浸膏、乳香油及树脂、广藿香油、胡椒油、秘鲁香膏、苯乙酸、众香子油、苯乙酸玫瑰酯、东印度橙花油、苏合香香树脂、苯乙酸檀香油、吐鲁香膏、黑香豆浸膏、乙酸三氯甲基苯基原酯、十一醛、香兰素、岩兰草油

　　扑却香气分类法的中心，是基于各种香料间的香气相对挥发度的差别。但用嗅觉去判定一个香料香气的相对挥发度（在常压室温下的挥发时限）的终点却是关键问题。因为有些香料特别是天然香料（往往是一种复杂成分的混合物），它的最初香气与最终香气有可能有很大差异，有的在挥发的过程中，会逐渐失去它本来的香气典型特征，这就要凭评辨者的嗅觉来判断。因此一个香料究竟列在头香、体香或基香类别中，会因人而异。再者，调香师在创拟香精时，也可能会运用相当多的体香香料，使之在头香和基香中体现出来；又有可能会运用相当多的基香

香料，使之在体香中形成香精特征香气的重要组成部分等。因此如何来说明一个香料属于头香、体香或基香的问题，也会因人而异。不过这种分类法对调香者来说，很容易理解，且有一定益处。

6. 奇华顿（Givandan）公司的分类

瑞士奇华顿公司是全球日用及食用香精领域的先导，是一家历史悠久，享有盛誉的跨国集团，在世界香料香精行业中一直处于领先地位。它于1961年发表了香型分类，在各类香型中均列举了一些可用的主要合成香料，有一定的参考价值，现摘录于表2-4中。

表 2-4 奇华顿公司的香气分类法

香气类型	代表性香料
刺槐花（acacia）香型	大茴香醛、大茴香醇、对甲氧基苯乙酮、邻氨基苯甲酸甲酯
金合欢花（cassie）香型	鸢尾酮、紫罗兰酮类、乙酸大茴香酯、庚炔羧酸甲酯
银白金合欢（mimosa）香型	金合欢醇、甲基壬基乙醛、二苯甲酮、2,4-二甲基苯乙酮
香石竹（carnation）香型	丁香酚、异丁香酚、甲基丁香酚、甲基异丁香酚、乙酸丁香酚酯、乙酸异丁香酚酯
素心兰（chypre）香型	水杨酸异戊酯、乙酸芳樟酯、香豆素
三叶草（clover）香型	水杨酸异丁酯、苯甲酸异丁酯、苯甲酸异戊酯
兔耳草（cyclamen）香型	兔耳草醛、铃兰醛、羟基香茅醛
栀子花（gardenia）香型	乙酸苯乙酯、苯乙酸甲酯、邻氨基苯甲酸苯乙酯
晚香玉（tuberose）香型	羟基香茅醛、甲酸大茴香酯、甲基苯酯
玫瑰（rose）香型	玫瑰醇、香茅醇、香叶醇、苯乙醇、结晶玫瑰（乙酸三氯甲基苯甲酯）
茉莉（jasmine）香型	乙酸苄酯、芳樟醇、乙酸芳樟酯、茉莉酮、苄醇、吲哚、α-戊基桂醛、邻氨基苯甲酸甲酯
依兰（ylang）香型	香叶醇、芳樟醇、松油醇、乙酸苄酯、苯甲酸乙酯
香罗兰花（wallflower）香型	大茴香醛、洋茉莉醛、对甲酚甲醚
风信子（hyacinth）香型	桂醇、苯乙醛、龙葵醛、苯甲醛、铃兰醛、异丁酸苄酯
忍冬花（honeysuckle）香型	洋茉莉醛、甲基-β-萘甲酮、邻氨基苯甲酸甲酯
葵花（heliotrope）香型	香兰素、香豆素、大茴香醛、洋茉莉醛、桂酸苄酯
山楂花（mey blossom）香型	苯甲醛、苯乙醛、铃兰醛、大茴香醛
香豌豆花（sweetpea）香型	苯乙醛、甲基壬基甲酮、庚炔羧酸甲酯、水杨酸异戊酯
山梅花（syringa）香型	甲基-β-萘甲酮、甲基紫罗兰酮类、苯乙酮
橙花（orange flower）香型	橙花醇、橙花叔醇、橙花酮、β-萘甲醚、β-萘乙醚
苦橙花（neroli）香型	辛醇、辛醛、β-萘甲醚、橙花醇、橙花酮
丁香（lilac）香型	松油醇、大茴香醇、苯乙醇、羟基香茅醇、苯乙醛、乙酸大茴香酯、苯乙二甲缩醛

香气类型	代表性香料
铃兰（lily of the valley）香型	铃兰醛、兔耳草醛、羟基香茅醛、洋茉莉醛、金合欢醇
草兰（orchid）香型	水杨酸异丁酯、水杨酸异戊酯、苯甲酸乙酯、苯甲酸异戊酯、壬醛
水仙花（narcissus）香型	丙酸桂酯、桂酸乙酯、乙酸对甲酚酯、苯乙酸对甲酚酯、桂醇
长寿花（jonquil）香型	乙酸苄酯、苯甲酸苯乙酯、羟基香茅醛、龙葵醛、桂醇
薰衣草（lavender）香型	乙酸芳樟酯、甲酸香茅酯、芳樟醇、乙基戊基甲酮
木樨草花（mignonette）香型	紫罗兰酮类、金合欢醇、水杨酸苄酯、庚炔羧酸甲酯
菩提花（linden）香型	芳樟醇、松油醇、金合欢醇、大茴香酸乙酯
广玉兰花（magnolia）香型	玫瑰醇、羟基香茅醛、α-戊基桂醛、洋茉莉醛
紫罗兰（violet）香型	紫罗兰酮类、甲基紫罗兰酮类、鸢尾酮类、苄基异丁香酚
香叶（geranium）香型	香茅醇、香叶醇、二苯醚
馥奇（fougere）香型	甲基乙基甲酮、苯乙酮、水杨酸异戊酯、香豆素
新刈草（newmown hay）香型	苯乙酮、对甲氧基苯乙酮、乙酰基异丁香酚
蜜香（honey）香型	苯乙酸乙酯、苯乙酸香叶酯、苯乙酸苄酯、苯乙酸
鸢尾（orris）香型	鸢尾酮、紫罗兰酮、十四酸乙酯、莳萝醛
马鞭草（verbena）香型	柠檬醛、羟基香茅醛、苯甲酸异丁酯
松本（pine）香型	乙酸龙脑酯、甲酸龙脑酯、龙脑
琥珀（amber）香型	黄葵内脂、葵子麝香、酮麝香
灵猫（civet）香型	甲基吲哚、吲哚、水杨酸异戊酯

三、国内调香工作者的香气分类

1.叶心农等的香气环渡理论和香韵辅成环分类法

原轻工业部香料工业科学研究所以叶心农为首及汪清如、张承曾等香料香精专家对香料的香气分类工作进行了探讨。专家们从调香应用入手，结合各类香气间的区别和联系，先将香料的香气划分为花香和非花香两大类；然后在花香方面又分为四个正韵和四个双韵，在非花香方面分为十二类；并分别在花香香韵与非花香香韵内，依次排列出香气辅成环，用以说明它们之间的联系及环渡的意义。

通过实践，表明该分类方法适合国内调香工作的实际运用，成为香料香精经典调配方法。现将分类类别以及代表各类香韵香气的香料品种分列如下。

（1）花香香气分类　常见的花香35种归入八个香韵中。

① 清（青）韵-正香韵：以梅花为代表。归入本香韵的香花还有山楂花、薰衣草花、菊花、洋甘菊等。

② 清（青）甜香韵-双香韵：以香石竹花为代表。归入本香韵的香花还有丁香花等。

③ 甜韵-正香韵：以玫瑰花为代表。归入此香韵的香花还有月季花、蔷薇花等。

④ 甜鲜香韵-双香韵：以风信子花为代表。归入此香韵的香花还有栀子花、忍冬花等。

⑤ 鲜韵-正香韵：以茉莉花为代表。归入此香韵的香花还有玳玳花、橙花、白兰花、依兰花、树兰花等。

⑥ 鲜幽香韵-双香韵：以紫丁香花为代表。归入此香韵的香花还有铃兰花、兔耳草花、广玉兰花等。

⑦ 幽韵-正香韵：以水仙花为代表。归入此香韵的香花还有黄水仙花、晚香玉花等。

⑧ 幽清（青）香韵-双香韵：以金合欢花为代表。归入此香韵的香花还有紫罗兰花、桂花、木樨草、银白金合欢花（习称含羞花）、刺槐花、葵花、甜豆花、香罗兰花等。

它们的环渡是：清（青）→清（青）甜→甜→甜鲜→鲜→鲜幽→幽→幽清（青），然后再回到清（青），成为花香韵辅成环。

（2）非花香香气分类　非花香分为十二个香韵。

① **青滋香**（包括清香）：合成香料包括大茴香醛、大茴香醇、松油醇、乙酸松油酯、乙酸二甲基苄基原醇、二甲基苄基原醇、芳樟醇、乙酸芳樟酯、甲酸香叶酯、乙酸香叶酯、羟基香茅醛、苯乙醛、苯乙醇、乙酸甲基苯基原酯、庚炔羧酸甲酯、辛炔羧酸甲酯、二氢茉莉酮、甲酸香茅酯、乙酸香茅酯、乙酸苯乙酯、苯乙二甲缩醛、兔耳草醛、桉叶素、乙酸龙脑酯、龙脑、薄荷脑、α-戊基桂醛、α-己基桂醛、乙酸苄酯、二氢茉莉酮酸甲酯、甲酸苄酯、α-戊基桂醇、叶醇、四氢芳樟醇、壬二烯-2,6-醛、苯甲酸芳樟酯、邻氨基苯甲酸芳樟酯、丙酸苯乙酯、乙酸大茴香酯、甲基壬基甲酮、甲酸己酯、甲酸庚酯、乙酸己酯、乙酸庚酯、甲酸芳樟酯、甲基己基甲酮、薄荷酮、丁酸苯乙酯、异戊酸苯乙酯、蒎烯、甲酸玫瑰酯、乙酸二甲基苯乙基原酯、四氢香叶醇、女贞醛等。

天然香料包括紫罗兰叶净油及浸膏、橡苔浸膏、橙叶油、白兰叶油、玫瑰木油、松针油、芳樟油、薄荷油、桉叶油、杜松子油、玳玳叶油、柏叶油、留兰香油等。

② **草香**（包括芳草及药草）：合成香料包括香茅醛、苯乙酮、二苯醚、二苯甲烷、β-萘乙醚、β-萘甲醚、水杨酸异戊酯、水杨酸丁酯、异薄荷醇、香荆芥酚、百里香酚、水杨酸甲酯、水杨酸乙酯、苯甲酸乙酯、苯甲酸甲酯等（香茅醛到异薄荷酮为芳草香，香荆芥酚到苯甲酸甲酯为药草香）。

天然香料包括香茅油、柠檬桉油、迷迭香油、甘松油、缬草油、鼠尾草油、乌药叶油、百里香油、苍术硬脂、菖蒲油、姜黄油、冬青油、地塘香油、白樟油等（香茅油到鼠尾草油为芳草香，乌药叶油到白樟油为药草香）。

③ **木香**：包括檀香醇、柏木醇、乙酸柏木酯、人造檀香、乙酸檀香酯、岩兰草醇、乙酸岩兰草酯等合成香料。包括檀香油、柏木油、楠木油、愈创木油、岩兰草油、广藿香油、桦焦油、香苦木皮油、香附子油等天然香料（后三种是苦焦木香，其余是甜木香）。

④ **蜜甜香**：包括甲基紫罗兰酮类、紫罗兰酮类、桂醇、苯丙醇、橙花醇、香叶醇、香茅醇、玫瑰醇、乙酸桂酯、乙酸苯丙酯、苯乙酸、苯乙酸乙酯、苄醇、丙酸苄酯、"结晶玫瑰"（乙酸三氯甲基苄酯）、鸢尾酮、金合欢醇、二甲基苯乙基原醇、十四酸乙酯、丙酸香叶酯、丁酸香叶酯、苯乙酸香叶酯、苯乙酸苯乙酯、苯乙酸丁酯、苯乙酸异丁酯、乙酸玫瑰酯、丙酸玫瑰酯、丁酸玫瑰酯、苯甲酸苯乙酯等合成香料。也包括香叶油、玫瑰草油、鸢尾凝脂、姜草油等天然香料。

⑤ **脂蜡香**（包括醛香）：辛醛、壬醛、癸醛、十一醛、十二烯醛、十二醛、甲基壬基乙醛、辛醇、壬醇、癸醇、十一醇、十二醇、乙酸辛酯、乙酸壬酯、乙酸癸酯、庚醇、庚醛、甲酸辛酯、甲酸癸酯、丁二酮等。

⑥ **膏香**（包括树脂香）：合成香料包括苯甲酸、苯甲酸苄酯、桂酸、桂酸苄酯、桂酸苯乙酯、桂酸甲酯、桂酸乙酯、桂酸桂酯、苯丙醛、溴代苯乙烯、水杨酸苯乙酯等。天然香料包括吐鲁香树脂、秘鲁香树脂、安息香香树脂、苏合香香树脂、乳香香树脂、没药香树脂、格蓬香树脂、芸香香树脂、柯巴香膏等。

⑦ **琥珀香**：包括水杨酸苄酯、苯甲酸异戊酯、苯甲酸异丁酯、α-柏木醚、降龙涎香醚、赖百当浸膏、麝葵籽油、香紫苏油、圆叶当归根油、防风根香树脂等香料。

⑧ **动物香**：包括十五酮、十六酮、十五内酯、麝葵内酯、葵子麝香、酮麝香、二甲苯麝香、佳乐麝香、麝香105、昆仑麝香、粉檀麝香、麝香酮、灵猫酮、吲哚、甲基吲哚、对甲基喹啉、对甲基四氢喹啉、对甲酚甲醚、乙酸对甲酚酯、苯乙酸对甲酚酯等合成香料。也包括龙涎香、麝香、灵猫香、海狸香等天然香料。

⑨ **辛香**（包括焦香、烟草香、革香）：合成香料包括丁香酚、异丁香酚、大

茴香脑、黄樟素、桂醛、二甲基代对苯二酚、乙酰基异丁香酚、丁香醚甲醚、异丁香酚甲醚、莳萝醛、对异丁基喹啉等。

天然香料包括八角茴香油、大茴香油、小茴香油、丁香油、丁香罗勒油、黄樟油、姬茴香油、月桂油、月桂叶油、肉桂油、肉豆蔻油、葛缕籽油、芹菜籽油、姜油、茴香罗勒油、众香子油、小豆蔻油、豆蔻衣油、桂皮油、月桂皮油、斯里兰卡桂叶油、花椒油、菊苣浸膏、咖啡浸膏、桦焦油等。

⑩ **豆香**（包括粉香）：合成香料包括香兰素、香豆素、对甲基苯乙酮、苯乙酮、苯甲烯丙酮、洋茉莉醛、乙基香兰素、水杨醛、异丁香酚、苄醚等。

天然香料包括香荚兰豆浸膏（酊）、黑香豆浸膏（酊）、茅香浸膏、可可酊等。

⑪ **果香**（包括坚果香，浆果香与瓜香）：合成香料包括桃醛、杨梅醛、椰子醛、凤梨醛、甜瓜醛、悬钩子酮、苯甲醛、柠檬醛、乙酸异戊酯、甲基-β-萘基甲酮、苧烯、丁酸苄酯、邻氨基苯甲酸甲酯、N-甲基邻氨基苯甲酸甲酯、丁酸异戊酯、甲酸异戊酯、异戊酸异戊酯、丁酸乙酯、异戊酸乙酯、环己基丙酸烯丙酯等。

天然香料包括苦杏仁油、甜橙油、柠檬油、柚皮油、香柠檬油、柠檬草油、山苍子油、防臭木油、山胡椒油、橘子油、柚子油、白柠檬油、山楂浸膏等。

⑫ **酒香**：包括庚酸乙酯、壬酸乙酯、壬酸苯乙酯、人造康乃克油、异戊醇、乙酸乙酯、甲酸乙酯、丙酸乙酯、己酸乙酯等香料物质。

它们的环渡是：青滋（青）香→草香→木香→蜜甜香→脂蜡香→膏香→琥珀香→动物香→辛香→豆香→果香→酒香→然后再回到青滋（青）香，成为非花香韵辅成环。

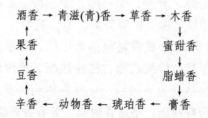

为了对重要的青滋香、蜜甜香和果香能更好掌握起见，再把它们进一步分类，以便更好地理解和运用。

青滋香分类

叶青：以紫罗兰叶油、叶醇（己烯-3-醇）、女贞醛为代表。

苔青：以橡苔为代表。

茉莉青（清）：以茉莉酮、茉莉酮酸甲酯、二氢茉莉酮酸甲酯、异二氢茉莉酮酸甲酯为代表。

梧青：以松油醇为代表。

茴青：以大茴香醛为代表。

萼青（带甜）：以苯乙醇为代表。

木青：以芳樟醇为代表。

梅青：以苯甲醛为代表。

草青：以香茅醛为代表。

凉青：以薄荷脑为代表。

蜜甜香分类

醇甜或玫瑰甜：以玫瑰醇为代表。

柔甜或蜜甜：以鸢尾酮为代表。

辛甜或焦甜：以丁香酚为代表。

膏甜或桂甜：以桂醇为代表。

蜡甜或蜜蜡甜：以壬醛为代表。

酿甜：以康酿克油为代表。

青甜或橙花甜：以橙花醇、香茅醇、苯乙醇为代表。

盛甜或金合欢甜：以金合欢醇、甲基紫罗兰酮为代表。

果甜：以桃醛（γ-十一内酯）为代表。

豆甜：以乙基香兰素为代表。

木甜：以愈创木油、岩兰草油为代表。

果香分类

柑橘果香：以柠檬醛或柠檬油为代表。

浆果香：以杨梅醛（草莓醛）或悬钩子酮为代表。

坚果香：以苦杏仁油为代表。

瓜香：以甜瓜醛为代表。

以上的香气分类法及列举的一些香料品种，对初学调香者是非常重要的，也是一种基本功。但随着应用实践的逐步深入以及新香料品种的不断出现，今后还有待不断地加以完善和补充。

（3）非花香韵辅成环的环渡和香气解说

① **青滋青香**：植物的青绿色彩，常常有清凉爽快的青滋气息，犹如人们在青色草原旷野间，阵风吹来，吸嗅到的一种新鲜清爽的绿叶气息。这种绿叶的青气，统称之为"青滋香"。草本植物中的紫罗兰叶片的青滋气，在调香应用中曾是最名贵的青滋香，是天然"叶青"的代表。在合成香料中可以己烯-3-醇、壬二烯-2，6-醛或羟炔酸酯类为代表。橡苔中的青香称为"苔青"，其品级不及前者。

树木青翠的枝叶和树干，也有青滋香，但其中有自"青"转为"清"（花香韵）者，例如苦橙叶、玳玳叶、白兰叶、玫瑰木等，是"清""青"兼茂，这些精油中的主要香气成分常为芳樟醇、橙花醇及其衍生物。此类青滋气可概称为"木青"之香。

此外，木本中的松针、柏叶、桉叶，草木中的薄荷等，虽也是自绿色部分中提取青滋气香料，但这些精油中含有较多的蒎烯或龙脑或乙酸龙脑酯或桉叶素或薄荷脑或薄荷酮等，在它们的青滋气中凉气突出，是一种凉青之香。这种青滋气虽品级不高，在调香处方中用量甚微，但有时却是不可不用的品种。

青滋香是非花香韵辅成环中的一个起点，这可说是人们日常生活中接触到的由千万种绿色植物所形成的自然气息。尚有一些植物的绿色部分，不是以青滋香为主，而是专有的青草之气。从论香气角度而言，青草之香与青滋香是有区别的，所以可从青滋香过渡到草香这一环。

② **草香**（包括芳草香和药草香）：植物绿色部分的香气，除具有上述清爽的青滋香外，尚有一类带有青涩草香（芳草香或药草香），芳草香多半是指茎叶在青鲜时的草香，药草香多半是指茎叶在干枯时的草香。例如香茅、柠檬桉叶等，因其中含有较多的香茅醛而有青涩的青草香气，它们属于芳草香；例如迷迭香、冬青等也有青涩的草香，但它们则属于药草香而不是一般的青草气。这类草香香气，在调香配方中，如使用得当，可以取得犹如在旷野间嗅到的大自然气息的效果。有些草本植物在枯干之后，其叶茎或茎根中却带有干的或干甜的木香，如甘松、椒草等，这种由草香渐渐转变有木香的风趣，成为草香能环渡到木香之说。

③ **木香**：植物青绿时的香气，在青色变黄枯后，会转为带有干或干甜之气，有木香格调。木香的主要本质，就是要有干甜木香香气，如植香木、柏木、愈创木、岩兰草（根）等。木香一般都是浮厚浓郁，所以常用于重香型或重调香型中，且多作为基体香用。木香中也可区分为干甜木香、干枯甜木香和焦木香三种：干甜木香如植香木、赤柏木、岩兰草（根）等，干枯甜木香如香苦木、香附子等，焦木香如桦焦（干馏树皮）等。木香的干而甜的本质可视为由木香环渡至蜜甜的理由。

④ **蜜甜香**：甜香之美，除花香之外，干草香和木香中均有甜香味，但木香及干草香中的甜香均是附属香气，更有以甜香为主的蜜甜香，应成为环中的单独一类。花香中以玫瑰为正甜香韵。在非花香中的蜜甜香，可以香叶、玫瑰等精油为代表。在调香上，蜜甜香是最紧要的香气，其应用不仅限于在玫瑰香型中，而可广泛地作为蜜甜香韵，用于许多香型中。

蜜甜香也可按其互相间的香调差别，分为若干小类，其中有些小类还交叉在环中其他类别中。

Ⅰ 玫瑰甜（或醇甜）　　　　　Ⅶ 宵甜（或橙花甜）

Ⅱ 柔甜（或蜜甜）　　　　　　Ⅷ 盛甜（或金合欢甜）

Ⅲ 辛甜（或焦甜）　　　　　　Ⅸ 果甜

Ⅳ 膏甜（或桂甜）　　　　　　Ⅹ 豆甜

Ⅴ 酿甜　　　　　　　　　　　Ⅺ 木甜

Ⅵ 蜡甜（或蜜蜡甜）

以上几种蜜甜香的小类用途不同。一般说鸢尾柔甜香属上乘香韵，不仅在花香型香精如紫罗兰花、桂花等中合用，在许多高档香精中，常以之增添美好香韵。蜜甜香中的主要小类——玫瑰甜及柔甜，均往往带有微微的蜜蜡或脂蜡香气。玫瑰油中含有玫瑰蜡，鸢尾油中含有十四酸，都是显示蜜甜香与脂蜡香的亲近关系，故可从蜜甜香环渡至脂蜡香。

⑤ **脂蜡香**（包括醛香）：常绿长青植物的枝叶中常含有蜡质，这有助于御寒越冬或减少水分蒸发。籽实、坚果薄壳上也往往含有脂蜡，这些物质常是高碳烷烃或高碳酸及其酚类，有时也含有醛或酮类，这些物质是脂蜡香气的来源。例如橙、柑、橘、柚、柠檬、香柠檬、白柠檬的果皮精油中，就含有辛醛、壬醛、癸醛、十二醛等的脂蜡香气；鸢尾茎根精油中含有十四酸的脂蜡气；楠叶油也有似壬醛的脂蜡香，并可用于玫瑰型香精处方中。脂蜡香包括醛香香气，多半来自脂肪族醛类，是近代醛香型中的重要香韵。

⑥ **膏香**：有些草木不但有来自萜、酸、醛类等的脂蜡香，而且又含有膏香。这类膏香是来自草木在生长期间因生理关系或因人工引变所生成的分泌物（其中有些是萜类或醛的聚合物）。它们的形式有的是树胶，有的是树脂（萜类或醛类的聚合物），有的是树胶树脂或油树胶树脂，有的是香膏。这些物质多少都包含着具有香气的物质，如苯甲酸及其酯类、桂酸及其酯类或其他具有沉浓膏香的物质。如乳香油树胶树脂的香气中有十二醛的脂蜡香，这可作为从脂蜡香进一步转变过渡到膏香的解释。

膏香具有谐和诸香与温柔众香的作用。一般说膏香香料的挥发速率较为缓慢，所以可作为定香剂使用。但用量要适当，否则将影响香精香型的稳定性，因为膏香容易沉底而显露，反而使香气累赘而不清灵。

膏香既有膏甜格调，如秘鲁香树脂、吐鲁香树脂、苏合香香树脂、桂酸苄酯、桂酸桂酯、桂酸苯乙酯等，又有格蓬油（浓度淡时）、苯甲酸桂酯等的动物香格调，更有诸如黄连木香膏、桂酸甲酯等的宛如琥珀之香。这可作为膏香环渡至琥珀香再到动物香的依据。

⑦ **琥珀香**：琥珀原是树脂年久历变而成为凝固之体，香气极弱，但难散失。在调香术中，所谓琥珀香时常与龙涎香相混用。区别的方法主要是将兼以木香及烟熏气与龙涎香为主者称为琥珀香，故又可称之为木质龙涎香。而不带木香者称为龙涎香。赖百当、圆叶当归子与根、防风根制品等，是自膏香环渡至琥珀香的代表性天然香料；水杨酸苄酯、苯甲酸异丁酯、三甲基环十二碳三烯甲基甲酮等是合成香料中的代表。这些香料在调香中的用量一般均宜少，多用反而起不到加香效果。麝葵籽油是琥珀香，但有稍多的龙涎香-麝香样的动物香香韵，这可作为从琥珀香环渡至动物香的依据。

⑧ **动物香**：动物香是属于有浊气的香料，它既温暖又有浊气，似有情感，这

是动物香的主要特点。如天然制品中的麝香、龙涎香、灵猫香与海狸香等。化学合成的单体香料如麝香酮、葵子内酯、十六内酯、灵猫酮等，其结构虽与天然动物香中的主香成分相同，但单一使用，终难达天然动物香香韵的效果，所以天然动物香较名贵，而且多用于高档加香产品。它们具有增香、提调、定香的作用，而且留香持久。浊香重者以喹啉类、甲基吲哚及苯乙酸对甲酚酯为代表，用量应小而且要慎重。动物香都具有温暖气息，可以过渡至辛香。

⑨ **辛香**：辛香来自辛香料。天然辛香料可从有关香料植物的叶、枝、茎、花、果、籽、树皮、木、根等中提取。辛香料一般都有一种辛暖气味，既可祛腥膻气，又可引起食欲和开胃。在日用化学品香精中使用辛香，多见于在东方香型、素心兰型、香薇（馥奇）型等中。常用的天然辛香有八角茴香、小茴香、花椒、丁香、桂皮、肉桂、月桂叶、肉豆蔻、芫荽等；合成品中有反式大茴香脑、丁香酚、肉桂醛等。辛香原多作食用加香，但在日用化学品香精中，适当选用，可取得独特风格。辛香香料有较重的豆香而且带温辛气，如香荚兰豆、香兰素、香豆素等，因其用途特殊，故另列为一环，称为豆香，编排于辛香之后。

⑩ **豆香**（包括粉香）：具有豆香的豆（籽）类香料植物中的香荚兰豆、黑香豆、可可豆的制品，在调香上早就已经应用。豆香的合成品如香兰素、乙基香兰素、香豆素、洋茉莉醛等，它们是许多香型的日用化学品香精中必用的豆香兼粉香香料。豆香香料中有的兼有果香者，如 γ-辛内酯（似椰子果香）、香豆素（坚果样香）等，在调香中豆香与果香也常相辅并用，为此，豆香过渡到果香亦属合适。

⑪ **果香**：果香中包括类别较多，可大体区分为坚果香、浆果香与鲜果香。

苦杏仁油或苯甲醛兼有豆香的坚果香，是由豆香转入果香的一例。坚果香在日用化学品香精中，目前应用面较小。

浆果香可用杨梅醛（应改称草莓醛）、悬钩子酮等来代表，可用作香气修饰剂。

鲜果香又可分为若干小类，如：

a.柑橘果香，其中以橙、橘、柚、柠檬和香柠檬等果香为代表，合成或单离品中的柠檬醛、柑青醛、香柠檬醛、柠檬腈、N-甲基邻氨基苯甲酸甲酯等均归此类，适用于古龙、花露水香型；

b.桃、李、杏、椰子果香，可以 γ-十一内酯、丙酸异戊酯、γ-壬内酯等为代表，适用于栀子、晚香玉等重花香型中；

c.苹果、生梨、香蕉类果香，可以异戊酸异戊酯、乙酸异戊酯、乙酸丁酯等为代表；

d.凤梨香，可以己酸烯丙酯、对叔丁基环己基丙酸烯丙酯、丁酸乙酯等为代表。

后两类鲜果香适用于作果香头香香料使用。此外，尚可划分其他一些鲜果香小类，因在日用化学品调香中应用较少，不再一一列举。

有不少果实在成熟、过熟后有熟果气，如经发酵处理，可产生酒香，这是由果香环渡至酒香的理由。

⑫ **酒香**：酒香也有不少类别，但可简要概括为果酒香、糖蜜酒香、谷物酒香等。在日用化学品香精中，多用前两者。酒香大多数是由酯类组成。在果酒香中，可以康酿克油、庚酸乙酯和壬酸乙酯等为代表，多用作提调香气，或头香或需要酿甜的香型中。糖蜜酒香可以乙酰乙酸乙酯、甲酸乙酯、丙酸乙酯等为代表，它们在香精中主要是组成头香的香料。

酒香具有清灵、轻扬、飘逸、新鲜的气息。酒香在日用化学品香精中，虽然用量较小，但在许多花香型香精（如玫瑰、桂花、紫罗兰、苹果花等）中，能取得新奇效果。

香气辅成环的编排及解释有助于初学调香者掌握，对各类香气之间相辅关联、协调、配合的关系能加以理解和遵循。但这种以主观因素较多的论点，还需进一步完善和改进。

2. 林翔云的"气味ABC"分类法和自然界气味关系图

在阅读了诸多文献后，笔者认为国内著名调香师林翔云在《香味世界》一书中提出的香气划分类别比较全面，符合中国人对香气的一般认知及香气自身的理化特性，适合初学者自学和指导初步实践。现将其摘录于表2-5中。

表2-5 "气味ABC"分类法

字母	中文意义	英文意义	使用得当时的生理/心理作用
A	脂肪族类	aliphatic	放松
Ac	酸味	acid	消除疲劳
B	冰	ice	兴奋
Br	苔藓	bryophyte	镇定
C	柑橘	citrus	促进食欲
Ca	樟脑	camphor	清醒
D	乳酪	dairy	向往
E	食品	edible	消除疲劳
F	水果	fruit	促进食欲
Fi	鱼腥味	fishy	友爱
G	青绿	green	提高效率
H	药草	herb	励志
I	鸢尾	iris	催情
J	茉莉	jasmine	抗抑郁

字母	中文意义	英文意义	使用得当时的生理/心理作用
K	松柏	konifer	清醒
L	芳香族	it-chem	舒缓
M	铃兰	muguet	抗抑郁
Mo	霉味/菇香	mould	向往
N	麻醉性气息	narcotic	兴奋
O	兰花	orchid	提高效率
P	苯酚	phenol	集中精力
Q	香膏	balsam	忘忧
R	玫瑰	rose	催情
S	辛香	spice	励志
T	烟焦味	smoke	激发灵感
U	动物香	animal	友爱
V	香荚兰	vanilla	放松
Ve	蔬菜	vegetable	增进记忆
W	木香	wood	舒缓
X	麝香	musk	忘忧
Y	壤香	earthy	镇定
Z	有机溶剂	zolvent	增进记忆

另外，林翔云参考捷里聂克香气分类体系和叶心农等的香气环渡理论加上现代芳香疗法的一些概念，结合自身几十年来的调香和评香经验，进而提出一个较为完整的"自然界气味关系图"（图2-6），首先将之发表于其1999年编著的《闻香说味——漫谈奇妙的香味世界》附录中，而后在其编著的《调香术》第一版（2001年）、第二版（2008年）、第三版（2013年）中都有收录，并综合参考国内不少调香师对这个理论提出的意见修改而成。

以下引用林翔云对自然界关系图中32种基本香型及其排列位置的说明：

① **坚果香**。坚果和水果的气味都属于果香，英文中的果香（Fruity flavour）类似某种干鲜果香，如核桃香、椰子香、苹果香等。在这个气味关系图里，自然而然让这两类比较接近的香气为邻——按顺时针排列（下同），水果香放在坚果香后面，坚果香的前面是豆香。

坚果包括可可、板栗、莲子、西瓜子、葵花子、南瓜子、花生、芝麻、咖啡、松仁、榛子、橡子、杏仁、开心果、核桃仁、白果、腰果、甜角、酸角、夏威夷果、巴西坚果、胡桃、碧根果等，这其中有些在日常生活中被称为坚果，但实际上利用的部位并不完全符合坚果的定义。大多数坚果需要经过热处理（烧、煮、

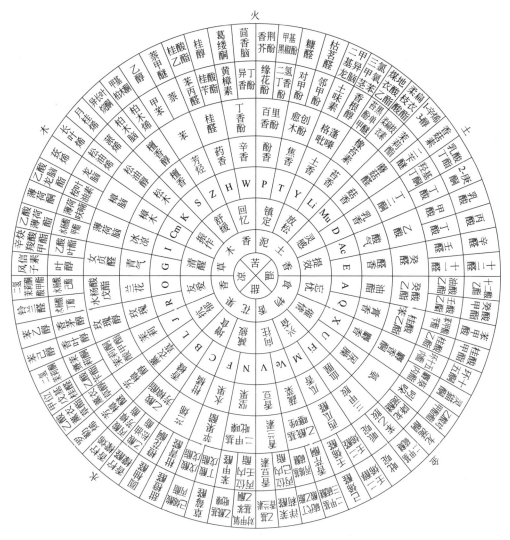

图 2-6　自然界气味关系图（对角补缺、相邻补强）（彩图见彩插）

煎、烤、烘、焙等）后才会有令人愉悦的香气，即所谓的"坚果香"。这一点与水果有较大的差异，坚果香与水果香的主要差别也在这里。

② **水果香**。水果香指苹果、梨、桃子、李子、奈李、杏、梅、杨梅、樱桃、石榴、芒果、香蕉、桑葚、椰子、柿子、火龙果、阳桃、山竹、草莓、蓝莓、枇杷、圣女果、奇异果、无花果、百香果、猕猴桃、葡萄、菠萝、龙眼、荔枝、菠萝蜜、榴梿、红毛丹、甘蔗、乌梅、番石榴、番茄、余柑、橄榄、枣、山楂、覆盆子等的新鲜成熟果实，也包括各种山间野果如桃金娘、地稔、酸浆、野牡丹（野石榴）、山莓（树莓、悬钩子）、刺莓、赤楠、乌饭子、金樱子、牛奶子、枳椇子（拐枣、鸡爪梨）等的香气，大多数香气较强烈但留香都不长久，只有少数

（水蜜桃、草莓、蓝莓、葡萄、覆盆子等）例外。

与花香类似，水果香也是比较复杂的——自然界里"纯粹的水果香"只有苹果、梨、香蕉、石榴、草莓、甘蔗等寥寥几个品种，其余的如桃、李、杏等有坚果香；梅、杨梅、桑葚、阳桃、葡萄、余柑、橄榄、山楂、酸浆等有较强的酸味；芒果、椰子、菠萝、龙眼、荔枝、番石榴、菠萝蜜、榴莲等热带水果都有特殊风味，有的带蜂蜜甜味，有的带各种含硫化合物的动物香气甚至尿臊味；还有一些带有较强烈的青香、花香、豆香、涩味等；这些品种都只能算是"复合水果香"。所有的"复合水果香"都可以用这苹果、梨、香蕉、石榴、草莓等五种"纯粹水果香"加上一些特异的香气成分调配出来。

③ **柑橘香**。柑橘是橘、柑、橙、金柑、柚、枳等的总称，原产于中国，现已传播至世界各地。柑橘也是水果，柑橘香当然属于水果香的一部分，但又明显地有别于一般的水果香，所以把它们列为另一香型，排在水果香后面。除了香柠檬、香橼、佛手柑（这三种都属于花香而不属于水果）之外，绝大多数柑橘类，各种柑、橘、柚、柠檬如红橘、黄橘、芦柑、巴甘檬、血橙、四季橘、枸橼、玳玳、葡萄柚（西柚）、金橘、来檬（青柠）、蜜橘、地中海红橙、日本夏橙、脐橙、橙、柚子、椪柑、酸橙、广柑、香橙、枳等的果肉和果皮主要香气成分（90%以上）都是苧烯（柠檬烯），这是一种低沸点、高蒸气压的头香香料，留香时间很短，但香气较强。纯粹的柑橘香其实就是纯品苧烯的香气。

香柠檬、香橼、佛手柑等的香气虽然还有水果香，但已经呈现明显的花香，另列一类。

柑橘树的花、叶精油都属于花香香料，不在这里讨论。

④ **香橼香**。花香香气包罗万象，非常复杂，在叶心农的香气环渡理论里，以梅花、香石竹、玫瑰、风信子、茉莉、紫丁香、水仙、金合欢等8种花香作为代表并成环，自成一体。但如果把花香放在自然界所有的气味里面讨论的话，有许多花香带有非花香香气，如香橼、佛手柑和香柠檬既有花香又有明显的柑橘果香气息——这也是把香橼香排在柑橘香后面的原因；桂花是花香与果香（桃子香）的结合；穗薰衣草、杂薰衣草和晚香玉的花香都带有明显的药香；依兰花、水仙花和茉莉花带有动物香香气；梅花、荷花、香石竹花和风信子花都有辛香香气；兰花有草香香气……这些花香只能算是"复合花香"。纯粹的花香一般认为只有正薰衣草、铃兰和红玫瑰三种而已。所有的"复合花香"都可以用这三种"纯粹花香"加上一些特异的香气成分调配出来。

由于茉莉花香包含了几乎所有花香的香气，虽然它不太纯粹，但很有代表性，我们还是把它作为一种重要的花香类型放在气味关系图中。

在花香中，香橼香与正薰衣草香接近，薰衣草香排在香橼香后面。

⑤ **薰衣草香**。在香料工业上，薰衣草主要是三个品种：正薰衣草、穗薰衣草

和杂薰衣草。

作为芳香疗法和芳香养生使用的主要是正薰衣草，商业宣传薰衣草的功效指的也是这个品种。其它两个品种香气较杂，效果不同。如正薰衣草有镇静、安眠作用，而穗薰衣草和杂薰衣草却有清醒、提神作用，刚好相反。

正薰衣草的香气才是纯粹的花香，穗薰衣草和杂薰衣草的香气都可以看作是带有浓厚药香的薰衣草香气。

四个重要的花香——薰衣草香、茉莉花香、玫瑰花香、兰花香的香气成分中芳樟醇含量依次下降，所以这四个花香也按这个顺序往下排列。

⑥ **茉莉花香**。茉莉花香是所有花香的总代表，也是自然界里最复杂的复合花香。配制茉莉花香，可以用现成的三个"纯粹花香"正薰衣草、红玫瑰和铃兰花的香基加入适量的动物香、果香、辛香、药香、青香、草香、膏香、木香等香气材料调配即成。

虽然调香师认为茉莉花香与玫瑰花香差异较大，前一个香气丰富而复杂，后一个香气则简单且纯粹，但是茉莉花香的香气成分里有不少的玫瑰花香香料，而且都还含有较多的芳樟醇，都带有明显的芳樟醇气息，这是把玫瑰花香排在茉莉花香后面的理由。

⑦ **玫瑰花香**。玫瑰花香几乎与自然界里所有的香气配合都能融洽和谐，这也是它出现于各种不同风格的日用品香精中的一个原因。在调香师眼里，玫瑰花香还可以再划分成几类：紫红玫瑰、红玫瑰、粉红玫瑰、白玫瑰、黄玫瑰（茶玫瑰）、香水月季、野蔷薇等，真正的"纯粹花香"只有红玫瑰一种。其它玫瑰花香都可以用红玫瑰香精加些特异气味香料调配出来。

玫瑰花香气都是以甜韵为主，但也有部分玫瑰花的香气带青气，跟某些带甜香韵调的兰花香气接近，这是把兰花香排在玫瑰香后面的主要原因。

⑧ **兰花香**。兰花的香气，在我国被文人们追捧到了极高的地位，称为"香祖"。可惜在香料界，调香师一提到兰花香，头脑里马上闪出几种极其廉价的合成香料——水杨酸戊酯、异戊酯或丁酯、异丁酯，因为兰花香精里这几种香料是必用的而且用量很大。久而久之，在调香师的心目中兰花香的地位低微，和我国的文人们对它的"高抬"形成鲜明的对照。

大多数兰花都有明显的青香气息，有些兰花的青气很重，带有各种青草的芳香，所以把青香排在兰花香的后面。

⑨ **青香**。青香包括各种青草、绿叶的芳香，调香师常用的青香有绿茶香、紫罗兰叶香、青草香等，气味关系图里的"青气"或者"青香"主要指的是青草香。

调香师们早已约定俗成，将稀释后的女贞醛的香气作为青草香的"正宗"，就像水杨酸戊酯和水杨酸丁酯的香气代表兰花（草兰）香气一样。

有许多青草的香气带有凉气，带凉气的草香更让人觉得"青"，所以紧跟青香后面的是"冰凉气息"。

⑩ **冰凉气息**。凉香香料有薄荷油、留兰香油、桉叶油、松针油、白樟油、迷迭香油、穗薰衣草油、艾蒿油以及从这些天然精油中分离出来的薄荷脑、薄荷酮、乙酸薄荷酯、薄荷素油、香芹酮、桉叶油素、乙酸龙脑酯、樟脑、龙脑和其他人工合成的带凉香气的化合物。"凉气"本来被调香师认为是天然香料中对香气有害的杂质成分,部分天然香料以这些"凉香"成分含量低的为上品,造成大多数调香师在调配香精的时候,不敢大胆使用这些凉香香料,调出的香精香味越来越不自然(自然界里各种香味本来就含有不少"凉香"成分)。极端例外的情形也有,就是牙膏、漱口水香精,没有薄荷油、薄荷脑几乎是不可能的,因为只有薄荷脑才能在刷牙、漱口后让口腔清新、凉爽。该例也说明,要让调配的香精有清新、凉爽的感觉,就要加入适量的凉香香料。

樟木香气成分——樟脑的气味也带清凉,故把樟木香放在冰凉气息后面。

⑪ **樟木香**。樟木历来深受国人的喜爱,又因为它含有樟脑、黄樟油素、桉叶油素、芳樟醇等杀菌、抑菌、驱虫的成分,人们利用这个特点,用樟木制作各种特别经久耐用的家具。

配制樟木香精可以用柏木油、松油醇、乙酸松油酯、芳樟醇、乙酸芳樟酯、乙酸诺卜酯、檀香803、檀香208、异长叶烷酮、二苯醚、乙酸对叔丁基环己酯、紫罗兰酮、桉叶油素、樟脑或提取樟脑后留下的白樟油和黄樟油等,没有一个固定的模式,因为天然的樟木香气也是各异的。

与樟脑一样,桉叶油和桉叶油素都是带冰凉气息的香料,我国大量出口的桉樟叶油含有大量的桉叶油素,在国外被称为中国桉叶油。

⑫ **松木香**。松杉柏木的香气与樟香非常接近,所以排在樟香后面。

松木的香气原来一直没有受到调香师的重视,在各种香型分类法中常见不到松木香。20世纪末刮起的"回归大自然"热潮,松木香才开始得到重视。

松脂是松树被割伤后流出的液汁凝固结成的,在用松木制作纸浆时得到的副产品妥尔油主要成分也是松脂,但松脂的香气并不能代表松木的香气。一般认为,所谓松木香或者森林香应该有松脂香和松针香才完整。因此,调配松木香或森林香香精既要用到各种萜烯,也要用到龙脑的酯类(主要是乙酸龙脑酯,也可用乙酸异龙脑酯)。

有些松杉柏木的香气有明显的檀香香气,所以让松木香与檀木香为邻也是自然而然的事。

⑬ **檀木香**。檀香的香味是标准的木香,可以把它当作纯粹的木香,是木香香气的总代表。其它木香都可以用檀香为基香再加上各种特征香调配而成。例如樟木香可以用檀香香基加樟脑配制,松木香可以用檀香香基加松油醇、松油烯等配制,柏木香可以用檀香香基加柏木烯配制,沉香可以用檀香香基加几种药香香料

配制而成等。

天然檀香与合成檀香的香气都带有明显的芳烃气息，所以我们把芳烃气息排在檀木香后面。

⑭ **芳烃气息**。从木香到药香之间有一个过渡香气——芳香烃的气味，这种气味令人不悦，一般人说是有明显的化学气息，大多数合成香料都或多或少的带有这种气息，许多天然香料其实也带有这种化学气息，调香师把它们当作"不良气味"，从煤焦油里提取出来的苯和萘的气味就是芳烃气息的代表。

芳烃气息的后面就是所谓的药香了。

⑮ **药香**。药香是非常模糊的概念，外国人看到这个词想到的应该是西药房里各种令人作呕的药剂的味道——这就是药香与芳烃气息为邻的原因，而我国民众看到药香二字想到的却是中药铺里各种植物根、茎、叶、花、树脂等的芳香。

中国的烹调术里有药膳，普通老百姓也常到中药铺里去购买有香味的中草药回家当作香料使用，各种食用辛香料在国人的心目中也都是中药。这是东西方人们对药香的认识差异最大之处。

作为日用品加香使用的药香，调香师能够用现有的香料调出来的大体上可以分为桂香、辛香、凉香、壤香、膏香五类。在自然界气味关系图中药香特指桂香，即肉桂的香气。

⑯ **辛香**。天然的辛香香料都是中药，所以与药香为邻。食用辛香料有丁香、茴香、肉桂、姜、蒜、葱、胡椒、辣椒、花椒等，前四种的香气较常用于日用品加香中。直接蒸馏这些天然辛香料得到的精油香气都与原物差不多，价格也都不太贵，可以直接使用，但最好还是经过调香师配制成香精再用于日用品的加香，这一方面可以让香气更加协调、宜人，香气持久性更好，大部分情形下还可以降低成本。

辛香香料里有的也含有酚类成分如丁香油里面就有丁香酚，但它们的香气不属于酚香，而是归入辛香里面。所以酚香紧跟在辛香的后面。

⑰ **酚香**。中草药里有不少带酚类化合物气息的，如百里香、荆芥、土荆芥、康乃馨、牛至等，它们是自然界里酚香的代表。合成香料里的苯酚、二苯酚、乙基苯酚、对甲酚、二甲基苯酚、愈创木酚、二甲氧基苯酚、麦芽酚、乙基麦芽酚以及它们的酯类香气有的属于酚香，有的属于焦香，差别在于焦味是否明显，焦味明显的就属于焦香。

酚香香气处于辛香与焦香之间，与这两个香气"左右"为邻。

⑱ **焦香**。各种植物材料烧焦（高温裂解）后得到的焦油都含有大量的酚类物质，也就是说所谓焦香其实主要是各种酚类物质的气味，所以焦香与酚香为邻可以说是天经地义。

焦香不一定令人厌恶，在日化香精里的皮革香带有焦香气息，食物里带焦香气息的也不少，如焦糖香、咖啡香、烧烤香等，香烟的香气更是明显的焦香气味。

在农村，农民们经常把各种农作物的秸秆、根茎、籽壳等拌土熏烧成为"火烧土"作为肥料使用，这种气味既有焦香也有土壤香，是"乡土气息"的重要组成部分。焦香与土壤香的气味比较接近，所以把土壤香排在焦香的后面。

⑲ **土壤香**。土腥味本来也是天然香料里面令人讨厌的杂味，在许多天然香料的香气里如果有太多的土腥味就显得格调不高，合成香料一般也不能有土腥臭。但大部分植物的根都有土腥味，有的气味还不错，尤其是我国的民众对不少植物根（中药里植物根占有非常大的比例）的气味不但熟悉而且还挺喜欢，最显著的例子是人参，这个世人皆知的滋补药材香气强烈，是标准的土壤香香料。

土壤香是焦香与苔香之间过渡的"桥梁"。

⑳ **苔香**。苔藓植物喜欢阴暗潮湿的环境，一般生长在裸露的石壁上或潮湿的森林和沼泽地，一般生长密集，有较强的吸水性，因此能够抓紧泥土，有助于保持水分，可以积累周围环境中的水分和浮尘，分泌酸性代谢物来腐蚀岩石，促进岩石的分解，形成土壤。有少数的苔藓植物带有明显的气味，其代表为橡苔和树苔，二者香气都比较接近土壤香，因此把苔香排在土壤香后面。

㉑ **菇香**。菇香指的是各种食用和非食用菌的香气，这些菌类生长在腐败的草木、土壤或树上，如花菇、草菇、茶树菇、杏鲍菇、金针菇、海鲜菇、春菇、冬菇、蘑菇、平菇、香菇、猴头菇、北虫草、姬松茸、松茸菌、牛肝菌、羊肚菌、银耳、木耳等。在闽南话里，"长菇了"或"生菇了"就是腐败发霉的意思，所以菇香也就是霉菌的香气。

菇香与土壤香、苔香都比较接近，所以把菇香放在苔香的后面。

㉒ **乳香**。乳香包括鲜奶、奶油、奶酪和各种奶制品的香气，属于"发酵香"。鲜奶虽然没有经过微生物发酵，但也是食物在动物体内通过各种酶的作用产生的，等同于发酵，与霉菌的作用类似，香气也接近，都有一种特异的令人愉悦的鲜味。为此，把乳香作为菇香与酸气息的过渡香气。

食物发酵大多数会产生酸，带有酸气息，所以把酸气息排在乳香后面。

㉓ **酸气息**。酸本来是味觉用词，是水里氢离子作用于味蕾产生的刺激性感觉。但所有可挥发的酸都会刺激嗅觉，产生酸气息。有些不是属于酸的香料也令人联想到酸，所以评香术语里面也有酸味这个形容词，不一定说明它的香气成分里含有酸。

脂肪酸的碳链越长，酸气越轻，高级脂肪酸已经闻不到多少酸味，反而油脂气味慢慢出现。这中间过渡的香气是高级脂肪醇和高级脂肪醛的气味，香料界称之为醛香。

㉔ **醛香**。醛香香精是自香奈尔5号香水畅销全世界以后才在日用品加香方面崭露头角的新型香精，因为香奈尔5号香水特别受到家庭妇女的喜爱，所以醛香

香精非常适合家用化学品、家庭用品的加香。

为了解释香奈儿5号香水特别受到家庭妇女欢迎的原因，有人做了实验，发现暴晒过的棉被、衣物等织物有明显的醛香气息，进一步分析这些醛香成分主要是辛醛、壬醛、癸醛、十一醛、十二醛等，并且确定这些醛香成分是棉织品里的油脂成分在阳光下（紫外线）分解的产物。这也说明醛香与油脂香是比较接近的，所以我们把油脂香放在醛香的后面。

㉕ **油脂香**。油脂是油和脂肪的统称，从化学成分上来讲油脂都是高级脂肪酸与甘油形成的酯。自然界中的油脂是多种物质的混合物。纯粹的油脂是没有气味的，因为它们在常温下不挥发。所谓油脂香是指油脂中含有的少量稍微低级的油脂分解产物如醇、醛、酮、酸等和某些杂质成分的混合气息。

没有酸败的食用油脂都带有各自令人愉悦的香气，如芝麻香、花生香、菜油香、茶油香、橄榄油香、椰油香、猪油香、牛油香、羊油香等，自然界气味关系图中归类的不是这些特色香气，而是所有油脂共同的香气息，即油香气和脂肪香。

油脂香与膏香相似，都是比较沉闷、不透发，但留香持久，耐热，有定香作用。所以膏香自然而然排在油脂香后面。

㉖ **膏香**。有膏香香味的天然香料是安息香膏（安息香树脂）、秘鲁香膏、吐鲁香膏、苏合香、枫香树脂、格蓬浸膏、没药、乳香、防风根树脂等，合成香料有苯甲酸、桂酸及这两种酸的各种酯类化合物等，膏香香料大多数香气较为淡弱，但有后劲。在各种日用香精里面加入膏香香料可赋以某些动物香气，隐约可以嗅闻到麝香和龙涎香的气息。因此，把麝香排在膏香的后面。

㉗ **麝香**。麝香是最重要的动物香，香气优雅，有令人愉悦的动情感。留香持久，是日用香精里常用的定香剂，其香气能够贯穿始终。合成的麝香香料带有各种杂味（有的带膏香香气，有的带甜花香香气，也有带油脂香气的）。

日用香精里使用的动物香有麝香、灵猫香、龙涎香和海狸香，后三者尿臊气息较显，把它们的香气都归入尿臊气息中，列在麝香香气的后面。

㉘ **尿臊气息**。浓烈的尿臊气息令人不快，但稀释以后的尿臊味却令人愉悦——与粪臭稀释以后的情形相似，而且性感，这可能是人和动物的粪尿里含有某些人体信息素如雄烯酮、费洛蒙醇等的原因。

龙涎香的香气是尿臊气息的代表作——浓烈时令人不快，稀释后却人人喜爱。天然龙涎香是留香最为持久的香料，古人认为龙涎香的香味能"与日月同久"，而龙涎香的气味是越淡（只要还闻得出香气）越好，合成的龙涎香料虽然已取得相当大的成就，但还是不能与天然龙涎香相比。现在常用的龙涎香料有龙涎酮、龙涎香醚、降龙涎香醚、甲基柏木醚、甲基柏木酮、龙涎酯、异长叶烷酮等，这些有龙涎香气的香料都有木香香气，有的甚至木香香气超过龙涎香气，所以目前全用合成香料调配的龙涎香精都有明显的木香味。

在世界各国的语言里，腥臊气息常常混在一起，难以分清，指的都是动物体及其排泄物散发的气息，浓烈时都令人作呕，腥味比臊味更甚。故把血腥气息排在尿臊气息后面。

㉙ **血腥气息**。血腥气息包括鲜血的腥味和鱼腥气味，虽然这两种腥味不太接近，但带有这两种腥味的物质在加热以后都显出令人愉悦的带着鱼肉香的熟食味。古代宗教里"荤菜"指的是一些食用后会影响性情、欲望的植物，近代则讹称含有动物性成分的餐饮食物为荤菜，事实上这在古代称之为腥。所谓"荤腥"即这两类的合称。这里讨论的是腥类。

鱼肉一类食物在新鲜时令人不悦甚至畏惧，我们人类的祖先在茹毛饮血时代可能会觉得血腥味是美味，现在还保留一些痕迹，如生吃三文鱼、海蛎、血蚶等，一般都选取血腥味不太强烈的，而且大多数人吃的时候喜欢加点香料（调味料）以掩盖之。

加热（烧煮烤煎）以后的鱼肉没有了血腥气息，取而代之的是现代人类（可能也只有人类和人类豢养的动物）特别喜欢的肉食香味，这些香味主要来自氨基酸和糖类加热时发生的美拉德反应。

㉚ **瓜香**。调香师在配制幻想型的海洋、海岸、海风等香精时，发现青瓜一类的香气能唤起人们对于海洋的种种美好回忆，常用海风醛、环海风醛、新洋茉莉醛等合成香料作为配制瓜香香精的原料。故把瓜香放在血腥气息后面。

食用的瓜类有西瓜、甜瓜、木瓜、黄瓜、南瓜、冬瓜、苦瓜、丝瓜等，许多瓜类都被人们当作菜肴，与各种蔬菜一样，生吃熟食均可，这是瓜香与菜香为邻的主要原因。

㉛ **菜香**。菜香也与果香、花香一样，品类众多，很难以哪一种香气作为菜香的总代表。有强烈香气的蔬菜有的被称为"荤菜"，如葱、蒜、韭、薤之属。

有许多豆类也被人们当作蔬菜，如荷兰豆、豌豆、扁豆、菜豆、蚕豆等，所有食用豆类发芽后制得的豆芽菜和各种豆制品尤其是豆腐制品也被广泛地用作菜肴，把菜香与豆香的距离拉近了，所以把豆香放在菜香的后面。

㉜ **豆香**。豆香香料有香豆素、黑香豆酊、香兰素、香荚兰豆酊、乙基香兰素、洋茉莉醛、γ-己内酯、γ-辛内酯、苯乙酮、对甲基苯乙酮、对甲氧基苯乙酮、异丁香酚苄基醚、噻唑类、吡嗪类、呋喃类等，可以看出，许多豆香香料也是配制坚果香香精的常用香料，也就是说豆香与坚果香有时候不易分清，这就是把豆香放在坚果香前面的原因。

以上是自然界气味关系图中 32 个香型排列位置的说明。

从以上关系图可以看出，在尿臊气息的对角是樟木香，这就是为什么人们喜欢在卫生间里面放樟木粉或樟脑丸的原因；在土壤香的对角是柑橘香，意味着在香精里面如果有土腥臭可以加点柑橘香掩盖之；在一个青香香精里面，除了要使用女贞醛等青香香料外，加点凉香香料和有兰花香气的香料也可以起到增强青香气息的效果……显然，这个气味关系图具有"对角补缺"和"相邻补强"性质。

该气味关系图的应用是相当广泛的，对于用香厂家来说，为了掩盖某种臭味或异味，可以利用该图中呈对角关系的香气或香料（和由这些香料组成的香精）"互补"（补缺）的性质选择之，也可以利用相邻香气或香料（和由这些香料组成的香精）的"互补"（补强）性质来加强香气。调香师更可以利用这"对角补缺"和"相邻补强"的原理：为了加强某种香气，在图中该香气所在位置的邻近寻找"强化物"；为了消除某种异味，在该香气所在位置的对角寻找其"掩蔽物"。

另外，利用"金木水火土"五行的观念来看这个关系图也是很有意思的：

① 金克木　木香（属木）香精里面如果有血腥味、尿臊味（属金）则容易"变型"，或者说血腥味、尿臊味等容易把木香的香气屏蔽掉；

② 木克土　土香、苔香、菇香、乳香、酸气、醛香（属土）都和木香（属木）不匹配，木香对它们"伤害"都较大；

③ 土克水　所有的花果香气（属水）都和土香不匹配，在各种花果香精里只要有土腥气（属土）就会使其档次变低下；

④ 水克火　所有的药香（属火）都和花果香气（属水）不匹配，药香（属火）一有花果香气（属水）就容易"变调"；

⑤ 火克金　药香、辛香、酚香、焦香（属火）可以掩盖血腥味、尿臊味（属金），这就是人们在烹调时常用烧烤（产生焦香）、加入香辛料等方法来掩盖动物腥臊味的原因。

第三章
天然香料化学

随着人们生活水平的日益提升，在全球范围内掀起回归自然的消费趋向，香料、精油行业表现得尤为突出。近年来，世界各国出于安全和产品性能等方面的考虑，对香料工业提出了新的要求和限制。在这股崇尚自然的消费热潮中，天然香料以其化学合成品难以替代的感官特性，而广受消费者的推崇。

我国幅员辽阔，各地气候和地理环境差异巨大，酝酿了大批可利用的天然香料。加上目前国家大力推进农业政策的改革，给予香料品种的引进和开发更加便利的渠道。与此同时，新型香料精油提取加工技术的推广应用，使得这些天赐的味道得以更加有效的持久保存并大放异彩。

第一节　天然香料概述

香料是指能被嗅觉嗅出香气或味觉尝出香味的物质，是配制香精的原料。天然香料可分为天然动物性香料和天然植物性香料。天然动物性香料是指从某些动物的生殖腺分泌物和病态分泌物中提取出来的含香物质。这类香料品种少，且价格昂贵。天然植物性香料是指从芳香植物的花、叶、枝、干、根、茎、皮、果、籽等组织中提取出来的含香物质。

一、天然动物性香料

据报道，天然动物性香料最常用的商品化品种有麝香、灵猫香、海狸香、龙涎香和麝鼠香 5 种，它们被广泛应用于各种高档香水或高级化妆品中。这几种香料中除了龙涎香以外，都是动物香腺的分泌物（龙涎香为海洋动物抹香鲸的消化分泌物），具有强烈持久的气味。

1. 麝香

（1）来源　麝香取自生活于中国西南部、西北部高原和北印度、尼泊尔、西伯利亚寒冷地的雄性麝科动物的生殖腺分泌物。2岁的雄麝鹿（图3-1）开始分泌麝香，10岁左右为最佳分泌期，每只麝鹿每年可分泌50g左右麝香。

（2）采集　位于麝鹿脐部的麝香香囊呈圆锥形或梨形。自阴囊分泌的成分储积于此，随时自中央小孔排泄于体外。传统的方法是杀麝取香，切取香囊干燥后而得麝香。现代的科学方法是活麝刮香。中国四川、陕西饲养麝鹿刮香技术已十分成熟，这对保护野生动物资源具有很大的意义。

（3）性状　麝香香囊经干燥后，割开香囊取出的麝香为暗褐色粒状物（图3-2），品质优者有时可析出白色结晶。固态时具有强烈恶臭，但用水或乙醇高度稀释后有独特的动物香气。加热到约45℃时开始熔化。

图3-1　麝鹿（彩图见彩插）

图3-2　麝香（彩图见彩插）

（4）成分　黑褐色的麝香粉末，大部分由杂环酮/醛类及色素所构成，其主要芳香成分是仅占2%左右的饱和大环酮——麝香酮，其化学结构如下：

3-甲基环十五烷酮(麝香酮)

1906年Walbaum从天然麝香中将此大环酮单离出来；1926年Ruzicka确定其化学结构为3-甲基环十五烷酮；后来，Mookherjee等对天然麝香成分进行了进一步研究，鉴定出其香成分还有5-环十五烯酮、3-甲基环十三酮、环十四酮、5-环十四烯酮、麝香吡喃、麝香吡啶等十几种大环化合物。由于麝鹿长期生活在高寒地带，取之非常不易。因此，在现在的调和香精配方中已被合成品或调和品成功替代，但对其天然成分的研究和天然香气的模仿试验还可继续探讨。

（5）用途　麝香在东方历来被视为最珍贵的天然香料之一。它不但具有温暖的特殊动物香气，而且在香精中保留其他香气的能力也较强，常作为高级香水香精的定香剂。除作为香料应用外，天然麝香也是名贵的中药材。

2. 灵猫香

（1）来源　灵猫有大灵猫（图 3-3）和小灵猫两种，产自中国长江中下游和印度、菲律宾、缅甸、马来西亚、埃塞俄比亚等地，雄雌灵猫均有两个囊状分泌腺，这两个囊状分泌腺位于肛门及生殖器之间，取自其分泌腺分泌的黏稠物质，即为灵猫香。

（2）采集　古老的采集方法与麝香取香类似。捕杀灵猫割下两个 30mm × 20mm 的腺囊，刮出灵猫香封闭在瓶中储存。现代方法是饲养灵猫，采取活猫定期刮香，每次刮香数克，一年可刮 40 次左右。此法在中国杭州动物园已经应用多年。

图 3-3　大灵猫（彩图见彩插）

（3）性状　新鲜的灵猫香为淡黄色流动物质，久置则会凝成褐色膏状物。浓时具有令人不愉快的恶臭味，但稀释后则会立即变成一种令人愉快的香气。

（4）成分　灵猫香中大部分为动物性黏液质、杂环化合物及色素。其主要成分为仅占 2‰～3‰ 的不饱和大环酮——灵猫香酮，其分子式为：$C_{17}H_{30}O$，化学结构如下：

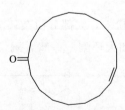

9-环十七烯酮(灵猫香酮)

1915 年 Sack 单离成功灵猫香酮，1926 年鲁齐卡确定其化学结构为 9-环十七烯酮。后来，Mookherjee、Wan Dorp 等对天然灵猫香成分进行了进一步分析，鉴定出其香成分还有二氢灵猫酮、6-环十七烯酮、环十六酮等 8 种大环酮化合物。由于灵猫香的获取非常困难，现在仍无法解决，因此在调和香精的配方中，已被合成品替代，但对其天然品成分的研究和天然香气的模仿还可继续探讨。

（5）用途　灵猫香香气比麝香更为优雅，常用作高级香水香精的定香剂。作为名贵中药材，它具有清脑的功效。

3. 海狸香

（1）来源　海狸（图3-4）栖息于小河岸或湖沼中。主要产地为俄罗斯西伯利亚地区和加拿大等地。不论雌雄海狸，在其腹部后面生殖器附近均有两个梨形的腺囊，腺囊内的白色乳状黏稠液，即为海狸香。

（2）采集　取新鲜的海狸香，经干燥后成为褐色树脂状，有恶臭味，需要加乙醇稀释封存于瓶中并放置几个月。

（3）性状　新鲜的海狸香为乳白色黏稠物，经干燥后会凝固为褐色动物性树脂。可能由于生活环境和食物种类的差异，俄罗斯产的海狸香具有皮革香气，加拿大产的海狸香具有松节油香气。经稀释后则都具有温和的动物香香韵。

图3-4　海狸（彩图见彩插）

（4）成分　海狸香的大部分为动物性树脂，芳香成分中除含有微量的水杨苷（$C_{17}H_{18}O_7$）、苯甲酸、苯甲醇、对乙基苯酚外，其主要成分为含量$4\%\sim5\%$的结构尚不明确的结晶性海狸香素。1977年瑞士化学家在海狸香中分析鉴定出海狸胺、三甲基吡嗪、四甲基吡嗪、喹啉衍生物等含氮香成分，海狸胺的化学结构如下：

$$\text{海狸胺}$$

因海狸属于珍贵动物，海狸香在调和香精的配方中已被合成品替代，但对其天然品成分的研究和天然香气的模仿是可继续探讨的。

（5）用途　据早期文献记载，过去有人把海狸香当作调和香精的定香剂和配制人造龙涎香的单体成分使用。目前，主要用于东方香型的定香剂。

4. 龙涎香

（1）来源　龙涎香又名灰琥珀，在天然动物香料中香气品质最高，是最名贵的天然香料之一。龙涎香产自海洋动物抹香鲸（图3-5）的肠内。关于龙涎香的成因说法不一，一般认为是抹香鲸因吞食多量海中动物体而形成的一种结石，也有人认为它是一种自然分泌物。一种为人们普遍认同的说法是，抹香鲸体内未能完全消化的食物损伤了鲸的消化道后，鲸体内分泌物形成了病理性结石，结石被抹香鲸吐出后在海上漂浮或冲上海岸，因此大多数龙涎香都是人们在海岸上捡到的。龙涎香主要产地为中国南部、印度、南美和非洲等热带海岸。

图 3-5 抹香鲸（彩图见彩插）

（2）采集　漂浮在海洋中的龙涎香，小者为数千克，大者可达数百千克。采集后经熟化即为龙涎香料。

（3）性状　龙涎香为灰色或褐色的蜡样块状物质。60℃左右开始软化，70～75℃熔融，相对密度为 0.8～0.9。由抹香鲸体内新排出的龙涎香香气较弱，经海上长期漂流自然熟化或经长期储存自然氧化后香气逐渐增强。龙涎香香气似麝香之优美，微带壤香，有些像海藻、木香、苔香，有特殊的甜气和极其持久的留香底韵，是一种很复杂的香气组合。

（4）成分　现代研究发现，龙涎香主要由龙涎香醇（三萜醇）和一系列胆甾烷醇类物质组成。其中龙涎香醇是龙涎香的主要成分，其本身不具备龙涎香香气，但却与龙涎香的香气及其功能密切相关。天然龙涎香的组成是随着分离、纯化、分析技术的进步被逐步确定的，其中最能体现龙涎香香气风格的降龙涎醚是龙涎香型香料的代表，其余组分有不同强度的龙涎香气。

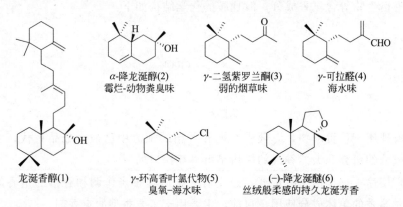

α-降龙涎醇(2)
霉烂-动物粪臭味

γ-二氢紫罗兰酮(3)
弱的烟草味

γ-可拉醛(4)
海水味

龙涎香醇(1)

γ-环高香叶氯代物(5)
臭氧-海水味

(−)-降龙涎醚(6)
丝绒般柔感的持久龙涎芳香

（5）用途　龙涎香具有微弱的温和乳香动物香气，且香气持久。龙涎香是配制高级香水香精的佳品，是最好的天然定香剂，它能把各种香气很好地融合在一起，使香气变得十分柔和和持久。龙涎香常被配置成 3% 的酊剂使用。与麝香、灵猫香同用，有增强香气的作用。此外，龙涎香也是名贵药材，还有防腐的作用。

5. 麝鼠香

（1）来源　雄性麝鼠在腹部后面有一对香囊，通过对人工饲养的成年雄性麝鼠（图3-6）进行活体刮香获得，每年每只麝鼠可以刮香 5g 左右。

（2）采集　每年4～9月份为麝鼠的泌香期，采用人工活体取香。

（3）性状　新鲜的麝鼠香为淡黄色黏稠物，久置则颜色变深。具有麝香样香气。

（4）成分　人们通过对麝鼠香进行分析发现，它的芳香成分和麝香的成分十分接近，主要以麝香酮、降麝

图 3-6　麝鼠（彩图见彩插）

香酮、环十七酮等大环化合物为主。人们从麝鼠香中也分析出如胆甾-5-烯-3-醇等多种甾类化合物。此外，麝鼠香中还含有十一烯醛、辛酸、壬酸等化合物。

（5）用途　麝鼠香价格相对便宜，经常作为麝香的替代品使用，用作高档日用香精定香剂。

以上五种动物香料的香气研究和应用备受香料界重视。在欧美，许多流行的香水中已广泛应用。在常用的调和香精中，使用的动物香料有灵猫净油、灵猫酊剂、灵猫香基、海狸净油、海狸香膏，龙涎香醚，天然麝香香膏、麝香香脂、麝香酊剂等。

二、天然植物性香料

人们为了能更好地认识植物中的香料成分并加以利用，使用了各种分离、鉴定的方法。伴随应用技术的迅猛发展，被发现的天然植物性香料越来越多，而且有些成分是精油的特征性气味。这些特殊的、微量的、关键性的香料成分的发现，都较大地推动了合成香料以及调香技术的发展。尤其是近年来，对香料成分开展了立体化学方面的研究，发现许多立体异构体对香气的影响较大。

19世纪末，市场上出现的大部分香料是从天然精油中提取的，其中有的是用精馏分离出来的，还有的是用简单的化学方法制取的，且其质量纯度较高、香气较好，如：薄荷脑、龙脑（冰片）、香兰素、桂醇等。对于天然花香精油中所含有的微量比例和具有独特香气的成分进行鉴定，有待于进一步研究。在研究花香成分的同时，还必须重视对许多果类香味与香气成分的研究，这是充分使用大自然的天然资源与进一步开发单离香料的关键。

天然植物性香料是从芳香植物的花、叶、枝、干、根、茎、皮、果、籽等中提取出来的有机混合物。大多数呈油状或膏状，少数呈树脂或半固态。按照其形态和制法，可分别称为精油、净油、酊剂、浸膏、香脂以及香树脂。它们的主要成分都是具有挥发性和芳香气味的油状物，通常以游离的形式积聚于细胞或细胞组织的间隙中。它们的含量取决于植物的种类，也受地域环境、气候条件、土壤

成分、生长年龄、收割时间、生长季节和储运情况等的影响。

天然植物性香料是由数十种甚至数百种结构相似的化合物所组成的一个复杂混合物。这些有机化合物的分子结构、种类均很复杂，从化学结构上大体可分为如下四类：萜类化合物、芳香族化合物、脂肪族化合物和含氮、含硫化合物。

1. 萜类化合物

天然植物性香料中的大部分有香成分是萜类化合物。这类化合物广泛存在于天然植物中，是各种精油的主体香成分。萜类香料是香料中极为重要的一类，包括：烃类、醇类、醛类、酮类、酯类、醚类及氧化物。具体如表 3-1 所示。

表 3-1　精油中的萜类化合物

精油	萜类化合物	质量分数/%
松节油	蒎烯	80～90
薄荷油	薄荷醇	80～90
黄柏果油	月桂烯	＞90
柑橘油	苧烯	＞90
芳樟油	芳樟醇	70～80
桉叶油	桉叶油素	70～80
山苍子油	柠檬醛	60～80
香茅油	香茅醛	＞35
薰衣草油	乙酸芳樟酯	35～60

萜类分子式由 n 个异戊二烯（C_5H_8）的单元组成，其中多数为头尾相接，但也有例外。萜类化合物分类是按分子中含有异戊二烯的单元数来划分的。例如，$n=2$ 的化合物称为单萜，$n=3$ 的化合物称为倍半萜，并以此类推有二萜、三萜直至多萜。

比如，天然精油中经常含有的月桂烯（$C_{10}H_{16}$）和苧烯（$C_{10}H_{16}$），就是由两个异戊二烯以不同方式连接而成的无环单萜和单环单萜化合物。而在柏木油和鼠尾草油中发现的侧柏酮（$C_{10}H_{16}O$）就是一种双环单萜类香料。

月桂烯 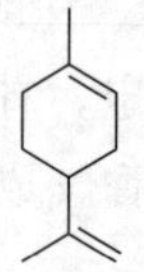　　　　苧烯 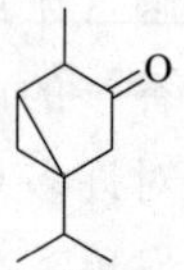　　　　侧柏酮

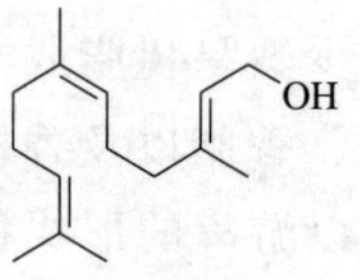

金合欢醇 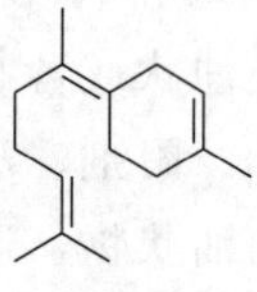　　　甜没药烯 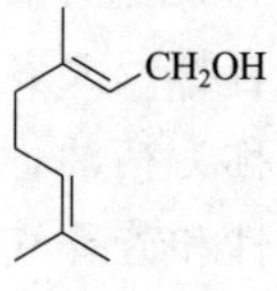　　　香茅醇

在萜类香料中，倍半萜类亦有其重要的地位。例如，在许多花香精油中，特别在金合欢花、兔儿草花和玫瑰花精油中含有的金合欢醇（$C_{15}H_{26}O$）就是一种无环倍半萜化合物。另外，在香柠檬油、没药油及其他许多精油中发现的甜没药烯（$C_{15}H_{24}$）就属于单环倍半萜类，是重要的化妆品抗氧化剂。

由于香料均有一定的挥发性，因此萜类香料以倍半萜类和单萜类为主。属二萜类的极少，如植醇（$C_{20}H_{40}O$）、异植醇以及茉莉精油中的香叶基芳樟醇等，它们的香气淡弱，具有良好的定香作用。

2. 芳香族化合物

天然植物性香料中，芳香族化合物（苯的衍生物）的存在相当广泛，仅次于萜类。例如玫瑰油中含有苯乙醇的质量分数为 2.8% 左右，苦杏仁油中含有苯甲醛的质量分数为 90% 左右，肉桂油中含有肉桂醛的质量分数为 80% 左右，茴香油中含有茴香脑的质量分数为 80% 左右，丁香油中含有丁香酚的质量分数大于 95%，百里香油中含有百里香酚的质量分数为 50% 左右，八角茴香油中含有大茴香脑的质量分数大于 80%，黄樟油中含有黄樟油素的质量分数大于 95% 等。它们都是芳香族化合物。其中部分结构如下：

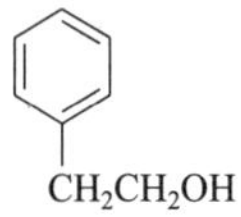

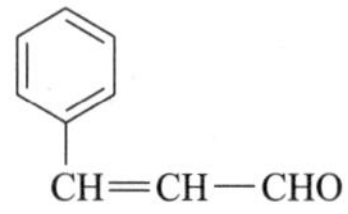

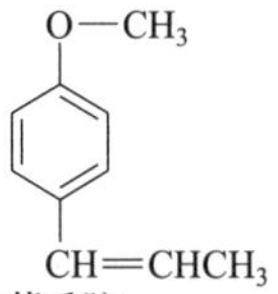

3. 脂肪族化合物

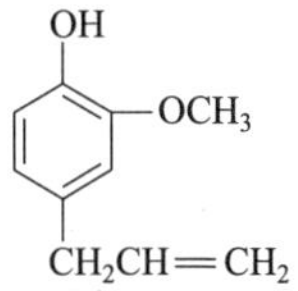

脂肪族化合物在天然植物性香料中广泛存在，但其含量和作用一般不如芳香族化合物和萜类化合物。例如，鸢尾油中十四酸（肉豆蔻酸）的质量分数就高达 85%，可从中提取高级脂肪酸；在芳香油中含有 70% 左右的甲基壬基甲酮（芸香酮）；2,6-壬二烯醛（紫罗兰叶醛）存在于紫罗兰叶中，在玉兰、水仙、紫罗兰、金合欢香精配方中起重要作用；在茉莉油中含有 65% 左右的乙酸苄酯；2-己烯醛（叶醛）是有黄瓜清香的天然醛类；在茶叶及其他绿色植物中含有少量的顺-3-己烯醇（叶醇），它有青草的青香，在香精中能起青香香韵修饰剂的作用。其中部分结构如下：

$$CH_3CH_2CH=CHCH_2CH_2OH \qquad CH_3\overset{O}{\underset{\|}{C}}(CH_2)_8CH_3$$

叶醇 　　　　　　　　　芸香酮

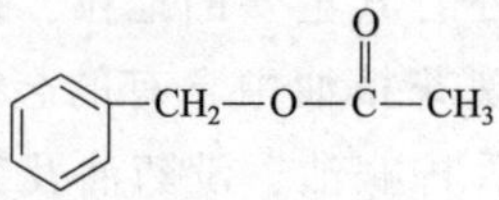

乙酸苄酯

4.含氮和含硫化合物

含氮和含硫化合物在天然植物性香料中存在及含量都很少，但气味一般很强，不可忽视。如在肉类、烘烤家禽、菜肴、果蔬等香味物质中，就发现了含氮和含硫化合物。

在这一类香料中具有代表性的就是吲哚及其衍生物。吲哚广泛存在于多种花香中，如茉莉、橙花和紫丁香等；在我国，小灵猫香膏中，也发现有少量的吲哚和甲基吲哚存在。纯的吲哚具有不愉快的臭气，但当极度稀释时，却会散发出幽雅的花香。因而可广泛地应用于茉莉、紫丁香、橙花、栀子、水仙、依兰、白兰等花香型的香精中。吲哚和 3-甲基吲哚也微量地应用于巧克力、悬钩子、草莓、苦橙、咖啡、坚果、乳酪等食品及果香复方等香精中。例如，二甲基噻吩存在于洋葱之中；在 5-甲基糠硫醇>1.0μg/kg 时，具有硫黄样气息，但当进一步稀释至0.5~1.0μg/kg 时，就变成肉香；而 4-甲氧基-2-甲基-2-丁硫醇是黑加仑花蕾香气中的关键成分。其中部分结构如下：

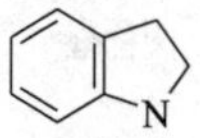

吲哚 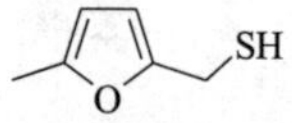　　　　　5-甲基糠硫醇

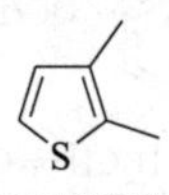

二甲基噻吩 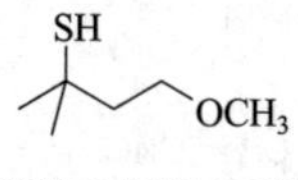　　4-甲氧基-2-甲基-2-丁硫醇

第二节　天然植物性香料加工

从香料植物中提取香成分由来已久。许多植物的果实、花、叶、枝、茎、皮、根、种子都可普遍使用水蒸气蒸馏法得到芳香成分，而此单一的加工方法能提取的芳香成分品种和品质都有限。目前，在世界上已发现的有香物质大约有 40 万种以上，经常使用的仅为 200~300 种。这些天然香料通常被加工为精油、除萜精油、浸膏、香膏、冷法酊剂、热法酊剂、单离品、辛香料、香树脂、香脂、净油等。一般根据香料植物原料形态上的多样性、所含芳香成分性质上的差异性以及经济上的合理性等因素选择不同的加工方式。

一、天然植物性香料的预处理

对待加工的香料植物的贮存有一定的要求，有些原料必须经过预处理，以防原料发酵变质。预处理还可更有效地保存和提取天然植物性香料中的芳香成分，缩短加工时间，提高芳香成分收率。

1. 预处理的目的和要求

天然香料的季节性极强，如若采集处理不当，将会造成巨大的损失。加工前的预处理能够有效提高加工生产中的产品质量和收率。在处理过程中，需要做到使未发香的原料通过处理后达到发香或香气更好；对已采集到的发香原料，应尽量保持干燥和透气，避免料层升温、损伤或发酵，以保证原料在加工时仍然新鲜；对部分坚硬、大块、粗枝的原料进行破碎处理，以便加速加工过程。

2. 鲜花和鲜叶的保养与保存

鲜花、鲜叶收割采摘时，不仅要注意采摘品种和部位，还应注意时节。这些都是影响香料产量和质量的关键因素。

鲜花的保养与保存应根据未发香或已开放进行分类处理。未发香的鲜花，例如晚香玉、大花茉莉、茉莉等必须经过一段时间的呼吸作用和代谢过程后，才能绽放发香。它们在运输与储存过程中，花蕾极易因过度受热而发酵变质。因此，需要保持空气适当流通，室温控制在 $28\sim32℃$ 为宜，湿度控制在 $80\%\sim90\%$ 为宜。为了使花蕾能全部均匀一致地开放，每隔一定时间可轻轻翻动花蕾，喷洒雾水，花会开得更好，香气也会更浓郁。已开放的鲜花，例如栀子花、玫瑰、白兰等，这些花花香浓郁，代谢旺盛，需要立即进行进一步的加工，以免香气损失。来不及加工的鲜花也需要松散盛放在通风处。

鲜叶采集后一般不立即加工，因大多数鲜叶采集后会放至半干，叶片表面水分散失掉一部分而又不十分干枯，叶面细胞孔扩大，更有利于其精油的扩散。例如薄荷叶、玳玳叶、树兰叶、橙叶和白兰叶等，在放置数天后，得到的出油率较鲜叶出油率可高出 $5\%\sim20\%$（按鲜重计算）。有一些叶类原料，例如香紫苏、肉桂枝叶等，采集后常用阴干的办法使其失去大部分水分后再加工，放置较长的时间更有利于提油。也有一些特殊娇嫩鲜叶，例如香叶、天竺葵等，采集后不宜放置，应立即进行加工处理。鲜叶类植物香料在运输和保存的过程中都应避免因发热、发酵而影响其质量和出油率。

3. 浸泡处理

需要浸泡处理的天然植物性香料包括果皮和鲜花两大类。

对于柑橘类果皮预处理时先用清水浸泡，然后用浸泡剂（过饱和石灰水）浸泡，果皮与浸泡剂的质量比约为 1∶4，浸泡时间 12～20h 不等。浸泡过程使得果皮充分吸收水分而变脆，增加细胞内压。在后期采用压榨法提取精油时，果皮内的油囊更易破裂，精油喷射力强，更有利于提取精油。同时，果皮内的大量果胶将变成不溶于水的果胶酸盐类，有利于后期加工过程中的油水分离。对于较硬果皮，更要在压榨之前进行浸泡预处理，否则将无法提取精油。

对于花期极短、香气易消失的鲜花，例如桂花、玫瑰花等，可以采用浸泡处理的方法，用以缓解大量花材原料急待处理加工和设备生产力不足之间的矛盾。桂花在食盐水中可以浸泡半年以上不变质，且浸泡过后香气更为浓郁甜醇。玫瑰花也可以用饱和食盐水浸泡，不但延长了加工时间，还可以提高出油率。

4. 破碎处理

部分植物香料原料因表面坚硬或体积较大常需要在加工前进行破碎处理，例如树干、树根、坚硬的果壳或果核等。利用机械外力对待处理香料进行不同程度的磨碎、压碎和切碎，更有利于蒸馏或浸提等加工过程中溶剂的渗透以及溶质的扩散，是提高原料得油率、缩短加工时间、增加设备使用寿命的有效方法。原料的破碎程度应与后续提取操作配合。破碎后的香料需要尽快加工。因为香料经破碎处理后，部分细胞结构受损，一部分芳香成分已经暴露在外，如不立即加工将造成挥发损失甚至变质损害。

磨碎法常用于预处理树干、树皮类原料。常见的香料原料，如檀香、柏木、桂皮、广藿香、兰花干等都需要预先进行磨碎处理。压碎法常用于预处理植物果实或果核类原料。常见的香料原料，如茴芹籽、芫荽籽、肉豆蔻、山苍子等都需要预先进行压碎处理。切碎法常用于预处理过长的香料原料，如根、茎、叶等。常见的香料原料，如香茅、香根草、丁香罗勒等，常被切成小段后再进行加工。

5. 发酵处理

例如香荚兰豆在未发酵前是不香的，自然发酵发香需要经过 2～3 个月，用热水或晾晒可以大大缩短发酵时间。鸢尾根茎在未发酵前也是不香的，自然发酵发香需要 2～3 年时间，采用温热发酵法，可使其 1 年左右发香。又例如广藿香、树苔等原香气较为粗糙的香料原料，发酵处理可使其香气变得细腻。广藿香需在干燥过程中进行发酵，树苔需阴干打包后进行 1 年以上自然发酵。所有经发酵处理的原料在提香前均需剔除发霉变质部分，否则将影响最终芳香产品质量。

6. 热烫处理

热烫用于处理各种荚果类原料，即将采摘后的荚果经过短时间的热水或水蒸气处理后，再用冷水立即冷却。一方面可通过热烫排除荚果中的空气，破坏氧化酶系统，固化原料特定的颜色，便于保存；另一方面可使果实细胞内部发生质壁分离，从而使水分易于排出，加速干燥过程；再一方面通过热烫可消灭一部分原生香料表面残存的污浊物和微生物。

二、天然植物性香料产品

1. 精油

商业上称为"芳香油"，医药上称为"挥发油"，是一类重要的天然香料。广义上说，它是从芳香物质中加工提取所得到的挥发性含香物质的总称。狭义上说，它通常是指从植物性芳香物质中提取出的芳香挥发性物质，是香气的精华。精油是由许多不同化学物质组成的混合物，一般来说是易于流动的透明液体或膏状物，也有某些精油类物质在温度略低时呈固体。

2. 去萜及去半萜精油

有些精油中所含的单萜类和倍半萜类成分不仅本身化学性质极不稳定，易导致精油变质，而且会稀释主体香气。加工时通过溶剂萃取、减压分馏、分子蒸馏以及柱色谱等方法除去萜烯成分。经过这种处理后的精油被称作去萜及去半萜精油。

3. 浸膏

浸膏是含有精油、植物蜡及色素等呈膏状的浓缩非水溶剂萃取物，是天然植物性香料的主要品种之一。其加工工艺过程一般为用挥发性有机溶剂浸提香料植物原料，再蒸馏回收有机溶剂，得到的残留物即为浸膏。因浸膏中含有相当量的色素等杂质，因此其外观一般呈深色膏状或蜡状。例如茉莉浸膏、晚香玉浸膏等。

4. 香膏

香膏是香料植物因生理或病理渗出含香成分的树脂样物质，大多呈半固态或黏稠液体，不溶于水，几乎全溶于乙醇。其主要成分是苯甲酸及其酯类、桂酸及其酯类。例如秘鲁香膏、吐鲁香膏、苏合香香膏、安息香香膏等。

5. 香树脂

香树脂是用烃类溶剂浸提植物树脂类或香膏类物质而得到的具有特征香气的浓缩萃取物，常用作定香剂。由于其流动性不好，使用时需要在苯甲酸苄酯、邻苯二甲酸乙二酯、丙二醇等稀释剂中稀释。颜色较深的岩蔷薇香树脂等还需脱色后才能使用。

6. 香脂

香脂是指采用冷吸法吸收了鲜花中芳香成分的精制动物脂肪或植物中的油脂成分。这些充斥了芳香成分的脂肪或油脂既可以直接用于化妆品香精中，也可以经乙醇萃取制取香脂净油。但因脂肪类物质易酸败变质，一般不大批量生产香脂。

7. 净油

净油是指用乙醇萃取浸膏或香树脂所得的萃取液，经过冷冻处理，过滤掉不溶的蜡质等杂质，然后低温减压蒸去乙醇，所得到的产物统称为净油，其状态多为流动或半流动。因净油比较纯净，可直接用于调配化妆品、香水等。

8. 酊剂

酊剂即为乙醇溶液，是以乙醇为溶剂，在室温或加热条件下浸提天然香料或香脂，加以澄清、过滤后的制品。其中室温条件下制得的称为冷法酊剂，加热条件下制得的称为热法酊剂，热法酊剂在澄清工艺前还应冷却至室温。常见的酊剂制品有枣酊、可可酊、咖啡酊、香荚兰酊、麝香酊等。

9. 单离品

单离品是指采用物理或化学方法从天然精油中分离出来的某种香成分的化合物，例如从薄荷脑中分离出薄荷脑。

10. 辛香料

辛香料一般是指具有芳香和刺激气味的草根、木皮之类的干粉，广泛适用于食品调味。其用量虽少，但可改善食品的风味，增进食欲，同时还有杀菌作用，提高食品的保存效果。辛香料亦称为调味品。近年来随着食品加工技术的提高，辛香料结构也发生了变化，出现了辛香料精油和油树脂等。

三、天然植物性香料常用加工方法

据不完全统计，世界上的天然香料品种已达 3000 余种，其中经常使用的有300 多种。我国幅员辽阔，自然条件优越，芳香植物资源丰富，多达 400 多种，且多分布在温带和亚热带地区，常用的有 130 多种。对于这些天然植物性香料的加工制作，常用方法通常有五种：水蒸气蒸馏法、压榨法、浸提法（萃取法）、吸附法和超临界流体萃取法。

1. 水蒸气蒸馏法

水蒸气蒸馏法是最常用的天然植物香料提取方法，此法的特点是设备简单、操作容易、成本低、产量高。除在沸水中易水解或易分解的芳香成分外，绝大多数芳香植物都可以采用此法提取芳香物质。蒸馏又分为常压、减压和加压蒸馏。

（1）蒸馏原理　水蒸气蒸馏法是根据道尔顿分压定律，利用不互溶的两种混合液（水和精油）的蒸气压等于各组分蒸气压之和的原理，使沸点较高的精油类有机混合物在低于 100℃ 的温度下随水蒸气一同蒸出，再经油水分离后得到精油。

这一过程可以防止精油因提取过程温度过高所导致的分解和变质现象。

实际上，在蒸馏过程中压强的改变对馏出液中精油和水的质量比影响较大。水的饱和蒸汽压随温度变化缓慢，而精油的饱和蒸汽压随温度变化较大。减压时沸点降低，馏出液中精油质量比减少，加压时沸点升高，馏出液中精油质量比增大，且可把高沸点芳香组分蒸出。

（2）蒸馏方式　根据植物香料原料与水蒸气接触的方式不同，如图 3-7 所示，将水蒸气蒸馏分为水中蒸馏、水上蒸馏和直接蒸汽蒸馏三种。

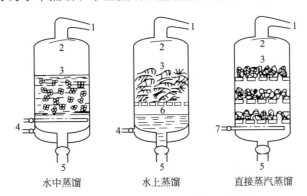

　　　水中蒸馏　　　　　　　水上蒸馏　　　　　直接蒸汽蒸馏

图 3-7　三种蒸馏方式的设备和示意图
1—冷凝器；2—挡板；3—植物原料；4—加热蒸汽；5—出液口；6—水；7—蒸汽入口

① 水中蒸馏：先放入原料，再向锅中加水至没过原料，一般在锅底进行加热。蒸馏过程中，液面上方不断形成油水混合蒸气，将该蒸气冷却后进行油水分离，即得精油产品。

这种方式的特点是原料水散效果好，受热均匀，不易黏结或结块。常适用于玫瑰花、白兰花、橙花等鲜花类的蒸馏，也适用于柑橘类果皮、檀香粉等易黏结原料的蒸馏，但不适用于易水解的薰衣草等含酯类的原料。

② 水上蒸馏：该蒸馏方式的原料摆放在多孔筛板上，筛板下盛放有一定量的水，水面高度以沸腾时不溅湿筛板上的物料为宜。蒸馏开始后，釜底水层不断产生热蒸气，蒸汽遇物料后部分冷却。取釜顶上方聚集的油水混合蒸气，冷却后进行油水分离，即得精油产品。

这种方式的特点是易于改为加压蒸馏，缩短蒸馏时间，得到高沸点组分，提高出油率。原料只与水蒸气接触，精油内的酯类物质不易水解。此法需注意控制恒定水量，可采用连续回水的方式。该方式常适用于破碎原料和干花的蒸馏。

③ 直接蒸汽蒸馏：该法与水上蒸馏作用类似。其锅内不存水，依靠附加锅炉供给水蒸气，对原料进行蒸馏。

这种方式的特点是蒸馏温度高，速度快，易改为加压蒸馏，可一次性加工较多原料，水解作用小，适宜于大规模生产。但应注意根据物料掌控釜内压强，压强过高时，蒸馏温度也会随之提高，会引起精油中某些组分过热分解，从而影响出油率和精油质量。该方式常适用于白兰叶、橙叶、薰衣草等原料的蒸馏。

2. 压榨法

压榨法又称为冷榨法，主要用于柑橘类果皮中精油成分的提取。柑橘类精油中萜烯及其衍生物的含量高达90%以上，因其结构在高温下极易发生氧化聚合反应而变质。为确保香料质量及经济成本，此类芳香原料如甜橙、柠檬、红橘、柚子、佛手柑等多采用此法进行加工。

（1）压榨原理 柑橘类果皮中精油位于外果皮的表层。将果皮放入水中浸泡一定时间后，水渗入果皮油囊，使油囊内压增大，此时施加外压或以利物刺破都可使油囊破裂，释放精油。此法为物理手段，在室温下进行，可保证萜烯类物质的质量。

（2）压榨方式

① 剟榨法：起源于法国南部生产柑橘油的传统工艺。利用表面布满突刺的直径20cm的黄铜制漏斗形剟榨器刺破果皮表面油囊，使得精油以油水混合形式流出，后再进行过滤、澄清、分离。此法的特点是纯手工取油，生产效率不高，但精油气味醇正。

② 海绵法：起源于意大利的传统工艺。将果皮原料放入装有凹形海绵压板和凸形海绵压板的夹层中，旋转连接压板的螺杆柄，靠挤压力和摩擦力压榨果皮，油囊破裂后渗出的精油被海绵吸收。翻动果皮，重复数次，逐渐使海绵体达到饱和状态。挤出海绵压板中的黏液，过滤除掉果皮等杂质，分离水分，得到粗制的橘皮类精油。此法同样因纯手工取油，虽气味醇正，但不适宜大规模生产。

③ 冷磨法：此法为柑橘类整果加工的主要方法，常用的有平板式和激振式两种。平板式是利用两块转动的磨盘和四壁的磨钉来磨刺整个果皮，使得油囊中的精油渗出。其磨皮时间和转速均可根据果皮厚度和坚硬程度进行适当调整。此法最适宜于广柑、甜橙和柠檬等，所得精油品质较优。另一种激振式是将整果置于不断上下振动的齿条尖撞击和翻动，借此刺破表皮中的油囊，获取精油。其振幅和磨皮时间也可随鲜果大小调节。

④ 压榨法：最常见的压榨法是螺旋压榨法。利用旋转的螺旋体对果皮起推进作用，使原料受压，油囊破碎，精油喷射而出。经此法加工的果皮需事先经过石灰水浸泡处理，以便提高后续工艺中油水的分离效率。螺旋压榨法适用于大批量压榨鲜果皮或干果皮中的精油，是目前应用较为广泛的现代化加工方式。

以上四种方法中，前两种属于传统纯手工艺的生产方式，后两种是利用机械完成的精油压榨工艺。传统手工艺得到的精油香气较好，但是耗时费力，生产效率低，得到产品的成本较高。机械作业可大规模加工，经济效益较高。

（3）压榨工艺过程

① 原料浸泡：柑橘类果皮在压榨过程中易造成大量果胶溶于水中，使水油乳化，不易分离。因此果皮在生产前必须经过石灰水浸泡，使果胶变为不溶于水的果胶酸钙，降低乳胶体的生成。浸泡过程还可使果皮中的纤维溶胀，细胞更易破裂出油。

② 清洗：浸泡过的果皮需用清水洗去残留的浸泡剂，使 pH 值为 7～8。

③ 喷淋：喷淋液的 pH 值控制在 7～8 或 6～7，弱碱性有利于抑制霉菌，弱酸性可以保护精油的有效成分。喷淋的目的在于收集碎果皮表面吸附的精油。

④ 过滤与沉降：磨皮或榨皮的过程中会混合果皮碎屑，过滤可去除这部分杂质。沉降的作用在于分离果胶盐类的物质。

⑤ 离心分离：利用油水密度差异，高速离心分离油水混合物。

⑥ 静置分离：经过高速离心分离后的精油中还含有少量的杂质，在 5～10℃的低温处静置一段时间，使水和杂质充分沉淀，再经减压过滤（抽滤）去除悬浮杂质，得到"冷却油"。

⑦ 精油除萜：萜烯类物质的存在对香气贡献不大，且易发生氧化、聚合反应。除去时先进行减压蒸馏去掉沸点较低的单萜烯，再用稀乙醇萃取沸点较高的精油液，分离掉倍半萜烯和二萜烯类物质。

3. 浸提法

浸提法适用于某些不易挥发的有香成分，也适用于在蒸馏过程中受热易分解的不稳定的芳香物质。在天然香料的加工过程中应用十分广泛，例如浸膏、净油、酊剂类产品常用浸提法加工制得，此外食品香料中含有的不挥发成分也采用浸提法提取。其浸提液中一般含有植物蜡、色素、淀粉、糖类、脂肪、纤维等杂质。为得到更加醇正的芳香成分，还需要进行精加工。

（1）浸提原理 浸提是一个物理过程，可简要分为渗透、溶解和扩散三个阶段。芳香植物精油存在于细胞质中。浸提时，溶剂由物料表面渗透进入内部组织，根据溶解性选择性地溶解物料内部成分，最后溶剂和溶解性成分一起扩散到细胞外。

（2）溶剂选择 溶剂是浸提过程的关键，选择用于浸提的溶剂需要注意以下原则：无色无味，不可影响芳香物质气息；对人体危害小，大量使用时不会对环境造成污染；与水不互溶，不会被原料中水分物质稀释；沸点低且沸程小，蒸发后不留残余，以保证提取物纯度；选择性强，对各类杂质溶解力小；化学性质惰性，不与芳香产品反应；价格便宜。

根据上述原则，结合不同原料特性，中国目前常用的溶剂有：乙醇、石油醚、乙醚、苯、氯仿、二氯乙烷、丙酮等。工业生产中，溶剂在使用前必须经过精馏，以确保其纯度。精馏前加入0.5%液体石蜡，用以保留溶剂中的高沸点成分并吸收臭杂气味。

（3）浸提方式

① 固定浸提：也就是净值浸提，即原料和溶剂二者不发生相对运动。操作时先加入原料，再加入浸提剂至淹没原料为止。此法浸提效率低、浸提时间长，为改进这一工艺，加工时在浸提容器底部抽取浸提液，再由泵将浸提剂送回，以提高传质效率，缩短浸提时间。固定浸提适宜于加工娇嫩原料，如大花茉莉、晚香玉、紫罗兰等。

② 搅拌浸提：搅拌浸提在固定浸提的基础上发展而来，即在其基础上增添了刮板式的搅拌器。花层浸泡在溶剂中，刮板缓慢转动，使花和溶剂得以充分接触，浸提效率提高至80%左右。因搅拌缓慢，原料不易碰伤，产品质量较优。搅拌浸提适宜于加工小颗粒状原料，如桂花、米兰等。

③ 转动浸提：转动浸提时原料与溶剂也会发生相对运动，不同于搅拌浸提的是，在加工过程中转动的是浸提设备。原料随设备转动会造成较多碰伤，因此只适用于花瓣较厚的原料，如小花茉莉、白兰、墨红等。其优点在于溶剂使用量少，浸提时间短，浸提效率可达80%～90%。

④ 逆流浸提：逆流浸提是原料和溶剂按照逆流方向移动的过程。因为在整个浸提过程中，各处始终保持着较大的浓度差，所以浸提效率高，可达90%左右。产品质量较优，适宜于大批量、多种原料的提香。

现代逆流浸提设备主要分平转式和泳浸桨叶式两种。平转式逆流浸提工艺，溶剂自上而下喷淋洗涤原料，喷淋级数和浸提时间均可根据物料调整。泳浸桨叶式逆流浸提工艺，原料由低处靠桨叶推进和翻动，缓慢向高处移动，溶剂则由上至下逆向而行，形成较大的浓度差。该工艺浸提效率高，溶剂损耗少，浸膏质量优。

4. 吸附法

吸附法是指在室温环境下，利用吸附剂吸附各种原料中的芳香物质，达到饱和后，再解吸，得到精油的一种生产方法。吸附法加工过程温度低，芳香成分不易被破坏，产品香气质量较优。但其工艺多以手工操作为主，生产周期长，生产效率低，一般不常用。此法适宜于加工香气强度较大的花材，例如茉莉花、橙花、兰花、水仙、晚香玉等。

（1）吸附原理　天然香料吸附法提取芳香成分是一种物理吸附。即两种不同种类的物质分子由于范德华力的存在而发生吸附现象。这类物理吸附现象不影响精油质量，后期容易通过解吸回收精油。

（2）吸附剂　吸附剂需要有较大的比表面积。香料工业中常用的吸附剂有硅胶、氧化铝、分子筛、活性炭等多孔类物质，也有一些手工取香时用动物脂肪或植物油脂成分作为吸附剂。

（3）吸附方式　吸附法生产天然香料大致可分为三种形式，即冷吸法、温浸法和固体吸附剂法。

① 冷吸法：冷吸法所用的溶剂为牛油和猪油制成的混合脂肪基。按图 3-8 所示过程提香，加工时将原料放置在涂满脂肪基的玻璃板上，脂肪基作为溶剂与原料充分接触，待本批次原料芳香成分大部分被吸收后，更换新批次原料，直至脂肪基饱和为止。从玻璃板上刮下香脂，可直接用于高级化妆品中。此法处理量小，处理时间长，例如茉莉花的冷吸过程约为 30 天。但其得到的芳香产品香气纯正，品质极优。

(a) 采集鲜花

(b) 将鲜花放置于涂满脂肪基的玻璃板上

(c) 刮下饱和的脂肪基

(d) 香脂成品

图 3-8　冷吸法提香（彩图见彩插）

② 温浸法：温浸法采用动物油脂、橄榄油、麻油等作为溶剂。将花材浸在 50～70℃的油脂中，分批次更换原料，直至油脂饱和为止。玫瑰香脂、橙花香脂、金合欢香脂都可由此法制得。

③ 固体吸附剂法：又称吹气吸附法。将具有一定湿度的空气均匀鼓入花筛，花筛气体出口处有固体吸附层，香气被吸附剂吸附，达到饱和后再用溶剂脱附，除去溶剂后得到精油。其工艺流程如图 3-9 所示。

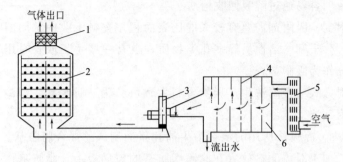

图 3-9　固体吸附剂法吸附流程示意图

1—吸附剂层；2—花筛；3—鼓风机；4—增湿室；5—空气过滤器；6—喷淋水

5. 超临界流体萃取法

目前，超临界流体萃取法应用于少数名贵植物香料的萃取。它利用超临界流体的特殊性能对芳香物质进行萃取和分离。

（1）萃取原理　在超临界状态下，超临界流体与待分离的物质接触，使其萃取其中某些组分，然后通过减压、升温的方法使超临界流体变为普通气体，析出萃取物。在香料提取过程中，一般使用超临界二氧化碳作为萃取剂。工业上，也有将液态丙烷、丁烷等作为超临界流体萃取香料。

（2）萃取工艺　利用超临界二氧化碳在不同物理状态下对于各种有机天然产物有不同的溶解性，萃取原料中的芳香物质。其工艺过程如图 3-10 所示，具体分为以下步骤：

① 改变二氧化碳的温度、压力，使它达到超临界状态。

② 超临界二氧化碳在萃取器中与原料充分接触，完成渗透、溶解、扩散，芳香成分由原料进入超临界二氧化碳。

③ 超临界二氧化碳流体及其萃取物一起经过减压分离器，二氧化碳变成气态，分离出萃取物。

④ 气态二氧化碳经冷却变回低温低压的液体，再送入压缩机提高压力。

⑤ 将处理好的二氧化碳再次送入萃取器，萃取新批次原料的芳香物质。

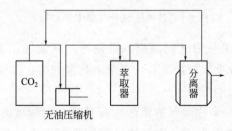

图 3-10　超临界二氧化碳萃取工艺流程示意图

（3）特点　超临界二氧化碳具有以下优点：具有化学惰性，不与萃取物反应；无毒、无味，安全性好，对环境无污染；对芳香物质溶解性强，萃取效果好；易与萃取物分离；成本低，易回收再利用。基于以上优点，超临界流体萃取技术日趋得到人们的重视。但因其装备复杂，受萃取物极性影响较大，需配备高压容器和高压泵，投资成本高，建立大规模生产线尚有难度。

6. 其他技术

除以上各种传统工艺和成熟工艺外，新技术也在源源不断地推广到工业应用中，旨在提高芳香产品质量和收率，拓展香料工业的发展领域。

（1）色谱法　又称层析法，可分为纸色谱法、薄层色谱法、柱色谱法、气相色谱法、高效液相色谱法等。此法的原理是利用天然香料中各组分沸点高低的差异而将其区分开来。

（2）微波萃取法　是利用微波辐射促使香料植物的细胞破裂，活性物质流出，被萃取剂捕获并溶解的一个过程。它大大缩短了提香时间，可避免长时间的高温引起样品分解。与传统提取方法相比，微波萃取法具有操作简便、省时、经济且能有效保护被提取成分等特点。与超临界萃取技术相比设备简单、廉价，且不受萃取物极性的限制，适宜于处理量较大的原料。但其设备很难有效防止微波泄漏等缺点，经改进后，该技术应用前景将十分广阔。

（3）微胶囊双水相萃取法　这是一种与溶剂萃取相结合的新型分离技术。双水相能有效分离细胞匀浆中极微小的碎片，同时它能提取醛、酮、醇等弱极性芳香成分，提取过程不需加热和相变，能耗低。但目前只限于生物物质、中草药等有效成分的分离。

（4）超声波提取法　超声技术是利用超声波超强的穿透力击碎细胞，从而加速有效成分进入溶剂，促进提取。它能有效缩短提取时间，且产率高，条件温和。目前主要应用于食品行业及中药有效成分的提取，应用前景广阔。

（5）分子蒸馏法　也称短程蒸馏。在高真空环境下进行溶液分离操作的连续蒸馏过程，它基于一定温度和真空度下不同物质的分子平均自由程的差异而实现分离。现已工业化应用的分子蒸馏有三种形式：自由降膜式、旋转刮膜式和机械离心式。其操作温度远低于物质常压下的沸点温度，且物料被加热时间非常短，分离过程是物理过程，可防止分离物质被污染，不会对物质本身造成破坏，分离程度高于传统蒸馏，适宜于分离高沸点、高黏度、热敏性的物质。但因其耗能较大，目前仅限于高附加值物质的分离。

（6）膜分离法　膜分离技术是近几十年来发展迅速的新兴分离技术。它设备简单、操作方便、分离效率高且节能。在天然产物有效成分的提取中应用越来越广泛。其原理是以膜两侧的压差为驱动力，靠压力差促使有效成分得到分离，通常会配合压力使用不同孔径的筛膜。

从天然植物中提取芳香成分，必须注重加工方法的选择。需注重香料植物原料形态的多样性，还需根据其成分性质的差异性、原料数量、经济成本等确定加工方法，以期产品质量最优，经济效益最合理。

对于天然产物的提取仍存在较大的局限性。一方面因原料受气候、环境、运输和加工方式的影响较大。另一方面，因天然产物自身所含的有效成分结构复杂，给分离带来一定困难。再一方面，因人们对天然物质需求量与日俱增，许多地方对动植物资源采取"杀鸡取卵"的开采方式，导致天然资源短缺严重。

为此，人们不断改进和创新各种提香技术，旨在提取更充分，产品纯度更高，经营成本更低廉。我们仍需进一步加大科研投入，加强对技术和工艺的研究，注意各种分离方法的配合使用。加强新技术的推广和应用。同时还应重视对提香副产品的综合利用，拓宽市场，增加经济效益。

第三节　天然植物性香料应用分类

香料植物种类繁多，下面就我国主要香料植物作简要介绍。

我国拥有丰富的天然植物性香料资源，据不完全统计，我国现有可用作天然植物性香料的103个科、288个属的500余种芳香植物广泛分布于20个省（市/区）。天然香料的香气及香味来源于其含有的特殊化学成分，这些呈香物质按其元素组成、官能团的差别可以分为五大类：萜烯类化合物、具有苯环结构的芳香族化合物、脂肪族化合物、具有氮硫等原子的杂环化合物、具有巨环或内酯结构的特殊化合物。

随着人们生活水平的提高，对香料的使用范围也越来越广泛，特别是从植物中提取的天然植物香料，不仅大量用于食品工业，而且也为许多日用品添香增美。以下对天然植物香料的应用进行分类。

1. 食品用天然植物香料

茉莉、玫瑰、桂花、薄荷、留香兰、柑橘、柠檬、八角、茴香、葱、姜、丁香等可用于糕点、糖果、饮料、调料等各个方面。食品加香，不仅赋予食品一定香气，更重要的是能改善食品的风味，提高食品的质量和价值。

2. 日用品、卫生制品用天然植物香料

天然植物香料在日化产品中有着广泛应用，如香皂、肥皂、洗涤剂、香波、牙膏、牙粉、护肤膏霜、香粉、香脂、爽身粉、花露水、除臭剂、防虫剂、杀虫剂等。由于配制的香型不同，使用的香料也不同。在日化产品中加香，不仅

在于掩盖油脂原料中的不良气息，有防腐作用，还能散放出愉快悦人的各种香气。

3. 化妆品用天然植物香料

天然植物香料被广泛应用在化妆品中，因为天然香料中含有多种类型、多种功效的成分，进而通过添加到化妆品中，使化妆品可以拥有不同的味道、功效和作用。

（1）花类天然香料　主要是指来源于玫瑰、薰衣草、茉莉、紫罗兰等芳香植物花朵的天然精油。这类天然精油具有强烈的香味，并且对皮肤具有优良的亲和性和保湿性，对皮肤无刺激、不致敏，安全性高，使用可靠，根据其本身具有的特殊功能，将其添加在化妆品中可以使化妆品具有特殊功效。花类天然香料是香型化妆品中香精的重要原料，也是香气清新的现代百花型香韵和素心兰型香水的主要原料，可用于调配各种洗发香波、润肤露、沐浴皂等，可以起到使皮肤细腻、发质柔顺的功效。

（2）植物性叶类天然香料　是仅次于花类天然香料，使用较多的香料。苦橙叶、香叶、芳樟叶、薄荷、迷迭香等精油均是来源于植物叶。迷迭香叶带有茶香，味辛辣、微苦，常被用在烹饪上，也可用来泡花草茶喝。现也广泛应用于化妆品上，其美容的主要功能在于抗氧化。迷迭香提取液中的有效成分与天然有机脂具有很强的亲和性，因此，迷迭香常与有机脂结合制成凝脂产品。此外，迷迭香是著名的具有收敛功效的植物，可以清洁毛囊，并能够让毛孔更细小，从而让皮肤看起来更细腻更平整。而对于面部有多余脂肪的人来说，也有消除脂肪、紧致皮肤的功效。

（3）果实类天然香料　主要是芸香科柑橘属植物，主要包括甜橙、红橘、柑、苦橙、葡萄柚、柠檬以及香柠檬等。柑橘属植物果实的精油具有令人愉悦的天然柑橘香气，不仅具有调香赋香的作用，同时还有舒缓神经、杀菌消炎的作用，在化妆品工业上运用得相当广泛，是美白、保湿、祛痘、祛斑类化妆品以及香水等产品中非常重要的天然香料。

4. 商品用天然植物香料

天然植物精油是合成香料、单体香料制造的重要起始材料。如香茅油，经分馏可单离出香叶醇和香茅醛，前者可制成各种香叶醇（如甲醇、乙醇、丁醇、苯乙酸香叶醇），后者可制成具有铃兰花香的羟基香茅醛和玫瑰花香的香茅醇、二氢香茅醇等。又如山苍子油，经分馏可提制单体香料柠檬醛，柠檬醛再经一系列合成制成紫罗兰酮、甲基紫罗兰酮、异甲基紫罗兰酮等一系列名贵香料。

5. 其他工业产品用天然植物香料

天然植物香料在工业上也用于烤烟、雪茄、板烟、卷烟等的加工。烟用香精的主要天然植物香料有葫芦巴、可可、兰花米、枣子、树苔/橡苔浸膏、甘草、独活等。同时，天然植物香料在纸张、涂料、油墨、文具用品、塑料皮革制品、纺织品、建筑材料等用量愈来愈大。

笔者将收集到的关于我国香料植物资源分布情况的资料进行了整理，将品种、产地、主要成分、加工提取方法、主要用途等信息汇集成表 3-2。

表 3-2 我国常用天然香料植物品种的产地、主要成分、加工提取方法及主要用途

品种	产地	主要成分	加工提取方法	主要用途
桂花	中国全境	α-/β-位紫罗兰酮、芳樟醇及其氧化物、壬醛、叶醇、香叶醇等	石油醚浸提法	日化香精，配制食用香精
茉莉	中国长江以南、西南及华中地区	乙酸苄酯、邻氨基苯甲酸甲酯、吲哚、二氢茉莉酮酸甲酯、α-戊基桂醛等	石油醚浸提法	用于熏茶，配制茉莉香型香精及其他香精
墨红玫瑰	中国浙江、江苏等地	香樟醇、芳樟醇、香叶醇	石油醚浸提法	制备墨红浸膏，广泛用于化妆品、香皂、烟草及食品加香
白兰	中国广东、福建、台湾等地	芳樟醇及其氧化物、柠檬烯、桉叶素、β-松油醇、石竹烯、丁香酚、竹烯、反式香芹酮	水蒸气蒸馏法、石油醚浸提法	主要用于化妆品、香皂加香
香樟	中国长江以南地区	樟脑、桉叶素、黄樟素	水蒸气蒸馏法	主要用于单离樟脑、桉叶素、黄樟素
香桂	中国四川宜宾地区	黄樟素	水蒸气蒸馏法	主要用于单离黄樟素
山苍子	中国长江以南地区	柠檬醛	水蒸气蒸馏法	生产柠檬醛，进一步加工合成紫罗兰酮
肉桂	中国广东、广西地区	桂醛、乙酸肉桂醛、肉桂酸、水杨酸、甲基水杨醛等	水蒸气蒸馏法	直接用作辛香料、中药，也可用于食用和日化香精调配
松节油	中国全境	α-蒎烯、β-蒎烯、莰烯、松油烯、异松油烯	水蒸气蒸馏法	单离 α-蒎烯、β-蒎烯、莰烯等
柏木油	中国全境	柏木醇、柏木烯	水蒸气蒸馏法	调配木香型、檀香型香精，可用于消毒剂，分离后可用于合成甲基柏木醚、乙酸柏木酯、甲基柏木酮
薰衣草	中国新疆、河南、陕西、安徽等地	乙酸芳樟酯、芳樟醇、薰衣草醇、乙酸薰衣草酯、月桂烯、石竹烯等	水蒸气蒸馏法	重要天然精油，用于配制古龙水、花露水、爽身粉、香皂等日化香精
薄荷	中国长江以南地区	l-薄荷醇、胡薄荷酮、薄荷酯类等	水蒸气蒸馏法	用于调配日化及食用香精

品种	产地	主要成分	加工提取方法	主要用途
香茅	中国长江以南地区	香茅醛、香叶醇、榄香醇等	水蒸气蒸馏法	可直接用于日化香精的调配，也可用于单离香茅醛、香叶醇等重要单体香料
岩兰草	中国长江以南地区	香根油	水蒸气蒸馏法	用作定香剂
广藿香	中国广西、四川、海南等地	广藿香醇、广藿香酮、藿香黄酮醇	水蒸气蒸馏法	用作定香剂，也可用于调配东方型、木香型香精
香荚兰	中国海南、云南	香兰素	溶液提取法	用于巧克力、糕点、冰淇淋等食品加香，也可用作定香剂

第四节　代表性天然植物性香料

笔者查阅相关文献资料，将目前最常用的天然植物香料特性整理归纳如下。

1. 茉莉花浸膏与净油

在所有的"花香"里面，茉莉花香无疑是最重要的，几乎没有一个日用香精里是不包含茉莉花香气的。不仅如此，茉莉花香气对合成香料工业还有一个巨大的贡献：数以百计的花香香料是从茉莉花的香气成分里发现的或是化学家模仿茉莉花的香味制造出来的——茉莉花的香气中包含有特定品种的动物香、青香、药香、果香等。香料香精应用史上，许多有价值的新单离香料成分最早都是在茉莉花精油里面发现的。

茉莉花有"大花""小花"之分。小花茉莉（图 3-11）的香气深受我国人民的喜爱，不但广泛用于日用品的加香，还大量用于茶叶加香——茉莉花茶的生产量是没有任何一种加香茶叶可以同它相比的。福州盛产茉莉花茶，自古以来大量种植小花茉莉，自然也是小花茉莉浸膏和小花茉莉净油的主要出产地。近年来，由于调香的需要，有些地区也种植大花茉莉，并开始提取大花茉莉浸膏和大花茉莉净油出售。

同其他鲜花浸膏的生产一样，茉莉花浸膏也是用有机溶剂浸取茉莉鲜花的香气成分后再蒸去溶剂而得到的。用超临界二氧化碳萃取法得到的浸膏香气更加优秀，也更接近天然鲜花的香气，现已工业化生产。

用纯净的乙醇可以再从茉莉花浸膏里萃取出茉莉净油，更适合于日用香精的配制需要，因为茉莉花浸膏里面的蜡质不溶于乙醇，会影响香精在许多领域里的

图 3-11　小花茉莉（彩图见彩插）

应用。本书中所引用与列举的配方里，使用的茉莉花浸膏有条件时都可以用茉莉花净油代替，用量可以减少一半。

2. 玫瑰花浸膏与净油

玫瑰（图 3-12）原产我国，现已传遍全世界。对这种花及其香气最为推崇的是欧洲各界人士，由于欧洲各国民间普遍以玫瑰花作为爱情的象征，玫瑰花香气也自然成了香水的首选主香成分。保加利亚、土耳其、摩洛哥、俄罗斯等国都有大面积的玫瑰花种植基地，我国的山东、甘肃、新疆、四川、贵州和北京也都有一定面积的玫瑰花栽种地，品种不一，也有不少是从国外引进的优良品种，现已能提取浸膏和净油供应市场。

图 3-12　玫瑰（彩图见彩插）

同茉莉花油一样，玫瑰花油的成分也是相当复杂的。有相当多的合成香料是在玫瑰花油里发现后再由化学家在实验室里制造出来的，除了早先发现并合成、大量用于香水生产使用的香叶醇、香茅醇、橙花醇、苯乙醇、乙酸香叶酯、乙酸香茅酯、乙酸橙花酯等外，近二十年来较重要的发现并广泛应用于各种产品加香的有玫瑰醚、突厥酮等。

玫瑰花浸膏和玫瑰花净油的香气虽然较接近玫瑰花的香气，但如果拿着玫瑰鲜花来对照着嗅闻比较，差距还是很大的。用蒸馏法得到的玫瑰精油差距就更大了，因为有许多香料成分溶解在了水里，所以蒸馏玫瑰花副产的"玫瑰水"也是宝贵的化妆品原料，也有人把它直接作为化妆水使用（即所谓的"玫瑰花香露"或"玫瑰花纯露"），也可用于芳香疗法之中。

由于其价格昂贵，玫瑰花浸膏和玫瑰花净油只在配制香水香精与高档化妆品时才少量使用。在我国，使用得更多的是其代替物——墨红浸膏和净油。

3. 墨红浸膏与净油

墨红月季（图3-13）原产德国，其花香气酷似玫瑰且得油率较高，因而成为我国玫瑰类香料的代用品，浙江、江苏、河北、北京都有一定面积的栽培。墨红浸膏和净油价格都分别只有玫瑰浸膏和净油的一半左右，所以我国的调香师都比较喜欢用其代替玫瑰花浸膏和净油。实际上，在高、中档香水和化妆品香精里加入墨红浸膏或墨红净油与加入玫瑰花浸膏或玫瑰花净油的效果非常接近，但成本则降低了许多。

图 3-13　墨红月季（彩图见彩插）

4. 桂花浸膏与净油

桂花（图3-14）是亚洲特有的、深受我国民众喜爱的香花。在欧美国家，由于大多数人不知桂花为何物，连调香师也以为桂花就是"木樨草花"，常把桂花和木樨草花混为一谈。其实桂花虽也称木樨花，却不是木樨草花，与木樨草花的香气差别还是比较大的：桂花香气较甜美，而木樨草花的香气则偏青。

桂花在我国广西、安徽、江苏、浙江、福建、贵州、湖南等省均有栽培，广西、安徽与江苏产量较大，并能大量生产浸膏和净油以供应各地调香的需要，部分可供出口。

由于桂花浸膏和净油的主香成分都是紫罗兰酮类，与各种花香、草香、木香

图 3-14　桂花（彩图见彩插）

都能协调，桂花浸膏和净油不仅可用于调配桂花香精，在调配其他花香、草香、木香香精时也可使用。当然，由于价格不菲，它们也只能有限地用于比较高级的香水和化妆品香精中。

5. 树兰花浸膏与树兰叶油

树兰（图 3-15）是我国的特产，又称米兰，在闽南地区被称为"米仔兰"，其花稍香带甜且有力持久、耐闻。我国南方各省均有栽培，但花的产量不高，只有福建漳州地区的树兰花开得较多，得油率也高，可生产一定量的树兰花浸膏和净油供调香使用。原来用有机溶剂提取的浸膏和净油颜色较深，香气与鲜花相比差距较大，如用超临界二氧化碳萃取法进行制备，则色泽和香气都要好得多，也更受欢迎。

图 3-15　树兰（彩图见彩插）

树兰花浸膏较易溶于乙醇和其他香料之中，且具有极佳的定香性能，因而得到调香师的青睐。树兰叶油香气和定香性能都比不上树兰花浸膏，但价廉在档次较低的香精里香气表现也不错，同样受到欢迎。这两种香料有一个共同的香气特色——在类似茉莉花香和依兰花香的基础上带有强烈的茶叶青香，这在当今"回归大自然"的香气审美热潮中自然有大显身手的机会。以往配制带茶叶香气的香精时，免不了要使用较多的叶醇和芳樟醇，而这两个香料沸点都很低，且不留香，加入适量的树兰花浸膏或树兰叶油就能克服这个问题。

6. 赖百当浸膏与净油

赖百当学名是岩蔷薇（图3-16）。赖百当净油可用赖百当浸膏提取得到，因为这种净油在常温下仍为半固体，需再加入无香溶剂（如邻苯二甲酸乙二酯等）溶解成为液体以便于使用，所以市售的赖百当净油香气强度并不比赖百当浸膏大。在一个香精的配方里如用赖百当净油代替赖百当浸膏，香料用量没能减少，而配制成本却提高了。因此，在大部分场合，调香师更乐于使用赖百当浸膏。

图 3-16　岩蔷薇（彩图见彩插）

这种产于植物的树脂常被调香师当作动物香进行使用，因为其成分虽有花香、药草香香气成分，但其主要成分是龙涎香和琥珀香。由于现在天然龙涎香和琥珀香都不易得到，调香师在调配中档香精时，常把赖百当浸膏和赖百当净油当作龙涎香使用。虽其香气固然要比龙涎香差一些，但其留香力却相当不错。

7. 鸢尾浸膏与净油

在老一辈调香师的心目中鸢尾（图3-17）浸膏及鸢尾净油是调配花香香精必不可少的原料之一，现今虽然已风光不再，但调配高级香水和化妆品香精时还是常常考虑用到它们。调香师只要在香精里用到紫罗兰酮类香料，总会顺势加入鸢尾浸膏或净油，以修饰紫罗兰香气。

我国人民特别喜爱桂花香，因为调配桂花香精时免不了使用大量的紫罗兰酮类香料，鸢尾浸膏及其净油便在此有了一个固定的使用场合。而在国外，鸢尾浸膏及其净油主要是用于调配紫罗兰、金合欢和木樨草花香精或随着配制紫罗兰油、金合欢油和木樨草花油进入香精。

由于近年来其价格不断上涨，新生代的调香师们宁愿避开它们而以合成的鸢尾酮类代替。但诚然，合成的鸢尾酮类与鸢尾浸膏及其净油的香气在使用表现上

图 3-17　鸢尾（彩图见彩插）

还是有差距的。

8. 玉兰花油与玉兰叶油

玉兰花（图 3-18）又叫白兰、白兰花、白玉兰。因此，玉兰花油也叫白兰花油，玉兰叶油也叫白兰叶油。玉兰花的香气是我国人民相当熟悉并且非常喜欢的一种花香。

图 3-18　玉兰花（彩图见彩插）

用玉兰花提取精油，蒸馏法收率约 0.2% ～ 0.3%，而有机溶剂萃取浸膏收率只有 0.1%，萃取后的花渣可再用蒸馏法提取 0.1% ～ 0.2% 的精油。玉兰花油价格昂贵，只能用于调配香水香精和高级化妆品香精。玉兰叶油的价格一般不超过玉兰花油价格的十分之一。玉兰叶油是公认的高级芳樟醇类香气，在所有使用芳樟醇的配方里，只要用玉兰叶油取代部分芳樟醇，整个香精的香气就显得高贵多了。玉兰花的香气在我国南方各地广受欢迎，香料厂可以提供从天然玉兰花中提取出来的玉兰花油，但其香气与天然的玉兰花相差甚远且价格不菲，不适合直接用这种精油来给日用品加香，只能将它用于配制更加接近天然玉兰花香气的香精。

9. 玳玳花油与玳玳叶油

在国外常用的天然香料里，苦橙花油和橙叶油占有重要的地位。我国没有这类香料资源，全靠进口供应，但国内有香型与之类似的玳玳花（图3-19）油与玳玳叶油，可以用玳玳花油和玳玳叶油配制出惟妙惟肖的苦橙花油和橙叶油。事实上，玳玳花油和玳玳叶油也没有必要全配成苦橙花油和橙叶油，现在国内的调香师已经能在各种香精配方里面熟练地运用它们，这两种香料的需求量一直在增加。

欧美国家古龙水的销售量非常大，男士们几乎天天使用，而古龙水的配方里面苦橙花油和橙叶油占有很大的比例，因此，在男士们使用较多或者供男士使用的"中性"日用品所用的香精里，玳玳花油和玳玳叶油的用量也较大。

图3-19　玳玳花（彩图见彩插）

在国内外调香师对各种花香的归类里，橙花香气比较接近于茉莉花香。因此，玳玳花油和玳玳叶油也常被用于配制茉莉花精油后再用于各种香精里面。

10. 依兰油与卡南伽油

在常用的天然香料里，依兰油与卡南伽油的使用量是比较大的，这是这两种油的价格都比较低廉，而调香师对它们的"综合评价分数"（即香品值）却比较高的缘故。

依兰油具有宜人的花香，并带有一种特殊的动物香气。一般认为花香香气里带有动物香是比较高级的。因此，配制各种花香香精都可以大量使用它，非花香类（如醛香、木香、膏香、粉香）香精也可以适量使用。卡南伽油（卡南伽树与依兰树是同科属植物）可以认为是香气较差一点、价格也较低一点的依兰油，可用在较低档香精的调配上。

依兰和卡南伽（图3-20）的原产地和目前大量生产地都是马来群岛，我国福建、海南、广东、广西、云南早已引种成功，并进行了一定面积培植。其用直接蒸馏和有机溶剂萃取、超临界二氧化碳萃取提油均能得到令人满意的结果，但目前产量还不大，每年还要从印度尼西亚进口一定的数量以满足国内调香的需要。

图 3-20 依兰（左）、卡南伽（右）（彩图见彩插）

11. 薰衣草油

在香料工业里，薰衣草有三个主要品种：薰衣草、穗薰衣草（图 3-21）和杂薰衣草，用它们的花穗蒸馏到的精油分别叫作薰衣草油、穗薰衣草油和杂薰衣草油。

图 3-21 薰衣草（左）、穗薰衣草（右）（彩图见彩插）

薰衣草油香气是清甜的花香，最惹人喜爱，其主要成分是乙酸芳樟酯（约60%）和芳樟醇，我国新疆大量种植的也是这个品种；穗薰衣草油则是清香中带清凉感的药草香，主要成分是桉叶油素（约 40%）、芳樟醇（约 35%）和樟脑（约 20%）；杂薰衣草是薰衣草和穗薰衣草的杂交品种，其油的香气也介乎薰衣草油与穗薰衣草油之间，由于单位产量较高，各地已进行大量种植，价格也较低廉。

薰衣草不但香气美好，植株外形、颜色也非常漂亮，深受人们的喜爱。

薰衣草油是目前世界风靡的"芳香疗法"中一个极其重要的品种。薰衣草油的主成分乙酸芳樟酯，对人来说能起镇静的作用；穗薰衣草油的主成分桉叶油素和樟脑，对人来说都能起到清醒、兴奋的作用；而杂薰衣草油则不适合作镇静或者提神用剂。

在调香术语里面，薰衣草代表一种重要的花香型。在欧美国家，用薰衣草油加乙醇配制而成的薰衣草水非常流行，其地位相当于我国的花露水。

由于薰衣草油留香时间不长，配制成各种日化香精需要加入适量的定香剂，若是加入的定香剂香气强度不大，则整体香气表现的还是薰衣草香味；如果加入的定香剂香气强度较大，其整体香气表现就有可能"变调"成另一香型。如在薰衣草精油中加入香豆素、橡苔浸膏等香料，就有可能产生馥奇型香气。

12. 香叶油

香叶油的主要成分是香叶醇和香茅醇，这两个化合物也是玫瑰油的主要成分，因此，香叶油便成为配制玫瑰香精的重要原料。但玫瑰油是甜美、雅致的香气，而香叶油却是带着强烈的、清凉的药草气息，这是因为它含有较大量草青气化合物，所以配制玫瑰香精时香叶油的加入量是有限的。如果把香叶醇从香叶油中提取出来再用于配制玫瑰香精，则可以用到50％甚至更多一些。来自香叶油的香叶醇香气非常好，远胜过从香茅油提取出来或合成的香叶醇。

在用蒸馏法制取香叶油的过程中要注意冷凝水的回收（最好是让它回流到蒸馏罐中），因为香叶油的香气成分大部分是醇类，比较容易溶解于水。现在有化妆品品牌用它配制化妆水，取得了很好的应用效果，值得推广。

13. 丁香油与丁香罗勒油

丁香油还可分为丁香叶油和丁香花蕾油两种，后者的香气较好，用于配制较为高档的香精。通常讲的丁香油指丁香叶油。丁香（图3-22）油和丁香罗勒油都含有大量的丁香酚，香气也都很有特色，既可以直接用来配制香精，也都可以用来提取丁香酚。

图3-22 丁香（左）、丁香罗勒（右）（彩图见彩插）

丁香酚既可以直接用来调香，也可以再进一步加工成其他重要的香料（异丁香酚、丁香酚甲醚、甲基异丁香酚、乙酰基丁香酚、乙酰基异丁香、苄基异丁香酚、香兰素、乙基香兰素等）。从丁香油和丁香罗勒油中提取丁香酚是比较容易的，只要用强碱（氢氧化钠、氢氧化钾等）的水溶液就可以把丁香酚变成酚钠（或钾）盐溶解到水中，分离出水溶液再加酸就可以提出较纯的丁香酚。丁香酚是容易变色的香料，因此丁香油和丁香罗勒油也是容易变色的，在配制香精时尤其要注意这一点。

14. 甜橙油与除萜甜橙油

甜橙油目前无疑是所有常用天然香料里产量和用量最大、最廉价的，年产量2万～3万吨。美国和巴西盛产甜橙（图3-23），甜橙油作为副产品大量供应全世界，通常单价为每千克1美元左右，有时甚至低于0.5美元。由于它的高质量和低价格，使得类似的产品如柑橘油几乎没有市场。许多柑橘类油如柠檬油、香柠檬油、圆柚油等都可以用廉价的甜橙油配制出来。

图 3-23　甜橙（彩图见彩插）

甜橙油含苧烯90%以上，留香时间很短，只能作为头香香料使用，但它的香气非常惹人喜爱，所以用途极广，既大量用于调配食品香精，也大量用于调配各种日用香精。

在日用香精的配方里，除了直接使用甜橙油外，还常使用除萜甜橙油，这是因为甜橙油里大量的苧烯有时会给成品香精带来不利的影响。如：有些香料与苧烯相溶性不好，出现浑浊、沉淀现象；苧烯暴露在空气中容易氧化变质，香气和色泽易于变化，造成质量不稳定；甜橙油加入量大时香料整体的计算留香值低，实际留香时间也不长……

15. 柠檬油与柠檬叶油

欧美国家的人们特别喜欢柠檬（图3-24）油的香气，因此在欧美国家流行的各种香水、古龙水里，以柠檬作为头香的为数不少。与甜橙油相比，柠檬油带有一种特殊的"苦气"，也许正是这股特殊的香气吸引了众多的爱好者。

天然柠檬油里含有一定量的柠檬醛，这是对柠檬油香气"贡献"最大的化合物。其含量中最多的还是苧烯，同甜橙油一样，柠檬油也有除萜柠檬油商品出售。把苧烯去掉50%左右制备而得的除萜柠檬油特别适合于配制古龙水和美国式的花露水，因为古龙水和花露水的配制用的是75%～90%的乙醇，这种含水较多的乙醇只能有限地溶解萜烯。

柠檬叶油的香气与柠檬油差别较大，也不同于

图 3-24　柠檬（彩图见彩插）

其他的柑橘油和柑橘叶油。令人感兴趣的是它竟然带有一种青瓜的香气，因此，柠檬叶油可以用来配制各种瓜香香精。对喜欢标新立异的调香师来说，柠檬叶油是创造新奇香气的难得的天然香料之一。

16. 香柠檬油

香柠檬（图 3-25）油与柠檬油的香气有很大不同，香柠檬油的香气以花香为主，果香反而不占主导地位。香柠檬油的成分里面，苎烯含量较少，而以花香类的乙酸芳樟酯为主要成分。香柠檬油的香味也几乎是人见人爱，这就是在众多的香水香精配方里面经常看到香柠檬油的原因。

图 3-25　香柠檬（彩图见彩插）

同柠檬油一样，调香师也经常使用配制好的香柠檬油，这一方面是为了降低成本，另一方面则是因为天然香柠檬油的香气经常有波动，色泽也不一致。每个调香师都有自己配制的香柠檬油配方。

调香师使用天然香柠檬油时会担心其中的香柠檬烯含量是否过高。IFRA 规定在与皮肤接触的产品中，香柠檬烯的含量不得超过 7.5×10^{-5}，假如你用的香柠檬油中含香柠檬烯达到 0.35% 的话，那么它在香精里的用量就不能超过 2%。为此，调香师常对每一批购进的香柠檬油都检测其中的香柠檬烯含量后才敢放心使用。其他柑橘类精油也多少含有一点香柠檬烯，也要检验合格后才能用于调配日化香精。

天然香柠檬油和配制香柠檬油都被大量用于配制古龙水和美国式花露水，在其他日用品香精里面也是极其重要的原料。虽然香柠檬油留香要比柠檬油好一些，但它仍是介于头香与体香之间的香料，在配制香水和化妆品香精时，如果用了大量的香柠檬油，要让它留香持久便成了难题——定香剂加多了，香型会"变调"。天然的香紫苏油便是一个例子，香紫苏油的主要成分也是乙酸芳樟酯，只要配制香精时加入较多的定香剂，整体香型就会变成琥珀香型。

17. 檀香油

檀香油历来是调香师特别喜爱的天然香料之一，其香气柔和、透发、有力，留香持久，几乎各种日用品香精中只要加入少量檀香油就能大大提高香气的整体档次。自印度突然宣布檀香（图 3-26）大幅度涨价后，其市场价格就再也没有回落过，调香师不得不寻找其代用品。香料界大力解析、仿制檀香油和开发具有檀香香气的化合物，至今已有多个合成檀香类香料（如檀香 803、檀香 208、檀香 210 及檀香醚等）问世并被调香师认可而得以广泛应用。经过调香师的共同努力，用这些合成檀香类香料配制出香气与天然檀香油很接近的香精，基本可以满足各种日用品的加香要求。

图 3-26　檀香（彩图见彩插）

　　天然檀香油约含有 90％的檀香醇，这个化合物至今还没能比较经济地实现大量合成。即使找到比较廉价的合成方法，也不能说人造檀香油已经"大功告成"，因为檀香醇的香气还不能代表天然檀香油的精髓。

　　在各种香精配方里，少量的檀香油就有定香作用，而多量的檀香油就能在体香甚至在头香中起作用。檀香油好就好在它的香气自始至终"一脉相承""贯穿到底"，香气优雅、稳定，不易受环境影响而发生变化。

　　因篇幅有限，其他天然植物香料在此不再做详细介绍。

第四章
合成香料化学

第一节　合成香料

　　天然香料易受自然条件及加工等因素的影响，因而产量和质量不稳定，不易降低生产成本，而这促使了合成香料的研究和发展。据统计，到 20 世纪 80 年代中期，世界上常用的合成香料品种已达 5000 余种，而现今已超过 8000 种，并且每年都有一定数量的新的合成香料问世。与天然香料相比，合成香料的价格低廉、货源充沛、品质稳定。目前世界上合成香料的年产量已达 10 万吨以上，而且还以年增长率 5％～7％的速度递增。合成香料工业已成为现代精细化工领域的一个重要组成部分。

　　虽然合成香料一经问世便很快风靡香料工业，但它并没有真正替代天然香料。即使是以现在最先进的化学技术生产出来的合成香料，其香味感觉与天然香料的差异仍然十分明显。在心理感受方面，两者的差距更为明显，天然香料常能使人产生"愉悦""感动"等很微妙的心理体验，而合成香料却几乎没有这种效果。

　　合成香料不能产生与天然香料同等的功效，其原因众多。最主要的原因是，天然香料是一种复杂的混合物，往往包含多种化合物，香气的成分极其复杂，以现在的化学和生物技术，很难对其香气成分达到完全准确的分析和把握。即使对于茉莉花香和玫瑰花香，直到现在，每年还都有新的成分被识别出来。

　　随着近代科学的发展，合成香料化学的发展越发迅速，运用色谱和光谱技术，能很快将天然香料的芳香成分分离，并鉴定其结构，再用相应的化学方法生产出具有相同结构的化合物。例如从突厥玫瑰精油中发现并合成了玫瑰香气的关键成分玫瑰醚、玫瑰呋喃、突厥酮等，这类合成香料也称为"天然等同物"，多借用所模拟的天然香料的名称来命名。还有许多天然化合物的结构过于复杂，合成代价过高，在使用时代之以结构完全不同而香气基本相似的人造香料，如各种合成麝香、洋茉莉醛等。

合成香料刺激了香精的发展，19世纪应用合成的香豆素和薰衣草油等调和创造了馥奇香型；1993年用柠檬醛合成紫罗兰酮使得紫罗兰香气广为流传；叶醇的合成促进了青滋香-花香型、青滋香-醛香型的流行。新的香型需要新香料的支持。因而，许多发达国家如美、法、德、瑞（士）、英、荷、日等都十分重视对合成香料工业的投资和研发，香料香精行业内出现了激烈竞争的局面。

一、合成香料分类

1. 按来源分类

合成香料包括单离香料和合成香料。

（1）单离香料　这类香料主要是以天然香料为原料，通过蒸馏、萃取等各种方法制得的。如从薄荷中提取的薄荷油，再从中单离出薄荷醇。

单离香料若按化学结构分，种类很多，其中大部分是萜烯类。单离香料都具有较好的定香作用，可以用作调香，也可以利用其原有的萜烯类骨架，用化学方法制成一系列衍生物——半合成香料。

（2）合成香料　此处合成香料是指狭义的合成香料，其概念已在第一章的第一节中介绍过，在此不再赘述。

2. 其他分类

合成香料除上述分类方法外，还可以从合成方式、香气特征和化学结构等方面进行分类，其中化学结构分类法是目前应用最广的分类方法。下面按化学结构分类法，简单介绍一下各类合成香料的基本特征。

二、各类合成香料基本特征

1. 烃类

在香料工业中应用比较广泛的烃类是萜烯类化合物，可用于仿制天然精油和配制香精，同时也是合成萜类香料的重要原料。例如松节油成分中的 α-蒎烯和 β-蒎烯是合成多种香料（如樟脑、龙脑等）的重要原料。

2. 醇类

醇类化合物在香料中占有很重要的地位，有些醇类是合成香料的重要原料。

许多醇类化合物具有令人愉快的香气，如香叶醇、橙花醇、香茅醇、金合欢醇等，可以直接用于调香。上述这些萜类化合物都是价值很高的香料，在香料工业中应用极广。

醇类化合物的气味与其分子结构有密切关系，低碳饱和脂肪醇的香味强度随着碳原子数的增加而增强，增加至 10 个碳原子后，香味强度又随碳原子数的增加而逐渐减弱；由饱和醇变成不饱和醇时，一般香味强度会增大；由一元醇转变为二元或多元醇时，香味强度会降低乃至消失。

3. 酚类

酚类化合物是合成香料的重要原料。如苯酚和邻甲酚大量地用于合成水杨醛和香豆素等香料；间甲酚广泛地用于合成葵子麝香；酚类的衍生物如丁香酚、香芹酚等也是常用的调香原料，同时也可用于合成其他香料，如百里香酚近几年已广泛地用于合成薄荷脑。

4. 醚类

醚类化合物是重要的合成香料，其中有些是极珍贵的合成香料，如多环醚（内醚）、大环醚以及龙涎醚等。由苯酚或萘酚制得的醚类化合物，大多数具有强烈的愉快香气，广泛地用于调配各种香精。如二苯醚类具有香叶香气，β-萘乙醚具有类似金合欢花的香气，特别是存在于玫瑰油中的玫瑰醚和橙花醚等是极受重视的香料品种，在调香中虽用量不大，但能使调香作品具有新颖的香韵。

5. 醛类

醛类在香料工业中也占有极重要的地位。许多醛类不仅可直接用于调配各种香精，同时也是合成其他香料香精的原料。如柠檬醛和香茅醛等广泛用于调配皂用、香水用和食用香精，也是合成紫罗兰酮、甲基紫罗兰酮、l-薄荷醇和羟基香茅醛等香料的原料。低级脂肪醛类化合物具有强烈的异味，随着碳原子数的增加，刺激性气味逐渐减弱，出现令人愉快的气味。$C_8 \sim C_{10}$ 等饱和脂肪醛类化合物稀释后香气宜人，在调香中可作为头香剂使用。在许多脂肪醛类化合物中，碳链上的异构成分对其香味影响很大，如十四醛（γ-十一内酯）具有极弱的油脂气味，而它的异构体 2,6,10-三甲基十一醛却具有强烈的新鲜诱人香气。

芳香族醛类化合物中有许多价值很高的香料，如洋茉莉醛、茉莉醛、香兰素等，广泛用于调配各种香精。另外还有一些其他醛类香料具有较高的开发价值，如新铃兰醛等。

6. 酮类

多数低级脂肪族酮类化合物都具有异味，一般不用来调香，但可作为合成香料的原料。如丙酮广泛应用于合成萜类香料和紫罗兰酮等。碳原子数为 7~12 的不对称酮类中，有部分化合物具有较好的香气，一般可直接用于调香，例如甲基壬基酮；另外，甲基庚烯酮还是合成芳樟醇、紫罗兰酮、维生素 A、维生素 E 的原料。

许多芳香族酮类化合物具有令人愉快的香味，很多可用作香料，如苯乙酮、对甲基苯乙酮、对甲氧基苯乙酮等，C_{15}~C_{18} 的环酮还具有麝香香气。

酮类香料中萜类酮占有很重要的地位，其中大多数是天然植物精油中的主要香成分，可以直接从精油中分离出来。由于近年来某些天然资源的减少，许多国家都开始采用人工合成萜酮类香料。

茉莉酮、突厥酮以及它们的衍生物是近年发展起来的香料品种，存在于茉莉、玫瑰等天然精油中，少量即可对香气质量产生较大影响，是很有开发价值的香料。

7. 缩醛和缩酮类

此类化合物是指羰基化合物与一元醇或二元醇在酸性条件下发生缩合反应制得的产物。缩醛类化合物比醛类化合物香气更和润，没有醛类那样刺鼻。

近年来，此类合成香料发展很快，无论是产量还是新品种数量都在迅速增加，主要原因是此类香料的香气与对应的醛不同，香气幽雅持久、别具风格，同时在加香产品中具有很高的稳定性，在调香中的应用日益增加。例如柠檬醛在碱性加香产品中稳定性很差，易使产品发生变异，使其在应用上受到很大限制，但当它与原甲酸三乙酯（三乙氧基甲烷）缩合成柠檬醛二乙缩醛后，不仅具有很高的化学稳定性，而且具有柔和的青香、果香香味，可用于调配皂用香精。又如苯乙醛二甲基缩醛与苯乙醛相比不仅稳定不易变色，而且香气也优于苯乙醛，除用于调配皂用香精外，还广泛用于调配紫丁香、玫瑰、铃兰等各种香型的日用香精和食用香精。

8. 羧酸类

羧酸类香料在调香中用量不大，是食用香精中作为烘托香气特征的关键成分，一般用作调香辅助剂，使香气更加清新。如糖蜜采用苯乙酸调配，黑麦面包用酮酸调配。

9. 酯类

酯类香料化合物在自然界以游离态广泛存在于各种植物中。在植物体内，各种成分通过特殊的生化作用先生成某种中间代谢物质，再经其他反应生成酯类物质。一般酯类香料都具有青香、果香等新鲜宜人的香气，酯类是最早用于调香同时也是最广泛的香料之一。

碳原子数为 2~10 的低级脂肪酸酯类化合物都有香气，其中低级脂肪酸与脂肪醇生成的酯类均具有果香。如乙酸戊酯具有香蕉香气，被誉为香蕉油；异戊酸异戊酯则具有苹果香气，故有苹果油之称。低级脂肪酸与萜醇生成的酯类一般具有花香和木香香气。如乙酸香叶酯具有宜人的玫瑰和水果香气；乙酸芳樟酯具有柠檬油型的香气；乙酸柏木酯则具有岩兰草、柏木型香气。

芳香族醇的酯类大多数具有果香和花香等香气。如乙酸苄酯具有较强的果香和茉莉花香，丙酸桂酯则具有水果、香脂乃至玫瑰等香气。芳香族羧酸与芳香族醇生成的酯类化合物沸点比较高，挥发度较低，在香精中有很好的定香作用。如苯甲酸苄酯主要作为定香剂用于水果类食用香精和化妆品香精，也可作为合成麝香的溶剂。

10. 内酯类

内酯类香料是目前香料中最少的一类，其在自然界中存在很少。内酯化合物具有酯类特征，香气上均具有突出的果香香气。其香料的香气较为高雅，适宜调配各种香精。

内酯类化合物分子大小、取代基的位置和结构对其香气有明显的影响。如 γ-丁内酯 α 位的取代基为庚基时具有桃和新鲜麝香香气；为辛基时则有明显的桃香；为壬基时香气也与上述类似；但取代基变小，椰子香气增强。又如 γ-丁内酯 γ 位的取代基为庚基时，则具有强烈的桃香，俗称桃醛；为辛基时具有桃香和微弱的麝香；为戊基时椰子香极强，有椰子醛之称。内酯环增大时，其香气一般也随之增强。

11. 含氮、硫的化合物及杂环类

（1）含氮类　含氮类主要包括硝基麝香和腈类等。硝基麝香在调香中不仅赋予麝香香气，而且还具有极好的定香作用，一般同天然麝香一起调配各种香精。目前世界上硝基麝香的产量仍占各种合成麝香的首位。其中最有代表性的香料有二甲苯麝香、酮麝香和葵子麝香。硝基麝香与大环麝香和多环麝香相比则相形见绌，在香气和化学稳定性方面都不如后二者，葵子麝香还对人体皮肤有强烈的刺激。

腈类香料近年来发展迅速，原因在于腈类香料具有香域宽、强度高、持久性好的特点。其香气大多类似于相应的醛化合物，但比醛更强烈，稳定性好于醛。可用于调配化妆品和皂用香精。

（2）含硫类　含硫类化合物主要是硫醇和硫醚。存在于许多天然食品和植物精油中。随着含硫化合物在许多香精中的应用，已逐渐为人们所重视。如二甲基硫醚一般用于调配紫菜、咖啡和黄油等食用香精。

（3）杂环类　杂环类香料是近几年发展起来的合成香料系列品种，虽然问世不久，但已经充分显示出其竞争力，目前已广泛地应用于食品加工和各种调味品的生产中。除此而外，在其他香精中的应用亦日趋广泛，如 2-甲基四氢喹啉具有紫丁香型香气，一般用于调配花香型香精。

第二节　香料合成生产工艺

合成香料的生产，是以煤化工产品、石油化工产品或单离香料为原料，通过有机合成的方法来制备香料。同有机合成一样，香料合成也有氧化、还原、水解、缩合、酯化、卤化、硝化、环化、加成等单元操作。以下按原料来源的不同，将合成香料的生产作简单介绍。

一、天然植物精油生产合成香料

首先通过物理或化学的方法从天然精油中分离出单离香料，然后用有机合成的方法，合成出一系列香料化合物。如松节油、香茅油、山苍子油等。

松节油中的主要成分是萜类化合物，其中 α-蒎烯约占 60%，β-蒎烯约占 30%。α-蒎烯可以直接作为合成芳樟醇、香茅醇和樟脑等香料的原料，产量很大的 l-薄荷醇也可以 α-蒎烯为原料进行合成，反应式如下。

α-蒎烯　　3-蒎烯-2-醇　　马编草烯醇　　马编草烯酮　　胡椒烯酮　　l-薄荷醇

樟脑一般采用如下所示的路线合成。

α-蒎烯　　樟脑

随着香料合成技术的长足进步，α-蒎烯也可采用转位反应制成 β-蒎烯，然后由 β-蒎烯出发合成各种香料。β-蒎烯热解后制得月桂烯，该化合物是香料合成中最重要的中间体之一，通过氯化氢加成反应可以合成出香叶基氯代物、橙花基氯代物和其他各种萜类氯代化合物，经缩合反应可制得香叶醇、芳樟醇、橙花醇等各种萜类醇的乙酸酯类香料。而以这些醇类化合物为原料还可以合成出柠檬醛、香茅醛、羟基香茅醛、α-紫罗兰酮、β-紫罗兰酮和异紫罗兰酮等许多重要香料化合物。另外，从柠檬醛出发也可合成芳樟醇和香叶醇。合成路线如下所示。

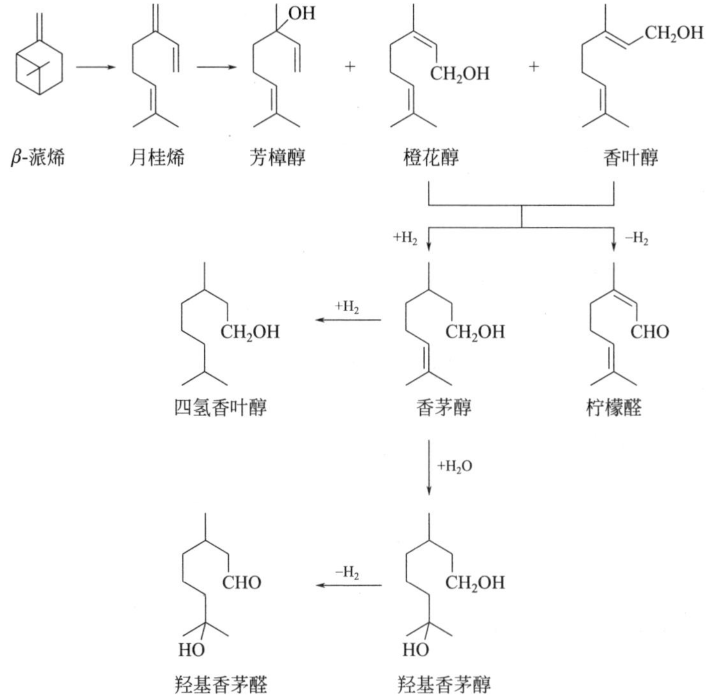

β-蒎烯　　月桂烯　　芳樟醇　　　　橙花醇　　　　　香叶醇

四氢香叶醇　　　　香茅醇　　　柠檬醛

羟基香茅醛　　　　羟基香茅醇

在香茅油和柠檬桉油中，分别含有约 40％和 80％的香茅醛。从精油中分离出来的香茅醛，用亚硫酸氢钠或乙二胺保护醛基，然后再进行水合反应，可以合成具有百合香气的羟基香茅醛和具有西瓜气息的甲氧基香茅醛，合成路线如下所示。

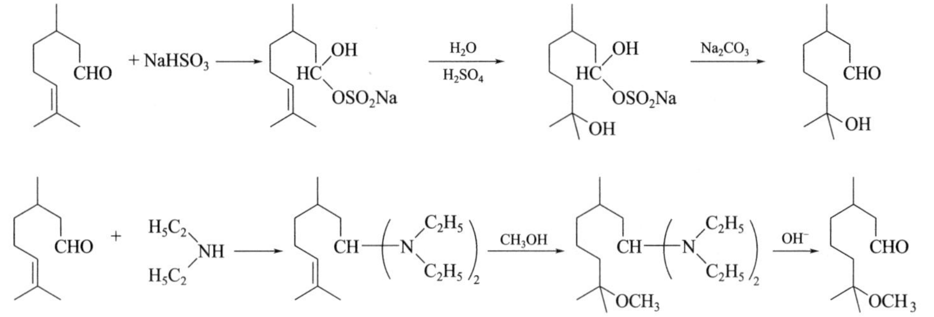

香茅醛还可以用来合成 l-薄荷醇，合成路线如下所示。

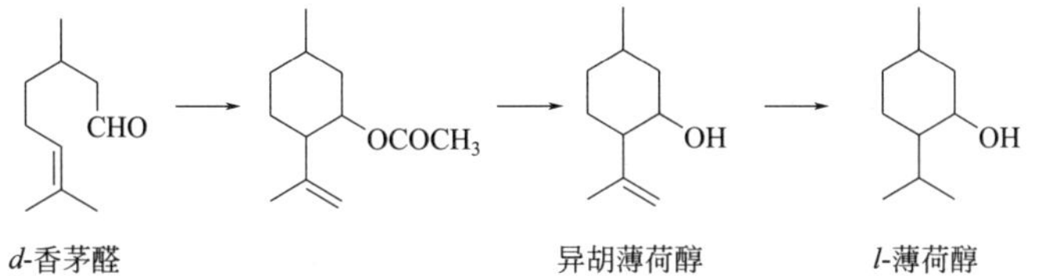

d-香茅醛　　　　　　　　　异胡薄荷醇　　　　l-薄荷醇

山苍子树的果实经水蒸气蒸馏可得山苍子油。它的主要成分是柠檬醛，含量为 60％～80％。从山苍子油中单离出来的柠檬醛是一种很重要的香料原料。如果将柠檬醛与丙酮反应，可得假性紫罗兰酮，在浓硫酸存在下经环合可得具有优美紫罗兰香气的α-紫罗兰酮、β-紫罗兰酮和甲基紫罗兰酮等，合成路线如下所示。

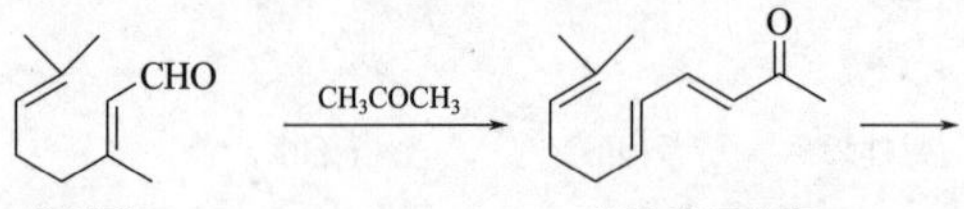

柠檬醛　　假性紫罗兰酮

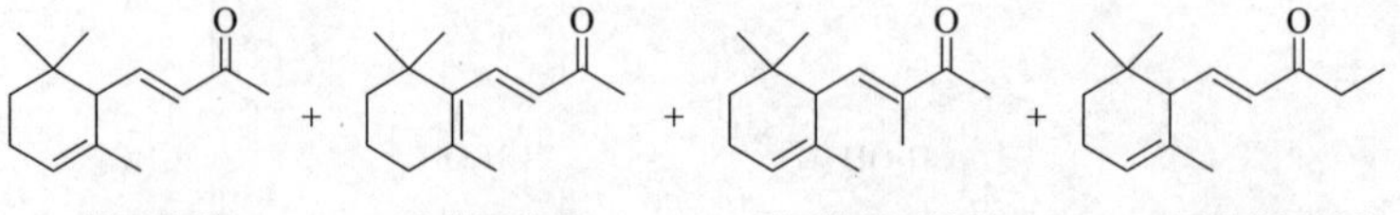

α-紫罗兰酮　β-紫罗兰酮　α-异甲基紫罗兰酮　α-正甲基紫罗兰酮

二、煤炭化工产品生产合成香料

我国煤的资源非常丰富，其储量和产品均名列世界前茅，煤炭化工产品的开发和利用具有广阔的前景。煤在炼焦炉炭化室中受高温作用发生热分解反应，除生产炼铁用的焦炭外，还可得到煤焦油和燃气等副产品。这些焦化副产品经进一步分馏和纯化，可得到酚、萘、苯、甲苯、二甲苯等基本有机化工原料。

煤 —炼焦→
- 煤气 → 粗苯 —分离→ 苯、甲苯、二甲苯
- 煤焦油
  - 蒽油 —分离→ 蒽
  - 萘油 —精制→ 萘
  - 酚油 —分离→ 苯酚、甲苯酚、二甲苯酚

利用这些基本有机化工原料，可以合成出大量芳香族香料和硝基麝香等极有价值的常用香料化合物。

1. 苯

苯是香料工业中最基本的原料之一。它除作溶剂外，还可合成出多种芳香族香料。如苯与甲醛在浓硫酸条件下发生缩合反应生成的二苯甲烷，具有香叶似的香气，可广泛用于皂用香精中。

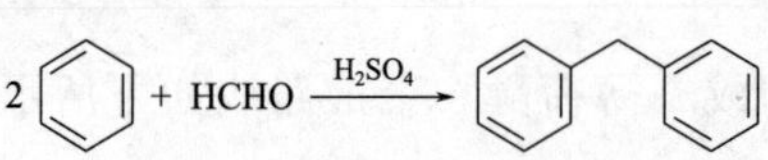

苯也可转化为邻苯二酚，在氧化铝条件下，在300℃时与甲醇进行甲基化反应生成愈创木酚，而愈创木酚与三氯甲烷反应最终可制得香兰素，反应式如下。

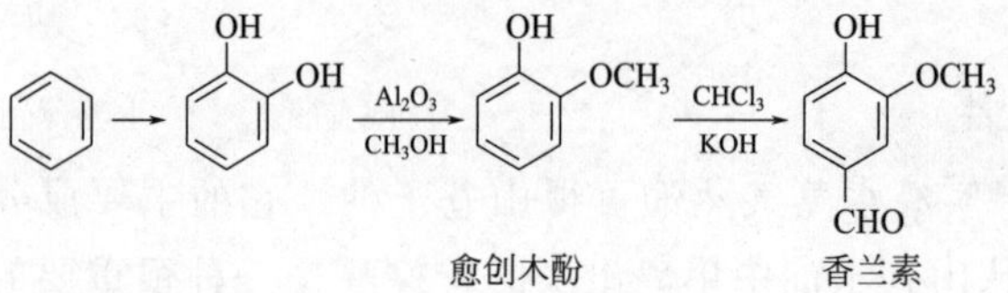

愈创木酚　香兰素

2. 甲苯

甲苯也是合成香料工业中最常用的有机溶剂之一，同时也是合成芳香族香料和合成麝香的重要原料。反应式如下所示，利用甲苯可制得苯甲醇、苯甲醛和肉桂醛等常用香料。

3. 二甲苯

二甲苯是合成硝基麝香的主要原料。以间二甲苯和异丁烯为原料，在氯化铝存在下进行叔丁基化反应，然后可以由此合成出酮麝香、二甲苯麝香和西藏麝香，合成路线如下所示。

三、石油化工产品生产合成香料

随着石油化工的发展，以廉价石油化工产品为基本原料的香料化合物合成，已成为国内外香料工业界开发的重要领域。

从炼油和天然气化工中，可以直接或间接地得到如苯、甲苯、乙烯、丁二烯、异戊二烯、环氧乙烷等有机化工原料。利用这些石油化工原料，除了可以合成脂肪族醇、醛、酮、酯等香料之外还可以合成芳香族香料、萜类香料、人造麝香等重要的香料产品。

1. 乙炔

以乙炔和丙酮为基本原料，按如下所示的合成路线，经炔化反应生成甲基丁炔醇，经还原生成甲基丁烯醇，然后与乙酰乙酸乙酯发生缩合反应，即可得到甲基庚烯酮。

甲基庚烯酮

乙炔与甲基庚烯酮反应生成脱氢芳樟醇，经加氢可制得芳樟醇。芳樟醇经加氢可制得香茅醇。芳樟醇与乙酰乙酸乙酯发生缩合反应生成香叶基丙酮，再与乙炔反应生成脱氢橙花叔醇，然后加氢可得到橙花叔醇。如果将脱氢芳樟醇异构化，可制取柠檬醛。柠檬醛与硫酸羟胺发生肟化反应，可制得柠檬腈。柠檬醛与丙酮发生缩合反应生成假性紫罗兰酮，在浓硫酸条件下，假性紫罗兰酮经过环化可制得 α-紫罗兰酮和 β-紫罗兰酮。合成路线如下。

2. 乙烯

乙烯是石油裂解的主要产物之一，它不但是生产聚乙烯的单体，也是生产乙醇、环氧乙烷的主要原料。乙醇与羧酸发生酯化反应，可以合成一系列乙酯类香料化合物。在250℃条件下，以银为催化剂，乙烯可以氧化成环氧乙烷。环氧乙烷与苯发生傅克反应，可以制取β-苯乙醇。β-苯乙醇不但是玫瑰香精的主香剂，还可以合成苯乙酯类香料、苯乙醇、苯乙缩醛的香料化合物。合成路线如下所示。

3. 异戊二烯

异戊二烯是一种很受香料制造者关注的石油化工原料，其来源不仅十分丰富，而且价格也较低廉。用于香料的萜类化合物大多数属于单萜和倍半萜，而异戊二烯是合成这些萜类化合物的主要原料之一。异戊二烯与氯化氢发生加成反应，可以生成异戊烯氯，然后与丙酮反应可以生成甲基庚烯酮；如果异戊烯氯与异戊二烯反应，则可以制备香叶醇和薰衣草醇，反应式如下。

以异戊二烯为原料，经二聚，与甲醛环合，再经氧化和加氢反应生成玫瑰醚酮，然后经格氏反应，脱水后得到保加利亚玫瑰油中的微量香成分——玫瑰醚，反应式如下所示。

反应流程图：

$$2 \xrightarrow{\text{二聚}} \cdots \xrightarrow{\text{HCHO}} \cdots \xrightarrow[\text{② Pd-C,H}_2]{\text{① O}_3} \cdots$$

$$\cdots \xrightarrow[\text{CH}_3\text{MgX}]{\text{格氏反应}} \cdots \xrightarrow{\text{脱水}} \text{玫瑰醚}$$

第三节　常用合成香料及其应用

　　根据叶心农香气分类中拟定的十二种非花香香韵分类法，本节选择了近百种常用的合成香料进行重点介绍。对于每一种合成香料，都分别列出了其化学结构式、分子量、理化常数和性质、香气及应用范围。在理化常数中，除另有注明外，相对密度和折射率均为20℃时的测量值。

一、青滋香

1. 乙酸苄酯

　　乙酸苄酯亦称醋酸苄酯、乙酸苯甲酯，分子式 $C_9H_{10}O_2$，分子量150.18。

　　（1）结构式

　　（2）理化性质　无色液体（必须无氯），沸点215～216℃，相对密度1.052～1.056，折射率1.501～1.503。不溶于水和甘油，微溶于丙二醇，溶于乙醇。

　　（3）天然存在　存在于茉莉、风信子、栀子花、依兰、橙花、晚香玉等净油中，也存在于苹果、覆盆子、红茶中。

　　（4）香气　清甜，强烈茉莉、铃兰花香气息，并带有些似香蕉的果香香气，但果香香气薄弱不持久。

　　（5）应用　广泛应用于各种档次的化妆品和香皂香精中。价虽廉，但香气较好，且清灵透发。在花香型、幻想型香精中能使香气格外清新，在东方香型等重香型香精中有提调香气的作用。它是茉莉、白兰等香型香精中的主香料；也可作为修饰剂或和合剂用于玫瑰、橙花、铃兰等花香型香精中；还可用于苹果、葡萄、香蕉、覆盆子等食用香精中。

　　（6）安全管理情况　GRAS（通常认为安全）；FEMA 2135；FDA 172.515；COE No.204；GB 2760—2014批准为暂时允许使用的食用香料。

2. 二氢茉莉酮

　　二氢茉莉酮的化学名称为 2-戊基-3-甲基-2-环戊烯酮，分子式 $C_{11}H_{18}O$，分子量166.27。

　　（1）结构式

（2）理化性质　无色至浅黄色液体，沸点230℃，相对密度0.915～0.919，折射率1.475～1.482。微溶于水，稍溶于丙二醇，溶于乙醇等有机溶剂。

（3）天然存在　存在于大花茉莉净油中。

（4）香气　清鲜花香，有较强青香气并带果香和没药样气息。浓时青香气较为突出并带有苦涩气，稀释后方显出茉莉花清香。

（5）应用　是茉莉酮的优良代用品，常用于花香型和果香型香精的调配。在茉莉、依兰、铃兰、晚香玉等花香型香精中能给予一些天然气息；在果香-花香复合型香精中，可以提调花香势；若微量与果香同用，可产生愉快的头香，有增强香柠檬、薰衣草、香紫苏和其他药草型香气的功能。在香精中一般建议用量范围在0.1%～5%，使用时应注意导致其变色的性能。

（6）安全管理情况　FEMA 3763；IFRA；RIFM；GB 2760—2014 批准为允许使用的食用香料。

3. 二氢茉莉酮酸甲酯

二氢茉莉酮酸甲酯的化学名称为 2-戊基环戊酮-3-乙酸甲酯，分子式 $C_{13}H_{22}O_3$，分子量 226.32。商品名为 Hedione。

（1）结构式

（2）理化性质　无色至浅黄色油状液体，沸点109～112℃（26.6Pa），相对密度0.988～1.006，折射率1.457～1.462。几乎不溶于水，溶于乙醇等有机溶剂。

（3）天然存在　存在于大花茉莉油中。

（4）香气　有力、优美，清鲜似茉莉香韵，又带有兰惠雅香，留香颇为持久。

（5）应用　在著名香水 Eau Sauvage 和 Diorissimo 中首次使用，给予了优雅、新鲜、柔和、温暖和华丽的特征。由于香气好且价

廉，广泛用于香水香精、化妆品香精和香皂香精中。在配制茉莉、晚香玉、铃兰等花香型香精中使用，能给予幽雅、圆润、逼真的天然花香感；用于非花香型的素心兰、东方型、古龙香型中，效果也很好。一般用量可在2%～15%，在花香的幻想型中，用量可加大至20%～25%。亦可用于调配覆盆子、草莓、柠檬、圆柚、糖果等食用香精。

（6）安全管理情况　FEMA 3408；COE No.10785；GB 2760—2014 批准为暂时允许使用的食用香料。

4. α-戊基桂醛

α-戊基桂醛亦称甲位戊基肉桂醛，化学名称为 α-戊基-β-苯基丙烯醛，分子式 $C_{14}H_{18}O$，分子量 202.29。

（1）结构式

（2）理化性质　浅黄色透明液体，沸点153～154℃（1.33kPa），相对密度0.964～0.972，折射率1.550～1.559。不溶于水，溶于乙醇等有机溶剂。

（3）天然存在　存在于大豆、红茶中。

（4）香气　清甜柔和、带油脂药草的茉莉样花香。香气较强而透发，保留时间长。

（5）应用　是一应用较广的重要香料，与苯乙醇同用可比拟茉莉用于各种花香型配方，特别是茉莉、铃兰、紫丁香等香精的配制。因其香气较生硬，在细腻的香型中用量不宜过多。多用于皂用香精中，一般用量为2%～10%，最高可达35%。也可微量用于苹果、杏、桃、草莓、胡桃以及辛香味等食用香精中。化学性质不够稳定，易被氧化而带有不愉快的酸败气息，会导致变色。

（6）安全管理情况　GRAS；FEMA 2061；FDA 172.515；COE No.128；GB 2760—2014 批准为允许使用的食用香料。

5. α-己基桂醛

α-己基桂醛亦称甲位己基桂醛，化学名称为 α-己基-β-苯基丙烯醛，分子式 $C_{15}H_{20}O$，分子量 216.33。

（1）结构式

（2）理化性质　淡黄色液体，沸点 140～141.5℃（400Pa），相对密度 0.954～0.960，折射率 1.548～1.552。不溶于水，溶于乙醇等有机溶剂。

（3）天然存在　未见文献报道。

（4）香气　柔和清甜的茉莉、树兰、珠兰花气息，稍有油脂气，带极轻微的药草香底韵。香气飘逸，较持久。比 α-戊基桂醛香气清灵尖锐、富有花香。

（5）应用　是合成香料中最富于花香的品种之一。与易挥发的花香香料同用，能使之更生动，用于树兰、茉莉、栀子、晚香玉等花香型香精中甚好；在其他香型中亦能赋予花香，用量可高达 30%。也可微量用于食用香精，如蜜香、各种果香型香精配方。

（6）安全管理情况　GRAS；FEMA 2569；FDA 172.515；COE NO.129；GB 2760—2014（2001 年增补）批准为允许使用的食用香料。

6. 茉莉酯

茉莉酯为国内商品名，其化学名称为 1,3-壬二醇乙酸酯，分式 $C_{13}H_{24}O_4$，分子量 244.34，是 1,3-壬二醇乙酸酯为主并含有 1,3-壬二醇单乙酸酯、2-甲基-1,3-辛二醇乙酸酯和单乙酸酯的混合物。

（1）结构式

（2）理化性质　无色液体，相对密度 0.964～0.980，折射率 1.4400～1.4510。微溶于水，溶于乙醇等有机溶剂。

（3）天然存在　未见文献报道。

（4）香气　似茉莉花的浓的清新气息，略带青药草香，香气有力，留香力一般。不同产品质量有出入，有的茉莉花香较明显，有的偏于薰衣草香或有焦糖甜气。

（5）应用　广泛用作茉莉香的基体，可引入油脂药草底韵，是大花茉莉净油的特征香气。稳定而扩散力较强，非常适合于皂用香精，薰衣草型用之亦甚好，可用 1%～5% 或更多。亦可用于瓜类、浆果和鲜果型食用香精配方。

（6）安全管理情况　GRAS；FEMA 2783；GB 2760—2014 批准为允许使用的食用香料。

7. 羟基香茅醛

羟基香茅醛，化学名称为 3,7-二甲基-7-羟基辛醛，分子式 $C_{10}H_{20}O_2$，分子量 172.27。

（1）结构式

（2）理化性质　无色黏稠液体，沸点 241℃，相对密度 0.920～0.925，微溶于水，溶于乙醇等有机溶剂。

（3）天然存在　未见文献报道。

（4）香气　清甜有力，有似铃兰、百合花的花香气息，香气平和而持久。

（5）应用　是铃兰类的重要香料，以皂用香精为首，现广泛用于各种日用香精中。在铃兰、紫丁香、晚香玉等花香型香精中，能使香气细腻；在香水香精中是很好的修饰剂，可赋予花香头香。羟基香茅醛与邻氨基苯甲酸甲酯形成的泄馥基，又称橙花素，可用于橙花、白柠檬等香精。也可适量用于食用香精，如浆果、柑橘、西瓜、楼桃等型，能赋予花香，使香味圆和。本品对有些人的皮肤易产生过敏作用，因此美国日用香料香精协会（IFRA）在 1987 年提出它在日用香精中的用量不得超过 5%。

（6）安全管理情况　GRAS；FEMA 2583；FDA 172.515；COE No.100；GB 2760—2014 批准为允许使用的食用香料。

8. 兔耳草醛

兔耳草醛亦称仙客来醛，化学名称为对异丙基-α-丙醛，分子式 $C_{13}H_{18}O$，分子量 190.29。

（1）结构式

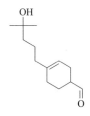

（2）理化性质　无色至淡黄色液体，沸点 270℃，相对密度 0.946～0.952，折射率 1.503～1.508。微溶于水，溶于乙醇等有机溶剂。

（3）天然存在　未见文献报道。

（4）香气　有兔耳草花、铃兰花香气息，带有蔬菜、黄瓜、甜瓜香，香气清甜醇厚、有滋润感，留香持久。

（5）应用　可用于许多花香型香精，如铃兰、紫丁香、橙花、紫罗兰等香精中，以增强青鲜花香的头香以及和润持久之感。由于它对碱稳定，对皮肤又无刺激性，故广泛用于香皂和合成洗涤剂香精中。因人体对兔耳草醇有过敏现象，IFRA 规定兔耳草醛中兔耳草醇的含量不得超过 1.5%，逾量者禁止使用。本品亦可微量用于柑橘等果香型食用香精中。

（6）安全管理情况　GRAS；FEMA 2743；FDA 172.515；COE No.133；GB 2760—2014 批准为暂时允许使用的食用香料。

9. 铃兰醛

铃兰醛亦称百合醛，化学名称为 α-甲基对叔丁基苯丙醛，分子式 $C_{14}H_{20}O$，分子量 204.31。

（1）结构式

（2）理化性质　无色透明液体，沸点 279℃，相对密度 0.942～0.947，折射率 1.504～1.507，不溶于水，溶于乙醇等有机溶剂。

（3）天然存在　未见文献报道。

（4）香气　清新透发的铃兰、百合样花香，比兔耳草醛香气更为温柔、细腻和优雅，赋予花香。

（5）应用　广泛用于化妆品、香皂、洗涤剂香精等日用香精中，既可用于铃兰、紫丁香、橙花、玉兰等花香型香精，也可用于素心兰、东方型等非花香型香精，能赋予花香，又有很好的香气协调性。

（6）安全管理情况　认为可以安全外用。

10. 新铃兰醛

新铃兰醛的化学名称为 4（4′羟基 4′甲基戊基）-3-环己烯-1-甲醛，分子式 $C_{13}H_{22}O_2$，分子量 210.16。

（1）结构式

（2）理化性质　无色稠厚液体，沸点 120～121℃（130Pa），相对密度 0.990～0.998，折射率 1.486～1.493。不溶于水，溶于乙醇等有机溶剂。

（3）天然存在　未见文献报道。

（4）香气　清淡、甜润而持久的铃兰样花香。

（5）应用　用在各种花香型的香皂、洗涤剂、化妆品、香水等日用香精中，可赋予不寻常的花香粉香及尾韵。用量可达20%。可代替或与羟基香茅醛同用，也可制成泄馥基应用。

（6）安全管理情况　认为可安全外用。

11. 叶醇

叶醇的化学名称为顺-3-己烯醇，分子式 $C_6H_{12}O$，分子量100.16。

（1）结构式

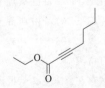

（2）理化性质　无色液体，沸点156～157℃，相对密度0.845～0.860，折射率1.439～1.443。微溶于水，溶于乙醇等有机溶剂。

（3）天然存在　存在于薄荷、绿茶、大花茉莉、香叶、紫罗兰叶及其他花油和叶油中，也存在于悬钩子、葡萄、草莓、圆柚等中。

（4）香气　强烈的新鲜青叶香气，不持久。

（5）应用　常微量用于各类配方，如花香、草香型等香精来提调头香，使之新鲜飘逸。食用香精，如薄荷及各类有瓜果香味的复方中用微量即有功效。

（6）安全管理情况　GRAS；FEMA 2563；FDA 172.515；COE No.750；GB 2760—2014批准为允许使用的食用香料。

12. 辛炔羧酸甲酯

辛炔羧酸甲酯的化学名称为2-癸酸甲酯，分子式 $C_{10}H_{16}O_2$，分子量168.23。

（1）结构式

（2）理化性质　无色或淡黄色油状液体，相对密度0.915，沸点121℃（2.7kPa），折射率1.448，几乎不溶于水，溶于乙醇等有机溶剂。

（3）天然存在　未见文献报道。

（4）香气　尖锐的青香，稀释后有紫罗兰叶和含羞花样香气。香气比庚炔羧酸甲酯细腻、稳定。有愉快的青果、蔬菜味，像未成熟的香蕉、鲜桃及黄瓜皮气息。

（5）应用　对赋予香精新鲜清秀有显著效果，常用于栀子花、晚香玉、紫罗兰、素心兰等香型香精中，与果香、花香、膏香有良好的协调圆润作用，也可用于黄瓜、桃、香蕉、荔枝、酒类等食用香精配方中，用量极微。

（6）安全管理情况　GRAS；FEMA 2726；FDA 172.515；COE No.481；GB 2760—2014批准为暂时允许使用的食用香料。

13. 女贞醛

女贞醛的化学名称为2,4-二甲基-3-环己烯甲醛（Ⅰ），分子式 $C_9H_{14}O$，分子量138.21。为两种异构体（Ⅰ）与（Ⅱ）的混合物（Ⅰ∶Ⅱ＝4∶1）。

（1）结构式

（2）理化性质　无色或淡黄色油状液体，相对密度0.926～0.941，沸点94～96℃（4kPa），折射率1.469～1.475，不溶于水，溶于乙醇等有机溶剂。

（3）天然存在　未见文献报道。

（4）香气　鲜青强的叶青气，带有柑橘香韵。

（5）应用　可用于日用香精配方，如香水、香波、香皂、洗涤剂等香精配方中，与花香、木香和草香气息能很好协调，能赋予天然感、增强扩散力。用量可达2%。

（6）安全管理情况　认为可安全外用。

14. 二氢月桂烯醇

二氢月桂烯醇的化学名称为 2,6-二甲基-7-辛烯-2-醇，分子式 $C_{10}H_{20}O$，分子量 156.27。

（1）结构式

（2）理化性质　无色至淡黄色透明液体，相对密度 $0.831 \sim 0.839$，折射率 $1.438 \sim 1.443$，不溶于水，溶于乙醇等有机溶剂。

（3）天然存在　未见文献报道。

（4）香气　清甜而有力，新鲜的柑橘、白柠檬、花香气息。

（5）应用　二氢月桂烯醇现已成为大宗香料，广泛用于日用香精配方中，在香皂和洗涤剂香精中，用量可达 20%。价虽廉，但香气较好，且气势强，在花香型香精中能起一定的作用；在古龙、柑橘、柠檬香型香精中，能使香气清鲜有力而飘逸。成品中宜加入 0.02% 的 BHA 稳定剂。

（6）安全管理情况　RIFM 认为可安全外用。

15. 芳樟醇

芳樟醇亦称沉香醇，化学名称为 3,7-二甲基-1,6-辛二烯-3-醇，分子式 $C_{10}H_{18}O$，分子量 154.24。

（1）结构式

（2）理化性质　无色液体，相对密度 $0.858 \sim 0.875$，沸点 198℃，折射率 $1.460 \sim 1.464$，几乎不溶于水和甘油，溶于乙醇、丙二醇和油类。

（3）天然存在　芳樟醇具有旋光异构体，左旋体存在于芳樟叶油、芳樟木油、黄樟油、香柠檬油、薰衣草油、玫瑰木油等精油中；右旋体存在于芫荽籽油、某些品种的香紫苏油等中；消旋体存在于香紫苏油、茉莉油中。

（4）香气　浓青香带甜的木青气息，有铃兰花香香气，又兼木香、果香。香气柔和，轻扬透发，但不甚持久。不同的旋光异构体香气微有差别，右旋体较青香透发，且多玫瑰气息，左旋体相对偏甜。

（5）应用　广泛用于各种日用香精的调配中，不仅能用于所有的花香香型，如茉莉、铃兰、水仙、晚香玉、玫瑰等，也可用于果香、青香、木香、醛香、东方、素心兰等非花香香型中。因在皂中较稳定，在皂用香精中多用之。在食用香精中，可用于调配茶叶、桃、杏、柑橘、热带芒果、奶油等香精，与香兰素协调能加强奶香、减少木香。

（6）安全管理情况　GRAS；FEMA 2635；FDA 182.60；COE No.61；GB 2760—2014 批准为暂时允许使用的食品香料。

16. 乙酸芳樟酯

乙酸芳樟酯的化学名称为 3,7-二甲基-1,6-辛二烯-3-醇乙酸酯，分子式为 $C_{12}H_{20}O_2$，分子量 196.29。

（1）结构式

（2）理化性质　无色液体，相对密度 $0.898 \sim 0.903$，沸点 220℃，折射率 $1.490 \sim 1.452$，微溶于水，溶于乙醇，不溶于甘油。

（3）天然存在　存在于薰衣草、香柠檬、橙叶、芳樟、罗勒、茉莉、橙花、栀子、依兰、玫瑰等精油中，也存在于桃、芹菜、西红柿中。

（4）香气　青香带甜，似橙叶、香柠檬

香气，又有似薰衣草花香气息。香气较透发，但不够持久。香气较芳樟醇青香。

（5）应用　广泛用于化妆品、香皂等日用香精的调配，是香柠檬、橙叶、薰衣草、茉莉、橙花等香型香精中的主香剂，用于依兰、紫丁香和东方香型香精中可作为修饰剂，亦可用于调配茶叶、苹果、香柠檬、柑橘、桃等食用香精。

（6）安全管理情况　GRAS；FEMA 2636；FDA 182.60；COE No.203；GB 2760—2014 批准为暂时允许使用的食用香料。

17. 乙酸苏合香酯

乙酸苏合香酯亦称乙酸甲基苯基原酯，分子式 $C_{10}H_{12}O_2$，分子量 164.21。

（1）结构式

（2）理化性质　无色液体，相对密度 1.023～1.031，沸点 213～214℃（72～73℃/530Pa），折射率 1.492～1.497，不溶于水，微溶于甘油，溶于乙醇等有机溶剂。

（3）天然存在　未见文献报道。

（4）香气　具有强烈的青香香气，似栀子花的清香，并有青果气息。香气生硬，不甚持久。

（5）应用　主要应用于栀子、晚香玉、茉莉、风信子、铃兰等日用香精中，与橡苔浸膏、格蓬油、紫罗兰酮类、羟基香茅醛等能很好地协调。用量在 5% 以内，IFRA 没有限制规定。广泛应用于食用香精，尤适用于苹果、杏、梅子、桃等果香型香精。

（6）安全管理情况　GRAS；FEMA 2684；FDA 172.515；COE No.573；GB 2760—2014 批准为允许使用的食用香料。

18. 乙酸香茅酯

乙酸香茅酯的化学名称为 3,7-二甲基-6-辛烯酯，分子式 $C_{12}H_{22}O_2$，分子量 198.30。

（1）结构式

（2）理化性质　无色液体，相对密度 0.884～0.892，沸点 119～121℃（2kPa），折射率 1.440～1.446，几乎不溶于水，溶于乙醇等有机溶剂。

（3）天然存在　存在于香茅油、香叶油、柠檬桉油、圆柚、柠檬、橙等中。

（4）香气　具有新鲜的玫瑰、薰衣草样花香和清甜的水果样香气。储存不当容易分解，分解后带有乙酸气息。

（5）应用　可用于日用香精配方中，在玫瑰、香石竹、薰衣草、铃兰等花香型香精中可协调清甜香气；在素心兰、香柠檬、古龙、醛等非花香型香精中，可赋予新鲜的甜香和果香香韵。在配方中的用量在 15% 以内，IFRA 没有限制规定。亦可微量用于柠檬、生梨、苹果、杏、香蕉、葡萄、玫瑰等食用香精中。

（6）安全管理情况　GRAS；FEMA 2311；FDA 172.515；COE No.202；GB 2760—2014 批准为允许使用的食用香料。

19. 乙酸香叶酯

乙酸香叶酯的化学名称为反-3,7-二甲基-2,6-辛二烯乙酸酯，分子式 $C_{12}H_{20}O_2$，分子量 196.29。

（1）结构式

（2）理化性质　无色液体，相对密度 0.902～0.910，沸点 245℃（130℃/2.9kPa），折射率 1.454～1.460，极微溶于水，溶于乙醇、丙二醇和油类。

（3）天然存在　存在于柠檬油、橙花油、

香茅油、柠檬草油、玫瑰草油、香叶油、薰衣草油、橙叶油等多种精油以及西红柿、杏仁、白葡萄酒、生姜等中。

（4）香气　清甜的香柠檬样果香，有令人愉快的玫瑰、薰衣草样香气，带些生梨气息。香气比香叶醇青而强，留香一般。储存不当容易分解，分解后会有乙酸气息。

（5）应用　广泛用于化妆品和香皂香精中，花香、果香和药草香型配方中也使用，有协调增甜的作用。用量在 $1\%\sim5\%$，最高可达 30%，IFRA 没有限制规定。亦可用于食用香精，如柠檬、生梨、苹果、杏、香蕉、葡萄、玫瑰等香精的调配。

（6）安全管理情况　GRAS；FEMA 2509；FDA 182.60；COE No.201；GB 2760—2014 批准为允许使用的食用香料。

20. 乙酸苯乙酯

乙酸苯乙酯亦称乙酸苄基甲酯，分子式 $C_{10}H_{12}O_2$，分子量 164.21。

（1）结构式

（2）理化性质　无色液体，沸点 232℃、118～120℃（1.7kPa），相对密度 1.029～1.037，折射率 1.496～1.501，微溶于水，能溶于乙醇、丙二醇和油类。

（3）天然存在　存在于黄兰油、玫瑰油等精油和甜瓜、葡萄、橄榄、白兰地等中。

（4）香气　清甜蜜香，有玫瑰、栀子花似的花香香气，兼有桃样果香和叶青气。香气较轻飘，不够持久。

（5）应用　广泛用于香皂、洗涤剂、化妆品、防臭剂等日用香精配方中，适宜玫瑰、栀子、紫罗兰、茉莉、香石竹等花香型，以及东方香型、柑橘型等非花香型香精的调配，既能充实体香，也可用作修饰剂。用量在 $1\%\sim10\%$，最高可达 50%，IFRA 没有限制规定。亦可用于食用香精，如桃、杏、草莓、

奶油、蜜香、玫瑰等香精中。

（6）安全管理情况　GRAS；FEMA 2857；FDA 172.515；COE No.221；GB 2760—2014 批准为暂时允许使用的食用香料。

21. β-苯乙醇

β-苯乙醇亦称乙位苯乙醇、2-苯基乙醇，分子式 $C_8H_{10}O$，分子量 122.17。

（1）结构式

（2）理化性质　无色黏稠液体，相对密度 1.018～1.021，沸点 220℃，折射率 1.531～1.534，微溶于水，能与乙醇和油混合。

（3）天然存在　大量存在于玫瑰精油和玫瑰水中，少量存在于香叶、橙花、依兰、香石竹、黄茶叶等精油中。

（4）香气　弱的玫瑰样香气，柔和但不持久。

（5）应用　苯乙醇是应用最为广泛的大宗香料之一，价格虽廉但与各类香气都有良好的协调性。主要用于配制玫瑰香精，也用于茉莉、橙花、铃兰等花香型以及东方、草香、醛香等非花香型香精，在日用香精配方中用量为 $5\%\sim20\%$，最高可达 40%。IFRA 没有限制规定。在食用香精中，常用于玫瑰、奶油、草莓、焦糖、蜂蜜等香型配方中。烟用香精中亦用之。

（6）安全管理情况　GRAS；FEMA 2858；FDA 172.515；COE No.68；GB 2760—2014 批准为允许使用的食用香料。

22. 苯乙醛

苯乙醛的分子式 C_8H_8O，分子量 120.15。

（1）结构式

（2）理化性质　无色或浅黄色油状液体，相对密度1.023～1.035，沸点195℃（86℃/1.3kPa），折射率1.524，不溶于水，溶于乙醇等有机溶剂。

（3）天然存在　存在于橙花、玫瑰、柑橘等精油中。

（4）香气　具有强烈的似风信子、紫丁香花香气息，有杏仁、玫瑰底韵。香气有力，但留香较差。香气比苯乙醛增青、增强。

（5）应用　广泛用于花香型香精，能赋予青的头香、提调香气。一般用量为1%～2%，风信子型中可多用。因久储存后易聚合，通常配制成50%的邻苯二甲酸乙二酯或苄醇溶液使用，或可制成缩醛应用。亦可用于调配苦杏仁、草莓、樱桃、蜜香等食用香精。

（6）安全管理情况　GRAS；FEMA 2874；FC；IFRA（1975年10月）认为苯乙醛对人体皮肤有过敏作用，应与同质量的防过敏化作用的香料或原料同用，如苯乙醇或二丙二醇醚合用于日用香精中。

23. 苯乙二甲缩醛

苯乙二甲缩醛的化学名称为1,1-二甲氧基-2-苯基乙烷，分子式$C_{10}H_{14}O_2$，分子量166.22。

（1）结构式

（2）理化性质　无色液体，相对密度1.002～1.006，沸点194～195℃（99～101℃/1.6kPa），折射率1.493～1.496。微溶于水，能溶于乙醇等有机溶剂。

（3）天然存在　存在于可可中。

（4）香气　强烈的青香，有似玫瑰、风信子和紫丁香样花香，并有酸香、苦杏仁气息。香气相当透发，也较持久。香气比苯乙醛增青、增强、柔和。

（5）应用　可用于香水、香皂和洗涤剂香精，是最常用的缩醛。宜用于攻魂、风信子、蒙丁香、栀子、香石竹等花香型香精，也可用于东方、木香、辛香等非花香型香精中；可代替苯乙醛，可赋予香精新鲜气息，得青香、酿香和辛香。在日用香精配方中用量在5%以内，IFRA没有限制规定。亦可微量用于食用香精，如李子、杏、樱桃、蜜香等香精配方中。

（6）安全管理情况　GRAS；FEMA 2876；FDA 172.515；COE No.40；GB 2760—2014批准为允许使用的食用香料。

24. 松油醇

松油醇的分子式$C_{10}H_{18}O$，分子量154.25。

（1）结构式

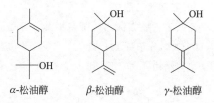

α-松油醇　　β-松油醇　　γ-松油醇

（2）理化性质　一般为几个异构体的混合物，以α-异构体为主。无色黏稠液体，相对密度0.934～0.941，沸点218～219℃（85℃/400Pa），折射率1.480～1.483，微溶于水，能溶于乙醇、丙二醇和油类。

（3）天然存在　α-松油醇有旋光异构体，左旋体存在于松针、桂叶、柠檬、白柠檬、玫瑰木等精油中；右旋体存在于松节、甜橙、橙花、茉莉、肉豆蔻等精油中；消旋体存在于香叶、玉树等精油中。

（4）香气　具有紫丁香香气，气势淡弱，不够留长。纯度不同时，其香气会有差异。不同异构体间香气也有差别，α-松油醇青香似紫丁香气息，香气最好；β-松油醇青香带木香，似干紫丁香气息；γ-松油醇青香微甜，似风信子气息。其中α-松油醇的左旋体香气相对偏凉，右旋体相对偏青，香气以右旋为佳。

（5）应用　松油醇是最为广用的大宗香料之一，价廉，且有较好的香气适应性及稳定性。广泛用于各种日用香精配方中，尤其是皂用、洗涤剂用香精，一般用量为5%～20%，最高可达40%。IFRA没有限制规定。亦可用于调配柠檬、甜橙、桃、柑橘、肉豆蔻等食用香精。

（6）安全管理情况　GRAS；FEMA 3045；FDA 172.515；COE No.62；GB 2760—2014批准为允许使用的食用香料。

25. 乙酸松油酯

乙酸松油酯的分子式 $C_{12}H_{20}O_2$，分子量196.29。

（1）结构式

（2）理化性质　无色液体，一般均含有异构体化合物。相对密度0.959～0.964，沸点为220℃，折射率1.464～1.466，不溶于水，能溶于乙醇等有机溶剂。

（3）天然存在　存在于薰衣草、松针、柏木、苦橙等40多种天然精油中。

（4）香气　具有似香柠檬、薰衣草的香气，青香带甜、硬而不飘。与乙酸芳樟酯相比，香气要弱得多，但留香时间略长。

（5）应用　广泛用于各种日用香精配方中，尤其是皂用香精，常用于薰衣草、古龙、馥奇、松针、柑橘等香型香精中，用量可达30%。IFRA没有限制规定。亦可用于调配柠檬、柑橘、橙子、樱桃等果香型以及辛香、肉香等食用香精。

（6）安全管理情况　GRAS；FEMA 3407；FDA 172.515；COE No.205；GB

2760—2014批准为允许使用的食用香料。

26. 大茴香醛

大茴香醛的化学名称为4-甲氧基苯甲醛，分子式 $C_8H_8O_2$，分子量136.15。

（1）结构式

（2）理化性质　无色或浅黄色液体，相对密度1.120～1.124，沸点247～248℃（91℃/530Pa），折射率1.571～1.574，不溶于水，微溶于丙二醇和甘油，能溶于乙醇和油类。

（3）天然存在　存在于八角茴香油、小茴香油、香荚兰豆、金合欢油和含羞花油等中。

（4）香气　具有似山楂花的香气，带有豆香、药草、辛甜香韵。香气强烈、留长。与大茴香醇同为茴青香气，但较之青强而粗糙。

（5）应用　主要用于皂用香精中，是调配山楂花型的主体香料，也可用于紫丁香、兰花、玉兰等花香型和草香、馥奇、醛香等非花型香精中。一般用量在5%以内，IFRA没有限制规定。亦可用于调配茴香、杏仁、樱桃、巧克力、胡桃、香荚兰豆等食用香精。

（6）安全管理情况　GRAS；FEMA 2670；FDA 172.515；COE No.103；GB 2760—2014批准为暂时允许使用的食用香料。

27. 大茴香醇

大茴香醇的化学名称为4-甲氧基苯甲醇，分子式 $C_8H_{10}O_2$，分子量138.16。

（1）结构式

（2）理化性质　无色至浅黄色液体，易

趋于结晶，相对密度 1.109～1.117，沸点 259℃，折射率 1.542～1.546，不溶于水，能溶于乙醇和油类。

（3）天然存在　存在于香荚兰豆、茴香油中。

（4）香气　有淡雅的紫丁香、山楂花似的花香，兼有豆香，微有膏香、粉香底韵。香气平和留长。

（5）应用　可用于日用香精中，作用类似于大茴香醛。一般用量在 10% 以内，IFRA 没有限制规定。亦可用于巧克力、可可、香荚兰、甘草、樱桃等食用香精中。

（6）安全管理情况　GRAS；FEMA 2099；FDA 172.515；COE No.6；GB 2760—2014 批准为允许使用的食用香料。

28. 薄荷醇

薄荷醇亦称薄荷脑，化学名称为 1-甲基-4-异丙基-3-环己醇，分子式 $C_{10}H_{20}O$，分子量 156.27。

（1）结构式

（2）理化性质　薄荷脑有左旋、右旋及消旋三个异构体，还与异薄荷脑、新薄荷脑、异新薄荷脑互为立体异构体。自然界存在的大多为左旋体，常用的商品主要是天然的左旋体或合成的消旋体。无色针状或校柱状结晶，熔点 42～43℃，沸点 216℃，折射率 1.460～1.462，微溶于水，溶于乙醇等有机溶剂。

（3）天然存在　左旋体大量存在于薄荷油中，少量在香叶油、留兰香油等精油中。

（4）香气　具有清凉、愉快的薄荷香气，带甜的尖刺气。香气透发，但不够持久。不同异构体的香气和清凉度是不同的，左旋薄荷脑的香气凉而清醒，是纯的薄荷香气；右旋薄荷脑凉气带青，略带樟脑香气；而消旋薄荷脑多木香，凉气不及左旋体；其他异构体的香气则较差。

（5）应用　薄荷脑是一种用途广、用量大的香料，可用于牙膏、漱口水、剃须用品等日用香精中；也可用于食品香精，尤其是糖果、饮料用香精；此外，在烟草、医药工业都有广泛应用。IFRA 没有限制规定。

（6）安全管理情况　GRAS；FEMA 2665；FDA 172.515；COE No.63；RIFM；GB 2760—2014 批准天然薄荷脑为允许使用的食用香料，2002 年增补批准消旋薄荷脑为允许使用的食用香料。

29. 龙脑

龙脑亦称冰片、2-莰醇，分子式 $C_{10}H_{18}O$，分子量 154.24。

（1）结构式

（2）理化性质　具有旋光异构体，左旋体：熔点 208.6℃，沸点 210℃，比旋光度 37.74°（乙醇）；右旋体：熔点 208℃，沸点 212℃，比旋光度 37.7°（乙醇）；消旋体：熔点 206～207℃。无色片状晶体，相对密度 1.011，不溶于水，溶于乙醇等有机溶剂。

（3）天然存在　左旋体存在于香茅、芫荽籽、松针等精油中，右旋体存在于杂薰衣草、穗薰衣草、肉豆蔻、小豆蔻、生姜等精油中，消旋体存在于樟脑、迷迭香油、百里香油等中。

（4）香气　有清凉尖刺的樟脑样气息，微带药香、木香、胡椒香。香气飘逸，不够留长。

（5）应用　主要用于化妆品洗涤剂、喷雾剂等日用香精配方中，如薰衣草、馥奇、古龙、松针等香型。熏香香精中亦用之，常与乳香同用，极协调。IFRA 没有限制规定。食用香精方面可极微量用于坚果和辛香型香精。

（6）安全管理情况　GRAS；FEMA 2157；FDA 172.515；COE No.64；GB 2760—2014 批准为允许使用的日化香料。

30. 橙花素

橙花素是国内的商品名，化学名称为 2-[(7-羟基-3,7-二甲基辛亚基)氨基]苯甲酸甲酯，分子式 $C_{18}H_{27}NO_3$，分子量 305.43。

（1）结构式

（2）理化性质　橙黄色黏稠液体，相对密度 1.020～1.080，沸点约 300℃，折射率 1.530～1.550，不溶于水，溶于乙醇等有机溶剂。

（3）天然存在　未见文献报道。

（4）香气　具有强烈的似橙花花香，香气甜润、较留长。

（5）应用　主要用于化妆品、香皂、洗涤剂等日用香精的调配，可用于橙花、柑橘、素心兰、东方等香型香精中。用量在 10％以内，IFRA 没有限制规定。

（6）安全管理情况　IFRA、RIFM 批准为暂时允许使用的食品香料。

31. 风信子素

风信子素是国内商品名，化学名称是 2-(1-乙氧代乙氧代)乙基苯。分子式 $C_{12}H_{18}O_2$，分子量 194.27。

（1）结构式

（2）理化性质　无色至淡黄色液体，相对密度 0.954～0.962，沸点 110℃（670Pa），折射率 1.478～1.483，不溶于水，溶于乙醇等有机溶剂。

（3）天然存在　未见文献报道。

（4）香气　具有强烈的风信子、铃兰似清甜花香，微带膏香。

（5）应用　可用于日用香精配方中，尤宜用于香皂、洗涤剂和化妆品香精中，用量在 6％以内。IFRA 没有限制规定。

（6）安全管理情况　认为可安全外用。

二、草香（包括芳草香和药草香）

1. 水杨酸甲酯

水杨酸甲酯亦称柳酸甲酯，化学名称为邻羟基苯甲酸甲酯，分子式 $C_8H_8O_3$，分子量 152.15。

（1）结构式

（2）理化性质　无色液体，相对密度 1.174，沸点 222～223℃，101℃（1.6kPa），折射率 1.535～1.538，几乎不溶于水，溶于乙醇等有机溶剂。

（3）天然存在　大量存在于冬青油中，也存在于甜桦木、金合欢、晚香玉、依兰、香石竹等精油中，以及黑加仑、葡萄、樱桃、苹果、桃、西红柿等中。

（4）香气　冬青样特有香气，青香带焦的药草香。香气粗发，不甚留长。

（5）应用　多用于牙膏等口腔清洗剂的加香，也可适量用于日用香精配方中，如依兰、晚玉、栀子、素心兰、馥奇等香型的调配。IFRA 没有限制规定。也可用于草莓、葡萄、香荚兰豆、胶姆糖果等食用香精和啤酒香精配方中。

（6）安全管理情况　FEMA 2745；COE No.433；GB 2760—2014 批准为暂时允许使用的食用香料。

2. 水杨酸异戊酯

水杨酸异戊酯亦称柳酸异戊酯，化学名称为邻羟基苯甲酸异戊酯，分子式 $C_{12}H_{16}O_3$，分子量208.25。

（1）结构式

（2）理化性质　无色液体，相对密度1.052，沸点 270℃（151℃/2kPa），折射率1.506～1.508，不溶于水，溶于乙醇等有机溶剂。

（3）天然存在　未见文献报道。

（4）香气　具有草香和花香，微有些豆香与木香，似草兰样香韵，留香持久。

（5）应用　是较重要的水杨酸酯类之一，可用于许多日用香精配方中，如草兰、香石竹、紫罗兰、风信子等花香型以及木香、东方、馥奇、素心兰等非花香型香精中。最高用量可达40%，IFRA 没有限制规定。亦可微量用于果香型食用香精中。

（6）安全管理情况　GRAS；FEMA 2084；FDA；COE；GB 2760—2014 批准为允许使用的食用香料。

3. β-萘甲醚

β-萘甲醚亦称乙位萘甲醚，分子式 $C_{11}H_{10}O$，分子量158.20。

（1）结构式

（2）理化性质　白色鳞片状晶体，熔点72～73℃，沸点 274℃，138℃（1.3kPa），不溶于水，溶于乙醇等有机溶剂，易升华。

（3）天然存在　未见文献报道。

（4）香气　有强烈、青涩的草香，稀释后有橙花、金合欢花似的香气。留香持久。

（5）应用　主要用于调配低档的洗涤剂、

有色皂用香精中，如橙花、茉莉、古龙等香型，能赋予花香；也可用于需要耐碱耐热的塑料制品、合成橡胶制品和熏香等的加香。用量在 10%以内，IFRA 没有限制规定。

（6）安全管理情况　RIFM、IFRA 批准为允许使用的日化香料。

4. 乙酸三环癸烯酯

乙酸三环癸烯酯分子式是 $C_{12}H_{16}O_2$，分子量 192.26。因乙酰氧基的位置不同，为异构体的混合物。

（1）结构式

（2）理化性质　无色液体，相对密度1.074，沸点 119～121℃（1kPa），折射率1.496，不溶于水，溶于乙醇等有机溶剂。

（3）天然存在　未见文献报道。

（4）香气　有强烈的草香、青香和果香，并伴有茴香及木香香韵。留香持久。

（5）应用　由于价廉且香气透发、持久，广泛用于皂用、洗涤剂、空气新鲜剂等日用香精配方中。适用于栀子花、铃兰、茉莉、薰衣草等花香型及素心兰、馥奇、醛香、木香、青香、果香等非花香型香精中。用量在10%以内，IFRA 没有限制规定。

（6）安全管理情况　RIFM、IFRA 批准为允许使用的日化香料。

三、木香

1. 檀香醇

檀香醇的分子式 $C_{15}H_{24}O$，分子量220.35。

（1）结构式

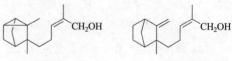

α-檀香醇　　　　　β-檀香醇

（2）理化性质　无色或淡黄色黏稠液体，相对密度 0.970，具有 α-异构体和 β-异构体，α-异构体沸点 302℃，β-异构体沸点 309℃，市售商品一般为两种异构体的混合物，折射率 1.505～1.508。不溶于水，溶于乙醇等有机溶剂。

（3）天然存在　存在于檀香油中。

（4）香气　温暖甜美的檀香香气。

（5）应用　作为优良的定香剂，主要用于高级日用香精配方中，如檀香、东方、素心兰、玫瑰等香型。用量在 15% 以内，IFRA 没有限制规定。亦可微量用于果香型食用香精中。

（6）安全管理情况　GRAS；FEMA 3006；FDA 172.515；COE No.74；RIFM 批准为允许使用的日化香料。

2. 檀香 803

檀香 803 为国内商品名，亦称人造檀香（及其类似物），化学名称为 4-(5,5,6-三甲基双环 [2.2.1] 庚-2-基）环己-1-醇，分子式 $C_{16}H_{28}O$，分子量 236.40。是莰烯与愈创木酚或苯酚、邻苯二酚等的缩合物，经加氢后得到的以反-3-异莰基环己醇为基本发香体的混合物。

（1）结构式

（2）理化性质　无色或淡黄色黏稠液体，相对密度 0.996，沸点 165～175℃（700Pa），折射率 1.489～1.499。不溶于水，溶于乙醇等有机溶剂。

（3）天然存在　未见文献报道。

（4）香气　淡甜的木香，似檀香香气，但不及天然檀香油透发和甜润，留香持久。

（5）应用　作为经典的檀香原料而广泛用于各种日用香精配方中。因价格低廉，常用以代替天然香油，适用于各种香型配方中。

用量在 20% 以内，IFRA 没有限制规定。

（6）安全管理情况　认为可安全外用。

3. 檀香 208

檀香 208 是国内商品名，亦称 2-亚龙脑烯基丁醇，化学名称为 2-乙基-4-(2,2,3-三甲基-3-环戊烯基)-2-丁烯-1-醇，分子式 $C_{14}H_{24}O$，分子量 208.34。

（1）结构式

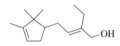

（2）理化性质　无色至浅黄色液体，沸点 298℃，127～130℃（270Pa），相对密度 0.916～0.920，折射率 1.486～1.490。不溶于水，溶于乙醇等有机溶剂。

（3）天然存在　未见文献报道。

（4）香气　强烈的天然檀香香气，暖香和木香，并伴有花香香调。留香持久。

（5）应用　可代替天然檀香油，用于化妆品、香皂等日用香精配方中，给予透发的檀香香气以及丰厚幽雅的感觉。用量在 5% 以内，IFRA 没有限制规定。

（6）安全管理情况　认为可安全外用。

4. 柏木醇

柏木醇亦称柏木脑，分子式 $C_{15}H_{26}O$，分子量 222.38。

（1）结构式

（2）理化性质　白色晶体，熔点 86～90℃，沸点 290～292℃，135℃（670Pa），相对密度 0.970～0.990，折射率 1.506～1.514。不溶于水，溶于乙醇等有机溶剂。

（3）天然存在　存在于柏木、雪松等精油中。

（4）香气　具有温和的柏木样香气，留香持久。

（5）应用　可用于许多日用香精配方中，用量随品种不同而异，最高可达 50%。IFRA 没有限制规定。

（6）安全管理情况　RIFM、FDA 批准为允许使用的日化香料。

5. 乙酸柏木酯

乙酸柏木酯的分子式 $C_{17}H_{28}O_2$，分子量 264.41。

（1）结构式

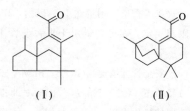

（2）理化性质　纯品为白色结晶，熔点 80℃。不溶于水，溶于乙醇等有机溶剂。

（3）天然存在　柏木、杉木等精油中。

（4）香气　具有持久的柏木和岩兰草样香气。

（5）应用　作为定香剂，广泛用于日用香精配方中，主要用以配制木香型香精。用量在 20% 以内。IFRA 没有限制规定。亦可用于烟草香精中。

（6）安全管理情况　GRAS、FDA、COE、RIFM 批准为允许使用的日化香料。

6. 甲基柏木醚

甲基柏木醚的分子式 $C_{16}H_{28}O$，分子量 236.40。

（1）结构式

（2）理化性质　无色或淡黄色透明液体，沸点 258℃，96℃（130Pa），相对密度 0.972～0.980，折射率 1.494～1.498。不溶于水，溶于乙醇等有机溶剂。

（3）天然存在　未见文献报道。

（4）香气　富有木香香气，并带有龙涎香香韵。留香持久。

（5）应用　广泛用于化妆品、皂用等日用香精配方中，在木香、檀香、东方等香型香精中，可作为定香剂。用量在 5% 以内。IFRA 没有限制规定。

（6）安全管理情况　认为可安全外用。

7. 甲基柏木酮

甲基柏木酮亦称乙酰基柏木烯，分子式 $C_{17}H_{26}O$，分子量 246.39，为异构体（Ⅰ）和（Ⅱ）的混合物。

（1）结构式

（Ⅰ）　　　　　　（Ⅱ）

（2）理化性质　淡黄色至棕黄色液体，沸点 105～110℃（80Pa），相对密度 0.997～1.008，折射率 1.512～1.520。不溶于水，溶于乙醇等有机溶剂。

（3）天然存在　未见文献报道。

（4）香气　有强烈而持久的木香香气，并带有龙涎香香韵。其中，异构体（Ⅰ）的香气较弱，而异构体（Ⅱ）的香气不仅强烈，而且有龙涎香的香气特征。因此甲基柏木酮产品质量的优劣主要取决于异构体（Ⅱ）的含量。

（5）应用　广泛用于化妆品、皂用等日用香精配方中。用量在 20% 以内，IFRA 没有限制规定。

（6）安全管理情况　RIFM、IFRA 批准为允许使用的日化香料。

8. 异长叶烷酮

异长叶烷酮的分子式 $C_{15}H_{24}O$，分子量 220.36。

（1）结构式

（2）理化性质　无色或黄色液体，沸点113～117℃（270Pa），相对密度0.998～1.006，折射率1.498～1.503。

（3）天然存在　未见文献报道。

（4）香气　有力、新鲜的木香香气，并有天然广藿香样、木香及壤香样；虽有些龙涎香样香气，但没有甲基柏木酮的显著。香气持久。

（5）应用　宜在木香香型香精中使用，可赋予木香，并能与其他木香香料和合协调；用于香水香精中可赋予头香。用量在15％以内，IFRA没有限制规定。

（6）安全管理情况　RIFM、IFRA批准为允许使用的日化香料。

四、蜜甜香

1.紫罗兰酮

紫罗兰酮的分子式$C_{13}H_{20}O$，分子量192.30。有三种异构体：α-紫罗兰酮（Ⅰ）、β-紫罗兰酮（Ⅱ）和γ-紫罗兰酮（Ⅲ），但以α-紫罗兰酮和β-紫罗兰酮较为常见。市售商品一般为α-紫罗兰酮和β-紫罗兰酮的混合物。

（1）结构式

（Ⅰ）　　（Ⅱ）

（Ⅲ）

（2）理化性质　无色或浅黄色液体，α-紫罗兰酮：沸点237℃，（121～122℃/1.3kPa）；β-紫罗兰酮：沸点239℃，（127～128℃/1.3kPa）。相对密度0.931～0.938，折射率1.502～1.507。微溶于水，溶于乙醇等有机溶剂中。

（3）天然存在　α-紫罗兰酮主要存在于金合欢净油、桂花浸膏等中，β-紫罗兰酮主要存在于悬钩子、西红柿、玫瑰精油等中。

（4）香气　具有甜花香兼木香，并带膏香和果香。α-紫罗兰酮有似紫罗兰花香和鸢尾的甜香，β-紫罗兰酮有似柏木和紫罗兰花香气，并有悬钩子样果香底韵，木香稍重；两者香气均淳厚而留长。

（5）应用　广泛用于化妆品、洗涤剂等日用香精配方中，可用于各种香型，能起到修饰、和合、增甜、增花香、圆熟等作用。用量在10％以内，IFRA没有限制规定。亦可用于悬钩子、樱桃、草莓等食用香精配方中。

（6）安全管理情况　α-紫罗兰酮：GRAS；FEMA 2594；FDA 172.515；COE No.141；GB 2760—2014批准为暂时允许使用的食用香料。β-紫罗兰酮：GRAS；FEMA 2595；FDA 172.515；COE No.142；GB 2760—2014批准为暂时允许使用的食用香料。

2.甲基紫罗兰酮

甲基紫罗兰酮的分子式$C_{14}H_{22}O$，分子量206.33。有六种异构体：α-甲基紫罗兰酮（Ⅰ）、α-异甲基紫罗兰酮（Ⅱ）、β-甲基紫罗兰酮（Ⅲ）、β-异甲基紫罗兰酮（Ⅳ）、γ-甲基罗兰酮（Ⅴ）和γ-异甲基紫罗兰酮（Ⅵ）。通常为四种异构体Ⅰ～Ⅳ的混合物，而异构体Ⅴ与Ⅵ很少见。

（1）结构式

（Ⅰ）　　（Ⅱ）

（Ⅲ）　　（Ⅳ）

（Ⅴ）　　（Ⅵ）

（2）理化性质　浅黄色液体，相对密度0.928～0.934，折射率1.499～1.503。α-甲基紫罗兰酮：沸点238℃（97℃/0.35kPa）；α-异甲基紫罗兰酮：沸点230℃（93℃/0.41kPa）；β-甲基紫罗兰酮：沸点242℃（102℃/0.35kPa）；β-异甲基紫罗兰酮：沸点232℃（94℃/0.41kPa）。不溶于水，溶于乙醇等有机溶剂中。

（3）天然存在　未见文献报道。

（4）香气　细腻而浓郁的紫罗兰花香和鸢尾样甜香，兼木香和果香。香气柔甜、持久，较紫罗兰酮类更似鸢尾的香气。不同的异构体间香气也有所差别，α-甲基紫罗兰酮的香气类似于α-紫罗兰酮，但香气较为柔甜；β-甲基紫罗兰酮的香气类似于β-紫罗兰酮，但微带皮革气，不常用；β-异甲基紫罗兰酮有粉香和鸢尾的甜香，兼带木香；γ-甲基紫罗兰酮有强烈的鸢尾甜香，并有柔和的木香、粉香底韵；而α-异甲基紫罗兰酮是六个异构体中香气最好的一个，其精制品最似紫罗兰花和鸢尾的甜香。

（5）应用　广泛用于化妆品、皂用等日用香精配方中，常用于花香、木香、素心兰、东方等香型香精，能赋予良好花香、增木甜香和粉香，为配方带来醇厚而透发的效果。用量可达25%，IFRA没有限制规定。亦可用于食用香精，如悬钩子、凤梨、草莓等配方中。

（6）安全管理情况　α-甲基紫罗兰酮：GRAS，FEMA 271；FDA 172.515；COE No.143；GB 2760—2014批准为暂时允许使用的食用香料。α-异甲基紫罗兰酮：GRAS；FEMA 2714；FDA 172.515；GB 2760—2014批准为暂时允许使用的食用香料。

3.香茅醇

香茅醇过去习称香草醇，化学名称为反-3,7-二甲基-6-辛烯醇，为右旋体。分子式$C_{10}H_{20}O$，分子量156.27。

（1）结构式

（2）理化性质　无色液体，沸点225℃，相对密度0.855～0.860，折射率1.454～1.459。微溶于水，溶于乙醇等有机溶剂中。

（3）天然存在　存在于香茅油、非洲香叶油、玫瑰油、玫瑰草油等许多精油及橙子、苹果、黑加仑、肉豆蔻等植物中。

（4）香气　清甜的玫瑰花香及香叶气息。香气平和，留香力一般。

（5）应用　广泛用于化妆品及皂用香精配方中，是玫瑰型香精的基体香气，也常用于铃兰、紫丁香等花香型香精中，以增甜鲜花香。用量可高达50%，IFRA没有限制规定。亦可用于调配玫瑰、草莓、柑橘、樱桃、桃、荔枝等食用香精。

（6）安全管理情况　GRAS；FEMA 2309；FDA 172.515；COE No.59；GB 2760—2014批准为允许使用的食用香料。

4.玫瑰醇

玫瑰醇亦称左旋香茅醇（l-香茅醇），化学名称为3,7-二甲基-6-辛烯醇，分子式$C_{10}H_{20}O$，分子量156.27。

（1）结构式

（2）理化性质　无色液体，沸点225～230℃，相对密度0.851～0.855，折射率1.451～1.456，不溶于水，溶于乙醇等有机溶剂。

（3）天然存在　存在于波旁香叶油、玫瑰油、玫瑰木油等许多精油中。

（4）香气　醇甜温和的红玫瑰香气。自香叶油单离得到的产品香气较好。

（5）应用　是配制玫瑰型香精的主香剂，也适用于铃兰、紫丁香、晚香玉、紫罗兰、茉莉、香叶等香型香精中。用量在 10% 以内，IFRA 没有限制规定。亦可用于调配草莓、悬钩子、葡萄、柑橘、樱桃、巧克力等食用香精。

（6）安全管理情况　GRAS；FEMA 2980；FDA 172.515；COE No.76；GB 2760—2014 批准为允许使用的食用香料。

5. 香叶醇

香叶醇亦称反-3,7-二甲基-2,6-辛二烯醇，分子式 $C_{10}H_{18}O$，分子量 154.25。

（1）结构式

（2）理化性质　无色液体，沸点 230℃，相对密度 0.877～0.881，折射率 1.475～1.479。几乎不溶于水，溶于乙醇等有机溶剂中。

（3）天然存在　存在于玫瑰草油、香叶油、玫瑰油、香茅油等 200 多种精油和红茶中。

（4）香气　具有优雅淡甜的玫瑰花香气息，香气平和，留香一般。

（5）应用　作为大宗香料而广泛用于日用香精配方中，是各类玫瑰型香精和配制香叶油的基本香料，也可用于晚香玉、紫罗兰、香石竹、栀子、茉莉等花香型香精中。用量最高可达 30%，IFRA 没有限制规定。亦可用于调配苹果、草莓、悬钩子、桃、蜂蜜、樱桃、柠檬、肉桂等食用香精。

（6）安全管理情况　GRAS；FEMA 2507；FDA 182.60；COE No.60；GB 2760—2014 批准为允许使用的食用香料。

6. 橙花醇

橙花醇亦称顺-3,7-二甲基-2,6-辛二烯醇，分子式 $C_{10}H_{18}O$，分子量 154.25。

（1）结构式

（2）理化性质　无色液体，沸点 225～227℃，相对密度 0.875～0.880，折射率 1.473～1.478。微溶于水，溶于乙醇等有机溶剂中。

（3）天然存在　存在于橙花油、橙叶油、香柠檬油、玫瑰油、香茅油等多种精油中，并常与香叶醇同时存在于这些精油中。

（4）香气　清甜新鲜的橙花、玫瑰气息，微带柠檬样果香。香气较平和，留香一般。橙花醇是香叶醇的顺式异构体，香气比香叶醇相对偏青。

（5）应用　广泛用于日用香精配方中，是配制橙花、玫瑰香精的主要香料，也常用于茉莉、铃兰、紫丁香、晚香玉、紫罗兰、栀子等花香型以及古龙香型香精中。其用量通常不超过 20%，IFRA 没有限制规定。亦可用于调配草莓、悬钩子、柠檬、柑橘等食用香精。

（6）安全管理情况　GRAS；FEMA 2770；FDA 172.515；COE No.2018；GB 2760—2014 批准为允许使用的食用香料。

7. 四氢香叶醇

四氢香叶醇的化学名称为 3,7-二甲基辛醇，分子式 $C_{10}H_{22}O$，分子量 158.28。

（1）结构式

（2）理化性质　无色液体，沸点 212～213℃（118℃/2kPa），相对密度 0.827～0.833，折射率 1.435～1.440，不溶于水，溶于乙醇等有机溶剂中。

（3）天然存在　存在于柑橘油中。

（4）香气　清甜似玫瑰花苞的香气，带些蜡香。香气颇强，留香中等，底韵干涩。

（5）应用　可用于化妆品及皂用香精配方中，有衬托粉香的作用。部分代替玫瑰醇，用于玫瑰香精和配制香叶油中，能提调香气；也适用于橙花、紫罗兰、桂花、铃兰等花香型香精中。IFRA 没有限制规定。亦可用于调配食用香精，如饮料、冰制食品、糖果、烘烤食品的加香。

（6）安全管理情况　GRAS；FEMA 2391；FDA 172.515；COE No.75；GB 2760—2014 批准为允许使用的食用香料。

8. 结晶玫瑰

结晶玫瑰为国内商品名，亦称乙酸三氯甲基苄酯，分子式 $C_{10}H_9Cl_3O_2$，分子量 267.55。

（1）结构式

（2）理化性质　无色结晶，熔点 88℃，沸点 280～282℃（117℃/400Pa），不溶于水，溶于乙醇等有机溶剂中。

（3）天然存在　未见文献报道。

（4）香气　具有淡弱的玫瑰样甜香，香气持久。

（5）应用　作为定香剂，广泛用于香皂、浴盐和香粉等日用香精的调配，尤其宜用于玫瑰、香叶型香精配方中。IFRA 没有限制规定。

（6）安全管理情况　RIFM、IFRA 批准为允许使用的日化香料。

9. 苯乙酸

苯乙酸的分子式 $C_8H_8O_2$，分子量 136.15。

（1）结构式

（2）理化性质　白色结晶，熔点 76～78℃，沸点 265～266℃，相对密度 1.081，微溶于水，溶于乙醇等有机溶剂。

（3）天然存在　存在于玫瑰油、薄荷油、橙花油、西红柿、芒果、烟草、白葡萄酒等中。

（4）香气　高浓度时显示为动物浊香，低浓度时有甜蜜香气。香气较强烈，留香持久。

（5）应用　是最常用的酸类香料，用于洗发水、熏香等日用香精中，既可作为定香剂用于许多花香型香精的调配，也可用于配制人造灵猫香膏。亦可用于蜂蜜、奶油、巧克力、桃、草莓、香荚兰等食用香精的调配。烟用香精特别是哈瓦那雪茄烟香型中也可适当使用。

（6）安全管理情况　GRAS；FEMA 2878；FDA 172.515；COE No.672；GB 2760—2014 批准为允许使用的食用香料。

10. 苯甲醇

苯甲醇亦称苄醇，分子式 C_7H_8O，分子量 108.14。

（1）结构式

（2）理化性质　无色液体，沸点 205℃，相对密度 1.045，折射率 1.540。微溶于水，溶于乙醇等有机溶剂。

（3）天然存在　存在于茉莉、橙花、依兰、鸢尾、栀子花等许多精油及苹果、圆柚等中。

（4）香气　具有极其微弱的蜜甜香气。日光暴晒之下，往往会因氧化而微带苯甲醛的苦杏仁气息。

（5）应用　常用作定香剂和溶剂而广泛用于日用香精配方中。IFRA 没有限制规定。亦可用于调配葡萄、樱桃、浆果、坚果等食用香精。

（6）安全管理情况　GRAS；FEMA 2137；

FDA 172.515；COE No.58；GB 2760—2014 批准为暂时允许使用的食用香料。

11. 桂醇

桂醇亦称肉桂醇，化学名称为3-苯基-2-丙烯醇，分子式 $C_9H_{10}O$，分子量 134.18。

（1）结构式

（2）理化性质　无色至浅黄色固体，凝固点 31℃，沸点 257～258℃，相对密度 1.044，折射率 1.581～1.582。几乎不溶于水，溶于乙醇等有机溶剂。

（3）天然存在　存在于肉桂叶、安息香脂、苏合香膏、秘鲁香膏及风信子、黄水仙等的精油中。

（4）香气　是膏甜的代表香气，亦称桂甜。具有似风信子的花香和苏合香、桂皮样气息。香气温和，留香较持久。

（5）应用　广泛用于中低档的化妆品、皂用等日用香精配方中，常用于风信子、香石竹、水仙、玫瑰、茉莉、紫丁香等香型香精中，用作定香剂和修饰剂。IFRA 建议其在日用香精配方中，用量不要超过 4%。亦常用于杏、桃、草莓、葡萄、辛香等食用香精和白兰地等酒用香精配方中。

（6）安全管理情况　GRAS；FEMA 2294；FDA 172.515；COE No.65；GB 2760—2014 批准为暂时允许使用的食用香料。

五、脂蜡香

1. 壬醛

壬醛亦称天竺葵醛，分子式 $C_9H_{18}O$，分子量 142.24。

（1）结构式

（2）理化性质　无色或浅黄色液体，沸点 190～192℃（91～92℃/2.9kPa），相对密度 0.820～0.828，折射率 1.421～1.426。不溶于水，溶于乙醇等有机溶剂。遇空气易氧化。

（3）天然存在　存在于玫瑰、柑橘、柠檬、香紫苏、生姜、鸢尾、肉桂等精油中及胡萝卜、番茄等中。

（4）香气　具有强烈的脂蜡样花香，极度稀释后为愉快的玫瑰蜡甜和柑橘样果香。留香力一般。

（5）应用　广泛用于日用香精配方中，微量使用就能对花香起提调作用。主要用于玫瑰、橙花等花香型和醛香、幻想型香精中，其用量一般为 0.5%，最高为 5%，IFRA 没有限制规定。亦可用于调配柠檬、橘子等柑橘类和花香型食用香精。

（6）安全管理情况　GRAS；FEMA 2782；FDA 172.515；COE No.114；GB 2760—2014 批准为暂时允许使用的食用香料。

2. 癸醛

癸醛，分子式 $C_{10}H_{20}O$，分子量 156.27。

（1）结构式

$$O=CH-CH_2-CH_2-CH_2-CH_2-$$
$$CH_3-CH_2-CH_2-CH_2-CH_2-$$

（2）理化性质　无色或淡黄色液体，沸点 208～209℃（60℃/100Pa），相对密度 0.823～0.831，折射率 1.426～1.431。极微溶于水，溶于乙醇等有机溶剂。遇空气易氧化。

（3）天然存在　存在于甜橙、橘皮、圆柚、柠檬、柠檬草、玫瑰、橙花、生姜及某些松科植物等的精油中。

（4）香气　具有强烈的脂蜡香气，极度稀释时有新鲜的柑橘皮样气息。香气与壬醛相似，但青辛气更过之。

（5）应用　可用于化妆品、皂用等日用香精配方中，主要用于橙花、玫瑰、茉莉、薰衣草等花香型和甜橙、香柠檬等果香型香精中，以增强香气强度及透发感。在一般配方中用量宜少于1%，在醛香香基中用量可较多。IFRA没有限制规定。亦可用于调配橙子、柑橘、柠檬等食用香精。

（6）安全管理情况　GRAS；FEMA 2362；FDA 182.60；COE No.98；GB 2760—2014批准为暂时允许使用的食用香料。

3.十一醛

十一醛，分子式 $C_{11}H_{22}O$，分子量170.30。

（1）结构式

（2）理化性质　无色或浅黄色液体，沸点223℃（117℃/2.4kPa），相对密度0.828，折射率1.431～1.436。不溶于水，溶于乙醇等有机溶剂。

（3）天然存在　存在于柑橘油、柠檬油、牛奶、鸡肉等中。

（4）香气　强烈的玫瑰样脂蜡香气，稀释时有新鲜的柑橘气息。

（5）应用　可用于化妆品、皂用等日用香精配方中，常与其他醛联合使用，少量至微量用于花香型香精中，即能产生丰富而天然的花香效果。用量在2%以内，IFRA没有限制规定。亦可用于调配橙子、柑橘、柠檬、香蕉、牛奶等食用香精。

（6）安全管理情况　GRAS；FEMA 3092；FDA 172.515；COE No.121；GB 2760—2014批准为允许使用的食用香料。

4.甲基壬乙醛

甲基壬乙醛化学名称为2-甲基十一醛，分子式 $C_{12}H_{24}O$，分子量184.32。

（1）结构式

（2）理化性质　无色或浅黄色液体，沸

点232℃（114℃/1.3kPa），相对密度0.825，折射率1.431～1.434。溶于水，溶于乙醇等有机溶剂。

（3）天然存在　未见文献报道。

（4）香气　特殊的带龙涎香的脂蜡香，并有除萜甜橙油样香韵。香气强烈而扩散性强，留香也较长。

（5）应用　常用于配制高级现代型日用香精，可赋予花香、橙香和素心兰香气，并起到增添细腻的醛香效果。亦可用于调配柑橘、椰子、杏等食用香精。

（6）安全管理情况　GRAS；FEMA 2749；FDA；COE No.2010；GB 2760—2014批准为允许使用的食用香料。

六、膏香

1.苯甲酸苄酯

苯甲酸苄酯亦称苯甲酸苯甲酯，分子式 $C_{14}H_{12}O_2$，分子量212.25。

（1）结构式

（2）理化性质　无色黏稠液体，沸点323～324℃（170～171℃/2kPa），相对密度1.118，折射率1.567～1.569。不溶于水，溶于乙醇等有机溶剂。

（3）天然存在　存在于番木瓜、秘鲁香膏、吐鲁香膏及晚香玉、香石竹、风信子、依兰等精油中。

（4）香气　很弱的甜膏香。

（5）应用　广泛用于日用香精配方中，主要用作填充剂、定香剂和修饰剂，用量可达60%。此外，还常用作许多香料的稀释剂，如佳乐麝香、硝基麝香等。IFRA没有限制规定。亦可用于调配樱桃、草莓、菠萝、悬钩子、坚果、乳酪等食用香精和其他食用香精。

（6）安全管理情况　GRAS；FEMA 2138；FDA 172.515；COE No.262；GB 2760—2014 批准为允许使用的食用香料。

2. 桂酸乙酯

桂酸乙酯的分子式 $C_{11}H_{12}O_2$，分子量 176.22。

（1）结构式

（2）理化性质　无色液体，沸点 271℃（127℃/800Pa），相对密度 1.049～1.052，折射率 1.560，不溶于水，溶于乙醇等有机溶剂。

（3）大然存在　存在于安息香香膏、苏合香香膏、桂叶、罗勒、樱桃、葡萄酒等中。

（4）香气　甜的琥珀样膏香，带蜜甜香和果香香韵。香气有力、持久。

（5）应用　可用于香水、香粉和皂用等日用香精配方中，适用于玫瑰、东方、木香、柑橘、素心兰、古龙等香型香精中，并有定香作用。亦可用于调配樱桃、葡萄、桃、草莓、桂皮、辛香、香荚兰等食用香精。

（6）安全管理情况　GRAS；FEMA 2430；FDA 172.515；COE No.323；GB 2760—2014 批准为暂时允许使用的食用香料。

3. 桂酸苄酯

桂酸苄酯亦称 β-苯基丙烯酸苄基酯，分子式 $C_{16}H_{14}O_2$，分子量 238.29。

（1）结构式

$$CH=CH-\overset{\overset{\displaystyle O}{\|}}{C}-O-CH_2$$

（2）理化性质　白色至浅黄色结晶，熔点 35℃，沸点 335～340℃，相对密度 1.109，

不溶于水、丙二醇、丙三醇中，溶于乙醇等有机溶剂。

（3）天然存在　存在于秘鲁香膏、吐鲁香膏、安息香香膏中。

（4）香气　淡甜膏香，似苏合香气息，留香持久。

（5）应用　作为定香剂广泛用于各种日用香精配方中，尤宜于花香、东方和幻想香型，能与花香、辛香和龙涎香香气很好地协调和合。亦可用于调配凤梨、蜜香、桃、杏、樱桃等食用香精。

（6）安全管理情况　GRAS；FEMA 2142；FDA 172.515；COE No.331；GB 2760—2014 批准为允许使用的食用香料。

4. 溴代苏合香烯

溴代苏合香烯的化学名称为 1-溴-2-苯基乙烯，分子式 C_8H_7Br，分子量 183.06。

（1）结构式

$$CH=CHBr$$

（2）理化性质　浅黄色液体，沸点 108℃（2.7kPa），相对密度 1.417～1.426，折射率 1.605～1.609，微溶于水，溶于乙醇等有机溶剂。为反式异构体和顺式异构体的混合物。

（3）天然存在　未见文献报道。

（4）香气　具有风信子样的清甜膏香，浓刺有力。

（5）应用　主要用于皂用和洗涤剂用香精配方中，用量在 1‰ 以内。IFRA 没有限制规定。

（6）安全管理情况　RIFM、IFRA 批准为允许使用的食用香料。

七、琥珀香

1. 水杨酸苄酯

水杨酸苄酯亦称柳酸苄酯，化学名称为

邻羟基苯甲酸苄酯，分子式 $C_{14}H_{12}O_3$，分子量 228.25。

（1）结构式

（2）理化性质　无色液体，凝固点 24～26℃，沸点 300℃（186℃/1.3kPa），相对密度 1.180，折射率 1.579～1.581，几乎不溶于水，溶于乙醇等有机溶剂。

（3）天然存在　存在于依兰油、康乃馨油等精油中。

（4）香气　极弱的似龙涎香的琥珀香气，又有些花香、膏香与木香。留香持久。

（5）应用　大量而广泛地用于日用香精配方中，主要用作定香剂与和合剂。在香石竹、草兰、依兰、紫丁香、晚香玉等花香型香精中使用，能提高花香基调；也可作为溶解硝基麝香类香料的溶剂。用量在 40% 以内。IFRA 没有限制规定。极微量用于杏、桃、梅子、香蕉、生梨等食用香精中，可增强香味。

（6）安全管理情况　GRAS；FEMA 2151；FDA 172.515；COE No.436；GB 2760—2014（1997 年增补）批准为允许使用的食用香料。

2. 降龙涎香醚

降龙涎香醚亦称为 404 定香剂，化学名称为 1,1,6,10-四甲基-5,6-环乙氧基十氢化萘，分子式 $C_{16}H_{28}O$，分子量 236.40。

（1）结构式

（2）理化性质　白色晶体，熔点 75～76℃，沸点 102～106℃，非纯品常为黏性液体，凝固点不低于 20℃。不溶于水，溶于乙

醇等有机溶剂。

（3）天然存在　存在于龙涎香酊剂中。

（4）香气　具有强烈、富足的龙涎香香气，并伴有温和的木香和琥珀香气，极持久。

（5）应用　主要用于化妆品等日用香精配方中，在花香、醛香、东方等香型中能赋予生动持续的和谐香气，并能起到良好的定香效果。用量常以 0.1%～0.2% 为宜。

（6）安全管理情况　FEMA 3471，认为可安全外用。

八、动物香

1. 黄葵内酯

黄葵内酯亦称黄蜀葵内酯、葵子内酯，化学名称为氧杂环十七碳-10-烯-2-酮，分子式 $C_{16}H_{28}O_2$，分子量 252.39。

（1）结构式

（2）理化性质　无色至淡黄色液体，沸点 154～156℃（133Pa），相对密度 0.949～0.956，折射率 1.477～1.482，不溶于水，溶于乙醇等有机溶剂。

（3）天然存在　存在于黄葵油中。

（4）香气　强烈而温暖的麝香香气，并伴有花香香韵，香气持久。

（5）应用　主要用于化妆品等日用香精配方中，具有非常好的扩散性和定香作用。用量在 2% 以内，IFRA 没有限制规定。

（6）安全管理情况　RIFM、IFRA 批准为允许使用的日化香料。

2. 麝香 R-1

麝香 R-1 国内商品名为麝香 105，分子式 $C_{15}H_{28}O_3$，分子量 256.38。

（1）结构式

（2）理化性质　无色液体或白色针状晶体，熔点 35℃，沸点 135℃（133.3Pa），难溶于水，溶于乙醇等有机溶剂。

（3）天然存在　未见文献报道。

（4）香气　强烈而细腻的麝香香气，带有乳香和粉香气息。香气持久。

（5）应用　可用于化妆品、皂用等日用香精配方中，具有强烈的提升香气和定香效果，亦可与其他麝香原料配合使用。用量宜在 5% 以内，IFRA 没有限制规定。

（6）安全管理情况　RIFM、IFRA 批准为允许使用的日化香料。

3. 麝香 T

麝香 T 亦称昆仑麝香、巴西酸乙二醇酯，分子式 $C_{15}H_{26}O_4$，分子量 270.38。

（1）结构式

（2）理化性质　无色至浅黄色黏稠液体，沸点 332℃（138～142℃/133Pa），相对密度 1.045，折射率 1.468～1.474，不溶于水，溶于乙醇等有机溶剂。

（3）天然存在　未见文献报道。

（4）香气　强烈的麝香香气，并有甜韵。扩散性好，留香持久。

（5）应用　广泛用于化妆品、皂用等日用香精配方中，是优良的定香剂，并有增强花香、甜香的效果。IFRA 没有限制规定。亦可用于调配香兰、樱桃、肉桂、热带水果等食用香精。

（6）安全管理情况　GRAS；FEMA 3543；FDA 172.515；COE No.10571；GB 2760—2014 批准为允许使用的食用香料。

4. 佳乐麝香

佳乐麝香的化学名称为 1,3,4,6,7,8-六氢-4,6,6,7,8,8-六甲基-环戊-γ-2-苯并吡喃，分子式 $C_{18}H_{26}O$，分子量 258.41。

（1）结构式

（2）理化性质　无色黏稠液体，沸点 129℃（110Pa），相对密度 1.005，折射率 1.534，不溶于水，溶于乙醇等有机溶剂。

（3）天然存在　未见文献报道。

（4）香气　强烈、持久的麝香香气，并有粉香香韵。

（5）应用　大量广泛用于化妆品、香皂、洗涤剂等日用香精配方中，是优良的定香剂，用量可达 25%，IFRA 没有限制规定。

（6）安全管理情况　RIFM、IFRA 批准为允许使用的食用香料。

5. 吐纳麝香

吐纳麝香，分子式 $C_{18}H_{26}O$，分子量 258.40。

（1）结构式

（2）理化性质　无色或白色结晶，熔点 107℃，沸点 142～143℃（400Pa），不溶于水，溶于乙醇等有机溶剂。

（3）天然存在　未见文献报道。

（4）香气　具有强烈的麝香和粉香香气，留香持久。

（5）应用　作为优良的定香剂而广泛用于化妆品、洗涤剂等日用香精配方中，尤宜用于皂用香精中，有突出的粉香香气。用量一般在 10% 左右，IFRA 没有限制规定。

（6）安全管理情况　RIFM、IFRA 批准为允许使用的食用香料。

6. 酮麝香

酮麝香国内商名，化学名称为 4-叔丁

基-2,6-二甲基-3,5-二硝基苯乙酮，分子式 $C_{14}H_{18}N_2O_5$，分子量294.31。

（1）结构式

（2）理化性质　淡黄色的固体结晶，熔点137℃，不溶于水、丙二醇和矿物油，微溶于乙醇，能溶于苯甲酸苄酯、邻苯二甲酸乙二酯及大多数油质香精中。

（3）天然存在　未见文献报道。

（4）香气　甜而似麝香样的动物香，并有粉香香韵。香气较柔和，相当持久。

（5）应用　重要的硝基麝香之一，是优良的定香剂。广泛用于日用香精配方，凡需要麝香香气的都可用之。用量一般为1%～5%，IFRA没有限制规定。

（6）安全管理情况　RIFM、IFRA批准为允许使用的食用香料。

7. 二甲苯麝香

二甲苯麝香是国内商品名，分子式 $C_{12}H_{15}N_3O_6$，分子量297.26。

（1）结构式

（2）理化性质　淡黄色晶体，熔点112～114℃，不溶于水，微溶于乙醇、丙二醇和甘油，能溶于苯甲酸苄酯、邻苯二甲酸乙二酯及大多数油质香精中。

（3）天然存在　未见文献报道。

（4）香气　甘甜的麝香样动物香，但香气较为粗糙。气势较弱，但留香持久。

（5）应用　广泛用于低档化妆品、香皂、香波等日用香精配方中，作为定香剂和修饰剂。用量一般在20%以内，IFRA没有限制

规定。

（6）安全管理情况　RIFM、IFRA批准为允许使用的日化香料。

8. 乙酸对甲酚酯

乙酸对甲酚酯的分子式 $C_9H_{10}O_2$，分子量150.18。

（1）结构式

（2）理化性质　无色液体，沸点209℃，相对密度1.046～1.051，折射率1.499～1.502，微溶于水，溶于乙醇等有机溶剂。

（3）天然存在　存在于依兰油等精油中。

（4）香气　浓度较高时有粗糙动物香气，并有蜜香和果香香韵，稀释时有水仙花香气。香气强烈，但不留长。

（5）应用　可用于日用香精配方中，宜用于水仙、大花茉莉、紫丁香、依兰等花香型香精中，有增浓花香的效用。用量宜在1%以下，否则即感粗浊。亦可用于调配坚果、蜜香等食用香精。

（6）安全管理情况　GRAS；FEMA 3073；FDA 172.515；COE No.226批准为允许使用的食用香料。

9. 吲哚

吲哚的化学名称为2,3-苯并吡咯，分子式 C_8H_7N，分子量117.15。

（1）结构式

（2）理化性质　无色或白色晶体，熔点52～53℃，沸点253～254℃，相对密度1.22。将其置于空气中或见光即变红色，并树脂化。溶于热水，易溶于乙醇等有机溶剂。

（3）天然存在　存在于茉莉、橙花、水仙等精油和咖啡中。

（4）香气　具有强烈的令人不快的粪便臭

味，扩散力强而持久。但经稀释后（浓度低于
0.1）则能产生令人愉快的茉莉、橙花样鲜香。

（5）应用　广泛用于茉莉、橙花、紫丁
香、依兰、白兰等花香型日用香精配方中，
可提调花香也常与甲基吲哚同用，来配制灵
猫香基。用量在 1% 以内，IFRA 没有限制规
定。亦可用于调配巧克力、咖啡、坚果等食
用香精。

（6）安全管理情况　GRAS；FEMA 2593；
FDA 172.515；COE No.560；GB 2760—
2014 批准为允许使用的食用香料。

10. 四氢对甲基喹啉

四氢对甲基喹啉的化学名称为 6-甲基-1，
2，3，4-四羟基喹啉，分子式 $C_{10}H_{13}N$，分子
量 147.22。

（1）结构式

（2）理化性质　无色至淡黄色结晶，熔
点 37～38℃，沸点 265℃，微溶于水，溶于
乙醇等有机溶剂。

（3）天然存在　未见文献报道。

（4）香气　辛咸而浊的动物香气，带蜜
香香韵，稀释后则有突出的灵猫样香气。

（5）应用　是最常用的喹啉衍生物，常
微量用于配制灵猫香基或浓重的东方香型等
日用香精配方中，能赋予蜜香、烟草香和动物
香韵，并能起到很好的定香效果。IFRA 没有限
制规定。亦可用于调配蜜香型等食用香精。

（6）安全管理情况　认为可安全外用。

九、辛香

1. 丁香酚

丁香酚，分子式 $C_{10}H_{12}O_2$，分子量 164.21。
（1）结构式

（2）理化性质　无色至淡黄色液体，沸
点 253℃（110℃/700Pa），相对密度 1.065～
1.069，折射率 1.539～1.542。极微溶于水，
溶于乙醇等有机溶剂。易与碱、金属（铁质）
起作用，易引起变色。

（3）天然存在　存在于丁香、丁香罗勒、
月桂叶、紫罗兰、晚香玉、香石竹等精油和
没药浸膏中。

（4）香气　强烈的辛香香气，带甘甜的
花香。香气透发有力，还持久。

（5）应用　可用于有色皂用香精等日用
香精配方中，用于调配香石竹、玫瑰等花香
型及馥奇、辛香、东方等非花香型香精。用
量在 20% 以内，IFRA 没有限制规定。亦可
用于调配辛香型、薄荷、坚果等食用香精及
烟草香精。

（6）安全管理情况　GRAS；FEMA 2467；
FDA 184.1257；COE No.171；GB 2760—
2014 批准为允许使用的食用香料。

2. 异丁香酚

异丁香酚，分子式 $C_{10}H_{12}O_2$，分子量
164.21。

（1）结构式

（2）理化性质　淡黄色稠厚液体，有反
式和顺式两种异构体，其中反式异构体为固
体，熔点为 33～34℃，沸点 118℃（670Pa）；
顺式异构体为液体，沸点 115℃（670Pa）。
商品异丁香酚为两种异构体的混合物，反式
异构体与顺式异构体的大约比例为 85：15，
相对密度 1.082～1.086，折射率 1.573～
1.578。溶于水，溶于乙醇等有机溶剂。易与
碱和金属（铁质）起作用，易氧化、聚合，
易导致变色，不宜用于白色加香产品。

（3）天然存在　存在于丁香、依兰、肉
豆蔻、香石竹、黄水仙、晚香玉等精油中。

（4）香气　较丁香酚柔和清甜的辛香香气，有香石竹、丁香花样花香，又有些似龙涎香、麝香豆香与膏香气息。留香持久。

（5）应用　可用于日用香精配方中，类似于丁香酚，是调配香石竹香精的主要原料，也适用于东方、辛香、紫丁香、紫罗兰、依兰等香型香精的调配。亦可用于调配丁香、桃、杏、樱桃、坚果等食用香精。

（6）安全管理情况　GRAS；FEMA 2468；FDA 172.515；COE No.172；IFRA（1980年5月建议，其在日用香精中的用量要在1%以下）；GB 2760—2014 批准为暂时允许使用的食用香料。

3. 大茴香脑

大茴香脑亦称茴香脑、丙烯基茴香醚，化学名称为 1-甲氧基-4-丙烯基苯，或对丙烯基苯甲醚，分子式 $C_{10}H_{12}O$，分子量 148.21。

（1）结构式

（2）理化性质　有顺式和反式两种异构体，反式体已被批准用于食用香精配方中，顺式体则毒性较大，据称是反式体毒性的 10～20 倍。反式体为白色结晶，熔点 23℃，沸点 234℃（81～81.5℃/300Pa），相对密度 0.986，折射率 1.557～1.562。不溶于水，溶于乙醇等有机溶剂。

（3）天然存在　存在于茴香油、小茴香油、八角茴香油等精油中。大多数为反式体。

（4）香气　特有的茴香香气。

（5）应用　主要用于食用香精和牙膏香精中，也可用于皂用香精。IFRA 没有限制规定。

（6）安全管理情况　（反式大茴香脑）GRAS；FEMA 2086；FDA 182.60；COE No.183；GB 2760—2014 批准为允许使用的食用香料。

十、豆香

1. 香兰素

香兰素是国内商品名，化学名称为 4-羟基-3-甲氧基苯甲醛，分子式 $C_8H_8O_3$，分子量 152.15。

（1）结构式

（2）理化性质　白色或奶白色细针状结晶，熔点 82～83℃，沸点 284℃，相对密度 1.06，微溶于水，溶于乙醇等有机溶剂。易导致变色，特别是与胺类化合物，如邻氨基苯甲酸酯类、吲哚类、喹啉类，以及含有铁离子杂质的香料同用时变色更明显。

（3）天然存在　存在于香荚兰豆、秘鲁香膏、吐鲁香膏、苏合香膏、安息香膏、丁香花蕾油、咖啡、葡萄、白兰地等中。

（4）香气　强烈而又独特的香荚兰豆香气，浓郁留长。

（5）应用　是重要的香料之一，可用于许多香型的日用香精配方中，如紫罗兰、草兰、东方、玫瑰、香石竹等香精中。IFRA 没有限制规定。但主要用于调配食用香精，尤其是在糖果、巧克力、饮料、冰淇淋、酒类中应用广泛，在烟用香精中也很有用途。

（6）安全管理情况　GRAS；FEMA 3107；FDA 182.60；COE No.107；GB 2760—2014 批准为允许使用的食用香料。

2. 香豆素

香豆素是国内商品名，亦称邻羟基桂酸内酯，化学名称为 1,2-苯并吡喃酮，分子式 $C_9H_6O_2$，分子量 146.14。

（1）结构式

（2）理化性质　白色晶体，熔点 68～70℃，沸点 291℃（154℃/1.33kPa），微溶于水，溶于乙醇等有机溶剂。

（3）天然存在　存在于黑香豆、薰衣草油、桂皮油、秘鲁香膏等中。

（4）香气　清甜似黑香豆的豆香，带干的药草香和茴辛香气。稀释后似干草、坚果和烟叶气息。香气较沉闷，但很持久。

（5）应用　是主要的豆香香料之一，与香兰素一样，是获得粉香的老品种。可用于化妆品、皂用等日用香精配方中，用以调配馥奇、素心兰、紫罗兰、薰衣草、花香等香型香精。IFRA 没有限制规定。亦可用于烟用香精中。

（6）安全管理情况　认为可安全外用。

3. 洋茉莉醛

洋茉莉醛是国内商品名，亦称胡椒醛，化学名称为 3,4-亚甲二氧基苯甲醛，分子式 $C_8H_6O_3$，分子量 150.14。

（1）结构式

（2）理化性质　白色或淡黄色结晶，熔点 37℃，沸点 263℃（112℃/700Pa），微溶于水，溶于乙醇等有机溶剂。对某些胺类化合物，如吲哚类等十分敏感，易导致变色。

（3）天然存在　存在于刺槐、黄樟、紫罗兰等精油及胡椒、香荚兰豆、甜瓜中。

（4）香气　清甜的豆香兼茴青香气，有似葵花样的花香，香气较淡弱而留长。

（5）应用　广泛用于香皂、化妆品等日用香精配方中，用以调配葵花、紫罗兰、香石竹、桂花、紫丁香、铃兰等香型香精。不宜用于白色加香产品。一般用量在 10% 以内，IFRA 没有限制规定。亦可用于调配香荚兰豆、桃、梅子、樱桃、草莓、可乐等食

用香精及烟草香精。

（6）安全管理情况　GRAS；FEMA 2911；FDA 182.60；COE No.104；GB 2760—2014 批准为暂时允许使用的食用香料。

4. 对甲氧基苯乙酮

对甲氧基苯乙酮亦称山楂花酮，别名为对乙酰基苯甲醚，分子式 $C_9H_{10}O_2$，分子量 150.17。

（1）结构式

（2）理化性质　无色至浅黄色结晶，熔点 36～38℃，沸点 263℃（136℃/1.3kPa），相对密度 1.001～1.004，折射率 1.532～1.535。不溶于水和甘油，溶于乙醇等有机溶剂。

（3）天然存在　存在于海狸香膏、茴香中。

（4）香气　清甜的茴青香、豆香，并有山楂花与葵花样气息。香气粗糙而持久。

（5）应用　主要用于香皂、洗涤剂等日用香精配方中，用以调配山楂花、馥奇、素心兰、药草、木香等香型香精。用量在 5% 以内，IFRA 没有限制规定。亦可用于香兰豆、奶油、巧克力、坚果等食用香精及烟草香精中。

（6）安全管理情况　GRAS；FEMA 2005；FDA 172.515；COE No.570；GB 2760—2014 批准为允许使用的食用香料。

十一、果香

1. 苯甲醛

苯甲醛的分子式 C_7H_6O，分子量 106.13。

（1）结构式

（2）理化性质　无色液体，沸点 178℃（45℃/670Pa），相对密度 1.043～1.048，折射率 1.542～1.545，微溶于水，溶于乙醇等有机溶剂。

（3）天然存在　存在于苦杏仁、橙花、风信子、依兰、广藿香、肉桂等精油及桃核、杏核中。

（4）香气　清甜有力的苦杏仁香气，稀释后有梅花、杏花香。香气飘逸，但不持久。

（5）应用　主要作为食用香料以代替天然苦杏仁油，不仅用于杏仁，也用于浆果、奶油、樱桃、椰子、杏、桃、辛香等香精中。烟草香精和酒用香精也用。微量用于日用香精配方中，如紫丁香、茉莉、白兰、梅花、橙花等花香型香精。IFRA 没有限制规定。

（6）安全管理情况　GRAS；FEMA 2127；FDA 182.60；COE No.101；RIFM；GB 2760—2014 批准为暂时允许使用的食用香料。

2. 草莓醛

草莓醛是国内商品名，亦称杨梅醛，化学名称为 3-甲基-3-苯基环氧丙酸乙酯或 3-甲基-3-苯基缩水甘油酸乙酯。分子式 $C_{12}H_{14}O_3$，分子量 206.24。

（1）结构式

（2）理化性质　无色至浅黄色液体，沸点 260℃（153～155℃/2.4kPa），相对密度 1.086～1.092，折射率 1.503～1.507，几乎不溶于水，微溶于丙二醇和甘油，溶于乙醇等有机溶剂。

（3）天然存在　未见文献报道。

（4）香气　清甜的草莓样果香，微有似苏合香的膏香气息。香气强烈而持久。

（5）应用　可用于日用香精配方中，用

以调配风信子、紫丁香、玫瑰、茉莉、橙花等花香型及素心兰、木香、醛香、东方等非花香型香精。用量在 5% 以内，IFRA 没有限制规定。亦可用于草莓、悬钩子、樱桃、葡萄、桃等食用香精中。

（6）安全管理情况　GRAS；FEMA 244；FDA 182.60；COE No.602；RIFM；GB 2760—2014 批准为暂时允许使用的食用香料。

3. 柠檬醛

柠檬醛的化学名称为 3,7-二甲基-2,6-辛二烯醛，分子式 $C_{10}H_{16}O$，分子量 152.24。

（1）结构式

（2）理化性质　无色液体，储存后渐变为微黄色液体。有顺式和反式两种异构体，顺式异构体亦称橙花醛，沸点 102～104℃（1.6kPa）；反式异构体亦称香叶醛，沸点 110～112℃（1.6kPa）。商品柠檬醛为两种异构体的混合物，沸点 228～229℃，相对密度 0.886～0.890，折射率 1.486～1.489。不溶于水和甘油，溶于乙醇等有机溶剂。易环化和聚合，与邻氨基苯甲酸甲酯、吲哚、喹啉等共用易发生反应而引起变色，常做成二甲缩醛或二乙缩醛后使用。

（3）天然存在　存在于柠檬、柠檬草、山苍子、姜、橙叶等精油中。

（4）香气　清甜的柠檬、柑橘样果香，也似生姜的辛香，香气较青强。

（5）应用　广泛用于香水、洗涤剂、香皂等日用香精配方中，用以调配柠檬、薰衣草、橙花、古龙等香型。用量在 10% 以内。亦可用于调配柠檬、甜橙、圆柚、苹果、葡萄、草莓、生姜等食用香精及酒用香精。

（6）安全管理情况　GRAS；FEMA

2303；FDA 182.60；COE No.109；RIFM；IFRA（1975年10月规定，柠檬醛在使用时须同时加入其用量1/4的α-苧烯或α-蒎烯等香料来抑制其致敏性）；GB 2760—2014批准为允许使用的食用香料。

4. γ-十一内酯

γ-十一内酯，分子式$C_{11}H_{20}O_2$，分子量184.28。

（1）结构式

（2）理化性质　无色至浅黄色液体，沸点286℃（162℃/1.7kPa），相对密度0.942～0.948，折射率1.49～1.454，不溶于水和甘油，溶于乙醇等有机溶剂。商品中常含有少量的α-异构体杂质。

（3）天然存在　存在于桃、杏仁、桂花、鸡蛋果、苹果、水解大豆蛋白、肉等中。

（4）香气　浓甜似桃的果香，微带鸢尾、桂花样花香。香气飘逸而持久。

（5）应用　是日用香精配方中最常用的内酯类香料之一，最宜用于桂花、栀子、晚香玉、紫丁香、茉莉、白玫瑰、素心兰等香型香精中，能赋予清新的花香和果香。一般用量在0.1%～1%，IFRA没有限制规定。亦可用于调配桃、梅子、杏、樱桃、奶油、桂花等食用香精。

（6）安全管理情况　GRAS；FEMA 3091；FDA 172.515；COE No.179；RIFM；GB 2760—2014批准为暂时允许使用的食用香料。

5. γ-壬内酯

γ-壬内酯亦称椰子醛，分子式$C_9H_{16}O_2$，分子量156.23。

（1）结构式

（2）理化性质　无色至微黄色液体，沸点243℃（136℃/1.7kPa），相对密度0.976，折射率1.445～1.450，几乎不溶于水和甘油，溶于乙醇等有机溶剂。

（3）天然存在　存在于桃、杏、番茄、芒果、绿茶、啤酒、白兰地等中。

（4）香气　清甜而浓的椰子样果香，又有似栀子花、晚香玉样的花香及木香香韵。香气透发而持久。

（5）应用　广泛用于日用香精配方中，尤宜用于栀子、晚香玉、茉莉、铃兰、白玫瑰、东方、幻想等香型中，能赋予精美的甜果香，且有良好的定香作用。用量在2%以内，IFRA没有限制规定。亦可用于调配椰子、奶油、杏仁、坚果、樱桃、桃等食用香精。

（6）安全管理情况　GRAS；FEMA 2781；FDA 172.515；COE No.178；RIFM；GB 2760—2014批准为暂时允许使用的食用香料。

6. 己酸丙烯酯

己酸丙烯酯亦称凤梨醛，分子式$C_9H_{16}O_2$，分子量156.22。

（1）结构式

（2）理化性质　无色至淡黄色液体，沸点186～188℃（75～76℃/2kPa），相对密度0.884～0.892，折射率1.422～1.426，几乎不溶于水、甘油和丙二醇，溶于乙醇等有机溶剂。

（3）天然存在　未见文献报道。

（4）香气　强烈的菠萝样果香香气，并有似朗姆酒的气息。

（5）应用　常作果香头香香料用于化妆品、皂用等日用香精中，多用于白兰花、木香、辛香、古龙、东方等香型。亦可用于调配菠萝、苹果、杏、桃、甜橙、草莓等食用香精。

（6）安全管理情况　GRAS；FEMA 2032；FDA 172.515；COE No.2181；RIFM；IFRA（1977 年 2 月提出，香料中的游离烯丙醇含量不应超过 0.1％，才宜安全外用）；GB 2760—2014 批准为暂时允许使用的食用香料。

7. 邻氨基苯甲酸甲酯

邻氨基苯甲酸甲酯的分子式 $C_8H_9NO_2$，分子量 151.17。

（1）结构式

$$\text{（结构式）}$$

（2）理化性质　无色至浅黄色液体，带有蓝色荧光。沸点 256℃（127℃/1.5kPa），相对密度 1.161～1.169，折射率 1.582～1.584，微溶于水，溶于乙醇等有机溶剂。

（3）天然存在　存在于橙花、橙叶、茉莉、晚香玉、栀子花、依兰、甜橙、柠檬、香柠檬、橘皮等近 50 种精油和葡萄汁中。

（4）香气　粗糙尖锐的鲜果香，稀释时有橙花样花香和葡萄样果香。香气强烈、留长。

（5）应用　广泛用于日用香精配方中，用以调配茉莉、橙花、栀子花、水仙、晚香玉、白兰、依兰等花香型香精，在低档橙花香精中用量可达 15％。宜用于有色加香制品中。常与 α-戊基桂醛、羟基香茅醛、大茴香醛、苯乙醛等制成泄馥基后应用于花香型香精中。IFRA 没有限制规定。亦可用于调配葡萄、草莓、西瓜、蜜香、柑橘等食用香精及酒用香精。

（6）安全管理情况　GRAS；FEMA 2682；FDA 182.60；COE No.250；RIFM；GB 2760—2014 批准为暂时允许使用的食用香料。

十二、酒香

庚酸乙酯

庚酸乙酯亦称人造康乃克油、水芹醚，分子式 $C_9H_{18}O_2$，分子量 158.24。

（1）结构式

$$\text{（结构式）}$$

（2）理化性质　无色液体，沸点 186～188℃，相对密度 0.868，折射率 1.411～1.415，不溶于甘油和水，微溶于丙二醇，溶于乙醇等有机溶剂。

（3）天然存在　存在于苹果、草莓、花生、葡萄汁、啤酒、白兰地、朗姆酒等中。

（4）香气　有似康酿克油酒香的果香，但较之单薄，香气强烈但不够持久。

（5）应用　可作为头香香料用于柑橘、古龙、玫瑰等香型日用香精中，能赋予自然感和圆熟感。广泛用于食用香精和酒用香精中，用以调配杏、桃、葡萄、草莓、悬钩子、奶油、白兰地、朗姆酒、香槟等香精。

（6）安全管理情况　GRAS；FEMA 2437；FDA 172.515；COE No.365；RIFM；GB 2760—2014 批准为允许使用的食用香料。

第五章
香精调配技术

　　香精作为调香师的艺术作品，是具有艺术属性的，不同时期有不同的潮流，存在着不同的流派。调香师的责任是配制出顾客满意、符合潮流、畅销的香精产品。这不仅是配方技术的问题，而且涉及美学、心理学和市场经济等方面的因素。在香精配方设计前，调香师必须根据市场和消费者反馈尽可能收集关于香料香精使用和应用的有关信息。

第一节　调香基础知识

一、调香概述

　　古代用香料植物制作熏香或香囊，后来用天然精油和浸膏等来调配香料，直到合成香料陆续问世，人们用其与天然香料配合制作各种香精，才有近现代的调香。调香技术（简称调香）就是将有关香料经过调配达到具有特定香型或香韵（香气和香味）和特定用途的香精的一种技艺，是香料香精工业中的重要一环。调香的目的就是调配出令人们喜爱而又安全，适合于加香产品的性质，使加香产品在使用或食用过程中具有一定的香味效果的香精。香精的香气或香味效果，被视为加香产品的"灵魂"，可以使人们在使用加香产品时在嗅觉和味觉上得到舒适的感受和愉悦的心情。

　　掌握调香技艺，要有两方面的必要条件：一方面要有调配处方的技艺，另一方面要有香精应用技术的基本知识。掌握香精的调配与处方技艺，要求具备辨香、仿香和创香三方面的知识和基本技能；而掌握香精应用技术知识，要求了解加香产品介质的特性，及其应用要求、工艺条件以及加香产品的使用方法等。香精的调配与处方技术中的辨香、仿香和创香三个阶段是互相联系的，既可循序进行，也可适当的交叉进行，使之相辅相成。

所谓辨香，就是要能够区分、辨别出各类香料香气，能评定其好坏以及鉴定其品质等级。若是辨别一个香料混合物或加香产品，还要求能够说出其中香气和香味大体来源。对从业者而言，练好辨香这一基本功，首先要掌握目前国内常用的香料的性能，熟悉其香气特征、香韵等，熟悉香气和香韵的分类、各香料间的香气异同和作用等，坚持不懈地多锻炼、熟记，并在实践中加深体会。只有如此才能辨别香料香气真伪、优劣，便于在调香中做到合理和恰当使用。

所谓仿香，就是运用辨香知识，将多种香料按适宜的配比调配成需要模仿的香气或香味。仿香一般有两种要求：一种是模仿天然香气，某些天然香料价格较贵或来源不足，要求应用其他的香料特别是来源较丰富的合成香料去仿制出与天然香料香气相同或近似的香精，从而代替或部分代替这些天然产品；另一种要求是对某些国内外加香产品的香气或香味特征的模仿。模仿天然香料香气可以借助查阅文献来走捷径，但模仿一个加香产品的香气或香味，则需要足够的辨香基本功及掌握一定的仪器分析技术。

所谓创香，就是运用科学与艺术的方法，在辨香与仿香的实践基础上，设计、创拟出具有新颖的香气或香味（或香型）的香精，来满足特定产品的加香需要。

不论是仿香或创香，都要掌握好香料的应用范围及特性，然后才能选用合适的香料来调配香精。在调配时要参考分析资料，运用香料的香气特点，按照香韵类型掌握好配方的组成格式及布局，经过反复多次地修改完善，再经过加香产品的应用检验，直到满意时才能定型。

不同的加香产品要调配不同的香精，共同的要求是：

① 香韵要吻合特定的应用要求；

② 不同应用场景用不同香料来处方；

③ 不同市场定位要选用不同香料来适应成本要求；

④ 要注意各香料的组成，正确选用主体、助剂、修饰剂、定香剂等；

⑤ 前、中、后三层香气要前后协调、稳定，头香（前调）还要有好的扩散力，体香（中调）要浓厚，基香（尾调）要持久；

⑥ 处方中要注意各香料间化学反应（如酯交换、水解、氧化、聚合、缩合等）的可能性，谨慎选用香料品种；

⑦ 必须符合国家及行业各种卫生健康标准。

关于香精应用技术知识方面，要了解有关加香产品（介质）的物理化学性质；香精进入加香产品（介质）中的工艺条件（包括温度、时间、搅拌混合等）；加入香精后的香气或香味实效（包括在产销过程中的变化及使用后的效果等）。

二、辨香与评香的要求和影响因素

辨香是识辨香气，评香是对比香气或鉴定香气。

1. 辨香与评香的一般要求

通过辨香与评香，要做到以下两点：

① 识辨出被辨评样品的香气特征，如：香韵、香型、强弱、扩散程度和留香持久性等。作为调香工作者，尤其是初学者，必须每天安排一定时间来认辨、熟悉和记忆香气。

② 要辨别出不同品种和品类，包括要了解其真伪、优劣、有无掺杂等，以及尽可能了解到样品的来源、产地、加工方式和使用的起始原料情况等。

在香料、香精及加香产品生产过程中，评香人员要对进厂的香料或香精的香气做出鉴定，并对本厂的每批产品的香气质量进行评定，做出是否合格的结论。

2. 辨香与评香的影响因素

在研究配制香精的过程中（包括加入介质后），技术人员需嗅辨和比较其香韵，鉴别其头香、体香、基香、协调程度、留香程度、相像程度、香气的稳定程度和色泽的变化等。

要进行辨香与评香，必须注意下列几点：

① 要有合适的场所。工作场所要通风良好，清静而温暖。室内在不使用时不能置放任何有香物质。进入室内不能穿着有明显气味的工作服，不宜吸烟。

② 思想要集中。应舒适地坐着评辨，全神贯注，根据样品香气的强弱和特点，评辨者根据自身嗅觉能力来掌握评辨的时间间隔。一般而言，一次评辨香气的时间不宜过长，要有间歇，有休息，以便嗅觉在饱和、疲劳和迟钝下能恢复其敏感性，这样做效果就好。一般说，开始时的间歇是每次几秒钟，最初嗅的三四次最为重要；易挥发香料要在几分钟内间歇地嗅辨；香气复杂的，有不同挥发阶段的，除开始外，可间歇 5min、10min，再延长至半小时，1h 乃至 1 天，或持续若干天，重复多次，观察不同时段香料的香气变化。

③ 要有好的标样（要严格地选择）。不同品种、不同地区、不同起始原料、不同工艺、不同等级，都应详细标明。装标样的容器，最好是深色（蓝、棕、绿）的玻璃小瓶，标样要选择新鲜的装满于瓶中，盖紧（用后亦然），在冷藏柜中保存好，到一定时间要更换。

④ 嗅辨时要用辨香纸。通常是用厚度适宜的吸水纸，纸条适用于液态样品，宜为 0.5～1cm 宽，10～18cm 长。最好一端窄一些，以便在窄口瓶中蘸样。对固态样品宜用纸片，宜为 8 cm 长，10cm 宽。辨香纸在存放时要松散些，要防止沾

染或吸入任何香气。

⑤ 嗅辨时的香料香精要有合适的浓度。过浓，嗅觉容易饱和、麻痹或疲劳，因此有必要把香料或香精用纯净无臭的 95％乙醇或纯净邻苯二甲酸乙二酯，稀释到 1％～10％，甚至更淡些来辨别，特别是香气强度高，或是固态树脂态的品种。

三、辨香与评香的准备

首先要在辨香纸上写明被辨评对象的名称、号码，甚至日期和时间，然后将辨香纸一头浸入拟辨香料或香精中，蘸上约 1～2cm，对比时要蘸得相等；嗅辨时，样品不要触及鼻子，要有一定的距离（刚可嗅到）。

随时记录嗅辨香气的结果，包括香韵、香型、特征、强度、挥发程度，并根据自己的体会，用贴切的词汇描述香气。要每阶段记录，最后写出全貌。若是评比则写出它们之间的区别，如有关纯度、相像程度、强度、挥发度等意见，最后写出评定好坏、真假等的评语。

常用于描述香气和香韵的用词有：花香、草香、木香、蜜甜香、脂蜡香、膏香、琥珀香、动物香、辛香、豆香、果香、酒香、青（滋）香、清香、浊香、甜香、壤香、革香、药草香、焦香、樟脑样、树叶样、树脂样、萜烯样、粉香样、谷物样、蔬菜样、根样、坚果样、果汁样、肉香样、鱼腥样、膻气样、霉气样、硫黄样、苯酚样、金属样、脂肪气、油腻气、醚样、化学气、刺鼻样、催泪样、窒息性样等。

也有用感觉或情感等比较抽象的词汇来描述的，如：酸、咸、苦、辛辣、刺激、凉、温、热、干、湿、强、弱、柔、刚、腻、淳、润、坚硬、新鲜、陈腐、平滑、粗糙、圆柔、尖刺、粗冲、愉快、不快、轻快、浓重、淡薄、丰满、喜爱、厌恶、文雅、粗俗、细腻、粗狂、诱惑性、男性气息、女性气息等。

1. 日用品制造厂的香料香精实验室的布置

日用品加香最重要的是加香试验，可惜国内大多数生产日用品的厂家和香精厂都还没能给予足够重视。须知每种日用品都有它的特性，不是随便一种香精加进去都能达到加香的目的。随意添加香精不但可能造成浪费，甚至可能会导致产品香气评价下降而影响销路，整个生产厂因此倒闭的事也时有发生。要使自己的产品带上最让消费者喜欢的香气，只有重视，勤做评香、加香试验。因此，生产日用品的厂家和香精厂建立合格的香料香精实验室是很有必要的。

对于日用品生产厂来说，理想的香料香精实验室应由四个部分组成：香精室、加香室、评香室、架试室。

香精室把平时收集到的、各香精厂家送来的香精样品分门别类置于各种架子上，技术及业务人员要经常来嗅闻这里的每一个香精的香气并记住它们，以便需要时把它们找出来；加香室的面积一般比较大，里面安装着各种小型的加香实验机械，如香皂制造厂的加香室应有拌料机、研磨机、挤压机、成型机等，这些机械虽小，但都要尽量做到与车间里操作的工艺条件（如温度、压力、湿度、洁净度等）接近；评香室就像是一个小型的会议室，一般可容纳十几个人围坐讨论，有条件的可以用能升降的隔板把它分割成多个小室，每个小室配备一台电脑和一个洗手盆、没有香味的洗涤剂或无香肥皂（洗手、清洁用），进气和排气系统能保证室内在评香时没有干扰评香的气息存在；架试室就同小型图书馆一样，放着许多架子，层层叠叠，以便多放样品，架试室也要有排气装置，保持室内维持负压以免"串味"影响评香结果。

一个香料香精产品的评香、加香试验全过程应如下。

① 通知各香精厂送香精样，要把开发这个新产品的目的、意义、计划生产量、准备工作让香精厂知道，并尽量详细地向香精厂介绍该产品的理化性能，以便香精厂能有的放矢地调配适合的香精样品送来试验。另外，也可以把未加香的样品寄给香精厂让他们先做试验，这样香精厂送来的加香样品会更接近需要的样品。

② 初选香精，把各香精厂送来的和库存的香精反复比较挑选，找出适合做加香试验的香精样品。

③ 结合香精厂的建议及实验室现有条件，把香精和未加香的样品搅拌均匀，固体、半固体产品还要经过混合、成型或者加热、冷冻等工艺步骤才能把香精加进去，加工工艺尽量与大量生产时的实际操作接近。

④ 做出的样品包装或不包装置于架试室的样品架上，一般在自然通风条件下放置，有的样品根据需要放在冷或热的恒温箱里进行冷冻或加热试验，有的还要进行老化试验（放在紫外灯下照射一定的时间）。

⑤ 架试室里的样品每天（或每周、每月，根据需要而定）都要观察，记录每一个样品外观（颜色、状态等）有没有变化、香气是否变淡了或者消失了，做完试验，不用再观察的样品要及时清理掉。

⑥ 正式评香：做完架试（规定的时间）后的样品就可做评香测试了。评香组可以临时组合，但其中要有几位相对固定的人员。每次评香至少 10 人以上，评香时主持人要详细给每一位参加评香的人员讲解本次评香的目的、要求、注意事项、如何按统一的规格把各人的感受输入电脑或写在统一发放的设计、印制好的表格纸上等，参加评香的人员全都理解了才可开始嗅闻香气，此时最好通过评香室内的隔板装置把评香人员隔开，根据每个人的嗅闻感觉按标准给样品排序或打分，具体看下文感官分析所述。

⑦ 评香结论：评香主持人根据电脑（最好由专门的评香统计软件计算结果）

显示或收集评香人员填写的评香结果，进行简单的计算得出数据、排序表作评香结论，同时保存好每一次评香的结论。

2. 香精厂的香料香精实验室的布置

香精厂的香料香精实验室在工厂整体设计的时候就应当充分重视。首先它必须是一个通风条件好、光照强度适中、视线清晰、环境幽雅、内部美观的实验室（给评香人员好的操作条件、好的心情才能得出准确的结论），确保车间、仓库的气味尽量不飘往实验室。面积可根据厂家实地面积定，大致需 $100m^2$ 以上，并且有两个以上的隔离房。保险丝容量必须达到 60A 以上，以保证同时开启多种设备器械。整个实验室也需一个单独的安全开关，保证防火功能。

同日用品制造厂的加香实验室一样，香精厂的加香实验室也分为四大区，但名称不一样，他们分别被叫作样品区、加香区、洗涤区、留样区。其中样品区与留样区应与加香区完全隔离开。

首先介绍样品区，这里所谓的样品区是指未加过香的各种样品（如未加香的护肤护发品、洗衣粉、洗洁精、蚊香坯、小环香坯、塑料制品、橡胶制品、石油制品、纸制品、鞋子、干花、人造还有各种规格的塑胶粒、橡胶粒或片、皂粒、石蜡、果冻蜡、气雾剂罐等）存放的区域。该区对温度、压力、湿度、洁净度等有一定的要求，室温最好保持在 21～25℃，压力一般维持比常压稍低，相对湿度控制在 60％左右（若室内湿度太大，部分香精会长霉，影响其使用效果及安全性），室内必须保持洁净状态，地板要保持干燥。故样品区内通常是设计成一个或多个柜子，依墙而立。柜子类似中药房药框的造型，由许多小柜组合而成，各小柜高度为 50cm，宽度为 50cm，深度为 100cm，整柜体积为 300cm×100cm×300cm。采用拉式抽屉，并且底部是用小滚珠拖动，方便拉开取用样品。紧贴地面的那一层应做成左右打开式柜门，并且高度在 80～100cm 之间，宽度为 50cm，深度为 100cm，这是为了专门存放一些较重的样品而设计的。平常应把样品区门关闭，以免有香气进入。再者，一般不宜存放太多的未加香的样品，而多采取现用现买和随时向用香厂家索取的办法，因为香精厂内免不了会有各种香气存在，这些加香的样品自然而然地会吸附香气，不利于实际加香效果。

一般的加香试验在加香区里进行，加香区里有操作台，操作台设计应人性化，以人体高度和操作时的舒适度为宜，一般高为 80～100cm，宽为 50～100cm，长为 400～500cm，操作台以下部分做成柜子，以存放物品。操作台以上应做成壁式柜子，且需以瓷砖或玻璃板为表面，减少腐蚀。实验室应具备以下器械和仪器：最小质量至少为 0.01g 且最大质量为 500g 和 1000g 的电子分析天平、恒温水浴锅、封口机、电炉、研磨机、压模机、气雾罐装机、冰箱、电热恒温干燥箱、照明箱、空调、排气扇、空气净化器等。要注意的是在雾剂加香试验特别是灌装时，千万不能使用电炉，并且避免使用烘箱，以免引起火灾。

加香试验后，把样品放入留样区，留样区的室内设计与加香区的设计是有区别的，采取的是书柜的造型，一个大柜的尺寸为 300cm×50cm×300cm，各小柜为 70cm×50cm×40cm。因各种加过香的样品香气都不同，如何保证让香气不串味是个较难解决的问题，所以各种样品都必须密封包装，有次序地摆列于柜内，并作记录。室温保持在 21～25℃，相对湿度为 60%左右，排气扇也要定时打开，室内处于正常的通风状态。留样室的门也不宜经常开启。

加香试验做完以后或者样品从留样区取出来后，就得把用于加香试验或作容器用的玻璃器皿、工具等放至清洗槽里清洗。清洗槽置于专门的洗涤区内。洗后烘干放在相应的位置，以免杂乱无章。

安全防火是加香试验特别要重视的事，实验室内至少得具备三种以上不同性质的灭火器，以确保安全。

随着人们生活水平的提高，越来越讲究生活的质量，应运而生的加香产品也会越来越多，香精厂的实验室内容也会日趋增多，里面的实验器械也得与时俱进，逐渐完善。

四、现代评香组织及感官分析

1. 现代评香组织

产品的加香无非就是为了让消费者对其气味产生欢愉而激起购买欲，所以对香气的品质评价，人的嗅觉是最主要的依据，至今在香气的评定检测中，仍没有任何仪器分析和理化分析能够完全替代感官分析。如何科学地提高感官分析结果的代表性和准确性便是评香组织的工作目的。在此将从嗅觉的基本规律、评香的类型、评香员的选择和培训、实验环境条件、感官分析常用方法等方面详细探讨。

较早期的评香组织是由一些具有敏锐嗅觉和长年经验积累的专家组成的。一般情况下，他们的评香结果具有绝对的权威性。当几位专家的意见不统一时，往往采用少数服从多数的简单方法决定最终的评香结果，这是原始的评香分析，这样的做法存在很多弊端：第一，评香组织由专家组成，人数少且不易召集；第二，各人对不同香气敏感性和评价标准不同，几位专家对同一香气评价各有不同，结果分歧较大；第三，人体自身的状态和外部环境对评香工作影响很大；第四，人具有的感情倾向和利益冲突会使评香结果出现片面性，甚至作假；第五，专家对物品的评价标准与消费者的感觉有差异，不能代表消费者的看法。由于认识到原始评香的种种不足，在嗅觉分析实验中逐渐地融入了生理学、心理学和统计学方面的研究成果，从而发展成为现代评香组织，现代评香组织对于评香组织的各项工作要求将不再依靠权威和经验，而是依靠科学。

2. 嗅觉的基本规律

嗅觉在评香组织的工作中占主导地位。嗅觉的误差对于评香分析结果将造成重大影响。因此，必须要了解会造成嗅觉误差的嗅觉生理特点及嗅觉基本规律，以便在评香人员的选择、评香实验场所的布置、评香实验方案的设定、评香结果的处理等方面将嗅觉的误差尽可能减小。嗅觉生理特点及嗅觉基本规律详见本书第二章第一节对应内容，在此不做赘述。

3. 感官分析

感官分析一般可根据评香目的不同分为两大类型：分析型感官分析和偏爱型感官分析。加香产品的评香属于偏爱型感官分析，这种分析依赖人们心理和生理上的综合感觉，分析的结果受到生活环境、生活习惯、审美观点等多方面的因素影响，其结果往往因人、因时、因地而异。

分析型评香是把人的嗅觉作为一种测量的分析仪器，来测定物品的香气与鉴别物品之间的差异，如质量的检查、产品评优等。为提高分析型评香测定结果的准确性，可以从以下几个方面做起，首先，评香基准的标准化，选择并配制出标准样品作为基准，让评香员有统一、标准化的对照品，以防他们采用各自的基准，使结果难以统一和比较；其次，试验条件的规范化，在此类型评香试验中，分析结果很容易受环境的影响；最后，评香员的选定，参加此类型评香试验的评香员在经过恰当的选择和训练后，应维持在一定的水平。分析型评香是评香员对物品的客观评价，其分析结果不受人的主观意志干扰。

偏爱型评香与分析型评香正好相反，它是以物品作为工具，来测定人的嗅觉特性，如新产品开发时对香气的市场评价。偏爱型评香不需要统一的评香标准和条件，而是依赖人的生理和心理上的综合感觉，即人的嗅觉程度和主观判断起决定性作用，分析结果受到生活环境、生活习惯、审美观点等方面因素影响，其结果往往是因人、因时、因地而异。

常用的感官分析方法可分为三类。

（1）差别检验　有两点检验法、两三点检验法、三点检验法、"A"-"非A"检验法、五中取二检验法、选择检验法、配偶检验法等。

（2）使用标度和类别的检验　有排序检验法、分类检验法、评分检验法、成对比较检验法、评估检验法等。

（3）分析或描述性检验　有简单描述检验法、定量描述和感官剖面检验法等。

在此主要介绍产品评香最常用的排序检验法，具体做法如下。

首先把准备评香的样品（要求事先做成外观尽量一致、用同样的容器盛装）贴上代号标签，代号可用没有任何暗示性的文字。评价主持人要对每一个参加评香的人员说明如何排序，是按照自己的喜好排序还是按照样品与某种香气（比如天然茉莉花香或某个外来样品的香气）的相似度排序，是从左到右还是从右到左排序等。主持人或通过电脑记录下每一个评香者的排序结果。

香料香精行业里有一套较常用的"40分"评分检验法：对一个香料或者香精进行香气评定，满分为40分，"醇正"为39.1～40分，"较醇正"为36.0～39.0分，"可以"为32.0～35.9分，"尚可"为28.0～31.9分，"及格"为24.0～27.9分，"不及格"为24.0分以下。这对评香组成员的要求很高，一般由公认的嗅觉出众、德高望重的调香师或评香师担任。重大的检验和有关香气的仲裁由行业协会发起的专业评香组执行。

在各种评香试验中，必须根据不同的要求和目的，选用不同类型的评香分析。

4. 评香员的选择与培训

建立一支完善的评香组织，首要任务就是组成评香队伍，评香员的选择和培训是不可或缺的，如前所述评香的感官分析按其评香目的不同而分为分析型和偏爱型评香，因此评香队伍也应分两组，即分析型评香组和偏爱型评香组。分析型评香组的成员有无嗅觉分析的经验或接受培训的程度，会对分析结果产生很大影响；偏爱型评香组织仅是个人的喜好表现，属于感情的领域，是人的主观评价，这种评香人员不需要专门培训。分析型评香组成员根据其评香能力可分为一般评香员和优选评香员。

由于评香目的性质的不同，偏爱型评香所需的评香员稳定性不要求太严，但人员覆盖面应广泛些，如不同籍贯、文化程度、年龄、性别、职业等，有时要根据评香目的而选择，而分析型评香组人员要求相对稳定些，此处要介绍的评香员的选择和培训大部分是针对此类型评香员而言的。当然，两种类型评香组成人员并非分类非常清楚，评香员也可同时是偏爱型评香员和分析型评香员。

（1）候选评香员的条件　一般的用香企业和香料香精企业均是从公司内部职员或相关单位召集志愿者作为候选评香员。候选者应具备以下条件：对评香具备足够的兴趣；候选者必须能保证至少80％的出席；候选者必须有良好的健康状况，不允许有疾病、过敏症，无明显个人气味如狐臭等，身体不适时不能参加评香工作，如感冒、怀孕等；有良好的语言、文字表达能力与沟通能力。

（2）评香组人员的选定　并非所有候选评香者都可入选为评香组成员，可从嗅觉灵敏度和嗅觉分辨率方面开展考核测试，从中淘汰部分不合适的候选员，并从中筛选出分析型评香组的一般评香员和优选评香员。

基础测试：挑选三四个不同香型的香精（如柠檬、苹果、茉莉、玫瑰），用无色的溶剂稀释成1％浓度。让每个候选评香员逐个嗅闻样品并作出判断（其中有两个相同、一个不同，外加一个稀释用的溶剂），候选评香员最好有100％正确率。

如经过几次重复还不能觉察出差别，此候选评香员直接淘汰。

等级测试：挑选 10 个不同香型的香精（其中有两三个较接近、易混淆的香型，如甜橙、柠檬、青柠檬、白柠檬及佛手柑等），分别用棉花沾取同样多的香精，然后分别放入棕色玻璃瓶中，同时准备两份样品，一份写明香精名称，一份不写名称而写编号，让评香候选员对 20 瓶样品进行分辨评香，将可编号的样品与其对应香气写了名称的样品"对号入座"。本测试中签对一个香型得 10 分，总分为 100 分，候选评香员分数在 30 分以下的直接淘汰，30～70 分者为一般评香员，70～100 分者为优选评香员。

（3）评香组成员的培训　评香组成员的培训主要是让每个成员熟悉实际操作程序，提高他们觉察和描述香气刺激的能力，提高他们的嗅觉灵敏度和记忆力，使他们能够提供准确、一致、可重现的香气评定值。

① 评香员工作规则：

a.评香员应了解所评价带香物质的基本知识（如评价香精时，了解此香精的主要特性、用途等；而评价加香产品时，应了解未加香载体的基本知识）。

b.评香员应了解试验的重要性，以负责、认真的态度对待试验。

c.进行分析型评香时，评香员应客观地评价，不应掺杂个人情绪。

d.评香过程应专心、独立，避免不必要的讨论。

e.在试验前 30min 评香员应避免受到强味刺激，如吸烟、嚼口香糖、喝咖啡、吃食物等。

f.评香员在试验前应避免使用有气味的化妆品和洗涤剂，避免浓妆。试验前不能用有气味的洗涤剂洗手。

② 理论知识培训。首先应该让评香员适当地了解嗅觉器官的功能原理、基本规律等，让他们知道可能造成嗅觉误差的因素，使其在进行评香试验时尽量地配合以避免不必要的误差。

香气的评价大体上也就是香料、香精的直接评价或加香物品的香气评价，因此，评香员还应在不断地学习中，了解香料、香精的基本知识，所有的加香物品的生产过程、加香过程。

③ 嗅觉的培训。在筛选评香员时，已对嗅觉进行了测试，选定合格的评香员就无需再进一步训练。评香员应进入实际的评香工作中，不断锻炼和积累，以提高其评香能力。

④ 设计和使用描述性语言的培训。设计并统一香气描述性的文字，如香型、香韵、香气强度、香气拟真度、香型的分类、香韵的分类等。反复让评香员对不同类型香气评香并进行详细描述，这样可以进一步提高评香结果的统一性和准确性。

另外，可用数字来表示香气强度或两种香气的相近度，例如香气强度可表示为：0——不存在，1——刚好可嗅到，2——弱，3——中等，4——强，5——很强。

五、相关名词和术语简介

香料香精相关专有名词和术语是有技术规定和制备工艺要求的。调香者了解其确切意义很有必要，以便在调香工作中应用香料制品时有所选择或免生差错。

用于描述调香技艺术语的词汇，也是有其特定意义的，但这些词汇的确切含义，有时由于主观因素较多，往往会因"流派"而有些区别，不能完全一致。

1. 香料与香精制品名词

精油：从广义上说，精油是指从香料植物或泌香动物中加工提取所得到的挥发性含香物质制品的总称。但通常是指用水蒸气蒸馏法、压榨法、冷磨法、干馏法（极少数）从香料植物中所提取到的含香物质的制品。这些制品，在常温下多呈液态，只有少数品种呈固态。在称呼某一种"精油"时，往往出于简便的原因，将"精油"中的"精"字省略：如"薄荷精油"，也可简称"薄荷油"。又如用水蒸气蒸馏法制取的鸢尾（精）油，因在常温下呈固态，也可称之为鸢尾凝脂等。

除萜精油：为了提高或改进某些精油在低浓度乙醇或某些食用有机溶剂中的溶解度（防止浑油），并使之用于低浓度乙醇加香水剂或含水量较高的饮料中能呈澄清溶液而不发生油水分层之弊，或者为了提高或改进某些精油的主要香气与香味，或者为了能使某些精油在贮藏时不易产生酸败气息或生成树脂状聚合物等的原因，通常采用减压分馏法，或选择性溶剂萃取法，或分馏-萃取联用法将精油中所含的单萜烯类化合物（$C_{10}H_{16}$）或倍半萜烯类化合物（$C_{15}H_{24}$）除去或除去其中的一部分，这种处理后的精油，前者习惯称之为"除单萜精油"，后者习惯称之为"除倍半萜精油"。为了简便起见，也可将"精"字省略，如称"除萜香柠檬油"及"除倍半萜甜橙油"等。

精制精油：是指通过用再蒸馏或真空精馏处理过的精油，其目的是将精油中某些对人体不安全的，或带有不良气息的，或含有色素的成分除去，用以改善质量，这类成品，总称为"精制精油"。如果是用再蒸馏法取得的精油成品，称为"再蒸馏油"；如果是用真空精馏法取得的精油成品，称为"精馏精油"。

浓缩精油：为了适应某些香精调配时的香气或香味以及强度的要求，采用真空分馏、萃取或制备性层析等方法，将精油中某些无香气价值的成分除去后的精油成品，称为"浓缩精油"。根据浓缩的程度，可冠以"两倍""五倍""十倍"等的称呼。如由原来100份（质量）原油浓缩至50份（质量）者，称为"两倍油"；如浓缩至10份（质量）者，则称为"十倍油"等。

配制精油：为了降低成本或弥补天然品的供应不足，采用人工调配的方法，制成近似该天然品香气和其它质量要求的精油，习惯称这种制品为"配制精油"。

重组精油：有些精油中含有对人体皮肤有害的成分（如引起光敏中毒或有较大的刺激性等），为了使其符合安全应用，人们采用一定的方法去除有害成分，不补入或补入一些其他物质，使其香气和其他质量要求与该天然品相近似，这种精油称之为重组精油，如"重组香柠檬油""重组香茅油"等。

浸膏：从广义上说，是指用有机溶剂浸提香料植物器官中（有时包括香料植物的渗出物树胶或树脂）所得的香料制品。成品中应不含原用的溶剂和水分，不过通常是指用有机溶剂浸提不含有渗出物的香料植物组织（如花、叶、枝、茎干、树皮、根、果实等）中所得的香料制品。在大多数情况下，浸膏中含有相当数量植物蜡、色素等。在室温时，它呈蜡状固态；有时有结晶物质析出，也不全溶于乙醇中。

单离品：是指用物理或化学方法从天然精油中分离出来的某种致香成分化合物。如从薄荷油中取得薄荷脑。用这种方法取得的香料产品统称为单离品。

辛香料：一般来说，辛香料是指专门作为调味用的香料植物（其枝、叶、果、籽、皮、茎、根、花蕾等），有时也指从这些香料植物中制得的香料制品。

香精基：香精基是一种香精，但它不作为直接加香使用，而是作为香精中的一种香料来使用。香精基应具有一定香的香气特征，或代表某种香型。

净油：从广义上说，凡是用乙醇萃取浸膏或香树脂或香脂或含香蒸馏水（用水蒸气蒸馏某些香料植物的过程中，冷凝后的水液中含有溶解于水中的或难于进行油水分离的致香成分的馏出液）的萃取液，经过冷冻处理，滤去不溶于乙醇中的全部物质（多半是蜡质，或者是脂肪，萜烯类化合物），然后在减压低温下，谨慎地蒸去乙醇，所得产物统称为净油。具体地区分，这些制品应分别是：浸膏净油、香树脂净油、香脂净油和含香蒸馏水净油。在绝大多数情况下，净油是液态，它应全溶于乙醇中。

冷法酊剂：是用一定浓度的乙醇在室温下（不加热）浸提天然香料所得的乙醇浸出液，经过澄清过滤的制品统称为冷法酊剂。在这些天然香料中，包括香料植物（或药用植物）及其渗出物如树胶树脂、天然油树脂以及泌香动物的含香分泌物。冷法酊剂中都含有相当量的乙醇。

热法酊剂：用一定浓度的乙醇，在加热（一般＞60℃）或加热回流的条件下，浸提天然香料或香脂，所得的乙醇浸出液，经冷却、澄清过滤后的制品统称为热法酊剂。在这些天然香料中，包括香料植物（或药用植物）及其渗出物以及泌香动物的含香分泌物。热法酊剂中都含有相当多的乙醇。

香树脂：是指用有机溶剂浸提香料植物渗出的树脂样物质所得的香料制品，成品中不应含有原用的溶剂和水分，香树脂多半呈黏稠液态，有时呈半固态或固态。

香膏：是香料植物由于生理或病理的原因而渗出带有香成分的树脂样物质。

香膏大半呈半固态或黏稠液态，不溶于水，而全溶或几乎全溶于乙醇中；在烃类溶剂中只部分溶解。

树脂：是指天然树脂和合成树脂。天然树脂是植物渗出植株外的萜类化合物因受空气氧化而形成的固态或半固态物质，不溶于水，如黄连木树脂、枫香树脂等，但大多数天然树脂是没有香气的。合成树脂是将天然树脂中的精油去除后的制品，典型的品种如松香。"岩蔷薇树脂"和"橡苔树脂"都是误称，前者是指岩蔷薇浸提物的一个馏分，后者是指用热乙醇法浸提橡苔所得的制品，还常常少许加入一些合成香料。

油树脂：有天然油树脂和经过制备的油树脂之分。这两种油树脂都全部是或主要是由精油和树脂所组成。天然油脂是树干或树皮上的渗出物，通常是澄清、黏稠、色泽较浅的液体，典型的品种如柯巴香膏。经过制备的油树脂是指采用能溶解植物中的精油、树脂和脂肪的无毒溶剂浸提植物药材，然后蒸去溶剂所得的液态制品，它们通常是色泽较深而不均匀的液态物质。人们熟知的经过制备的油树脂品种如姜油树脂。油树脂制品多半是辛香料的提取物，它们在味觉上有好的效果，多用于食用香精中。

树胶：有天然的也有合成的，严格地说树胶应是水溶性的物质。在调香工作中有时将这个名词用来代表树脂。

树胶树脂：是树木或植物的天然渗出物，包含有树脂和少量的精油，所以正确的名称应是"油-树胶-树脂"，它们部分溶于乙醇、烃类溶剂、丙酮或含氯的溶剂。因为其中含有树胶，所以也部分溶解于水，与水混合搅碾后能形成乳剂。精油与树脂部分则溶于乙醇与上述的溶剂。

油-树胶-树脂：是植物或树木的天然渗出物，其中含有精油、树胶与树脂，典型的品种是没药油-树胶-树脂。这类产品只部分溶于乙醇和烃类溶剂。

香脂：用脂肪（或油脂）冷吸法将某些鲜花中的香成分吸收在纯净无臭的脂肪（或油脂）内，这种含有香成分的脂肪（或油脂）称之为香脂。

泄馥基：泄馥基是含氨基的香料（通常是邻氨基苯甲酸的酯类）与醛类香料的缩合产物（释出一分子水）。一般说来，泄馥基的香气较持久，但有导致变色的因素。

2. 调香中常用的术语

在调香工作中所用术语，大体上可划分为有关香气或香味方面的描述用词和对香精香气结构解析时的用语，以及叙述香精中不同香料组分的作用方面的术语。

气息：是用嗅觉器官所感觉到的或辨别出的一种感觉，它可能令人感到舒适愉快，也可能令人感到厌恶难受。

香气：是指令人感到愉快舒适的气息的总称，它是通过人们的嗅觉器官感觉到的。在调香中香气包括香韵或香型的含义。

香味：是指令人感到愉快舒适的气息和味感的总称，它是通过人们的嗅觉和味觉器官感觉到的。香味这个词在调香中用于描述食用香料或香精的香味特征。

气味：用来描述一个物质的香气和香味的总称。

香韵：用来描述某一香料或香精或加香制品的香气中带有某种香气韵调而不是整体香气的特征，这种特征，常引用有代表性的客观具体实物来表达或比拟，如：xx 带有玫瑰香韵或带有动物香香韵，或带有木香香韵等。香韵的区分是一项比较复杂的工作，描述不同香韵的用词选择问题也是艰巨的，这将在香气分类一节中述及。香韵有时也可用感觉上的特征来表达，如甜韵、鲜韵等。

香型：用来描述某种香精或加香制品的整体香气类型或格调。如××的香气属于花香型，或属于果香型，或素心兰型，或东方香型，或古龙型等。

香势（气势）：亦可称为香气强度。这是指香气本身的强弱程度。这种强度可通过香气的阈限值来判断。阈限值越小则强度越大。

嗅盲：是嗅觉缺损现象之一，是指完全丧失嗅感功能，完全嗅不出任何气息。

嗅觉暂损：由于患病或神经受损（如患感冒、鼻炎等）或精神分裂而对某些气息或香气的嗅感能力下降或暂时失灵。

嗅觉过敏：由于生理上的因素，对某些香气或气息的嗅感不正常，或是特别敏感，或是特别迟钝。

第二节　香精基本组成

香精是多种香料的混合物。好的香精留香时间长，且自始至终香气圆润纯正、绵软悠长，给人以愉快的享受。因此，为了了解在香精配置过程中，各香料对香精性能、气味及生产条件等方面的影响，首先必须仔细分析它们的作用和特点。

一、按照香料在香精中的作用分类

香精中的每种香料对香精的整体香气都发挥着作用，但起的作用却不同。有的是主体原料，有的起协调主体香气的作用，有的起修饰主体香气的作用，有的为减缓易挥发香料组成的挥发速度。按照香料在香精中的作用来分，大致可分为以下五种组分。

1. 主香剂

主香剂亦称主香香料，是形成香料主体香韵的基础，是构成香精香型的基本原料，在配方中用量较大。在香精配方中，有时只用一种香料作主香剂，但多数情况下都是用多种香料作主香剂。如茉莉香精中的乙酸苄酯、邻氨基苯甲酸甲酯、芳樟酯；玫瑰香精中的香茅醇、香叶醇；檀香型香精中的檀香油、合成檀香。

2. 和合剂

和合是将几种香料混合在一起后，使之发出一种协调一致的香气。这是一种调香技巧。用作和合的香料称之为和合剂。和合剂亦称协调剂，它用来调和主体香料的香气，使香精中单一香料的气味不至于太突出，从而产生协调一致的香气。因此，用作和合剂的香料香型和主香剂的香型相同。如茉莉香精的和合剂常用丙酸苄酯、松油醇等；玫瑰香精常用芳樟醇、羟基香茅醇作和合剂。

3. 修饰剂

修饰是用某种香料的香气去修饰另一种香料的香气，使之在香精中发出特定效果的香气。它也是调香工作中的一种技巧。用作修饰的香料，称作修饰剂，又称变调剂，其作用是使香精变化格调，增添某种新的香韵。用作修饰剂的香料香型与主香型不同，在香精配方中用量较少，但却十分奏效。例如，调香时广泛采用高级脂肪族醛来突出强烈的醛香香韵，增强香精的扩散性能，加强头香。

4. 定香剂

定香剂又称保香剂，不仅本身不易挥发，而且能抑制其他易挥发香料的挥发速度，从而使整个香精的挥发速度减慢，同时使香精的香气特征或香型始终保持一致，是保持香气持久稳定性的香料。它可能是一种单一的化合物，也可能是两种或两种以上的化合物组成的混合物，也可能是一种天然的混合物；可以是有香物质，也可以是无香物质。

定香剂是香精的组成之一，它在香精中的作用是减慢香精中的某些容易挥发的成分的挥发速度，从而使整个香精的挥发期限较不加入该定香剂前有所延长，或者是使整个香精的挥发过程中都带有某一种香气。

某种定香剂在不同的香型香精中有不同的效果，所以说定香剂的合理选择是比较困难的，因为这里要涉及不同香型、不同档次或等级、不同加香介质或基质、不同安全性的要求等复合因素。可以从原则上对选用定香剂的品种和用量作出一些总的规定。例如，在不妨碍香型或香气特征的前提下，通过使用蒸汽压偏低的、分子量稍大一些的、黏稠度稍高一些的香料来达到持久性与定香作用较好的目的。这也是水杨酸苄酯等大分子酸的酯、大环化合物、固体物质、有香味的树脂胶用作定香剂的原因。

定香剂大体上可分为四种类型：

（1）"真正"定香剂 运用它的高分子结构的吸附作用，来延缓香精中其他成分的蒸发作用。这类定香剂的典型品种为安息香树胶树脂。

（2）"专门"定香剂　这类定香剂本身具有一种特殊香韵，加入香精中后，能使该香精在整个蒸发过程中都带有该特殊香韵。这类定香剂对延缓香精的蒸发期限的作用并不显著。典型的"专门"定香剂如橡苔浸膏或橡苔净油。

（3）"提扬"定香剂　这类定香剂在香精中是作为"香气的载体"或增效剂来使用的，使香精的其他组成的香气有所增强和改善，同时使香精整个香气扩散力与持久力都有所提高，这类定香剂常用于香水香精中。天然麝香与灵猫香是常用于香水香精的优秀"提扬"定香剂。

（4）"无香"定香剂　这类定香剂多半是无嗅或者香气较弱的结晶体或黏稠液态物质，沸点较高。用在香精中，主要是取其能提高香精沸点的作用。它们本身的香气（如果有的话）对香精香气仅起次要作用，能使香精中某些香气的不够平衡与粗糙之处有所改善，这类定香剂效果虽不够理想，但使用较广。典型的品种如邻苯二甲酸乙二酯、脂檀油等。

5. 增加天然感香料

增加天然感香料是指具有逼真感和自然感的香料。目前主要采用各种香花精油或浸膏。

二、按照香料在香精中的挥发度分类

1954 年，英国著名调香师扑却按照香料挥发度，在辨香纸上挥发留香时间的长短，将三百多种天然香料和合成香料，分为头香、体香、基香。他认为香精应由头香香料、体香香料和基香香料三个部分组成（图 5-1）。但是应当说明的是，在用嗅觉去判定一种香料相对挥发度时会因人而异。

图 5-1　香精香气组成金字塔

1. 头香香料（前调）

头香亦称顶香，是对香精（或加香制品）嗅辨中最初片刻时的香气印象，也就是人们首先能嗅感到的香气特征。用作头香的香料一般香气挥发性较好，留香时间短，在辨香纸上的留香时间在 2h 以下。其作用是使香气轻快、新鲜、活泼，隐蔽基香和体香的抑郁部分，取得良好的香气平衡。头香香料一般应选择嗜好性强、清新、能和谐地与其他香气融为一体，使全体香气上升并有些独创性的香气成分。

2. 体香香料（中调）

体香亦可称为中段香韵，是香精的主体香气，每个香精的主体香气都应有其各自的特征。体香是在头香之后，立即被嗅觉感到的终端主体香气，它代表了香精的香气主题，而且能使香气在相当长的时间内保持稳定和一致。体香是香精的主要组成部分。体香香料是由具有中等挥发度的香料所配制成的，在辨香纸上的留香时间为 2～6h。体香香料构成香精的香气特征，是香精的核心部分。体香起连接头杳和基香的桥梁作用，遮蔽基香部分的不佳气味，使香气变的华丽丰盈。

3. 基香香料（后调）

基香亦称尾香，是在香精的头香和体香挥发之后，留下来的最后香气。这个香气一般是由挥发性很低的香料或某些定香剂组成。用作基香的香料通常是由挥发度较低的香料或定香剂所组成，在辨香纸上的留香时间超过 6h。基香香料不但可以使香精香气持久，同时也是构成香精香气特征的一个部分。

在调香工作中，根据香精的用途，要适当调整头香、体香、基香香料的比例。调香中三类香料之间的比例是极其重要的，它与香精的持久性密切相关。各类香料比例的选择应使各原料的香气前呼后应，在香精的整个挥发过程中，各层次的香气能循序挥发形成连续性，使它的典型香韵不因前后脱节而过于怪异。例如，要配制一种香水香精，如果头香占 50%，体香占 30%，基香占 20% 则不太合理。因为头香与基香相比，基香的比例太小了，这种香水将缺乏持久性。一般来说，头香占 30% 左右，体香占 40% 左右，而基香占 30% 左右比较合适。总之，头香、体香和基香之间要注意合理的平衡，才会达到香气完美、协调、持久、透发的效果。

好的香水应当是头香、体香、基香基本一致，或者叫作"一脉相承"，中间不断档，香气让人闻起来舒适美好，有动情感，留香持久。由于人们对香水的香气早已基本定型——以花香为主加些好闻的果香、木香、麝香、膏香等组成和谐一致的香韵。因此，在配制香水所用的香料中，带凉气、酸气、辛辣气、苦气、药草气、油脂腐败味者一般都被认为较低等，在配方中要慎用。

因此，像茉莉浸膏及其净油、玫瑰油、树兰花油、桂花浸膏及其净油、金合欢浸膏及其净油、香紫苏油、广藿香油、香根油、东印度檀香油、鸢尾浸膏及其净油、麝香、龙涎香醚、突厥酮类、酮麝香、佳乐麝香、香兰素、香豆素、洋茉莉醛、异丁香酚、合成檀香、γ-癸内酯等本身就已具备上述条件，当然也都被大量作为香水配方成分使用。用气相色谱法分析香水及香水香精、高档化妆品香精时，上述香料的特征峰大量存在，故这些香料的"品味"都是比较高的。

如果把上述香料看作是头等香料的话，那么次等香料应是：香叶油、橙叶油、玳玳叶油、白兰叶油、芳樟叶油、玫瑰木油、甜橙油、柠檬油、麝葵籽油、赖百当浸膏及其净油、柏木油、血柏木油、愈创木油、楠叶油、大部分人造麝香油及各种合成的草香、木香、果香、膏香香料等。

三等香料包括：香茅油、薄荷油、留兰香油、草果油、迷迭香油、杂樟油、桂皮油、橘叶油、大蒜油、洋葱油、辣椒油与组成这些精油的主要单体香料以及类似香气的合成香料。

人们对香料的认识也在不断地变化着。例如 20 世纪 80 年代开始流行带青香香气的香水，这是受了"回归大自然"思潮的影响所致，原先被调香师冷落的带青香香气的香料如格蓬酯、叶醇及其酯类、发酸酯类、女贞醛、柑青醛、二氢月桂烯醇、乙酸苏合香酯、紫罗兰叶油、迷迭香油、松针油、留兰香油、薄荷油、桉叶油等大量进入香水及其他化妆品配方中，以至于调香师不得不反思以前对各种香料"品味"的认识。

第三节　香精处方调配步骤

适用于日用化学品香精的香料，目前已有数千种之多，且尚在不断地增加。适用于烟草、酒类、饲料及其他工业制品调香的香料要少于此数量，但也十分丰富。因此，这就要求调香工作者不断地辨认遇到的新香料品种。对辨香这个基本功要持续地锻炼，以求巩固已知的和辨认新知的品种的香气。

在掌握了一定数量的天然、单离与合成香料品种的香气（包括香气特征、持久性、稳定性、安全性）与应用范围后，就可以开始进入"仿香"乃至"创香"阶段的实践。调香工作者在仿香与创香的实践过程中，将进一步加深对香料香气与应用认识。所以说调香技艺中的辨香、仿香与创香三个方面，既可循序进行，也可适当地交叉进行，使之相辅相成不断深化与提高。

仿香与创香，是香精处方工作的范畴。香精处方工作应有一定的要求和方法，是调香技艺的具体表现。通过多年的应用实践与交流探讨，香料香精技术人员逐渐形成把日用化学品香精的调香技艺总结为"论香气、定品质、拟香气、制配方"的论说。就是说要进行香精处方工作，首先要明白各种香气的性质并能认识、辨别各种香气的品类等级，随后才能根据要求去进行香气的拟配，直至取得符合应用的香精配方。可将它概括为："明体例、定品质、拟配方"三要点或称之为"三步法"。

一、确定香型组成（明体例）

简单地说，明体例就是要求调香工作者运用论香气的知识和辨认香气的能力，去明确要设计的香精应该用哪些香韵去组成哪种香型。这是进行香精处方工作的基本要求，也是第一步。

所谓论香气，就是运用有关香料分类、香气（香韵）分类、香型分类、天然单离与合成香料的理化性质、香气特征与应用范围（包括持久性、稳定性、安全性、适用范围）等方面的理性知识，以及从嗅辨实践所积累的感性知识和经验，去明确要仿制（仿香）或创拟（创香）的香精中所含有或需要的香韵和弄清它应归属的香型类别。先说仿香，若要去仿制某种天然香料（精油、净油等），就要弄清它归属的香气类别（针对拟仿制的试样），尽可能地查阅有关成分分析的资料，用嗅辨的方法或用仪器分析法与嗅辨相结合的方法，对其主要香气成分及一般香气成分有所了解，做到心中大体有数。仿制天然香料，视之为"单体方"，就是说它是一种香韵类别，如配制的玫瑰油是甜香韵的"单体方"（一种香韵类别的处方称之为"单体方"，两种或两种以上香韵类别的处方称为"复体方"），白兰花净油为鲜香韵的"单体方"，桂花净油为幽清香韵的"单体方"，香柠檬油为果香韵的"单体方"等。

如果仿制某一个香精或加香产品的香气，调香工作者首先要用嗅觉辨认的方法，大体上弄清其香气的特征、香气香型类别以及挥发过程或使用过程中香气演变情况，判别它具有哪些香韵（是"单体方"还是"复体方"）和该香韵大体上主要是来自哪些香料。如果有条件，最好与分析工作者配合，用仪器分析（色谱、质谱、核磁共振、光谱等分析方法）和感官嗅辨相结合的方法来判定其中主要含有哪些香料及其大致的相对配比情况。

在创香时，调香工作者要根据香精的使用要求（也就是要与加香介质的性质相适应），先构思拟出香型的主要轮廓和其中各香韵拟占的比重大小，也就是它的格局（多半是"复方体"，如创拟一种以青滋香为主的花香-青滋香-动物香香型，或以稍突出花的花香-古龙香型等）。随后再按香型格局，考虑其中应有的主要香韵。如在花香中，是拟用单体花香（即一种花香），还是复体花香（即两种或两种以上的花香），也就是说拟用哪种或哪些花香韵，是鲜韵还是清韵或是清甜韵等；又如在青滋香中是拟用哪种或哪些青滋香，叶青、苔青或是草青等，以何为主，在动物香中是拟用麝香、龙涎香或是灵猫香，以何为主等。最后再拟定该香型中各个香韵拟占的比重大小。

以上就是香精处方工作的第一步——明体例，在这一步中，无论是仿香还是创香的处方，调香工作者的审美观点与想象能力都是很重要的。

二、选定组分种类及质量（定品质）

香精处方工作，在明体例之后，第二步是定品质。这就是说，在明确了香精香型与香韵体例的前提下，按照香精应用的要求，去选定香精中所需要的香料品种及其质量等级。

香料品种及其质量等级的选择，一是要根据香精中各香韵的要求；二是要根据香精应用的要求，也就是要适应加香介质特性和使用特点的要求；三是要根据香精的档次，也就是价格成本的要求。换言之，就是从香料品种的选用，来确定要仿制或创拟的香精的品质。

一种香韵是由几种香气形成的香气韵调。天然香料是由多种香成分所组成的混合物，按照它的香气特点，归属于某一类香韵。合成香料与单离香料，虽然它们是"单一体"，但它们有些也是用几种香气去形成它们的香韵类别。在同一香韵（不论是花香的还是非花香的）中，都有许多香料品种（天然的、合成的）可以选择（根据香精的香型特点、应用与价格要求）。所以，在明确了香精香型所需要的各种香韵后，对其中每一种香韵要选用哪些香料品种去组成香精的体香，是香精处方工作的第二个关键步骤。

调香工作者在创拟一种香型时，由于香精的应用要求和价格要求的不同，在该香型中各个香韵中所采用的香料品种应是有差别的；再者组成这个香型的各个香韵所占的比重大小也是有一定的灵活性的，这些都应在"定品质"中去确定下来。在仿制某一个特定的香型时，其中各香韵的组成与各香韵应占有的比重大小，则应与被仿制的对象相等或十分近似（当然，在仿制某一个特定香型时，调香工作者可与分析工作者配合，用仪器分析与感官嗅辨相结合的方法来进行）。在创拟香精处方工作中，要处理好香型中各香韵间的比例关系，去形成具有创新性的体香。这在很大程度上取决于调香工作者的想象力、审美观与处方经验。

现举例来说明"定品质"的梗概。如所创拟的香型已明确为以青滋香为主的花香-青滋香-动物香，该香精是在高档香水中应用，每千克原料价格在 300 元左右。花香是以鲜韵、幽鲜韵与甜鲜韵为主的复体花香，青滋香是以叶青为主、苔青为辅的青滋韵，动物香是以龙涎香与麝香并列、以琥珀香为辅的香韵。因为是以青滋香为主的花香-青滋香-动物香香型，所以从体香中这三类香韵的质量比重上来说，青滋香应稍大一些。在具体香料品种的选用上，如对青滋香香韵（叶青及苔青），可从紫罗兰叶净油、除萜玳玳叶油、除萜苦橙叶油、橡苔净油、叶醇、庚炔羧酸甲酯、水杨酸顺-正己烯-3-酯、二氢茉莉酮酸甲酯等中选用；对花香香韵可从小花茉莉净油、依兰油、树兰花油（以上代表鲜韵），铃兰净油、紫丁香净油（以上代表鲜幽韵），以及乙酸苏合香酯、丙酸苏合香酯（用以比拟栀子花的甜鲜香韵），鸢尾酮、甲基紫罗兰酮、玫瑰醇（用来外充甜韵）等中选用；对动物香，可从环十五内酯、环十五酮、龙涎香醚、麝香酮、麝香105（以上代表动物香），甲基柏木醚、麝葵籽油、赖百当净油、除萜香紫苏油（以上代表琥珀香）等中选用（以上在天然香料中多采用净油与除萜精油，是为了提高香精在乙醇溶液中的溶解能力，防止香水混浊，减少过滤操作中的损耗）。此外，木香、辛香、果香等有时也可酌量使用，作为修饰剂使用。

三、拟定配方及试验（拟配方）

香精处方工作中，最后一步是"拟配方"。这就是在明确了要仿制或创拟的香精的体例（明体例）并根据香精的用途、用法、质量等级所选出的香料（包括香精基、定香剂等，下同）品种（定品质）后，进入具体的处方工作的阶段。拟配方这一步的最终目的和要求，就是通过配方试验（包括应用效果试验）来确定香精中应采用哪些香料品种（包括其来源、质量规格或特殊的制法要点、单价）和它们的用量，有时还要确定香精的调配工艺与使用条件的要求等。

拟配方，一般要分两个阶段来进行。第一个阶段是用选出的各个香料，通过配比（品种及用量）试验来初步达到原提出的香型与香气质量（包括持久性、稳定性）要求。从香型、香气上说，也就是使香精中各香韵组成之间，香精的头香、体香与基香之间达到互相协调及持久性与稳定性都达到预定的要求。在这个阶段中，主要是用嗅感评辨方法对试配比的小样进行配方调整（如是仿制，必要时可结合仪器分析结果来进行），去取得初步确定的香精整体配方——先从香精试样的香气上得出初步结论。第二个阶段是将第一阶段初步认为满意的香精试样进行应用试验，也就是将香精按照加香工艺条件的要求加入介质中，观察评估其效果如何的阶段。在这个阶段中，也包括对第一阶段初步确定的配方作进一步修改的工作，通过应用试验，除了最后确定香精的配方外，还要确定其调配方法、在介质中的用量和加香条件以及有关注意事项等。为了取得这些具体数据，需要进行的试验与观察的内容主要包括以下几个方面：

① 确定香精调配方法，如配方中各个香料（包括辅料）在调配时，加入的先后次序，香料的预处理要求，对固态和极黏稠的香料的熔化或溶解条件要求等；确定香精加入介质中的方法及条件要求；观察与评估香精在加入介质之后（结合介质质量的特点），所反映出香型、香气质量与该香精在单独使用时所显示的香型、香气质量是否基本相同（必要时可结合仪器分析方法来对照比较）以及与介质的配伍适应性。

② 观察与评估香精加入介质后，在一定时间和一定的条件下（如温度、光照、架试等），其香型、香气质量（持久性与稳定性）是否符合预期的要求；观察与评估香精加入介质后的使用效果是否符合要求；确定该香精在该介质中的最适当的用量，其中包括从香气、安全及经济上的综合性衡量。

③ 在最后确定香精配方时，调香工作者除征求原委托或提出试配者的意见外，还应多征求供销人员与熟悉该类加香产品市场动向甚至能代表消费者爱好的相关人员的意见，以便集思广益，使试制的香精有较好的成功基础。

前已述及：一个香精，从配方结构来剖析，可分为头香，体香与基香三个相互关联的组成部分，也可以视之为香精香气的三个相互衔接的层次。这三个组成部分或层次中所用的全部香料品种与其配比，形成了香精的整体配方。在拟配方的第一个阶段中，如何去拟配香精的初步整体配方，调香工作者们会有其独特的具体试配处方方法，总的来说都属于尝试与误差法，但仍可概括为两类方法：

第一类方法是先通过试配去取得香精的体香部分的配比，随后以此体香试样为基础，进行加入基香或头香香料的试配，最后取得香精的初步整体配方。在试配体香部分时，可从少数几个体香核心香料品种（包括规格，下同）开始，先找出最适宜的配比（也就是先去形成香精体香的"谐香"），然后再逐步尝试加入其他的组成体香的香料品种，去取得体香部分的配方。如果是创拟性的香精，这就要求体香部分的香型符合原构思设想的要求，而且应该有与众不同的香气特征。体香部分的香料从质量配比来衡量，一般宜占整个香精的一半以上。在确定体香部分的配比后，先在其中尝试加入基香部分的香料，最后再尝试加入头香部分的香料，去取得香精的初步整体配方。当然，在取得体香部分配比后，在试加入基香和头香香料的过程中，也有可能对已初步确定的体香中香料的配比，略作调整以期求得在香气上的和谐、持久和稳定。

第二类方法是直接进行香精的初步整体配方的试拟与配制试样。虽然在试拟配方时，也包括头香、体香和基香三个组成部分所需的香料（包括品种与用量），但不同于第一类方法分阶段进行三个组成部分的试配过程。在采用第二类方法时，调香工作者在处方时是根据仿制或创拟对象的香型与香气质量的要求，经过仔细思考后，在配方单（纸或簿）上，依次写出所用的香料品种与其配比用量，一般是先写下头香部分，其次是体香部分，最后是基香部分；当然，其中应包括有关和合（协调）、修饰、定香的香料或辅料。经过小样试配，评估，修改配方，再试配，再评估，直到认为满意后，确定为香精的初步整体配方。

以上两类处方方法的采用，调香工作者可按具体情况自由选定。就初学调香者来说，以用第一类方法较为适宜。一方面是由于初学者对不同香料之间香气和合、修饰与定香的效应，以至它们之间的相互抵触或损伤作用还不太熟悉，而且对香料香气记忆积累也比较少，采用分层（体香、基香、头香）分步试配、评估的方法，可以取得比较殷实而深刻的体验。尤其是在开始进行创拟性的工作中，将会有更多的机会去发现和锻炼如何取得新颖而独特的香韵组合。另一方面，用这类方法进行处方，还有助于调香者培养有条理的处方方法，减少盲目性。对于已获得一定香精处方经验的调香工作者来说，一般多偏于采用第二类方法，特别是在进行配制精油（已有一定的成分分析资料的品种）的拟方时，或在已定型（有配方的或已有大体配比资料的）的香精基础上进行部分改变格调或增加香韵的处方时，或在仿制一个已有大体成分分析结果的香精的时候。

在香精处方中，有关某些香料之间的香气和合（协调）、修饰、定香作用以及持久性、稳定性、安全性的问题，已在前几章中作了介绍，并可从下面有关章节中述及的内容加以参考。但具体的技巧和心得，调香工作者主要还是要在实践过程中，不断地体会、积累、熟练和提高。

在试配小样中，要注意以下各点：

① 要有一定式样的拟方单、配方纸或配方簿，应注明下述内容：香精名称或代号；委托试配的单位及其提出的要求（香型、用途、色泽、档次或单价等）；处方及试配的日期及试配次数的编号；所用香料（及辅料等）的品名、规格、来源、用量（如有特殊制备方法应加附注说明）；处方者与配样者签名；各次试配样的评估意见。

② 在试配小样时，对香气十分强烈而配比用量又较小的香料，宜先用适当的无嗅有机溶剂如十四酸异丙酯、二聚丙二醇等，或香气极微的香料如苯甲酸苄酯等稀释至 10%、5%、1% 或 0.1% 的溶液，按配方中该香料的用量百分比计算后配入（从配方总量中，扣除其中含溶剂的数量）稀释后的溶液。

③ 香精配方中各香料（包括辅料）的配比，一般宜用质量百分比或千分比。如遇特殊情况也可兼用质量与容量比。

④ 在试配小样时，每次质量，一般宜为 10 g（便于计量及节约用料）。在试配体香部分时，如所用香料品种较少而配比大小不过分悬殊，每次小样试配量可减少至 5 g 或更小一些；如配方中香料品种较多而配比大小较为悬殊，每次配样可大于 10 g，以减少称量中的误差。

⑤ 对在室温中呈极黏稠或呈固态面不易直接倾倒的香料，可用温水浴（40℃左右）小心熔化后称用。对粉末状或微细结晶状的香料，则可直接称量于试样容器中，并搅拌使其溶解于配方中其它液态香料中，如必须通过加热使之溶解，则也要在温水浴中，小心搅拌使之迅速溶解。要尽量缩短受热时间。

⑥ 在称小样前，对所用的香料，都要按配方纸上注明的逐一核对和嗅辨，以免出差错。

⑦ 秤称小样时，所用的容器与工具均应洁净、干燥，不沾染任何杂气。

⑧ 对初学香精处方的调香工作者来说，在配小样时，最好在每称入一种香料混匀后，立即在容器口上嗅认一下其香气。

⑨ 对每次试配的小样，都要注明对其香气的评估意见和发现的问题。

⑩对整体配方，都要先粗略地计算其原料成本，以便衡量一下是否符合要求。

第四节　香精的技术要求

香料香精的质量，除表现在其香韵和扩散性能上外，它们香气的持久和稳定程度，在加香成品中是否会引起变色、变质或影响其使用效果以及对人体是否安全无害等问题，也都是极为重要的因素。所以，调香工作者在香精处方时必须根据加香成品的特点要求，慎重地选择合适的香料品种和恰当的用量，并且要通过应用试验，符合各方面的要求后，才可定方。不然，有些香精在初配时，香气香型上认为满意，可是经过存放或是加入成品中后，可能会发生香型不稳定或变型，或是香气持久性减退，或是留香时限缩短，或是影响加香成品的色泽和使用效果等的现象。

香精是由香料（有时还有辅助原料或溶剂）组成的，一般地说，如果选用香料的品种与数量都恰当，基本上可以判断该香精的各项质量情况。但是，香精在配制成后，在储存过程中或在加香介质（基质）中，各个香料之间、香料与介质（基质）中的组成成分之间，往往会发生物理化学上的变化。其中有些变化会影响到该香精的香气持久性、稳定性，甚至安全性。

一、持久性

在调香技艺中，香气的持久性或留香能力是与定香（保香）作用密切相关的。所谓香气持久性，是指香料或香精在一定的环境条件（如温度、湿度、压力、空气流通度、挥发面积等）及一定的介质或基质中的香气存留时间的限度。换言之，也就是留香能力。时限长者持久性强（留香持久），时限短者持久性弱（留香短暂）。除了特殊的原因或要求外，总是希望持久性越强越好，留香越久越好。消费者对加香成品的香气要求，往往也是这样的。不过，对调香工作者来说，仅仅是香气持久还不能认为完好，还要使香气尽量长久地保持其原来的香型或香气特征，这样方为上乘。

香料香气的持久性，大体上与它们的分子量（或平均分子量）大小、蒸气压的高低、沸点（或熔点）的高低、化学结构特点或官能团的性质、化学活性等有关。一般认为，持久性强的香料可作为香精中的体香与基香组分，而持久性强且有一定扩散力的香料就适用做头香组分。

由于香精香气的持久性与定香作用关系密切，这里再讨论一下关于定香作用与定香剂的选用问题。

香精香气持久性诚然是与其中各个香料的香气持久性与用量有关，但还与其香料组分间的香气和合或定香性能以及所用的定香剂的性能有关。在调香术中，所谓"定香作用"，是指由于物理或化学的因素，使某些较易于挥发散失的香料的香气能保持较久的作用，也可以说，定香作用就是延缓香料或香精蒸发速率的作用，或者说是降低香料蒸气压的作用，这种作用的结果，是以达到某种程度的定香效果和目的作为评价标准的。

此外，即使是同一香精或几种相同香料与定香剂的组合，它在不同介质或基质中所表现出的定香效果，也会有差异。

如果要发生定香作用，至少要有两种或两类物质，一种是"定香剂"，另一种是"被定香的香料"（可简称为香料）。有人解释定香作用是由于定香剂能在被定香的香料分子或颗粒外层表面形成一种有渗透性的薄膜，从而阻碍了该香料迅速地、自由地从香精中挥发散逸出来，这样该定香剂对该香料就起到了一定的定香作用。也有人解释定香作用是由于定香剂与香料之间，或甲香料与乙香料之间的分子静电吸引、氢键作用或是分子缔合而形成，结果是导致某香料的蒸气压的降低或是某组合的蒸气压的下降，从而延缓其蒸发速率，达到持久与定香的目的。还有人认为，定香作用是由于定香剂的加入，使香精中某些香料的阈限浓度降低，或者是改变了它的黏度。因此，同一数量的香料，就相对地使人们易于嗅到，或是延长了被人嗅感的时限，这也达到了提高香气持久性与定香的效果。总的看来，从理论上可以说定香作用是与降低香料或香精的蒸气压有较密切的关系。定香剂本身可以是一种香料，也可以是一种没有香气或香气极弱的物质。必须指出，一种定香剂对某些香料的定香效果，会因客观环境条件的不同而有变化（主要是香气时限上的变化，香气香型上可能没有明显变化）。所以对定香剂的选择，要根据具体要求与情况而斟酌，并通过实践考察结果来判定。

综上所述，定香作用的目的，就是要延长香精中某些香料组分或者是整个香精的挥发时限，同时使香精的香气特征或香型能保持相对稳定而持久（也要表现在加香成品及消费者使用过程中）。这种目的，可以通过加入某些特效的定香剂，或通过香精中香料与香料组分之间适当搭配（品种与数量）来实现。同时可以看出，香气持久性与定香作用之间的关联是十分密切的。要求无限期地延长持久性或者要求稳定到在整个挥发过程中"一丝不变"是不合理而且是不可能的。在创拟香精中，对香料与定香剂的选用，应该从香型、香气等级、扩散力、持久性、稳定性、安全性、与介质和基质适应性等一起综合加以考虑，其中安全性这一要素必须严格，不能有丝毫疏忽。

关于延长香精的持久性和提高定香作用的技艺是一项比较复杂的工作，因为这里要涉及不同香型、不同档次或等级、不同的加香介质或基质以及不同安全性的要求等复合因素，同时这些因素的自身往往又是比较复杂的。可从原则上和在选用香料及定香剂的品种和用量上做出一些总的规定，比如说，在不妨碍香型或香气特征的前提下，通过使用蒸气压偏低的、分子量稍大一些的、黏度较高一些的香料或定香剂来达到持久性与定香作用较好的目的，不过同时还要照顾到香精香气（包括其加香成品）的扩散力与香韵间的和合协调，也就是要使香精的头香、体香与基香三者互相密切、协调，并能使整个香气缓缓而均衡地自加香成品中散发出来。这个问题，在香水、古龙水、加香水剂等所用的香精调香处方时尤其要加以重视，以防顾此失彼。

有些调香师，把作为基香的香料同时看成为定香剂，这是不够完整的。因为蒸发速率低的香料，虽然它们的持久性较好，但它们中有些品种并不一定同时具有好的定香性能。尽管有不少品种是同时具有好的持久性和定香作用，不过它们的适用范围均与香型有关。

植物性定香剂品种较多，是以精油、香膏、香树脂、净油、净膏或酊剂等形式使用。它们除具有定香作用外，又因为香气不同而有时兼有调和、修饰或变调的作用。常用的精油品种有檀香油、广藿香油、岩兰草油、圆叶当归油、桦焦油、麝葵籽油、鸢尾油、苍木油等，这些精油与其他较易挥发物质混合，可阻止它们很快消失，而成为较持久气息的混合物。为了和合和修饰香气，可用愈创木油、广藿香油于玫瑰当中而成为白玫瑰型，又能使之留长。有些精油是花香香精最好的定香剂，如在甜的花香型中用麝葵籽油较合适；在紫罗兰型中鸢尾油和檀香油是不可缺少的；在东方香型中最好是用广藿香油和岩兰草油。有人认为香紫苏油是一种好定香剂，也有人认为应用其浸膏较好。

大多数香树脂、香膏、油树脂和浸膏，是良好的又有香气的定香剂，因它们既含精油又含有能溶解于乙醇或油类的高沸点、高分子量、黏度大的树脂或蜡质。常用的有安息香香树脂、乳香香树脂、苏合香香树脂、橡苔浸膏、树苔浸膏、鸢尾浸膏、防风根香树脂、格蓬香树脂、赖百当浸膏、吐鲁香膏、秘鲁香树脂等。它们的持久性较好，但这些品种的弱点是扩散力小，有时多用还会影响香水和香精的香气扩散力。在使用这类定香剂时，一方面要考虑它的香气是否和香型协调，另一方面要注意它的用量，既要达到定香的效果而又不应过分影响香精的扩散力。

有些净油有好的定香性能，但价格昂贵，只限用于较高级的香精中，如鸢尾净油、橡苔净油、树苔净油、黑香豆净油、香荚兰豆净油等。

天然动物性定香香料有时也用配剂形式使用，如麝香酊、龙涎香酊等。可用作定香剂的合成香料很多，一般是沸点较高、蒸气压较低的品种。它们中多数是有一定强的香气的，有些则是无香或香气极微弱。

有一定香型和气势的品种中，多数的巨环内酯、巨环酮及类似衍生物具有动物香，如许多巨环（$C_{11} \sim C_{17}$）内酯（如十五、十六内酯等）、巨环酮类（如十五酮、十六酮、麝香酮等）、巨环酯类（如昆仑麝香）等，还有硝基麝香类（如二甲苯麝香、葵子麝香、酮麝香等）、茚满麝香类、异色满麝香类、八氢萘衍生物等。

豆香中常用的有香豆素、香兰素、乙基香兰素、洋茉莉醛、异丁香酚苄醚等。青滋香中有羟基香茅醛二甲缩醛、邻氨基苯甲酸芳樟酯、邻氨基苯甲酸松油酯、二氢茉莉酮酸甲酯等；草香中有二苯甲烷、β-萘甲醚、β-萘乙醚等。木香中有甲基柏木桐、檀香醇、人造檀香、合成檀香、苯乙酸檀香酯、岩兰草醇等。蜜甜香有鸢尾酮、甲基紫罗兰酮、结晶玫瑰、苯乙酸等；脂蜡香中有正十二醛、甲基壬基乙醛等；膏香中有苯甲酸、苯甲酸甲酯、苯甲酸桂酯、桂酸桂酯、桂酸苄酯等；琥珀香中有 α-柏木醚等；辛香中有异丁香酚甲醚、乙酰基异丁香酚、二甲基代对苯二酚等；果香中有 γ-壬内酯、γ-十一内酯、邻氨基苯甲酸甲酯、草莓醛等；而酒香主要是用于头香，属于香气极微弱或甚至没有香气的品种，它们是：苄醇、苯甲酸辛酯、苯甲酸丁酯、邻苯二甲酸乙二酯、十四酸异丙酯、水杨酸甲酯、二聚丙二醇等。

二、稳定性

香料、香精的稳定性主要表现在相互联系或互为因果的两个方面：一是香料、香精在香型或香气上的稳定性，即香料、香精的香气或香型在一定的时期和条件下是否基本上相同，有无明显的变化；二是香料、香精自身以及在介质（或基质）中的物理化学性能是否保持稳定，特别是在存放时间内或遇热、遇光照或与空气接触后是否会发生质量变化。

香料的稳定性，可分别对合成与单离香料和天然香料来考察。合成与单离香料由于成分单一，在单独存在时，如果不受光、热、潮湿、空气氧化的影响或不存放过久、不受污染，其香气大多数是前后一致的，可认为是比较稳定的。因为天然香料是多成分的混合物，其成分含量及物理化学性质复杂，所以可认为其香气稳定性要较合成与单离香料差。如某些含有较多的较容易聚合或变化的萜烯类成分的天然精油，会导致其在存放时间内产生香气上的明显变化。另外，香料的化学成分的分子结构特点、官能团的活泼性和物理性质等方面，是关系到香料在加香介质中是否适应或配伍相容的重要因素。

香精的稳定性，在某些程度上与天然香料相似。香精是由合成与单离香料、天然香料、定香剂、溶剂、载体等按一定分配比组成的。这些组分各有其物理化学性质，混合在一起后就会产生复杂的变化，从而影响香精的稳定性。如果香精的整个挥发过程中的蒸发速率比较均衡，即香精在单位时间内的挥发过程中香气变化较小时，可认为它的香气比较稳定。但还要进一步考察该香精在加入介质后以及使用过程中，其香型是否保持稳定，与原香精的香型是否基本上保持一致（即头香、体香与基香的演变是否稳定），其香气扩散程度是否仍与原香精相仿，其香气持久性及定香效果是否发生变化。如有上述缺陷发生，则需调整香精组分，使之符合要求。

香精的组成要比天然香料复杂得多，各组分的物理化学性能往往有较大差异（最突出的是其在蒸气压或蒸发速率上的差异）。如果香精组分配比恰当，形成的共沸混合物如果能从香精和加香介质表面上稳定挥发出来，那么就可以达到香型或香气较稳定的要求。所以，在设计加香产品香精处方时，既要详细了解该加香介质的性能，又要根据香型、安全性、经济性的要求在选择香精组分品种时，从头香、体香、基香按香气、物理化学稳定性上综合考虑，拟定品种、用量及通过应用试验来取得各方面满意的香精配方。

综上所述，影响香精稳定性的原因可归纳为以下几个方面：

① 香精中某些分子之间发生的化学反应（如酯交换、酯化、酚醛缩合、醇醛缩合、醛醛缩合、醛的氧化、泄馥基形成等）；

② 香精中某些分子和空气（氧）之间的氧化或聚合反应（醛、醇、不饱和键等）；

③ 香精中某些分子遇光照后发生物理化学反应（如某些醛、酮及含氮化合物等）；

④ 香精中某些成分与加香介质或其中某些组分之间的物理化学反应或配伍不容性（如受酸碱度的影响而皂化、水解，溶解度上的变化，表面活性等方面的不适应等）；

⑤ 香精中某些成分与加香产品包装容器材料之间的反应等。

要考察某香精在某加香介质中是否稳定，最能说明问题的方法是通过"架试"，就是在模拟正常存放或使用条件下，在不同间隔的时间内，用感官（嗅觉、视觉、必要的味觉）或物理化学方法，做必要的评估、测试或分析工作，但这样做往往需要几个月或一年的考察过程。

目前人们可以通过一些快速强化的方法来检验并加以初步判断，如：

① 加温法：对香精可将它在超过室温的温度保温一定的时期后，评辨其香型或香气的变化。对加香成品在相宜的加温温度下，除评辨其香型或香气外，还观察其色泽或其他方面的变化。

② 冷冻法：将香精或加香成品在低温中放置一定时间后，观察其黏度、透明度的变化。对液态加香成品，观察有无发生不透明、浑浊、沉淀、分层等现象。

③ 光照法：用紫外光或人造光照射香精，在一定的时间内，观察其色泽、黏度有无变化，并评辨其香型或香气有无变化。

至于对加香成品的实际应用效果试验，一般都按正常使用习惯下的使用条件与方法来考察其香型或香气（头香与留香往往是考察的主要方面）和使用效能有无明显的变化。

总之，香料与香精的稳定性问题，其中尤其是香精的稳定性，是调香工作者在处方时必须重视的一个方面。调香工作者对香料的物理化学性能要心中有数，对使用任何一种新香料品种，都需经过仔细探讨，多方验证后方可推广使用；既要使之在加香介质中香型或香气稳定，也要与介质在物理化学性能上能相协调。因此，对所用的香料，要严格控制其品质，保证小样与生产的香精的一致性。设计任何一个新配方，都要针对应用需求，通过不同的试验来验证其稳定性，从而确保加香成品的质量，这是调香工作者的责任。

三、安全性

香料香精的应用量与应用范围日益扩大，人们在日常生活中与之接触机会渐渐增多，因此涉及一系列安全问题，越来越引起人们的关注。香料香精的安全性，也是调香工作中的一个非常重要的问题。

世界卫生组织、联合国粮农组织（WHO/FAO）对食用的香料（作为食品添加剂）进行安全性管理的品种不多。有些可同时作为药用的香料，有关国家在各自的药典中作了规定。《中华人民共和国药典》中也规定了一些品种。对于食用香料的安全卫生管理，各国有其自己的法规和管理机构，如美国的食品与药物管理局（FDA），就是主管食用香料安全使用的政府组织；民间组织则有食用香料制造者协会（美国）（FEMA）。在政府支持下，编订了美国《食品化学品法典》（FCC），FEMA从事关于食用香料毒性及使用剂量的研究，并公布GRAS品种名单。欧洲国家共同组织的"欧洲委员会"（CE）对食用香料的安全使用也有正式规定。日本的"食品添加剂公定书"中规定了若干种食用香料的要求。我国对食用香料安全使用问题，在国家的食用添加剂使用卫生管理办法中也作了规定；《中华人民共和国食品安全法》内也规定了食用香料香精的安全卫生管理要求。

香精的安全性是依赖于其中所含的香料与辅料是否合乎安全性。所以调香工作者在为某加香产品设计香精配方时，就要根据该加香产品的使用要求来选用包括持久性及稳定性与安全性均合适的香料与辅料，三者不可偏废。

具体产品的香料香精使用安全标准详见后续对应章节。

第五节　香精的质量检验

香料香精质量安全关乎人们的身体健康。因此，无论是天然香料香精还是合成香料香精，都必须进行严格的质量检验。香料香精质量检验的项目包括以下几个方面。

① 感官检验：包括对香料香精的香气、香味和外观的鉴定。

② 物理常数测定：包括对香料香精的相对密度、折射率、旋光度、熔点、凝固点、闪点、沸点、在介质中（通常为乙醇）的溶混度、蒸发后残留物的定量测定等。

③ 化学常数测定：包括对香料香精的酸值、酯值、醇量、羰值（含醛量和含酮量）、酚量等。

④ 毒理检验：包括对香料香精的急性毒性、亚急性毒性、慢性毒性的临床检验。

此外，为了精确鉴定香料香精的质量，有时还要做食用卫生指标检验，如重金属含量测定、微生物含量测定、有毒化学物含量测定等；而为了精确鉴定香料香精的纯度，还要做气相色谱分析、气质联用分析等。

另外，香料香精的实际检验中要根据相关的国际标准、国家标准、行业标准、企业标准进行。

一、检验试样的制备

1. 取样

取样是指从总体（一批容器或一个容器）中抽取在质量上和组成上都具有代表性的个体（样品）的过程，也即对总体进行试验或观测的过程。取样是以便进行分析检验。香料香精检验取样中应用的一切工具，在使用前均应进行洗净和干燥。所使用的取样工具应采用不受试样腐蚀的材料制成。香料香精取样方法如下。

（1）大容量容器的取样　若香料香精是由大容量容器（如大型槽具或槽车等）盛装，在各大容量容器内，从上层表面算起，分别取出总深度 1/10 处、1/3 处、1/2 处、2/3 处、9/10 处的 5 个局部样品，并将所取得的 5 个局部样品集中混匀，再从中取出 3 个有代表性的样品用于质量检验和核对分析。

（2）一般容器的取样　如果香料香精是由一般容器（如桶、坛、罐、瓶等）盛装，应按表 5-1 所列取样容器最低数要求，分别从各容器中取出不同深度（具体可参照大容器取样）的样品集中混匀，再从中抽取 3 个代表性的样品，用于质量检验和核对分析。

表 5-1　取样数量表

待分析容器总数	取样容器的最低数	待分析容器总数	取样容器的最低数
1～3	每个容器	61～80	5
4～20	3	81～120	6
21～60	4	120 以上	每 20 个容器取 1 个

2. 精油试样的制备

为确保制得合格的检验试样，应采取下列操作程序。

（1）精油试样的灌装　若精油在室温下是液体，在室温下即可将其注入锥形瓶中，装入量不超过锥形瓶体积的 2/3；若精油在室温下是固体或半固体，则应将其置于烘箱内，控制温度使之液化后进行灌装，并在后续操作过程中保持在使精油维持液态的最低温度。

（2）精油试样的干燥　天然精油中通常含有微量的水分，为确保除去这些水分，应将新干燥的中性脱水剂硫酸镁（$MgSO_4$）或硫酸钠（Na_2SO_4），加到装有待测样品的锥形瓶中，加入量一般为精油质量的 15%，至少在 2h 内不断振荡摇匀（该步骤需借助震荡仪等机械设备实现）。

（3）精油试样的脱色　对于因金属或金属氧化物存在而色泽较深的样品，可用柠檬酸（$C_6H_8O_7$）或酒石酸（2,3-二羟基丁二酸）进行脱色处理。将适量的柠檬酸或酒石酸与精油混合搅拌，即可除去精油中引起变色现象的金属离子。

（4）精油试样的过滤　精油样品经过干燥、脱色等处理后需进行过滤，过滤后的精油样品应装在清洁干燥的容器中，并按照要求立即进行各项检验。

精油试样的实际制备可参考国家标准 GB/T 14454.1—2008 进行。

二、香气、香味和色泽检验

目前，香料香精的香气或香味质量的评定，主要还是靠人的嗅觉或味觉进行。其具体方法如下。

（1）香气评定　香料香精的香气鉴定，主要采用与同种标准质量的香料香精进行比较的方法。将等量的待测试样和标准样品，分别放在相同的容器中，用 0.5～1cm 宽、10～15cm 长的辨香纸，分别蘸取待测试样和标准样品约 1～2cm，将其固定在测试架上，每隔一定时间，评香员用嗅感对其进行评比，鉴别试样的头香、基香、尾香的细微变化，对试样香气质量进行全面评价。

不易直接辨别其香气质量的产品，例如香气特强的液体或固体样品，可先用溶剂稀释，然后蘸在辨香纸上评定。常用的稀释剂有蒸馏水、乙醇、苄醇、苯乙醇、苯甲酸苄酯、邻苯二甲酸乙二酯等。

香气评定可以参考国家标准 GB/T 14454.2—2008 进行。具体评香方法、过程设计及实验室布置已于本章第一节进行了详细说明，在此不再赘述。

（2）香味评定　食用香料香精，除需进行香气质量的评定外，还需进行香味评定。一般是用 1mL 样品的 1% 的乙醇溶液，加入 250mL 蒸馏水或糖浆，然后进行试味。

（3）色泽检定　色泽是天然香料及香精的重要外观质量指标，色泽检定一般关注待检试样是否与标准试样相符，是否达到了相应质量标准。对液体标准试样的色泽，除特殊试样选用具有代表当前行业生产水平的产品作标准样外，一般采用无机盐配成标准色样供检验对比。为了确保色泽检定准确，至少应用比色仪与标准样品对比。

三、理化常数的测定

（1）相对密度的测定可以参考国家标准 GB/T 11540—2008 进行。

（2）折光指数的测定可以参考国家标准 GB/T 14454.4—2008 进行。

（3）旋光度的测定可以参考国家标准 GB/T 14454.5—2008 进行。

（4）单离及合成香料熔点测定可以参考国家标准 GB/T 14457.3—2008 进行。

（5）凝固点测定可以参考国家标准 GB/T 14454.7—2008 进行。

（6）精油在乙醇水溶液中溶混度的评估可参考国家标准 GB/T 14455.3—2008 进行。

（7）蒸发后残留物含量的评估可以参考国家标准 GB/T 14454.6—2008 进行。

（8）精油酸值的测定可以参考国家标准 GB/T 14455.5—2008 进行。

（9）精油酯值的测定可以参考国家标准 GB/T 14455.6—2008 进行。

（10）精油醇含量的测定可以参考国家标准 GB/T 14455.7—2008 进行。

（11）香料含醛量和酮量（羰值）的测定可以参考国家标准 GB/T 14454.13—2008 进行。

（12）香料含酚量的测定可以参考国家标准 GB/T 14454.11—2008 进行。

四、毒理学检验

毒性又称生物有害性，一般是指外源化学物质与生命机体接触或进入生物活体体内后，能引起直接或间接损害作用的相对能力。毒害是指在拟定的数量和方式下，使用某种物质而引起生物活体损害的可能性。毒性与毒害不仅涉及物质本身的结构与理化性质，而且与其有效浓度或剂量、作用时间及次数、接触途径与部位、物质的相互作用与机体的机能状态等条件有关。毒性强弱或剂量大小，对人体都有一个剂量-效应关系和剂量-反应关系的问题。实际上，几乎没有绝对无害的化合物，所以必须对香料香精进行严格管理和安全使用。

1. 化妆品香料香精的毒理学试验

对于化妆品所用的外用香料香精，其安全性的试验项目，至少有如下六个方面。

① 大白鼠的口服急性毒性试验。

② 家兔的急性皮肤毒性试验。

③ 家兔皮肤和眼睛刺激性试验。

④ 在动物皮肤上进行光敏化毒性试验。

⑤ 人体皮肤刺激性试验。

⑥ 人体过敏性试验。

我国现行的化妆品香料香精相关的国家法规为 2021 年 1 月 1 日起实施的《化妆品监督管理条例》以及于 2018 年 2 月 1 日起实施的 GB/T 22731—2017 日用香精国家标准（其中对在 11 类日化产品中使用的香料香精作出规定，禁用 75 种，限制使用 50 种），国内香料香精企业目前主要参照上述法规和标准内容执行有关规定。

2. 食用香料香精的毒理学实验

食用香料是重要的食品添加剂。在使用时必须严格执行《食品添加剂卫生管理法》中的有关规定，要经过严格的毒理学评价，进入人体后能代谢成无毒物质或不被蓄积排出体外，确保对人体无害才能使用。

食用香料新产品的生产和使用，必须经过严格的卫生安全性审查，审查程序如图 5-2 所示。

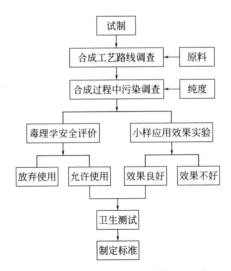

图 5-2 食用香料卫生安全审查程序

食用香料毒理学安全评价一般分四个阶段进行。此项试验必须在卫生部门指定的毒理检验单位进行，其试验程序如图 5-3 所示。

评价食品添加剂，包括食用香料毒性大小，常用如下标准描述。

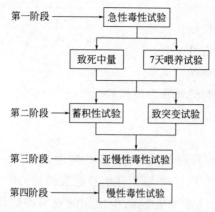

图 5-3　食用香料毒理学安全评价试验程序

（1）LD_{50}（mg/kg 体重）——致死中量（Median lethal dose）。

（2）ADI（mg/kg 体重）——人每日允许摄入量（Acceptable daily intake for man）。

（3）MNL（mg/kg 体重）——最大无作用量（Maximum on effect level）。

最常用的毒理试验动物是大鼠、小鼠和兔子等啮齿类动物，有时也要用非啮齿动物（狗或猴）来验证啮齿类动物的试验结果。试验物质主要采用经口方式进入动物体内。

在国际上，食品添加剂毒性大小常用 LD_{50} 来表示，LD_{50} 数值越小，表示毒性越大。其毒性程度的分类可参照表 5-2。

表 5-2　食品添加剂毒性程度分类

毒性程度	LD_{50}（鼠，口服）/（mg/kg 体重）	毒性程度	LD_{50}（鼠，口服）/（mg/kg 体重）
极大	<1	小	500～5000
大	1～50	极小	5000～15000
中	50～500	无害	>15000

用于调配食用香精的单离香料品种非常多，要全面确认其安全性是很困难的。从当前食用香精的发展趋势来看，人们越来越重视天然产物。一般认为，天然产物中含有的各种香料化合物基本上是安全的。

我国现行的与食用香料、香精相关的国家法规是《食品添加剂使用卫生标准》，其国标编号为 GB 2760—2014。该标准将食品香料分为两类，即允许使用的香料和暂时允许使用的香料。

第六章
香水

香水是将香料溶解于乙醇中的制品，一般混合了香精、定香剂及修饰剂等，有时根据需要加入微量色素、抗氧化剂、杀菌剂、甘油、表面活性剂等添加剂。香水具有芬芳、浓郁、持久的香气，主要作用于人体部位，散发怡人香气，是重要的化妆品之一。

第一节　香水的发展历史

一、古代香水应用历史

香水应用的历史跟人类文明史一样古老，现在暂时无法对香水的应用进行溯源，学者们只能通过零碎的历史片段来推测香水的起源。

根据现有历史记载，香水最早应用于宗教祭祀。在石器时代，人们学会了使用火，当时认为物体焚烧后散发的烟雾是神圣的，代表了人与神灵、大地间的联系。香水的英文"perfume"源自拉丁文"parfumare"，意思是"穿透烟雾"。直至现在，焚香也在很多宗教中扮演着重要角色，比如我国的佛教、道教的一些仪式中均焚香。封建时代，皇帝每逢祭祀都要大肆焚香，他们认为通天的烟雾是跟神灵沟通的方式。

1. 古埃及的香水应用历史

古埃及人是最早将香水应用于个人享乐的。开始时，只有祭司们能使用香水，且只有他们可以参与制造香水。后来，国王和王后、法老也开始享用香水，并且在他们死后，人们会将其尸体制作成木乃伊，并用没药、肉桂等香料将其包裹。

1992 年，考古学家开启埃及法老——图坦卡蒙（Tutankhamen）的金字塔陵墓时，发现了他的木乃伊，并在其陪葬品中发现了若干存放香料精油的油壶。

公元前 40 年，埃及艳后克莉奥帕特拉七世（Cleopatra Ⅶ）统治时期，古埃及文明的香水应用达到了高潮。她依靠美色，使用了大量的香水引诱罗马执政官尤利乌斯·恺撒（Julius Caesar），并在军事上取得了古罗马的帮助，巩固自身的统治。在她之后，古埃及对香水的狂热崇拜也暂告一段落。

2. 古希腊的香水应用历史

香水通过腓尼基人被带到了古希腊。古希腊在古埃及失去统治力量后控制了地中海周边地区的贸易。当时，古希腊有大量的调香师，改进了古埃及的香水制造技术。古希腊国民每年都会消费大量香水。雅典政治家、立法者梭伦（Solon）认为国民上下滥用香水，过于奢靡，他试图立法禁止香水的自由销售，但他并没有成功，香水依然是当时最热门的商品。

3. 古罗马的香水应用历史

受到中东地区和古希腊的影响，古罗马人也开始对香水沉迷。初期，罗马帝国只允许在宗教活动以及显赫人士的葬礼上使用香水。罗马皇帝尼禄统治期间，古罗马居民对香水的应用达到狂热阶段。当时，古罗马人在创作香水方面技艺精湛，并且在生活中使用香水完全没有节制。

4. 古阿拉伯的香水应用历史

基督教在中世纪的兴起大幅度地抑制了欧洲当地香水的使用，甚至波及原本的宗教习俗，但当时的阿拉伯人却保持了香水的使用习惯。伊斯兰教徒们热爱麝香、玫瑰和琥珀的气味，他们甚至会将香料和建筑材料相混合，从而使宫殿散发出浓烈而持久的香气。

香水历史上最重要的发明之一——蒸馏器源于 10 世纪的阿拉伯地区，该发明促使传统的香水制造工艺——蒸馏法有了极大改进。当时波斯境内的大片土地被用来种植玫瑰，通过贸易运送到巴格达提炼玫瑰油，巴格达也因此成了"香之都"。12 世纪，阿拉伯人发现用酒精溶解香精，便可以缓慢释放香味，其香气也因此得到更好的保存。

5. 欧洲中世纪的香水应用历史

古罗马帝国的灭亡，蛮族的侵略战争使得欧洲国家进入了黑暗的历史时期，香水的应用也逐渐衰落。直到 12 世纪各国贸易的重新兴起，这种状况才逐渐改变。焚香和没药是当时宗教活动中最常用的香料。

1268 年，法国格拉斯的皮革行业蓬勃发展。由于皮革制造过程中需要使用到含氮的工业废料，产品具有令人不悦的气味，只能加入薰衣草、迷迭香、鼠尾草等芳香植物的精油来进行除臭。除了传统的蒸馏法，法国人还发明了脂吸法用于提取精油并应用于皮革加香。在皮革中加入香料这一创举，对于整个法国香水业的发展都有重大意义。

通过马可波罗（Marco Polo）的远行，意大利得以引进胡椒、肉豆蔻和丁香油等远东特色香料。意大利威尼斯是当时世界上最大的香水贸易之城，其香料市场每天都会交易大量来自远东的香料；来自阿拉伯的水手则从东印度群岛和锡兰地区运来各种辛香料。

黑死病于 1348 年开始爆发，大概持续了 400 年，直到 1679 年之后才慢慢消失。当时欧洲大概有三分之一的人口死于黑死病，但人们发现在黑死病肆虐的时候，从事香水制造的人好像没得过病。据史料记载，17 世纪时的英国小镇伯克勒斯伯是一个薰衣草的交易中心，薰衣草具有天然的驱虫作用，而黑死病是靠跳蚤传播的，所以当时小镇无一人患上黑死病。

新奇的香料保存器皿——香盒就诞生在那个时代，它被用来保存麝香、琥珀、松香、薰衣草和其他香精油。人们逐渐发现一些香料的香气、香味可以在一定程度上预防黑死病和一些其他的流行病，这就是芳香疗法的起源。

香水在当时除了用于芳香疗法外，还用于掩盖各种臭味（包括体味和城市环境中的恶臭）。随着古罗马文明的衰落，欧洲的城市卫生状况迅速滑落到原始状态。在漫长的岁月里，欧洲的城市肮脏不堪。在这种环境下，各国贵族和上流社会大量使用香水，香囊、香粉等周边产品也呈现出稳定性增长。

二、近现代香水应用历史

1. 新型香水的诞生及香水工业化

14 世纪下半叶，酒精和香精油混合而成的新型香水诞生了，当时被称为"toilet water"。由于 15 世纪美洲新大陆的发现，西班牙和葡萄牙的香料交易量相应提高，而荷兰是这期间香水工艺发展最快的国家。他们不仅涉足香料的国际贸易，而且大力保护本国香料产业，积极改进香料耕种技术，当时的香水产量因此大幅度增加。当时生产的香水使用了包括花卉、草本、麝香和琥珀在内的大量的混合香料，一改往日香味单一的特征。

香水的工业化始于 16 世纪。意大利公主凯瑟琳·德·梅迪茜（Catherine de Medici）和法国国王亨利二世（Henry Ⅱ of France）结婚并成了皇后，她将意大利的香氛乃至时尚领域的潮流带入法国，而她的御用调香师 Rene le Florentin 也随之来到法国，并在巴黎开设了香水店。一时间，香水成了巴黎城中的时尚必备单品。此时，最好的香水产自法国格拉斯。格拉斯因得天独厚的自然环境，特别适合种植各种香料，自此成为欧洲最大的香料种植基地。如今像香奈儿（Chanel）、娇兰（Guerlain）等著名香水品牌，特别注重原料品质，在格拉斯都建有培育各种名贵的香料植物的种植园。

　　17世纪，世界香水业取得了巨大的成功，人们疯狂地迷恋香水，以至于不洗澡带来的体味问题已经不复存在了。香水行业在路易十三的带领下盛行起来，商会与香水制造商纷纷涌现。接着路易十四汇集了一批药剂师、蒸馏师、炼金术士和化学家垄断了香水行业。茉莉花、玫瑰和很多球茎植物被作为香料，扩充到香水的原材料当中，丰富了香水的香型。各式各样的香水瓶也变得丰富起来。香盒的使用日益广泛，并且这种习惯一直保留至18世纪末。很多梨形的透明玻璃瓶和水晶瓶也开始投入使用。在巴洛克时期，又涌现出一批风格古怪的香水瓶收藏家。

　　香水的真正大革命开始于18世纪。香水的应用进程由于古龙水（Eau de Cologne）的发明被大大加快。这种清新的香水由于成分是天然香料和酒精，并无其他有毒成分，因此用途广泛，除了作为普通香水使用外，还可用于沐浴、漱口水、与红酒或糖混合进行饮用，或者用于简单的消毒。

　　古龙水的起源众说纷纭，最广为人知的故事版本源于14世纪，意大利佛罗伦萨圣玛丽修道院的一个修女研制出了一瓶叫作"女王之水（Acqua de Regina）"的香水。这种香水开始被普及应用，在17世纪被科隆城的一名药剂师纪梵尼·帕罗（Giovanni Paolo）探知配方后加以改良并制成"绝妙之水（Eau Admirable）"，而后又被改名为"古龙水（Eau de Cologne）"。1806年，调香师让·玛丽（Jean Marie）将古龙水商标卖给了罗渣格尔公司（Roger & Gallet），他们用古龙水作为原料制作高质量的香水以及香氛皂，其产品至今还可以买到。拿破仑是当时古龙水的最大消费者，他最喜欢用古龙水洗澡，或者与糖混合进行饮用，据说他每天要使用5公斤的古龙水。

　　在香水历史上曾出现一个香水帝国的奇观，其造就者就是法国医生和化学家皮埃尔·弗朗索瓦·帕斯卡·娇兰（Pierre-François Pascal Guerlain），1828年在巴黎开设了他的第一家娇兰香水专卖店，销售香水和香粉，通过他创作的帝王之水（Au de Cologne Imperiale）而声名大噪，还获得了欧仁妮皇后授予的"皇家供应商"称号。他的两个儿子：艾梅（Aimé）和加百利（Gabriel）继承了他的产业。1889年，艾梅·娇兰（Aimé Guerlain）认为香水在挥发过程中，各种香料的挥发率不一样，也造成了不同时间段有不同的香味。这就是他对香水结构的新构思，由此提出了金字塔式的香水结构，并创作出了举世闻名的香水——掌上明珠（Jicky），是历史上第一瓶分三个不同香调的香水。从此以后，大批量的香水生产采取了这种金字塔式（也称三阶式、三层式和经典式）的结构。也就是分前调、中调和后调的三个基本的香味阶段（图6-1）。

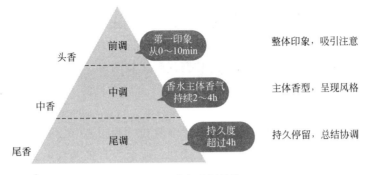

图 6-1　香水香调结构

在 19 世纪对香水工业影响最大的贡献来自有机化学。有机化学为科研人员提供了将气味分离成分子来单独研究，并且通过人工合成的途径来模仿的能力。因此调香师们可以不再受到大自然的约束，任凭想象就能创造出任何迷人的新气味。香水瓶也没有逃过工业化大生产的节奏，水晶仍然是人们最爱的材料：波希米亚、法国、英国都拥有高端的制瓶工艺。而所有的这一切贡献都比不过蒸馏器对香水历史的影响。

1874 年，第一款人工合成香料香兰素（vanillin）面世，具有香草的气味及浓郁的奶香，留香持久，在香水中还有增香和定香的作用。这大大加快了香水工业化的进程，使得香水大规模的批量生产成为可能。在降低香水成本的同时，也让普通大众消费者拥有了使用香水的权利。由于其低廉的价格，人工香料对传统天然香料的种植业产生了一定的冲击。随着科技的不断进步，发现越来越多的天然香料可以被便宜的人工香料所代替，这也就是香水不断会进行改版的原因之一。可以说现在的香水跟从前相比，成本降低了不少，可是售价却维持不变，所以每瓶香水的利润比从前高了。

2. 现代香水与时尚的结合及新风潮

1900 年的法国世界博览会，成为了香水历史上的重要事件。博览会上的香水展馆装修华丽，中央是一个大型喷泉，周围围绕着各类的香水展商，展商们都邀请了当时著名的艺术家为自己的展台设计装潢。著名的设计师 Hector Guimard 曾为调香师麦 Mailot 设计香水瓶身。渐渐地，人们对香水香味以外的一些元素——瓶身设计、外包装、广告宣传开始重视起来。香水厂商开始跟著名的玻璃制造商合作，他们会针对不同的香水精心设计不同形状、风格的香水瓶，使香水瓶也成为一大卖点。

香水制造工艺也在此期间有了大幅度的改进。Francois Coty 是将天然香料和人工香料混合起来制香的第一人。他创作的香水——牛至女香（L'Origan by Coty)诞生于 1905 年，是第一瓶闻名于世的现代香水。在 1917 年，他创造了西普香水（Chypre），后来由于这款香水配方新颖、气味独特而闻名于世，人们将"西普调"定义为了香调家族中的一位新成员。西普调通常包含橡苔、薰衣草、广藿香、佛手柑以及一些具有东方调特征的香料，因此具有扩散性强、柔和、辛辣、性感的气味特征。西普调因为其中的甘苔气味比较明显，因此在国内也被称为甘苔调。在20世纪末，类似西普调这种使用人工合成香料的手法十分流行，掀起了一场人工香料革命。

20世纪20年代可谓香水制造业的黄金时代。香奈儿（Gabrielle Chanel）女士所推出的香奈儿5号香水在当时非常成功，时至今日依然畅销。香奈儿5号的调香师是Ernest Beaux。他在创造香奈儿5号的时候首次把醛（aldehyde）引入了香水业。类似醛的这些化学成分通常会是香水的主要部分，不仅可以使香料味道变浓，还可以使香水中的所有成分有更好的相容性，留香也更为持久。它们往往是以定香剂的形式出现的。随着时代的发展，这些高科技产物的应用越来越多，但醛却是不得不提的。它是从乙醇或者天然植物中提取的。醛的用处很多：比如模拟出山楂或是紫罗兰味，还可以使香水有鲜明的识别性。使用它们的时候也要很小心并且控制用量，不小心滴在身上的一点原液都会散发出不妙的异味。除了香奈儿5号外，还有娇兰的一千零一夜（Shalimar）和蝴蝶夫人（Mitsouko）、浪凡的琶音（Arpege）等经典名香声名大噪。一战过后，女性的社会地位大大提高，作风较以前大胆，懂得为自己的权利辩护，也懂得穿得花枝招展去吸引异性，香水绝对是她们的有力武器。那个年代的香水倾向于浓郁的花香，散发着浪漫气息。

20世纪30年代黑白电影面世，世界经济大萧条，人人都去电影院里逃避现实，寻找梦想。女性更希望从香水里逃避，让·巴度（Jean Patou）出品的喜悦（Joy）正是她们的心声，它表达出经济大萧条下，世人重拾喜悦的渴望。喜悦采用100种以上的珍贵花材制成。幽雅的芳香冲淡了经济大萧条年代的紧张气息。娇兰的创始人为《小王子》作者创作了一款香水——午夜飞行（Vol de Nuit），鼓动人们进行刺激冒险。这十年中皮革调的香水盛行，其特点就是包含皮革的气味以及脂粉味，如香奈儿俄罗斯皮革（Chanel Cuir de Russie）。

20世纪40年代第二次世界大战之后，世人终于可以重拾欢乐，女人与家人共聚天伦，重现应有的风姿，这个时代的香水极具女人味，香水瓶的设计极具女性的线条美。1948年Nina Ricci所推出的比翼双飞（L'Air du Temps）香水，圆弧小瓶上的双鸽比翼造型，不止象征着战后世人迎接和平的雀跃心情，更成为爱情的美好见证。

20世纪50年代，法国制香工业达到了前所未有的顶峰。继香奈儿成功地将时装与香水联系在一起后，让·巴度（Jean Patou）、沃思（Worth）、浪凡（Lanvin）等各大时尚巨头纷纷开始效仿。社会局势也更加安定，女性更要兼顾职业和家庭，身心俱劳，香水当然不要自己买，情人、丈夫送的才显得珍贵，况且50年代以前香水尚属奢侈品。美国的雅诗兰黛女士（Estee Lauder）经苦思后推出售价较便宜，但香精浓度更高的青春朝露（Youth-Dew），在市场中一炮走红。1955年，Christian Dior 推出的茉莉花（Diorissimo）香水，第一次以铃兰为主要材料，是适合清纯少女的一瓶香水。而 1957 年，Givenchy 创始人 Hubert De Givenchy 亦为其女性朋友明星奥黛丽·赫本创作了香水——禁忌（L'Interdit）。

20 世纪 60 年代，调香师埃德蒙·鲁德尼兹卡（Edmond Roudnitska）首次将化合物希蒂莺（Hedione）应用到了他的作品——清新之水（Eau Savage）中，并因此在制香业内引发了一场革命。在此期间，男士香水变得非常流行。

20 世纪 70 年代初期，时装设计师伊夫·圣罗兰到中国旅行，被东方风情所吸引，创造了经典香水——鸦片（Opium）。这瓶以鼻烟壶为灵感而来的香水，瓶身上雕刻着罂粟花纹，而瓶子里关着的是神秘又华丽、充满诱惑而又让人沉沦的东方辛香味。鸦片香水一经推出，便风靡市场。

20 世纪 80 年代的雅诗兰黛香水——美丽（Beautiful）代表着最动人的婚礼誓言。其广告中一直以新娘为主角，因为美丽所诉求的是生命中最美丽的香水。雅诗兰黛女士曾说美丽的创作灵感源于此生中最美好最动人的回忆。

20 世纪 90 年代之香是完全诠释兰蔻（Lancome）形象的香水——璀璨（Tresor），玫瑰是这瓶香水中不可或缺的主要材料。其璀璨的甜香所象征的，就是爱情与幸福的香味。90 年代不应忘记的还有三宅一生（Issey Miyake）创作的一生之水（L'eau d'issey），这是一款引发了时尚潮流的香水。其简单、洁净的风格整合了泉水中的睡莲及东方花香，并注入春天森林里的清新，造就了一生之水的清净与空灵的禅意。此时人们不再狂热追求品牌，更看重的是个性文化的展示。中性香水就在如此的背景下崛起。例如 1994 年的 CK One 的畅销反映了多变的世界与消费层。

在 21 世纪，香水的选择将越来越多，消费者也会愈加挑剔。随着化学工艺的进步，香水业逐渐依赖高科技来改进生产工艺，如依靠植物遗传学来改善香料等。现今，它已是一门兼并科技和艺术的学科。

第二节　香水及香水香精的分类

香水及香水香精的分类方法一般有以下几种。

一、按照香气特征分类

按香气特征的分类见表 6-1。

表 6-1　香气特征分类

主要类别	香气类型
柑橘型香气（citrus）	香柠檬香气，包括柑橘、酸橙、柠檬、香柠檬、香橼、佛手柑等香型，其香气成分中有大量的苧烯（香柠檬较少）为基本特征。香气都比较透发、扩散，但留香期都不长。有清新和清洁的感觉
青香型香气（green）	揉搓青叶和青草时的鲜嫩芳香和花香混合时的香气。一种联想大自然清新的感觉。比柑橘型更有特性、更高档
单花香型（single floral）	单独一种花的香味，如茉莉、玫瑰、白兰花、栀子花、百合、荷花、姜花、康乃馨、桂花、紫罗兰、树兰、铃兰、水仙、兰花、菊花、薰衣草等。天然和清新的感觉
百花香型（floral bouquet）	又名花束香。自然界几种花混在一起的花束的香气。有现代高雅感风格的芳香，洋溢着女性的柔和感，有优雅和圆润的感觉。是女士香水的主要香型
醛香花香型（floral aldehyde）	脂肪族醛类香料的香气作为香精主体香气的一部分，并与花香和其他非花香香韵组成整个香精基体香气。带有女性柔和、优雅浪漫的香气
素心兰型（chypre）	有果（以香柠檬油为主）香、草香、苔香、豆香、花香、膏香。具有橡苔、香柠檬、玫瑰、茉莉、香木和麝香等混合特征的香气。赋予成年女性特征香气
东方香型（oriental）	简称东方香。香气浓烈、刺激而长久，具有典型的东方神韵色彩。所含的麝香、龙涎香、香草香、檀香的成分比较高，因此东方香型的香水适合晚上使用。给人一种朦胧、高贵、典雅、神秘的感觉。赋予成年女性浓艳、妩媚和性感的气质
馥奇（fougere）	源于馥奇皇家（Fougore Royal）的香气。有薰衣草和香豆素混合起来的香气特征
木香型（woody）	木的香气，有厚重感。以檀香、柏木香、沉香、樟木香、杉木香为代表
草辛香型（herbal spicy）	草香和辛香料辛辣的气味
皮革/烟草香型（leather/tabac）	皮革/烟草的男性的香气。皮革香有花香、草香、动物香、豆香、膏香、焦木香等混合香气，一种经典的非花香香型，表现为文雅、爽快中稍显焦熏香的特殊皮革香气。带有男子气的柔和的感觉。烟草香型是好闻的烟草香气

二、按照浓度分类

1. 浓香水/香精（Parfum）

这个等级的香水的香精浓度为 $15\% \sim 25\%$，是香水的最高等级，香气可持续时间为 $5 \sim 7h$，香料浓度最高，香味品质最好。香味持续时间长，价格贵。但是只需一滴就能派上足够的用场。不过该等级大多皆为女性香水，男性香水较少能达到该等级。这个等级的香水适合夜晚外出或宴会、正式场合使用。而许多名牌的香水，为了显示其尊贵，常以水晶玻璃瓶作为包装，其售价非常昂贵，常见的香精包装容量为：7.5mL、10mL、15mL。

2. 香水/香氛（Eau de Parfum， EDP 或 E/P）

一般习惯称淡香精。浓度为 $10\%\sim15\%$，香气可持续时间为 5h 左右，香味持续时间最接近香精，与香精相比量和价格上相对要合算，比较便宜些，这也是香水受欢迎的秘密所在。女士香水较多。这个等级的香水适合白天的宴会或外出时使用。香水爱好者较多地使用这一等级的香水，常见的包装容量以 30mL 及 50mL 居多。而现在国内销售的国际性品牌多以香水级别的为主，所以留香时间比较长，而此类别的使用人群多以欧美国家为主，因为比较浓烈所以多为掩盖体味而用。

3. 淡香水（Eau de Toiette， EDT 或 E/T）

也称淡香露，浓度为 $5\%\sim10\%$，香气可持续时间为 $3\sim4h$，这个是近年来最受欢迎的香水种类。香味的变化较为柔和、清爽，适合在办公室及日常使用和刚开始接触香水的使用者使用。这个也是国人使用最多的一个香水等级，国内一般习惯称其为淡香水。常见的容量为 30mL、50mL、75mL 及 100mL。亚洲人一般都没有体味，而且性格温和，故大都喜欢这个级别的香水。

4. 古龙水（Eau de Cologne， EDC 或 E/C）

请注意，古龙水不是一个品牌而是一个香水的级别。在欧洲，男性香水大多属于这个等级，而女性香水中这个等级的非常少。所以，古龙水几乎成了男性香水的代名词。因此在国内，许多人都以为古龙水是男性香水的意思，其实不然。其浓度为 $3\%\sim5\%$，香气可持续时间为 $1\sim2h$，成分主要是乙醇和蒸馏水，所用乙醇浓度在 60% 至 75% 之间，香料浓度低，香水的量和价格最为经济。古龙水使用起来较为爽快，有使人焕然一新的感觉，适合男性沐浴后、运动前后使用。一般情况下男性香水的使用原料采用香味较浓郁或本身香味持久的原料，故古龙水留香时间还是能够维持在 3h 左右。

5. 清香水（Eau Fraiche）

也称清凉水，在各个香水等级中香精含量最低，约 $1\%\sim3\%$，香味持续时间只有 1h 左右。刮须水和体香剂都属此等级。此类香水多为单花香型，极少用于喷洒或者涂抹，个别人用来喷厕所或当空气清新剂。

三、按照香调类型分类

根据香气的整体质感及给人带来的联想（即香调），可将香水及香水香精分作柑橘调、绿叶调、水生调、馥奇香调、皮革调、甘苔调、木质调、东方调、美食调、花香调、果香调等 11 类（图 6-2）。

1. 柑橘调（Citrus）

柑橘调是最古老的香调，有 800 多年的历史。它是以柠檬、橙子、佛手柑、

芳
芬花果香调　柑橘调
花　　　清
香　　　绿新
调　　　叶
　　　调
美
食
调
　香调分类
　Perfume Families
水
生
调
东
方
调
馥
奇
香
浓　调
郁
木
质
调
皮
革
调　古
甘苔调　典

图 6-2　香调分类（彩图见彩插）

葡萄柚等柑橘类为基础调制香水。柑橘调是最适合新手入手的香调，清新而不腻，香气的接受度很高，可于多种场景下使用，往往男女都可以使用（男士香水会在其中加入芳香或酸的香料，而女士香水则在其基础上融入花香）。此外柑橘调的香料挥发性较强，只要达到体温的温度就很容易与乙醇一起挥发，也就是说此种调系的香味持久性较短。清爽干净的柑橘类香调系适合喜欢运动的人士使用，也适合活泼好动的女性使用，但通常都是男士非常喜欢的香味。

柑橘调的经典香水有：爱马仕（Hermes）的尼罗河花园（Un Jardin sur le Nil）和帕尔玛之水（Acqua di Parma）的佛手柑（Bergamotto di Calabria）。

2. 绿叶调（Green）

以树叶或青草所散发的绿草香作为主旋律，常与花香混合，香气能令人联想起绿意盎然的大自然。它通常可以分为接近绿草或树叶香气的树叶绿香、类似风信子花香的风信子绿香、宛如青苹果般的苹果绿香、有蔬菜青涩味的蔬菜绿香及带有新鲜海草香气的海洋绿香。绿色情调香水的芳香比较敏锐，具有春天新萌芽的嫩叶或刚割下来的树叶、青草的那种清新之香，给人以爽快、时髦的感觉。适合白天或运动时使用。同样清爽的香气，非常健康、中性，适合稳重、独立、有主见的女性使用。

绿叶调的经典香水有：高田贤三（Kenzo）的竹根男士（Kenzo Pour Homme），圣罗兰（Yves Saint Laurent，YSL）的左岸男士（Yves Saint Laurent Rive Gauche Pour Homme）。

3. 水生调（Aquatic）

水生调的历史并不悠久，是香调家族中年龄最小的香调。水生调的香水闻起来像清新的空气、咸湿的海风或者是水生的植物，给人一种沁人心脾的感觉。在20世纪80年代，一种叫作西瓜酮（calone，西瓜提取物）的天然化合物提取成分因具有清新、湿润的海风气味，开始作为辅助性香料用来调制香水。到了90年代，这种化合物盛行，成了水生调香水的主原料。

水生调的经典香水有：三宅一生（Issey Miyake）的一生之水（L'eau d'issey），大卫杜夫（Davidoff）的冷水（Coolwater）。

4. 馥奇香调（Fougere）

馥奇这两个字取名于一款早就停产的香水——皇家馥奇，这款香水包含香豆素，是历史上第一款加入人工香料的香水，因此它也是现代香水工业的开端。馥奇香调的香水会同时包含柑橘、薰衣草、天竺葵、苔藓、木质香气以及热辣的辛香料气味，所以它也被称为"所有香调的结合"。常见于男士香水，香味浓郁而厚重，温暖而性感，给人以阳刚的男子气息，女士们也觉得该香调非常有吸引力。

馥奇香调的经典香水有：娇兰（Guerlain）的帝王之水（Eau de Cologne Imperiale）和阿莎罗（Azzaro）的同名男士香水（Azzaro Pour Homme Intense）。

5. 皮革调（Leather）

皮革调主要构成为皮革，常配有烟草、蜂蜜和各种木香或酒水。该香水的起源也与皮革有关，公元12世纪皮革的制成会产生难闻的气味，于是当地人用迷迭香、桃金娘、薰衣草等草本植物提取精油，滴在皮革上除臭，于是诞生了皮革调。多以男香为主，并具有不同风格（如天鹅绒般柔软的花香皮革、浓烈的烟草皮革等）。

皮革调的经典香水有：爱慕（Amouage）的回忆录男士香水（Amouage Memoir Man）和芦丹氏（Serge Lutens）的女拳手（Serge Lutens Boxeuses）。

6. 甘苔调（Chypre）

甘苔调也称为西普调，是一种很古老的香调，起源于罗马帝国时期的塞浦路斯，因一款产于1977年的西普香水 Chypre de Coty 而发扬光大，从此独立成为香调家族一员，曾主宰香水界多年。甘苔调香水一般构成为橡木苔、檀香木、琥珀、香根草和广藿香等。气味特点是神秘、温暖、湿润，香气层次丰富、复杂迷人、保持长久，三调相互制衡。高贵、浓郁的甘苔香调非常适合成熟气质的女性，表现女性成熟妩媚、高贵大方的迷人魅力。

甘苔调的经典香水有：娇兰的蝴蝶夫人（Mitsouko）和香奈儿（Chanel）的19号（Chanel No 19 Eau de Parfum）。

7. 木质调（Woody）

木质调由于其出色的留香时间，通常出现于香水的中后调。经典的木质调香水一般使用雪松、广藿香、松香、檀香木及香根草等香料。木质调香水的香味干燥温暖，通常往其中加入芳香类植物（鼠尾草、迷迭香、莳萝等）和柑橘类香料，以增添异域风情的气息。

木质调的经典香水有：芦丹氏的白檀（Serge Lutens Santal Blanc）和香奈儿的自我（Chanel Egoiste）。

8. 东方调（Oriental）

东方调是最有异域风情的香调。调香师们通过东方树木或辛香料、香草、琥珀、树脂、顿加豆、广藿香、檀香和麝香调制出古典又迷人的异域情调。之所以叫东方调，是西方人对东方的热爱，东方调能唤起西方人对东方世界的美好遐想。东方调通常具有温暖、辛辣、性感、穿透力强、层次丰富、香气持久等特点，同时适用于男香和女香，其香味最具深度和个性，只适合夜晚使用。这种香水选择性强，对不同皮肤、不同体味，均能柔和地扩散其芳香。香甜浓郁的香气最能体现女性的妩媚、性感、光彩夺目，尤其适合从事有创意工作的女性如服装设计师、电脑美工、程序设计员等。

东方调的经典香水有：娇兰的掌上明珠（Guerlain Jicky）和圣罗兰的鸦片。

9. 美食调（Delicious Food）

1992年蒂埃里·穆勒利用焦糖、巧克力、香草、蜂蜜等食物调制了天使香水，自从这款创新组合香水上市并取得成功后，人们开始真正认识到了美食调的诱惑。天使香水作为世界上第一瓶美食调香水，开创了美食调这一香调分类。随之美食调香水开始流行起来。美食调运用了焦糖、奶油、巧克力、香草、蜂蜜及各种美味的水果，特有的温馨香气将味觉和嗅觉一并打破，据说能够唤起童年的美好回忆。

美食调的经典香水有：蒂埃里·穆勒（Thierry Mugler）的天使（Angel）和王薇薇（Vera Wang）的璀璨公主（Glam Princess）。

10. 花香调（Floral）

花香调是香水及香水香精中最大的家族，数量和品种特别多。花香调是女性化的、高雅的，香气令人想起花的娇美，是女性最钟爱的香味，也是最适合女性用的香水，几乎女人特有的品性：纤细可爱、温柔可人、优雅大方、庄重矜持、成熟妩媚、风情万种等都可以用花香调系的香水进行表现。一般可以分作3类。

（1）花香型

特征：以单一花香为主体香调，特色鲜明轻快，被称作"线性香"。

使用：以女用为主流。

这种类型的香水常以花名作为商品名称，例如：蔷薇香水、茉莉香水、玫瑰香水等。不过，现在这些以花香型为特点的各种香水，实际上大多也不只是一种花香了，而是稍加复合，但以其中一种花香为主，与其名称所标香气也是符合的。

目前，用于制造香原料的花香非常丰富，按照提取和制造工艺可将其分为4大类：a.直接从花中提取精油进入市场销售的，包括银白金合欢花、白苏、木樨草、波罗尼花、卡罗花、黄姜花、蜡菊、金盏花、金香木等；b.从花中提取后又经过调和的，我们日常熟知的较为重要的玫瑰、茉莉、康乃馨、紫罗兰、晚香玉、薰衣草、风信子、金银花、水仙、金合欢等都在这一类中，另外还有苦橙花、香橙花、长寿花、依兰、木棵、欧丹苏（香紫苏）、德国春黄菊等；c.从花中提取正在研究的，包括杏花、栀子花、香紫罗兰花、紫藤花、香水草、丁香花、白百合、木兰花、柑橘花、紫丁香、菩提树花、铃兰、金合欢、石习柏花、棠棣花、欧石南花、咖啡树花、仙客来、瑞香、鸡蛋花等；d.人工制造的花香。包括铃兰、丁香花、香水草、栀子花、金合欢、百合花、兰花、郁金香、香豌豆、三叶草、水仙、木兰、瑞香、菊花、梅花、仙客来等。

在以上花香中，玫瑰、茉莉、丁香、铃兰、康乃馨、晚香玉、风信子、香橙花、苦橙花、紫罗兰、香水草、栀子花等经过调和，在辛香、革香等男用香型中加入花香可赋予香气清洁感并增加香气强度，也可以制成各种香基被广泛使用，是最多见的，也是非常重要的花香。

（2）百花型

特征：由几种花香组成的复合香气，是以一种花香为主调、其他花香做陪衬，多种花香混合在一起相互呼应的"辉映香"。

使用：是女用香气的中心。

这种类型的香水以几种花香的混合香气作为主体，给人的感觉是花香，但难以形容是哪一种具体的花香，其成分比花香型复杂，在配制时，可以根据调香师的灵感来进行创造性的发挥，制成香气优雅、令人喜爱的香水。

（3）现代型

特征：以 $C_8 \sim C_{12}$ 脂肪族醛类的气味为其香气。醛与花香结合是柔美而具有艺术气息的。

使用：以女用为主。

可根据香气特点分为两类：a. 花醛型，在百花型中加入多量脂肪醛即可产生这种香气特征，是一种具有很强的现代气息的产品，市场上这类香水很多。b. 花醛青香型，在花醛型和香水中再加青香型香料制成，现代品味的香水大多属于这种类型。

花香调的经典香水有：蒂普提克（Diptyque）的清晨百合（Olene）和芦丹氏的焚香薰衣草（Serge Lutens Encens et Lavande）。

11. 果香调（Fruital）

果香调不包含柑橘类，是以水果为核心的香水，通常包含桃、梨、苹果、李子和草莓等，常会加入一些花香点缀，让香气更加美味诱人。因为这种调系的香料挥发性较强，留香较短，所以我们常见的香水总是用这类香料的香气作为前调。果香类香水适合喜爱运动、旅行的人士，也适合活泼好动、充满活力的年轻人。

花香调的经典香水有：阿蒂仙（L'Artisan）的无花果（L'Artisan Parfumeur Premier Figuier）和巴宝莉（Burberry）的红粉恋歌（Brit Sheer）。

第三节　香水的生产

香水的调配是一个复杂的过程，每一款香水调配都是调香师的匠心之作，都要根据不同群体的审美爱好来创造。在这个不缺产品的时代里，要创造一款有特色的产品，实属不易。

如今，一款香水一般需要将两位数以上的成分混合配制而成。作为专业的调香师，经常要熟练调配混合至少 100～200 种香料来制作香水。乔治欧比弗利山（Giorgio Beverly Hills）的香水翼（Wings）就号称有 621 种成分，另一款"世纪之香"——香水红（Red）则包含了近 700 种香料成分。

现代化生产技术的应用能够保证各种香料成分的用量、配比得到精密控制，但一款香水成功与否，仅是这些还远远不够，它更在于是否既能完美地再现天然芬芳，又能艺术性地发挥天然香味属性，给人留下新奇神往的想象空间。调香师把不同的香味协调地结合起来，将自己的经验、创意以及追求融进了香水的调配，对香气进行了艺术再现和升华。因此，香水的制造被视为一门需要高度创造力和想象力的制造艺术。

目前，绝大多数香水制造商采用大规模生产模式制造香水，但还有极少数的香水从业者游离于主流之外，继续以传统作坊式的工艺方法制作、销售香水。

一、香水生产技术

从古埃及人开始一直沿用到 20 世纪的脂吸法由于需要大量的劳动力，现在终于退出了香精提炼行业。这一方法因用油脂或者脂肪裹住植物发香部位，以此吸收其香味制备香脂而得名。

阿拉伯人发明了蒸馏提炼法，为该地区在相当长时期内赢得了香料贸易的垄断地位。该提炼法让带着香味的精华油随水蒸气逸出，当蒸汽冷凝成水后油脂便浮于水面之上，轻易地便可以把它们收集起来。这个过程简便易行，只需重复几遍便能得到纯度极高的精华油，因而蒸馏法一直受业者的欢迎。在香水制造这个古老的行业中，运用挥发性溶媒提炼香精在很长一段时间里都是香精的主要生产方式。近年才逐渐发展出以真空提炼技术、分子蒸馏技术、超临界萃取技术等为代表的生产工艺。新技术的引进不但进一步提高了提炼高纯度和高浓度精华油的能力，而且还大大增强了留存香气的能力。

在理论上，现在任何物质的味道都可以提取保留。在实际的香水生产中，通过对得到的香气分子进行化学模拟，香味可以几乎一丝不变地进行大批量复制。当然，目前这种方法还是一个工序复杂并且成本高昂的新技术，但是它为香水业者提供了全新的香水制作方式，展示了未来香水制作更广阔的天地。

现就目前香水行业通用的基本生产工艺作详细介绍。

1. 基质情况

一般来说，香水香精加香的介质比较单纯，最常用的是脱醛乙醇和精制水。其余少量为色素、抗氧化剂、杀菌剂、祛臭剂、甘油等，这些对香气的影响都不大。

2. 加香工艺

香水加香工艺如图 6-3 所示。

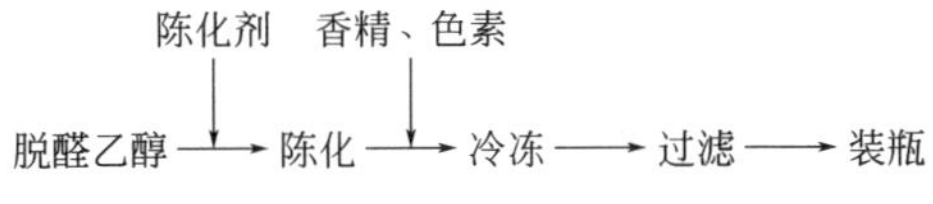

图 6-3　香水加香工艺图

现代香水的生产一般都要经过预处理、混合、陈化、冷冻、过滤、正色、检验、灌装。

（1）第一阶段：预处理-混合。

要处理好制作香水的原料，确保各成分中不能含有杂质，将乙醇、香精、水及各种添加剂按照配方上的比例进行搅拌混合，把混合好的香水混合物进行密封陈化，存放时间越长，香气就越好。

调香是香水制造的独特工艺，一般由调香师按照设计好的香水配方，将天然香料与合成香料进行调和，配制出决定未来香水的特色和品性的香精。香料调配适当与否对香水的质量有重大影响，适当配搭的香料，本身散发香味的芳香分子可给人以愉快的体验；但如果香气过强，则可能会刺激嗅神经，引起嗅觉麻痹，甚至头晕，导致不适感。

调配香精的香料基本上由四种成分组成：①香基，又称主香剂，是赋予特征香气的绝对必要成分，它的气味形成调和香精香气的主体和轮廓。香水中香基的含有量一般在 10%～30%之间，以含 25%者最普遍。香基留香最持久，主要作用是散发香气。②和合剂，又称调和剂，理想的和合剂本身应该无臭，容易融和所有香料，使香气浓郁且长时间保存也不会变味、变色。由于乙醇很接近这个要求，因而被广泛应用到各种香水中。其他常见的和合剂还包括 β-苯乙醇、丙二醇、甘油、邻氨基苯甲酸苯乙酯等。③修饰剂，又称变调剂，是一种使用少量即可奏效的暗香成分，可使香气更加美妙。修饰剂不仅不能损伤香水主香或香水整体的香调，还要将它们调和、稳定，以散发最佳香气，其质量对香水品质非常重要。④定香剂，又称保香剂，其作用就是使全体香料紧密地结合在一起，让香料分子尽可能在同样的状况散发香气，保持挥发速度的稳定均匀。动物性香料、香根草等高沸点的植物精油、安息香之类的树脂以及一些具有高沸点的合成香料都是很好的定香剂。

（2）第二阶段：陈化。

香料和香水在刚制成或调配出来时，由于香气尚未完全融合，其香味是粗糙的，有时还是刺鼻的，需要在阴凉处放置一段时间（数周或数月）进行陈化处理，其粗糙的香调才会变成圆润、甜美、醇郁的香味。所谓陈化，又称熟化，是指在沉淀过程中，使溶液在一定条件下静置存放一段时间，其目的是为了使溶液组分充分的反应，或令悬浮物沉降。熟化过程实际上是多种化学反应进行的过程，它包括酯基转移、酯的醇解、乙缩醛的生成、自动氧化、席夫碱的生成等一系列复杂的化学反应。

如酿酒，刚出来的酒跟陈化过的酒是不一样的，原因是经过很长的时间后，里边少量的高碳醇跟酯产生了反应，生成新的脂肪酸酯，不同的脂肪酸酯都有它不同的特定气味。

再如香水，放置一段时间后，里边会发生酯化、水解、酯交换、醇醛缩合、醇酮缩合、醛醛缩合、醛胺缩合、重排、异构化、氧化、还原、聚合、裂解、歧化、萜烯环化/开环、催化连锁反应等多种复杂的化学反应，产生大量新的气味化学物质。经过这样种类繁多而又相互纠缠的反应，醇、酯、醛、酮、胺、烯类的刺激性气味会逐渐消失，香水香气也会逐渐由粗糙、尖锐、生硬、混浊变为细腻、圆润、柔和、浓郁，令人感到愉快。

陈化过程在过去是调配香水极重要而又费时的操作环节之一，但现在综合利用高周波、短波、超音波等技术在较短时间里便可以达到同等陈化效果，有效降低了香水的制作成本。

常用的乙醇陈化剂配方如表 6-2 所示。使用时在乙醇中加入陈化剂 0.1%～0.2%（质量分数）。搅拌均匀，密封保存数月即可。

表 6-2　乙醇陈化剂配方

香料品名	质量分数/%	香料品名	质量分数/%
麝香 105	30.0	降龙涎香醚	2.0
佳乐麝香	20.0	水杨酸苄酯	10.0
麝香 T	18.0	苯甲酸苄酯	10.0
麝香酮	10.0		

（3）第三阶段：冷冻-过滤。

冷冻是为了防止和合剂挥发降低香气品质。以乙醇为代表的大部分和合剂均是易挥发物质。和合剂如果挥发过多的话，势必会带走香水的一些成分，使香水使用功效大大降低。把完成陈化的香水进行低温冷冻半个月，冷冻后会有不溶性物质沉淀出来（较低温度下香水会变成半透明状或雾状物，此后再加温也不再澄清，就此始终浑浊），此时必须采用过滤机过滤，使得香水清澈透明。

过滤采用压滤机，并借加入硅藻土等助滤剂以吸附沉淀微粒，否则沉淀物会堵塞滤布孔道。在加入助滤剂后，应将香水冷却到 0℃ 左右，并在过滤时维持此温度。压滤机的温度可借已经冷却的香水多次循环而得到冷却。当将陈化和冷却产生的沉淀物滤除后，可恢复至室温再经过一次细孔布过滤，即可保证产品在贮藏及使用过程中保持清晰透明。过滤时由于采用了助滤剂，可能会有一些香料被吸附而造成香气的损失，应在事先有所估计，并在事后有所补偿。

（4）第四阶段：正色-检测-灌装。

正色一般在过滤工序之后，否则颜色易被助滤剂吸附，但必须与标准样品比色对照合格后再作加色。可按照个人喜好将过滤后的香水进行染色，再进行常规检测（重要指标如乙醇含量、色泽、折射率、比重等）。

检测合格者最后进行灌装。灌装前，容器要用蒸馏水进行水洗。灌装时应在容器颈处留出一些空隙，防止贮藏期间容器因溶液受热膨胀而破裂。香水成品应存放在阴凉干燥的地方，不能放在阳光下或温度较高的地方以免香水发生变质。当长时间不使用时，应对其进行冷冻保存。

3. 对香精的要求

香水香精是所有香精中档次较高的品种之一，对香气的要求甚高，其总体要求是：香气幽雅、细腻而谐调，既要有好的扩散性使香气四溢，又要在皮肤上或织物上有一定的留香能力；香气要对人有吸引力，能引起人们的好感与喜爱；有一定的创新格调。因此在香料类别的选用上要求也很高，多采用花精油和天然动物香料，常用品种过百。

4. 常用香型及配方举例

香水中所用香型是多种多样的，但概括起来可分为单体香型和复体香型两类。单体香型中，在花香型内有各种单花香型，如玫瑰型、茉莉型、栀子花型、薰衣草型、铃兰型、紫罗兰型、紫丁香型、橙花型、香石竹型等；在非花香型中有麝香型、檀香型、防风根型、防臭木型、松针型等。复体香型的品种则不胜枚举，如花香型中的各种多花型或百花型；非花香型中的各种经典式或传统式的香型、各种流行时兴香型以及由调香师所创拟的各种复体香型等，如素心兰香型、古龙型、馥奇型、醛香型和东方香型。此外，国际上也有区分为男用香型与女用香型的，如革香型、烟草香型、辛香型、松针香型、木香型、馥奇香型等多属于男用香型。以下列举一些可适用于香水的示范性应用香精配方（表6-3～表6-7）。

表6-3 单花型茉莉香水香精配方

香料品名	质量分数/%	香料品名	质量分数/%	香料品名	质量分数/%
吲哚	3.6	纯种芳樟叶油	13.5	乙酸苏合香酯	0.9
乙酸苄酯	16.2	乙酸芳樟酯	18	苯甲醇	9
α-戊基桂醛	4.5	甜橙油	2.8	水杨酸苄酯	1.8
苯乙醇	9	邻氨基苯甲酸甲酯	3.6	橙花素	1.8
苯乙酸乙酯	3.6	羟基香茅醛	4.5	二氢茉莉酮酸甲酯	7.2

表6-4 复花型百花香水香精配方

香料品名	质量分数/%	香料品名	质量分数/%	香料品名	质量分数/%
羟基香茅醛	12	香柠檬油	2	芳樟醇	8
新铃兰醛	3	玫瑰醇	22	依兰油	3
大茴香醛	2.5	香豆素	1	丙酸苄酯	2
癸醛	0.5	苯乙醇	3.8	甲基壬基乙醛	0.5
松油醇	5	兔耳草醛	3	桂醇	3.5
乙酸芳樟酯	5	铃兰醛	3	檀香208	4
紫罗兰酮	5	洋茉莉醛	3	乙酸苄酯	4
桃醛	0.2	乙基香兰素	2	α-戊基桂醛	3

表 6-5   复体香型素心兰香水香精配方

香料品名	质量分数/%	香料品名	质量分数/%	香料品名	质量分数/%
乙酸苄酯	3	龙涎酮	1	铃兰醛	10
β-萘乙醚	2	赖百当浸膏	2	甲基壬基乙醛	0.2
香紫苏油	1	橡苔浸膏	2	洋茉莉醛	2
香根油	2	佳乐麝香	6.7	乙基香兰素	1
玫瑰醇	10	乙酸苏合香酯	2	莎莉麝香	1
甲基紫罗兰酮	10	α-戊基桂醛	2	乙酸对叔丁基环己酯	3
甲基柏木醚	2	檀香208	7	癸醛	0.1
乙酸芳樟酯	5	广藿香油	2	苯乙醇	5
香柠檬油	8	香叶油	5		
香豆素	3	大茴香腈	2		

表 6-6   女用 Joy 香水香精配方

香料品名	质量分数/%	香料品名	质量分数/%	香料品名	质量分数/%
玫瑰净油	10	苏合香膏	3	桂醇	4
鸢尾净油	0.5	金合欢净油	0.1	α-戊基桂醛	7
香叶油	1	兔耳草醛	0.5	麝香105	0.2
苯乙醇	15	依兰油	3	丙酸苄酯	1
苯丙醇	1	安息香膏	5	乙酸玫瑰酯	6
丁香油	1	水杨酸苄酯	2	玫瑰醇	17.2
壬醛	0.05	甲基紫罗兰酮	1	苯乙醛	0.2
十一醛	0.1	羟基香茅醛	5	癸醛	0.05
乙酸芳樟酯	2	苯乙酸对甲酚酯	1	纯种芳樟叶油	2
茉莉净油	7	桃醛	0.1	苯甲酸苄酯	5

表 6-7   男用 Cool Water 香水香精配方

香料品名	质量分数/%	香料品名	质量分数/%	香料品名	质量分数/%
甜橙油	3.0	羟基香茅醛	3.6	佳乐麝香（70%）	10.0
白柠檬油	1.0	龙涎酮	18.0	白兰叶油	2.0
柠檬油	2.0	二氢茉莉酮酸甲酯	20.0	玳玳叶油	2.0
薄荷素油	2.0	莎莉麝香	6.0	玳玳花油	2.0
铃兰醛	18.0	玫瑰醇	10.0	灵猫香膏	2.4

二、香水香精配方设计

香水香精是日化香精的顶级作品。一种香水风格或配方实践成功，就会很快地在日化香精应用的许多领域内流行，如香奈儿 5 号的极大成功使得日后卫生洗涤制品（如香皂）加香风格向之趋近，千花（力士花）型配方风格广受好评使得沐浴露生产厂家竞相使用……许多新型香料也是作为某名牌香水的配伍成分进入日化香精的，二氢茉莉酮酸甲酯、突厥酮、龙蒿油等莫不如此。因此调配香水香精成为所有日化香精调香师经常性的实习内容，模仿流行的香水香型是他们的必修课。

调配香水香精其实并没有想象中那么难：它的原料几乎不受限制，因为常用的溶剂是乙醇，绝大部分香料都易溶于其中，除了一些天然香料浸膏外（调香师们干脆避开不用浸膏而改用净油）。即使难溶于乙醇也可用其他香料或溶剂溶解后再溶于乙醇，只要货源充足，再贵重的香料也敢使用。因为香水香精价格一直居高不下，甚至可以高到每千克数千美元；通常不必考虑色泽变化，即使配制出的香精容易变色，也还可以建议香水制造厂用包装瓶掩盖，有的香水甚至以某种固定的色泽如橙黄色、金色、枣红色等讨人喜欢。不必拘泥于条条框框的约束，创香可以相对随心所欲……早期调香师倾向于使用非常多的香料配一个香水香精，力求做到四平八稳，香气平衡、和谐，每种香料都不敢用太多，将其限制在一个范围内，以防出格。美国、日本等国许多"现代派"的调香师冲破了这些条条框框的限制，调配香水喜欢标新立异，彰显个人特色，有时仅用少数香料就能调出一个相当好的香水香精。

调制香水香精重点还是在注意头香、体香、基香的连贯上，中间不要"断档"（用闻香纸均匀沾取香料，每隔一段时间嗅闻一次，每次闻到的香气都是圆合、舒适、令人愉快的，就是所谓不"断档"）。尤其注意体香香料的运用，一些香料如广藿香油、二氢茉莉酮酸甲酯、降龙涎醚、檀香 208、铃兰醛等，本身香气良好，配制香水香精时可以活用。

以下（表 6-8～表 6-20）列举由我国著名调香师林翔云在文献中分享的一些代表性香水香精配方，从中可以看出香水发展史不同时期的调香师们各自的风格。

表 6-8　香奈尔 5 号

成分	用量/g	成分	用量/g	成分	用量/g
甲基壬基乙醛	0.2	香豆素	5	10%鸢尾浸膏	1
癸醛	0.2	异丁香酚甲醚	2	10%灵猫香酊	2.5
香柠檬油	2	酮麝香	4	甲基紫罗兰酮	6

成分	用量/g	成分	用量/g	成分	用量/g
玫瑰净油	1	安息香膏	8.4	香根油	1
橡苔浸膏	1	十一醛	0.2	羟基香茅醛	2
10%香荚兰豆酊	10	依兰油	4	莎莉麝香	2
3%麝香酊	20	茉莉净油	5	5%龙涎香酊	15
纯种芳樟叶油	3	玳玳花油	1		
檀香208	2	苏合香膏	1		

表 6-9　夜巴黎

成分	用量/g	成分	用量/g	成分	用量/g
香柠檬油	5	香豆素	0.5	癸醛	0.5
甜橙油	1	异丁香酚	1	甲基壬基乙醛	0.25
茉莉净油	1	莎莉麝香	2	3%麝香酊	5
玳玳花油	1	二氢茉莉酮酸甲酯	10	乙酸香根酯	0.5
赖百当浸膏	1	乙酸苄酯	7.35	水杨酸戊酯	1
苏合香膏	0.5	柠檬油	1	羟基香茅醛	1
纯种芳樟叶油	3	依兰油	4	水杨酸苄酯	2
苯乙醇	10	玫瑰净油	1	酮麝香	4
十一醛	0.5	檀香油	2.5	α-戊基桂醛	2
甲基紫罗兰酮	6	安息香膏	2	苯甲酸苄酯	10
10%鸢尾浸膏	0.5	50%苯乙醛	0.4		
兔耳草醛	3.5	乙酸芳樟酯	4		

表 6-10　可可

成分	用量/g	成分	用量/g	成分	用量/g
甜橙油	5	香叶油	2	苏合香膏	1
乙酸芳樟酯	3	β-突厥酮	0.1	桂醇	2
香兰素	0.5	纯种芳樟叶油	5	苯乙醇	5
酮麝香	2	乙酸玫瑰酯	10	悬钩子酮	0.1
佳乐麝香	2	玳玳叶油	2	β-癸内酯	0.05
檀香208	1	香紫苏油	1	铃兰醛	3
异丁基喹啉	0.05	苯甲酸苄酯	5.35	菠萝酯	0.1
橡苔浸膏	2	香柠檬油	3	桃醛	0.05
丁香酚甲醚	0.5	广藿香油	1	兔耳草醛	0.3
异丁香酚	1	香豆素	2	乙酸苄酯	7

成分	用量/g	成分	用量/g	成分	用量/g
桂皮油	1	莎莉麝香	2	玫瑰醇	6
玫瑰醇	3	龙涎酮	3	格蓬浸膏	0.1
茉莉净油	1	龙涎香醚	0.1	黑加仑油	0.1
水杨酸甲酯	0.5	海狸净油	0.1	安息香膏	5
α-己基桂醛	6	水杨酸苄酯	5		
二氢茉莉酮酸甲酯	3	丁香酚	2		

表 6-11 毒物

成分	用量/g	成分	用量/g	成分	用量/g
β-突厥酮	1	麝葵籽油	0.1	桃醛	0.8
玫瑰醇	3	酮麝香	3	甲基壬基乙醛	0.05
茉莉净油	1	香豆素	2	铃兰醛	4
二氢茉莉酮酸甲酯	6	桂皮油	1	橙花素	5
吲哚	0.2	丁香花蕾油	4	灵猫香膏	0.1
松油醇	2	水杨酸苄酯	5	异甲基紫罗兰酮	2
黑加仑油	0.1	乙酸苏合香酯	0.2	香根油	2
乙酸异戊酯	0.05	乙酸玫瑰酯	3	佳乐麝香	2
椰子醛	0.2	苯乙醇	5	洋茉莉醛	4
柠檬醛	1	α-己基桂醛	2	香兰素	2
羟基香茅醛	2	纯种芳樟叶油	3	芫荽籽油	0.1
新铃兰醛	1	二甲基庚醇	1	邻氨基苯甲酸甲酯	1
海狸净油	0.1	乙酸苄酯	6	水杨酸甲酯	0.5
甲基柏木酮	3	香柠檬油	2	安息香膏	15
檀香 208	3	悬钩子酮	0.5		

表 6-12 迪奥小姐

成分	用量/g	成分	用量/g	成分	用量/g
香柠檬油	2	十二醛	0.5	麝香 T	2
薰衣草油	6	二氢茉莉酮酸甲酯	10	乳香	2
玫瑰油	3	甲基柏木醚	4	烯丙基紫罗兰酮	1
米兰浸膏	2	水杨酸苄酯	5	十一醛	0.2
格蓬浸膏	2	柠檬油	1	甲基壬基乙醛	0.1
鸢尾浸膏	0.4	依兰油	4	广藿香油	1.9
灵猫香膏	0.2	香根油	7	香荚兰豆酊	16

成分	用量/g	成分	用量/g	成分	用量/g
羟基香茅醛	12	茉莉浸膏	4	乙酸苄酯	5
龙涎香酊	5	橡苔浸膏	3		
乙酸苏合香酯	0.5	苏合香膏	0.2		

表 6-13 欢乐

成分	用量/g	成分	用量/g	成分	用量/g
玫瑰净油	10	苏合香膏	2	桂醇	4
鸢尾净油	0.5	金合欢净油	0.1	α-戊基桂醛	7
香叶油	1	兔耳草醛	0.5	麝香105	0.2
苯乙醇	15	依兰油	3	丙酸苄酯	1
苯丙醇	1	安息香膏	5	乙酸玫瑰酯	6
丁香油	1	水杨酸苄酯	2	玫瑰醇	17.2
壬醛	0.05	甲基紫罗兰酮	1	苯乙醛	0.2
十一醛	0.1	羟基香茅醛	5	癸醛	0.05
乙酸芳樟酯	2	苯甲酸对甲酚酯	1	纯种芳樟叶油	2
茉莉净油	7	桃醛	0.1	苯甲酸苄酯	5

表 6-14 古龙

成分	用量/g	成分	用量/g	成分	用量/g
香柠檬油	12	柠檬醛	1	乙酸芳樟酯	30
甜橙油	4	玳玳花油	3	苯乙醇	14
玳玳叶油	8	迷迭香油	1	香兰素	1
香叶油	2	柠檬油	4		
乙酸松油酯	17	薰衣草油	3		

表 6-15 古龙水

成分	用量/g	成分	用量/g	成分	用量/g
檀香油	10	百里香油	0.2	广藿香油	2
玳玳花油	2	乙酸芳樟酯	10	10%灵猫香酊	3
格蓬浸膏	0.2	莎莉麝香	3	小豆蔻油	0.1
龙蒿油	0.2	龙涎酮	3.5	乙酸玫瑰酯	4
橡苔浸膏	0.3	薰衣草油	10	纯种芳樟叶油	6
香叶油	2	迷迭香油	2	香豆素	3
苯甲酸甲酯	0.3	香柠檬油	25	香兰素	1
薄荷脑	0.2	香根油	2	10%龙涎香酊	10

表 6-16　柯蒂

成分	用量/g	成分	用量/g	成分	用量/g
香柠檬油	30	安息香膏	2	龙蒿油	0.4
甜橙油	14	10%香荚兰豆酊	5	香叶油	0.5
玳玳叶油	2	莎莉麝香	2	玫瑰净油	0.2
玳玳花油	1	柠檬油	12	鸢尾浸膏	0.3
罗勒油	1	橘子油	14	乙酸苄酯	2
终香子油	1	白百里香油	2	水杨酸苄酯	9.5
茉莉净油	0.1	薰衣草油	1		

表 6-17　东方香

成分	用量/g	成分	用量/g	成分	用量/g
香柠檬油	8	甲基紫罗兰酮	20	苏合香膏	2
依兰油	3	玫瑰醇	2	鸢尾浸膏	2
茉莉净油	2	乙酸苄酯	5	安息香膏	3
檀香油	3	玳玳花油	3	洋茉莉醛	4
香根油	3	柠檬油	3	丁香油	5
橡苔浸膏	1	纯种芳樟叶油	5	二氢茉莉酮酸甲酯	5
吐鲁香膏	1	玫瑰净油	3	防风根油	3
香豆素	2	广藿香油	1	香荚兰豆酊	11

表 6-18　鸦片

成分	用量/g	成分	用量/g	成分	用量/g
檀香 208	10.5	依兰油	2.5	香叶醇	5
广藿香油	4	大茴香醛	1	麝香 105	1
甲基柏木酮	8	甲基紫罗兰酮	5	酮麝香	4
香柠檬油	5	异丁香酚	3	苯乙醇	3
桃醛	0.1	丁香酚甲醚	2.5	β-突厥酮	0.1
吲哚	0.1	芹菜籽油	0.05	降龙涎香醚	0.05
赖百当浸膏	1	檀香 803	6.3	秘鲁香膏	2.5
乙酸香叶酯	1	乙酸香根酯	3.5	香豆素	3
70%佳乐麝香	7.5	甲基柏木醚	4	鸢尾浸膏	1
香叶油	2	甜橙油	3	橡苔浸膏	1
乙酸苄酯	2	甲基壬基乙醛	0.2	铃兰醛	1
纯种芳樟叶油	4	叶醇	0.1	苯甲酸苄酯	1

表 6-19 皇家馥奇

成分	用量/g	成分	用量/g	成分	用量/g
香柠檬油	12	大茴香醛	0.5	赖百当浸膏	1
薰衣草油	7	酮麝香	2	洋茉莉醛	3
广藿香油	1	香兰素	0.5	乙酸芳樟酯	5
纯种芳樟叶油	3	安息香膏	20	苯乙醇	6
橡苔浸膏	5	香叶油	8	羟基香茅醛	2
香豆素	10	依兰油	2.1	莎莉麝香	4
水杨酸戊酯	2	香根油	0.5	水杨酸甲酯	2
50%苯乙醛	0.4	茉莉净油	3		

表 6-20 檀香

成分	用量/g	成分	用量/g	成分	用量/g
檀香油	25	赖百当净油	0.5	香紫苏油	1
乙酸香根酯	6	酮麝香	5	香叶油	5
乙酸芳樟酯	6	麝香 T	0.5	格蓬浸膏	1
香柠檬油	5	防风根树脂	1.5	10%胡萝卜籽油	3.5
玳玳叶油	3	广藿香油	7	丁香油	2
依兰油	8	酮麝香	5	莎莉麝香	5
10%罗勒油	1	薰衣草油	6	橡苔浸膏	0.5

第七章
加香技术在化妆品、日化品中的应用

　　化妆品中许多产品都要经过加香这一工序。加香的目的主要是掩蔽或遮盖这些产品中某些组分所带有的令人感到不愉快或不良的气息，兼以让消费者在使用这些产品的过程中，能嗅感到舒适合宜的香气。化妆品中加香量并不大，但有可能影响产品的性状和引发消费者使用安全问题，因此加香是不容忽视的重要环节。多年的研究成果表明，香料香精并非完全无害，大部分香料香精的危害要经过长期的积累才能表现出来。因此，对化妆品中香料香精的使用必须制定法律法规加以管理。

　　针对化妆品原料所采取的管控措施，世界各国的法规又有所不同。下面介绍一些主要国家和地区（欧盟、美国、日本及中国）的化妆品及原料法律法规。

第一节　化妆品原料(含香料、香精)法规及标准

　　对于化妆品的定义，各国均有所差异（表 7-1）。比如美国，有些化妆品基于成分的说明，不符合化妆品定义，属于非处方药（OTC），如防晒露、止汗剂、去头屑洗发水、含激素的膏霜等，由美国食品药品监督管理局（FDA）下属的药品评估和研究中心进行管理；在日本，医药部外品是兼有化妆品使用目的的药用化妆品，由厚生劳动省的医药安全局进行管理；在中国，除了普通化妆品，还有九大类特殊化妆品（育发、染发、烫发、脱毛、美乳、健美、除臭、祛斑、防晒），类似但不同于日本的医药部外品。值得一提的是，中国新的卫生规范征求意见稿中将牙齿和口腔黏膜产品划入了化妆品范畴。

表 7-1　世界主要国家和地区的化妆品定义

国家或地区	化妆品定义
欧盟	施用于人体各外部器官（表皮、毛发、指趾甲、口唇和外生殖器）或口腔内的牙齿和口腔黏膜，主要用于清洁、使之发香、改善其外观、改善身体气味、保护身体或使之保持在良好状况的任何物质或者制剂（EC No. 1223/2009）
美国	化妆品是这么一类物质，它可通过抹擦、倾注、喷、导入或其他途径施于人体。旨在清洁、美化、增加魅力或改变容颜。非处方类药品化妆品，除了用于清洁、美容和增进魅力以外，还包括治疗、预防疾病或其他改变人体结构或功能的作用（联邦法规）
日本	清洁人的身体，美化增加魅力，改变容貌，或者为了保持皮肤或毛发健康，涂擦、涂抹以及使用其他类似方法，使用在身体上的物质，并且对人体作用比较缓和者，但是不包括此使用目的以外用于人体的疾病诊断、治疗或预防以及影响人体的身体构造或技能的物质（日本药事法）
中国	化妆品是指以涂擦、喷洒或者其他类似的方法，散布于人体表面任何部位（皮肤、毛发、指甲、口唇等），以达到清洁、消除不良气味、护肤、美容和修饰目的的日用化学工业产品（化妆品卫生规范 2007 版）
	化妆品是指以涂擦、喷洒或者其他类似的方法，施用于人体表面（皮肤、毛发、指甲、口唇等）、牙齿和口腔黏膜，以清洁、保护、美化、修饰以及保持其处于良好状态为目的的产品（《化妆品监督管理条例》，2021 年 1 月 1 日起实施）

为了加强化妆品的监督管理，规范化妆品市场，保证化妆品的安全使用，各国对化妆品纷纷立法。欧盟、美国、日本等工业发达国家和地区的化妆品立法时间较长，相对系统，管理体系比较健全，广泛被世界各国借鉴和采用。在我国，虽然化妆品原料有关法律法规成型较晚，但内容完备、规定详细、标准严格。2007 年 8 月 27 日原国家质检总局公布了《化妆品标识管理规定》；《化妆品监督管理条例》已于 2020 年 1 月 3 日国务院第 77 次常务会议通过，自 2021 年 1 月 1 日起施行。

表 7-2 列举一些主要国家和地区的化妆品法规及管理。

表 7-2　世界主要国家和地区的化妆品法规及管理

国家或地区	主要法规名称	主管机关	化妆品管理
欧盟	76/768/EEC（欧盟化妆品规程）95/77/EC（标签法规）	欧盟委员会企业理事会 各成员国主管部门	市场监督不需要许可证，也无生产和卫生许可； 制造商和经销商对自己产品负全责； 遵守欧盟一体化法规； 生产体系达到 GMP（产品生产质量管理规范）； 成员国之间用同一标准进行监督； 不要求上市前预先审批； 政府有权取得产品信息，产品上市遇消费者投诉，责任企业自负； 禁止化妆品产品和含有使用动物试验成分的化妆品上市

国家或地区	主要法规名称	主管机关	化妆品管理
美国	FDCA-The Food, Drugs and Cosmetics Act（美国食品、药品和化妆品法）FPLA-The Fair Packaging and Labeling Act（标签法规）	美国食品药品监督管理局（FDA）	化妆品无需注册，生产商和进口商可对化妆品自愿登记； 生产厂商无需注册； 经销商承担对产品安全性的验证； 制造商对自己的产品负责，OTC 药品安全性由 FDA 和制造商共同负责； 化妆品制造商自愿遵照 GMP 要求进行生产和管理； 产品标签遵守美国法律
日本	日本药事法	日本厚生劳动省	企业在生产新产品前，向当地卫生部门备案登记； 生产商对自己产品负责； 对医药部外品施行上市前严格审批； 对化妆品施行全成分标识，但医药部外品不要求全成分标识，由厚生劳动省制定必须标识的成分。其余成分标识企业自愿选择
中国	消费品使用说明化妆品通用标签（GB 5296.3—2008）	中国轻工业联合会	生产准入需要化妆品生产和卫生许可证（两证合一）； 化妆品遵照化妆品生产企业规范要求进行生产和管理； 政府和企业共同对产品负责（国产普通化妆品企业对产品负责）； 产品标签遵守中国法律； 产品上市前，向国家市场监督管理总局备案； 对特殊化妆品实施严格审批制度

化妆品产品的安全性与化妆品原料的安全性息息相关，因此各国对于化妆品原料的管理都较为严格，主要国家和地区的化妆品原料法规及管理就不再一一列举了。

第二节　化妆品及日化品用香料、香精

一、化妆品用香料、香精的定义和分类

1. 化妆品用香料、香精定义

化妆品用香料是组成化妆品香精的基本原料，在化妆品中赋予、改善或提高化妆品的香味。成为化妆品香料的基本条件是：

（1）有一定的香气和香味质量。

（2）对人体安全（无害、无毒），符合 GB 10355、GB/T 22731—2017 等国家标准规定的品种、规格和用量。

（3）对加香载体有一定的适应性和稳定性。

（4）有一定的理化特性。

化妆品用香精是由化妆品用香料和化妆品用香精辅料组成的用来起香味作用的浓缩调配混合物。通常它们不直接用于消费，而是用于化妆品加工。化妆品用香精必须具备的条件是：

（1）有一定的香型特色。

（2）有规定的香料、辅料、载体和溶剂等的调配比例和工艺。

（3）对人体安全（无毒、无害）。

（4）有适合应用于加热制品的稳定性、持久性、适应性。

（5）有合适的剂型。

2. 化妆品用香料、香精分类

化妆品用香料按原料或制法可分为天然香料和合成香料。

天然香料又可分为植物性香料和动物性香料两类。动物性香料只有龙涎香、麝香、灵猫香、海狸香等少数几种，但香质名贵，一直被人们视为珍品。天然香料中绝大多数是植物性香料，主要是指从植物的枝、叶、花等部位采集的植物精油、油树脂、香树脂和树胶等物质。其中大部分是精油，人们习惯将植物性香料通称为植物精油。精油的性质不同于一般油脂，它是通过水蒸气蒸馏得到的挥发性馏分，其主要成分是 $C_{10}H_{16}$、$C_{15}H_{24}$ 等萜类化合物及其衍生物。

合成香料也称为单体香料，分为单离香料和合成香料。单离香料取自成分复杂的天然复体香料，工业使用价值较高，大量应用于调配香精。代表性的单离香料有玫瑰香型的香叶醇、香茅醇（蒸馏香茅油）和天然薄荷脑等。狭义的合成香料系指以石油化工产品、煤焦油、萜类等为原料，通过各种化学反应而合成的香料。

天然香料和合成香料都属于香原料，一般场合不能单独在化妆品中使用，调配成香精后才能应用。化妆品香精是将不同的天然和合成香料调香后配制成具有一定香型和风味的混合物，即香料成品。为了使调和香料（香精）香气稳定和挥发均匀，在调香过程中还需要添加某些植物性、动物性和合成香料，这些香料按其在调和香料中的作用，称为定香剂或保香剂。

化妆品香精按照剂型可分类如下。

（1）水质类　包括香水、古龙水、漱洗水、花露水、除臭水、卫生香露、室内清香剂、生发水、剃须用水等用香精。以香水香精和花露水香精为例。

① 香水香精：香水香精在化妆品香精中占有重要地位。香水是化妆品中香精含量比较高的一类产品，香精含量约 20%，是用 95% 的乙醇调配而成的。

按香型分类，香水香精可以分为花香型、百花型、现代型、青香型、素心兰型、皮革型、东方型、柑橘型、馥奇型、木香型、薰衣草型、辛香型、烟草型共13类。

　　② 花露水香精：花露水与香水的区别在于香水比较清淡，香水多为女性所用，花露水则男女皆宜。花露水香精的调配是以柑橘类香料为主，如香柠檬、橙花、柑橘、柠檬、橙叶油等，通常香精的含量约为3％～5％，乙醇的浓度为80％左右。

　　(2) 洗涤类　包括香皂、香药皂、洗衣粉、洗衣皂、洗涤剂、浴用剂等用香精。以皂用香精和浴用剂用香精为例。

　　① 皂用香精：皂用香精是调香业的重要产品。早期调配皂用香精的原料比较差，一般采用香气浓厚的香料，以具有橙花香气的香料为主要原料，如以百花、馥奇、麝香和檀香等为基本香型，后来逐渐采用高质量的香料作为皂用香精原料，其中花香型香精为皂用香精的主流。皂用香精一般有4种基本香型：a.花香型和百花型，如玫瑰、铃兰、紫丁香、茉莉等；b.现代百花型，具有醛香的特征香气；c.现代素心兰型；d.青香型。

　　② 浴用剂用香精：浴用剂用香精是指入浴时用的溶于水的加香物质，有结晶、颗粒、液体等形态。香型有茉莉、柑橘、紫丁香、铃兰等。按其用途可分为3类：a.软化硬水，改变水质，提高洗涤净身效果；b.呈色和赋香，增加入浴爽快气氛；c.治疗和美容，调配药物和温泉水等有效成分，达到治疗和美容的目的。

　　(3) 膏霜类　包括雪花膏、粉底霜、冷霜、清洁霜、营养霜、香粉霜、防裂霜、眼睫霜、剃须膏、杏仁蜜、唇膏等用香精。膏霜类化妆品以女性使用为主，一般按女性的嗜好调配香型。近年来因为膏霜类的用料日益考究，所以膏霜类香精一般采用类似于香水和花露水的具有细腻丰润香韵的香料来调配，香型亦逐渐趋向于香水和花露水。

　　(4) 脂粉类　包括香粉、香饼、爽身粉、痱子粉、胭脂等用香精。粉类是指以无机粉末为主要成分的化妆品，通过微量的金属皂类物质使香料分散并与粉末黏附。因此对香精的质量要求比较高，如稳定性好、不变色等。香精的基料成分较重，一般用天然芳香浸膏、动物香和基香类合成香料，如硝基麝香、洋茉莉醛、紫罗兰酮等。脂粉香精以花香型和百花型为主，要求香气浓郁、甜润和生动。爽身粉和痱子粉用的香精以橙花、铃兰、薰衣草等香型为主。

　　(5) 发须用品类　包括洗发香波、洗发香乳、洗发香膏、发蜡、发乳、香头油、生发油、染发用品等用香精。发须用品按用途分为发用化妆品和洗发用品两类，发用化妆品常见的是馥奇香型，近年来又有了茉莉、素心兰和药香等新香型。洗发用品加香的主要目的是消除洗发中和洗发后洗液中的异味，香型主要有玫瑰、茉莉等。

　　(6) 口腔用品类　口腔用品主要是洁齿和净口用品，如牙膏、牙粉、牙净、漱口水和口用清凉剂等用香精。牙膏除药物牙膏外，一般都具有洁齿净口、杀菌、防口臭等作用，赋予口腔清凉和爽快的感觉。

成人用牙膏香精是以薄荷系列香料为主体调配的，按香型可分为薄荷型和复方薄荷型。儿童用牙膏香精是以果香类香料为主体，清凉感突出。

口腔用品类香精是用于入口物质加香，因此，对香精的要求较严格，不仅要具有可口的味觉感，而且要符合卫生要求。

常见化妆品中，所含香精比例如下：香皂中约占 2%～6%；牙膏中约占 1%；洗发水中约占 0.2%～1%；护发素中约占 0.2%～5.5%；彩妆品中约占 0.5%～1%；口红中约占 0.3%～2%；乳液、面霜中约占 0.5%～1%；化妆水中约占 0.05%～0.5%；古龙水中约占 3%～5%；香水中约占 15%～20%。

二、化妆品用香精的应用要求

香精加到介质中，香气会有不同程度的变化，有的变化瞬间就会发生，有的则发生在较长时间的"陈化"之后，其原因为：

（1）稀释作用的影响　稀释后香精中每一种香料组分在香气强度上都有减弱的倾向，但减弱的程度各不相同，从而在整体上使它们的嗅感发生了变化（针对原香精而言）。

（2）香精与介质发生了物理化学变化　如酸类、酯类、内酯类香料在碱性介质中会发生反应；香料在不同相内（乳状液的油相和水相）的溶解度不同。

（3）加香介质拥有本身的气息等　要使化妆品的香气和原香精香气保持不变，既是工艺操作问题，也是调香的技术问题。

由于化妆品种类繁多，产品要求、介质组成和加香工艺也各有区别，因而它们对香精的要求也各不相同。应该按照其具体要求研究合适的化妆品用香精试样，并经过实际应用试验验证来确定应用配方。因此，从某种程度上来看，化妆品香精应用配方具有一定的"专用性"。现于下节简述常见加香化妆品的加香技术相关问题。

第三节　化妆品与日化品加香技术

一、膏霜类化妆品用香精与加香

1. 基质情况

膏霜类化妆品的种类较多，它们的主要功用是滋润、保护皮肤。膏霜的基质是一种乳胶体（或乳剂），它们是由水与油（蜡）经乳化剂乳化作用而形成。膏霜类的乳胶体可分为两种类型：一种是"水包油"（O/W）型，如雪花膏（霜）、粉底霜、乳蜜等；另一种是"油包水"（W/O）型，如冷霜（亦称香脂）、清洁霜、按摩霜、夜霜等。基质中常用的"油"类原料有：矿物油（如石蜡油、凡士林、石蜡冻）、植物油（如硬脂酸、橄榄油等）、精制羊毛脂及其衍生物、蜡类（如石蜡、地蜡、鲸蜡、蜂蜡等）、十六醇、十八醇等。"水"类原料中主要是水与甘油或其他增湿剂。使用的乳化剂有阴离子型、阳离子型、非离子型和两性型表面活性剂。

这类制品中所用的油脂性原料因其质量不同而气息相差很大，如工业品蜂蜡、十八醇、硬脂酸等油脂气息较重，劣质的羊毛脂常有特殊的臭气；常用的乳化剂，如 Span（司盘类乳化剂）带有油酸气息、三乙醇胺则为氨样刺激性气味等；营养霜中的添加物异味更强，主要有药草气（如当归、人参）、腥气（珍珠）等。

2. 加香工艺

膏霜类化妆品的加香工艺如图 7-1 所示，加香温度一般在 45℃左右。在 W/O 型膏坯中香精混入较容易，在 O/W 型膏坯中，香精应在搅拌完成前半小时加入。

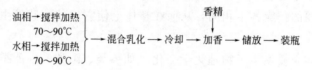

图 7-1　膏霜类化妆品加香工艺图

3. 对香精的要求

膏霜类化妆品的基质大部分为白色，常带有一些轻微的脂蜡气息。因此，在加香用的香精中，选用时除了要考虑对皮肤的安全性外，还应尽量避免使用深色和少用脂蜡香的香料，少用或不用容易破坏膏霜基质乳胶体稳定性或影响其中添加物性能和使用效果的香料。

由于膏霜类制品的加香温度一般在 45℃左右，在香精试样配制后应放置于同温条件存放，观察其色泽及香气有无变化后再进行加香试验来确定其是否合适。

4. 香型及配方举例

可用于膏霜类化妆品用香精的香型较多，几乎所有香水香型都可以用于膏霜类化妆品，但容易导致严重变色的香型宜少选用。润肤霜以轻型的新鲜清香为宜，如古龙型、柑橘型等；营养霜的香气要求留长一些，以新鲜浓郁的香气为宜，如茉莉、铃兰和兰花等。一般膏霜类化妆品加香量为 0.5%～1.0%（质量分数，下同），营养霜应为 1.0%或更高。以下列举几种膏霜类化妆品用香精、香基配方（表7-3～表7-5）。

表 7-3　百花香型膏霜类化妆品用香精配方

香料品名	质量分数/%	香料品名	质量分数/%	香料品名	质量分数/%
柠檬油	6.0	洋茉莉醛	3.0	紫罗兰酮	5.0
甲基壬基乙醛（10%）	2.0	麝香 T	0.5	水杨酸异戊酯	6.0
乙酸芳樟酯	10.0	癸醛（10%）	1.0	羟基香茅醛	20.0
丙酸苄酯	3.0	乙酸苄酯	11.0	茉莉香基（另配）	5.0
乙酸二甲基苄基原醇酯	4.5	依兰油	6.0		
香茅醇	11.0	苯乙醇	6.0		

表 7-4　膏霜类化妆品用香精茉莉香基配方

香料品名	质量分数/%	香料品名	质量分数/%	香料品名	质量分数/%
苯乙醛（10%）	2.0	吲哚（10%）	5.0	苯乙醇	2.0
甲基紫罗兰酮	1.0	羟基香茅醛	5.0	橙花醇	2.0
对甲苯酚（10%）	1.0	甲基己基桂醛	4.0	芳樟醇	7.0
乙酸二甲基苄基原醇酯	5.0	乙酸芳樟酯	5.0	桂醇	2.0
N-甲基邻氨基苯甲酸甲酯	2.0	乙酸苄酯	30.0	茉莉酯	3.0
乙酸对叔丁基环己酯（10%）	5.0	α-戊基桂醛	12.0	苯甲醇	7.0

表 7-5　旁氏型膏霜类化妆品用香精配方

香料品名	质量分数/%	香料品名	质量分数/%	香料品名	质量分数/%
玫瑰油	1.0	芳樟醇	1.5	冷磨柠檬油	1.5
玫瑰浸膏	1.5	桂醇	1.5	玳玳叶油	2.5
墨红净油	2.0	α-紫罗兰酮	10.0	γ-十一内酯（桃醛）	0.5
除萜香叶油	10.0	甲基紫罗兰酮	11.0	广藿香油	1.5
苯乙醇	13.0	铃兰醛	3.0	东印度檀香油	4.0
玫瑰醇	23.0	大花茉莉浸膏	1.0	佳乐麝香	2.0
香叶醇	12.0	乙酸苄酯	1.0	依兰油	3.5

二、香粉类化妆品用香精与加香

1. 基质情况

日常生活中用的加香粉类制品，可分为美容化妆用的香粉（包括化妆香粉、粉饼等）和盥用粉（包括爽身粉、痱子粉、祛臭粉等）两大类。香粉类制品基质中的主要原料有：滑石粉、高岭土、硅藻土、陶土、氧化锌、二氧化钛、碳酸镁、碳酸钙、硬脂酸镁、硬脂酸锌、改性淀粉、米粉、有机或无机颜料及色淀等。在止痒、防痱、祛臭的盥用粉类制品中，还要加入少量特殊的添加物，如抑菌剂、硼酸等。化妆用香粉类与盥用粉类在粉质原料的选用与配比上有较大的区别。

有些原料，如硬脂酸的金属盐类会带有脂肪气息；陶土、高岭土等有时带有泥土气息；氧化锌等化学物质则为化学气息。粉质的细度、颗粒结构及其表面空隙度、吸附能力对香精香气的扩散、挥发和稳定性能都有一定的影响。

2. 加香工艺

香粉类化妆品的加香工艺如图 7-2 所示。为去除粉基的不良气息和达到留香时间更长的目的，应将香精中固体香料（如香兰素、洋茉莉醛、合成动物香香料等）部分抽出，先与粉基研磨。

固体香料(豆香、动物香) ↓ 粉基 → 研磨 → 存放 → 加香（↓ 液体香精）→ 研磨 → 过筛 → 成品

图 7-2　香粉类化妆品加香工艺图

3. 对香精的要求

香粉类制品用香精的香气应芳馥和纯，不应过分浓郁，在产品的储存和使用过程中应保持稳定。在香料选用上，多用沸点高、持久性好、不易遇空气氧化、对皮肤无光敏和刺激作用（尤其是儿童用品），且不影响粉基介质色泽的品种较为妥当。所以在香精处方时，应针对不同粉基介质，通过应用试验评价认可后才可定方。

4. 香型及配方举例

香粉类制品的香型选择范围较广，总体而言，在化妆用香粉类制品中宜多用重香型，香精用量可在 0.5%～2.5%；在盥用粉类制品中则宜多用清鲜爽凉的香型，香精用量宜少一些，通常为 0.2%～1.0%。以下列举几种粉类制品的香精、香基配方（表 7-6～表 7-10）。

表 7-6　L′Origan 香型化妆香粉香精配方

香料品名	质量分数/%	香料品名	质量分数/%	香料品名	质量分数/%
苦橙花香基（另配）	1.0	甲基紫罗兰酮	15.0	酮麝香	3.0
除萜香柠檬油	2.5	广藿香油	1.5	麝香 T	3.5
大茴香醛	0.5	檀香油	4.5	香兰素	2.5
灵猫酊剂（3%）	10.0	乙酸岩兰草酯	7.5	香石竹香基（另配）	18.0
赖百当树脂	1.0	水杨酸异戊酯	0.5	茉莉香基（另配）	5.0
乳香树脂	0.5	香豆素	1.5	玫瑰香基（另配）	10.0
鸢尾浸膏（50%）	2.0	洋茉莉醛	7.0	邻苯二甲酸二乙酯	3.0

表 7-7 L'Origan 香型化妆香粉香精苦橙花香基配方

香料品名	质量分数/%	香料品名	质量分数/%	香料品名	质量分数/%
芹菜籽油	0.5	N-甲基邻氨基苯甲酸甲酯	1.5	芳樟醇	2.0
橙叶油	4.0	桂醇	4.5	乙酸芳樟酯	12.0
除萜橙叶油	50.0	羟基香茅醛	12.5	玫瑰草油	0.5
除萜香柠檬油	6.0	香柠檬油	4.0	甜橙花净油	0.5
香叶油	0.5	苦橙花油	1.0	甲基萘基甲酮	0.5

表 7-8 L'Origan 香型化妆香粉香精香石竹香基配方

香料品名	质量分数/%	香料品名	质量分数/%	香料品名	质量分数/%
依兰油	12.0	鸢尾浸膏（50%）	1.0	乙酸对甲酚酯	1.0
胡萝卜籽油（10%）	1.0	玫瑰净油	2.0	酮麝香	0.5
众香子油	1.0	甲基紫罗兰酮	3.0	香兰素	0.5
桂醛（1%）	1.0	桂醇	8.0	玫瑰香基（另配）	4.0
丁香酚	40.0	洋茉莉醛	1.0		
异丁香酚	12.0	水杨酸苄酯	12.0		

表 7-9 L'Origan 香型化妆香粉香精茉莉香基配方

香料品名	质量分数/%	香料品名	质量分数/%	香料品名	质量分数/%
芳樟醇	3.0	α-戊基桂醛	7.5	苯乙醇	2.0
乙酸芳樟酯	4.0	酮麝香	5.0	安息香膏（50%）	10.0
丙酸苄酯	5.0	甲基紫罗兰酮	3.0	吐鲁香膏（50%）	2.0
乙酸二甲基苄基原醇酯	4.5	邻苯二甲酸乙二酯	4.0	羟基香茅醛	10.0
灵猫酊剂（3%）	10.0	乙酸苄酯	15.0	桃醛（10%）	2.0
异甲基紫罗兰酮	2.0	依兰油	12.0	香兰素	2.0

表 7-10 薰衣草型爽身粉用香精配方

香料品名	质量分数/%	香料品名	质量分数/%	香料品名	质量分数/%
杂薰衣草油	18.0	卡南伽油	2.0	赖百当浸膏	2.0
薰衣草油	7.0	紫罗兰酮	5.0	檀香803	3.0
白兰叶油	4.0	香叶醇	5.0	岩兰草油	2.0
香紫苏油	7.0	香叶油	4.0	广藿香油	1.0
香柠檬油	5.0	水杨酸异戊酯	2.0	二甲苯麝香	3.0
龙脑	2.0	乙酸芳樟酯	4.0	香豆素	3.0
乙酸苄酯	5.0	乙酸松油酯	2.0	香兰素	1.0
茉莉素	4.0	丁香罗勒油	1.0	洋茉莉醛	2.0
白兰花油	1.0	橡苔浸膏	2.0	薄荷油	3.0

三、唇膏类化妆品用香精与加香

1. 基质情况

唇膏有着色与不着色两类。着色者亦称为口红（因多为红色），为女性美容化妆之用；不着色者多为白色或无色透明，多用于保护口唇，防止干裂之用。唇膏是以油、蜡质及色料为主要成分的基质，其中油类有石蜡油、蓖麻油、十四酸异丙酯等；蜡类，如石蜡、虫蜡、蜂蜡、地蜡、鲸蜡等；软脂类，如可可脂、羊毛脂、凡士林、氢化植物油等；无毒色素，如有机颜料、染料、色淀等；其他添加物，如羊毛醇及其衍生物、合成高碳醇、防腐剂、抗氧化剂、营养物质等，基质本身的油脂气很重。在常温下多半是呈固态，也有的呈液态。基质和添加物对唇膏的熔点、软化点及稳定性影响很大。

2. 加香工艺

唇膏的加香工艺流程如图 7-3。加香不宜在膏坯温度很高时进行，较适宜的时间为膏体注入模型前。

原料熔化、颜料混合 → 真空脱泡 → 加香 → 浇模 → 冷却 → 加工包装 → 成品

图 7-3　唇膏加香工艺图

3. 对香精的要求

唇膏的加香要求较为严格。在香精中所用的香料，首先都应为可食用的品种；对口唇无刺激；应能掩饰介质的不愉快气息；不能影响唇膏的色泽光彩和稳定性。

4. 香型及配方举例

唇膏中香精用量一般在 1.0%～3.0%。在香型选择上，宜多用果香型或花香-果香复方型。花香型中宜多用青香型，如玫瑰、橙花、桂花等，而一些花香如水仙、晚香玉、兰花等不适合用于唇膏香精香韵。定香剂宜多用豆香香料，而动物香香料用量宜小。现列示范性配方如表 7-11、表 7-12 所示。

表 7-11　花香-果香型唇膏香精配方

香料品名	质量分数/%	香料品名	质量分数/%	香料品名	质量分数/%
苯乙醛（50%）	3.0	柠檬醛	0.5	羟基香茅醛	10.0
芳樟醇	1.5	松油醇	5.0	苯乙酸	0.5
苯乙醛二甲缩醛	0.5	香叶醇	8.0	α-戊基桂醛	1.5
乙酸苄酯	8.0	香茅醇	20.0	水杨酸苄酯	2.0
香叶油	2.0	紫罗兰酮	4.0	桃醛（10%）	1.5

香料品名	质量分数/%	香料品名	质量分数/%	香料品名	质量分数/%
苯丙醛（10%）	2.0	甲基紫罗兰酮	6.0	二苯甲酮	2.5
乙酸苯乙酯	0.5	桂醇	2.5	结晶玫瑰	2.5
苯乙醇	8.0	洋茉莉醛	6.5	苯甲酸苄酯	1.5

表 7-12　水蜜桃香型唇膏香精配方

香料品名	质量分数/%	香料品名	质量分数/%	香料品名	质量分数/%
丁酸丁酯	4.0	γ-癸内酯	18.0	芳樟醇	25.0
桃醛	25.0	α-突厥酮	4.0	苄醇	6.0
己酸烯丙酯	1.0	叶醇（10%）	10.0	大茴香醛	1.0
乙酸异戊酯	3.0	乙酸苄酯	3.0		

四、皂用香精与加香

1. 基质情况

香皂按所用皂基不同可分为高档香皂和低档香皂。低档香皂即普通香皂，主要由脂肪酸、椰子油和牛油等混合制成；高档香皂也称化妆香皂或美容香皂，其中椰子油和游离脂肪酸的量更多些。另外，皂基中还常加入一些填料、抗氧化剂、金属螯合物或增白剂、色素等。皂基的气息主要来自油脂类原料，其中高碳脂肪酸来自动物、植物的脂肪或油脂与合成脂肪酸的钠盐或钾盐，往往仍带有一定的脂肪油腻气息，特别是某些合成脂肪酸，因脱臭处理不完善，常带有不良的气息。

2. 加香工艺

香皂的加香工艺如图 7-4 所示。香皂生产的操作好坏对香气的影响很大，在研磨过程中，一般温度应控制在 37～45℃，如果温度较高，香精容易挥发；另外，由于形成薄皂片，使表面积增大，不稳定香料容易氧化。在真空压条过程中，真空度不能太高，防止香料逸出，一般在 $6.7 \times 10^4 \mathrm{Pa}$（500mmHg）左右。

香精、色素、添加剂

皂基 → 干燥 → 拌料 → 研磨 → 真空压条 → 打印包装

图 7-4　香皂加香工艺图

3. 对香精的要求

香皂皂基对香气的影响最大，最理想的皂基气息为一种新鲜的令人愉快的奶油味，然而它总带有一些刺激的腐臭气。它的碱性和脂肪酸中的不饱和键也易使香料组分的化学性质发生变化，因此对皂用香精的要求是：

(1) 有一定的掩盖皂体中某些不良气息的能力；

(2) 要有较长时间的稳定性，即香气强度和特征不变，在日光、空气和碱中较稳定，同时具有一定的透发度；

(3) 要有适宜的价格，故花香香料不宜用于皂用香精，净油类原料宜改用其浸膏或香树脂来代替，某些天然精油和动物性香料应改用相应的合成香料或人工配制的代用品，而合成香料品种有时也可采用其低规格的或其粗制品等；

(4) 要求对皮肤、眼睛无刺激；

(5) 要求水溶性较小且有一定的留香（留于面巾或浴巾和皮肤上）能力。

皂用香精在皂基中的稳定性试验，常用方法为：

(1) 架试 1 个月或 2 个月；

(2) 60℃下在封闭容器中存放 6 天。

4. 香型及配方举例

香皂中香精用量在 0.8%～2.5%，用量过多会影响皂体的硬度。香皂香型中有些是属于传统性的，如檀香型、茉莉型、玫瑰型、馥奇型、薰衣草型、力士型、佳美型、棕榄型等，也有属于流行型的如草香型、果香型、海洋爽风型、青香型等。表 7-13、表 7-14 列举了一些适用于香皂加香的示范性应用香精配方。

表 7-13　茉莉香型香皂香精配方

香料品名	质量分数/%	香料品名	质量分数/%	香料品名	质量分数/%
乙酸苄酯	20.0	卡南伽油	5.0	苏合香树脂	5.0
玫瑰木油	20.0	丁香油	2.0	松油醇	10.0
橙叶油	15.0	α-戊基桂醛	5.0	紫罗兰酮	5.0
水杨酸戊酯	5.0	二甲苯麝香	3.0	邻氨基苯甲酸甲酯	5.0

表 7-14　力士香型香皂香精配方

香料品名	质量分数/%	香料品名	质量分数/%	香料品名	质量分数/%
乙酸苄酯	16.0	苯乙酮	0.5	苯乙醛二桂缩醛	5.0
α-己基桂醛	4.0	水杨酸异戊酯	3.0	溴代苯乙烯	1.0
α-戊基桂醛泄馥基	3.0	香叶油	4.0	卡南伽油	3.0
α-戊基桂醛二苯乙缩醛	6.0	紫罗兰酮	3.0	十一烯醛	0.1
芳樟醇	7.0	铃兰醛	1.9	檀香 208	3.0
铃兰素	11.0	乙酸苏合香酯	1.0	麝香 105	2.0
松油醇	6.0	乙酸苯乙酯	2.0	酮麝香	2.0
香茅醇	3.0	苯甲酸对甲酚酯	1.0	洋茉莉醛	3.0
大茴香腈	7.5	乙酸对甲酚酯	1.0		

五、洗衣粉用香精与加香

1. 基质情况

洗衣粉主要原料为表面活性剂（主要是阴离子型，如烷基苯磺酸钠），辅助添加剂有无水硫酸钠、碳酸钠、硅酸钠、羧甲基纤维素钠、荧光增白剂和酶等，成品的pH值通常在9～10，呈粉状或小颗粒状。不加香产品常有不愉快的化学气息。

2. 加香工艺

洗衣粉的加香在加香机上进行，将香精溶解于乙醇中，通过喷雾均匀地喷洒在洗衣粉上，而后进入包装工序。胶囊化的香精仅需在后配料工序中简单混合。

3. 对香精的要求

洗衣粉是固体粉末，与空气接触的机会较多，因而对洗衣粉用香精的要求如下：

（1）有一定的抗氧化能力；

（2）在碱性介质中能稳定存在；

（3）在香气上能散发适宜的香气和修饰基质的不良气息，具有较好的香气效果和扩散力，有一定的留香能力；

（4）配方应简单，成本低廉；

（5）应注意不能因为加香而导致产品颜色变深和影响洗涤效果。

生产中可进行若干试验来考察香精在洗衣粉中的稳定性，常用方法为：在50℃下，在敞开体系中快速试验；在70℃下，在封闭条件下试验；在35℃下，在相对湿度为80%～85%的条件下试验；在22℃下，架试试验。

4. 香型及配方举例

洗衣粉的加香量一般在0.1%（质量分数）左右，大多是铃兰、薰衣草、新鲜果香以及一些具有独特清香的新香型。如以杂薰衣草油、迷迭香油为主，配以α-戊基桂醛、乙酸松油酯、桂酸甲酯、丁香叶油、甲基壬基甲酮所构成的新型药草香精和以柠檬腈等香料配以橙花醇、香茅醇等所构成的清爽柑橘型香精的产品因能激起人们良好的消费心理而受到欢迎。表7-15～表7-17列举了一些洗衣粉用香精的示范性应用配方。

表7-15　Tide（汰渍）香型洗衣粉香精配方

香料品名	质量分数/%	香料品名	质量分数/%	香料品名	质量分数/%
杂薰衣草油	4.0	苯乙醇	8.0	水杨酸异戊酯	6.0

香料品名	质量分数/%	香料品名	质量分数/%	香料品名	质量分数/%
癸醛（10%）	4.0	乙酸二甲基苄基原醇酯	6.0	香豆素	6.0
乙酸芳樟酯	7.5	紫罗兰酮	7.5	洋茉莉醛	5.0
卡南伽油	7.0	甲基壬基乙醛（10%）	1.0	桃醛（10%）	2.5
丙酸苄酯	1.0	乙酸苄酯	7.0	茉莉香基（另配）	10.0
乙酸松油酯	7.0	香茅醇	12.5		

表 7-16　Tide 香型洗衣粉香精茉莉香基配方

香料品名	质量分数/%	香料品名	质量分数/%	香料品名	质量分数/%
乙酸苄酯	20.0	水杨酸苄酯	32.0	羟基香茅醛	5.0
乙酸芳樟酯	5.0	苯甲醇	24.0	桃醛（1%）	5.0
乙酸苯丙酯	2.0	依兰油	2.0		
吲哚（1%）	3.0	N-甲基邻氨基苯甲酸甲酯	2.0		

表 7-17　柠檬香型洗衣粉香精配方

香料品名	质量分数/%	香料品名	质量分数/%	香料品名	质量分数/%
芳樟醇	10.0	柠檬醛	1.5	冷杉油	2.5
柠檬烯	75.0	香叶醇	1.0	乙酸芳樟酯	0.5
乙酸松油酯	5.0	桉叶素	1.0	月桂烯	1.5
乙酸香茅酯	1.0	松油醇	1.5	乙酸香叶酯	0.5

六、液体洗涤剂用香精与加香

1. 基质情况

液体洗涤剂包括洗发香波、液体皂、餐具洗涤剂等产品。主要原料以合成洗涤剂为主，如脂肪醇硫酸盐、脂肪醇醚硫酸盐，低档的用烷基苯磺酸盐等代之。对于纯净的合成洗涤剂来说应是无味和中性的，但工业制品很难达到这一要求，许多都带有醚似的化学气。另外，作为调理剂加入洗发香波中的物质，如酶、水解蛋白质、氨基酸、中草药萃取物等，香精应设法掩盖这些物质的气息。工艺上影响香气的主要是加香时料液的温度。

2. 加香工艺

以洗发香波为例，其加香工艺如图7-5。

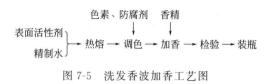

图 7-5 洗发香波加香工艺图

3. 对香精的要求

这类制品用的香精配方，总体要求简单一些、成本低廉一些，同时也要求与加香工艺条件相适应。在加香时，需要考虑的主要因素是：

（1）因液体洗涤剂是含有大量水的乳状液体系，所以香精应有较好的水溶解度，否则需选用合适的香精增溶剂，且增溶剂不会破坏乳状液的稳定性；

（2）应有适宜的香气，如洗发香波香精应与头发的气息相和谐而不能凌驾于它之上；

（3）香精的颜色应淡，不能影响介质的色泽。另外，在香料品种的选用上要恰当，如餐具洗涤剂香精应采用无毒害的食用级香料，洗发香波宜选用刺激性较小、不伤害眼睛的香料，且要有一定的留香能力。

4. 香型及配方举例

洗发香波香精的加香量一般为0.5%，婴儿用的为0.2%，对有药疗作用的香波来说，香精用量可根据具体情况而定，以其溶解度为最高范围。其他产品的加香量可以小一些，常在0.1%～0.5%。洗发香波香精以选择具有清洁滋润气息的香型为主，常见的香型有：果香型、草香型、青香型和清花香型等。液体皂香型同香皂香型类似。餐洗香精以果香型较为普遍。表7-18～表7-21列举了一些适用于液体洗涤制品加香的应用香精示范性配方。

表 7-18 馥奇香型液体洗涤剂香精配方

香料品名	质量分数/%	香料品名	质量分数/%	香料品名	质量分数/%
水杨酸异戊酯	20.0	苯乙醇	8.0	苯乙酸	0.05
乙酸香根酯	1.5	玫瑰醇	5.0	薰衣草油	7.0
广藿香油	2.5	赖百当浸膏	1.0	乙酸苄酯	8.0
香兰素	1.0	乳香香膏	1.0	卡南伽油	2.0
桃醛	0.25	香豆素	5.5	柠檬醛	2.5
洋茉莉醛	5.0	檀香油	5.0	丁香酚	10.0
癸醛	0.2	紫罗兰酮	3.5	秘鲁浸膏	1.0
香叶油	2.0	二甲苯麝香	3.5	苯甲酸苄酯	4.5

表 7-19　薰衣草香型液体洗涤剂香精配方

香料品名	质量分数/%	香料品名	质量分数/%	香料品名	质量分数/%
乙酸芳樟酯	36.0	秘鲁浸膏	2.0	二甲苯麝香	5.0
柠檬油	2.0	广藿香油	1.5	安息香浸膏	4.0
玳玳叶油	4.0	纯种芳樟叶油	15.0	灵猫酊剂（3%）	4.0
乙酸松油酯	4.0	香柠檬油	10.0	香豆素	5.0
玫瑰醇	2.0	香叶油	2.0		
香兰素	1.5	苯乙醇	2.0		

表 7-20　素心兰香型液体洗涤剂香精配方

香料品名	质量分数/%	香料品名	质量分数/%	香料品名	质量分数/%
乙酸松油酯	20.0	广藿香油	3.0	赖百当浸膏	10.0
乙酸芳樟酯	13.0	甜橙油	10.0	甲基紫罗兰酮	6.0
橡苔浸膏	4.0	纯种芳樟叶油	13.0	香叶油	5.0
柏木油	6.0	香豆素	8.0	二甲苯麝香	5.0

表 7-21　百花香型液体洗涤剂香精配方

香料品名	质量分数/%	香料品名	质量分数/%	香料品名	质量分数/%
玫瑰醇	20.0	橡苔浸膏	2.0	乙酸苄酯	10.0
纯种芳樟叶油	5.0	香兰素	2.0	甲基壬基乙醛	0.5
柏木油	3.0	铃兰醛	5.0	水杨酸戊酯	15.0
香根油	2.0	癸醛	1.0	檀香 803	3.0
香豆素	3.0	二甲苯麝香	4.0	苯乙酸乙酯	2.0
丁香油	1.0	檀香 208	2.0	α-戊基桂醛	3.5
乙酸芳樟酯	8.0	α-萘乙醚	3.0		
玳玳叶油	3.0	赖百当浸膏	2.0		

七、发用梳妆品用香精与加香

1. 基质情况

发用梳妆品种类很多，按油脂含量可分为非油性（如护发水等）、轻油性（如 O/W 型发乳等）和重油性（头油、发蜡、W/O 型发乳等）产品。女性用头油的主要原料为精制白油、精制石蜡油和植物油（蓖麻油）等，男性用发蜡的原料为凡士林、地蜡、矿蜡等。

2. 加香工艺

发油的加香工艺流程如图 7-6 所示。

图 7-6 发油加香工艺图

3. 对香精的要求

基质有稍重的油脂气，因此应选择香气质最好的香料品种，且应避免使用在脂肪油中溶解度很小的香料，如苯甲醇、苯乙醇、香兰素类等，否则将有深色油状物沉淀析出。

4. 香型及配方举例

头油常用花香型香精，如玫瑰、茉莉、栀子花、丁香及其复方香型；发蜡以清爽的香型为宜，一般为薰衣草香型，加香量为 0.5% 或略高。

发乳中含有较多水分，对溶解度性能的要求不同于头油而同膏霜类香精相似，香型以古龙香型及柑橘、柠檬香型居多。加香时温度的控制很重要。

表 7-22～表 7-24 列举了一些适用于发用梳妆品加香的应用香精示范性配方。

表 7-22 玫瑰香型头油用香精配方

香料品名	质量分数/%	香料品名	质量分数/%	香料品名	质量分数/%
香叶醇	10.0	愈创木油	2.0	桂醇	3.0
香茅醇	5.0	结晶玫瑰	2.0	壬醛 (10%)	1.0
苯乙醇	25.0	酮麝香	1.0	十一醛 (10%)	2.0
玫瑰醇	10.0	橙花醇	3.0	α-紫罗兰酮	1.0
芳樟醇	7.0	香叶油	8.0	檀香油	4.0
羟基香茅醛	5.0	香柠檬油	7.0	苯乙酸	1.0
广藿香油	1.0	柠檬油	2.0		

表 7-23 茉莉香型发乳用香精配方

香料品名	质量分数/%	香料品名	质量分数/%	香料品名	质量分数/%
乙酸苄酯	30.0	乙酸芳樟酯	8.0	香兰素	4.0
丙酸苄酯	5.0	异茉莉酮	4.0	柠檬醛	2.0
α-戊基桂醛	10.0	柑橘油	4.0	苯丙醛	2.0
α-己基桂醛	8.0	香柠檬油	4.0		
芳樟醇	15.0	依兰油	4.0		

表 7-24　薰衣草香型发蜡用香精配方

香料品名	质量分数/%	香料品名	质量分数/%	香料品名	质量分数/%
薰衣草油	16.0	香紫苏油	2.0	檀香 803	3.0
杂薰衣草油	9.0	香豆素	6.0	岩兰草油	1.0
乙酸芳樟酯	8.0	香叶醇	4.0	茉莉浸膏	1.0
芳樟醇	7.0	苯乙醇	5.0	α-己基桂醛	2.5
甲酸香叶酯	1.5	香柠檬醛	6.0	甲基紫罗兰酮	3.0
乙酸香叶酯	3.0	癸醛（10%）	1.0	卡南伽油	3.0
乙酸龙脑酯	2.0	乙酸苄酯	5.0	酮麝香	2.0
玳玳叶油	5.0	羟基香茅醛	4.0		

上文所述的各种加香产品的具体工艺条件，各厂家会根据实际情况加以调整。

第八章
加香技术在食品中的应用

第一节 食品加香相关法规及标准

随着社会经济的发展和人们生活水平的提高，人们对食物香味也提出了更多更高的要求，为了满足人们对食物的嗅觉以及味觉的要求，加香技术也在食品中应用越来越广泛，添加少量的食品用香料香精就能使食品的香味有很大的提升。食品用香料香精具有"自我限量"的特性，因而不像合成甜味剂、防腐剂、色素那样受到人们的强烈关注。但是食品用香料香精并不是绝对安全的，大部分香料香精的危害要经过长期的积累才能表现出来，有些物质长期积累后可危害人类的生殖系统，同时多数具有潜在的致癌性。因此，世界各国和地区都对香精香料的使用制定了严格的法规和标准加以管理。

一、国外食品加香相关法规和标准

美国食品药品监督管理局（FDA）从 1958 年起将食品用香料（也称食用香料）列入食品添加剂范围，其根据人们长期的使用经验和部分毒理学资料将允许使用的食用香料列入联邦法规，把食用香料分为天然和合成香料两大类并采取"肯定列表"（Positive List）的形式管理。即只允许使用列于表中的食用香料，而不得使用表以外的其他香料。在法规中，天然和合成两大类香料共列入约 1200 种允许使用的食用香料，但对使用范围和使用量未作规定。但是随后 FDA 发现新的食用香料层出不穷，用量又是那么小，仅靠国家机构来从事食用香料立法简直是不可能的。这一任务随之交给了行业自律性组织——美国食用香料和提取物制造者协会（Flavor Extract Manufactures Association，简称 FEMA）。自 1960 年起，美国食用香料和提取物制造者协会（FEMA）对食用香料的安全性进行评价，FDA 完全认可其评价结果，并作为国家法规执行。自 1965 年起，FEMA 以"一般认为安全"列表（GRAS List）的形式，定期公布经过安全性评估，且认为可以安全食用的食品用香料。FEMA 给每一种香料都赋予一个四位数的号码，称为 FEMA 号，从 2001 号开始，FEMA 公布的 GRAS 28 flavoring substances，编号已经增加至 4829，至此共有 2800 多种香料可作为食品用香料。FDA 及 FEMA 公布的食品用香料名单不仅适用于美国，世界上许多国家也全部采用或原则采用该名单。目前全部采用的国家和地区有阿根廷、巴西、捷克、埃及、巴拉圭、波多黎各、乌拉圭等，原则采用的有 40 多个国家和地区。

FEMA 只负责对香料进行评价，而不公布质量规格和安全标准，因此，FDA 要求美国国家科学院药品研究院下属的食品与营养品委员会（Food and Nutrition Board）进行有关食品添加剂、食品用香料、食品成分等的标准制定工作。《食品化学法典》（Food Chemicals Codex，简称 FCC）是由该委员会制定的标准汇编。FCC 规定了食品用香料的质量规格和安全标准；对于没有规格的但是在"肯定表"中批准使用的原料，由生产商负责它们的安全使用。2006 年起，美国药典委员会（USP）收购了 FCC，并由 USP 的食品专家委员会负责对 FCC 进行更新修订。由 USP 修订的 FCC8 共收录 1100 多种食品成分的鉴定、特性、纯度、检测和分析方法，同时包括诸如食品配料纯度检测指南和食品掺假情况数据库信息等。

欧盟于 2008 年公布了《关于食品用香料香精和某些具有香味特性的食品配料在食品中和食品上应用的法规》[Regulation（EC）No. 1334/2008]。该法规对食品用香料采用"肯定表"的形式进行管理。食品用合成香料和天然单体香料均需要通过安全性评估和批准才能使用，来源于食品的天然复合香料无需经过评估和批准，可视作食品。并规定了不得直接添加到食品中的物质及其在加香食品中的残留量。

2012 年，欧盟正式公布了欧盟食品用香料和资源材料清单[Regulation（EC）No. 872/2012]，将其作为《关于食品用香料香精和某些具有香味特性的食品配料在食品中和食品上应用的法规》附录I的内容。该清单共收录 2100 多个已完成评估和 400 多种长期被使用但未作出最终评估结论的食品用香料。附录I中未标明含量要求的食品用香料含量不得少于 95%，而对含量少于 95% 的香料，则明确规定了应标明次要成分或成分组成。除含量外，欧盟未对食品用香料的质量规格做出全面规定。

2016 年，欧盟委员会修订了《关于食品用香料香精和某些具有香味特性的食品配料在食品中和食品上应用的法规》，修订内容涉附件中所述的 20 种食用香料的使用条件。

世界各国的食用香料法规并不完全一致，为了保护各国消费者的健康安全和维护国际间公平的食品贸易，世界卫生组织（WHO）和联合国粮农组织（FAO）

的食品法典委员会（Codex Alimentarius Commission 简称 CAC）于 2008 年发布《食用香料香精应用指南》（CAC/GL 66—2008）。该文件规定了食品用香料香精的有关定义，食用香料香精使用的一般原则等。FAO /WHO 的食品法典委员会下设的国际食品添加剂法典委员会（Codex Committee on Food Additives，简称 CCFA）主要作用是制定或认可各食品添加剂的最大允许使用量，审议并批准 CAC 的添加剂联合专家委员会（Joint FAO/WHO Expert Committee on Food Additives，简称 JECFA）通过的各种食品添加剂的标准、试验方法、安全性评价等，并提供需要 JECFA 进行安全性评价的优先食品添加剂清单。JECFA 负责对包括食品用香料在内的食品添加剂的安全性进行风险评估。截至 2020 年，JECFA 已经完成 2200 多种化学结构明确的食品用香料的安全性评估工作，同时公布食品用香料的质量规格，主要包括完整化学名、化学结构、分子量、含量、颜色、香味、溶解度、熔沸点、相对密度、折射率等指标。

国际食用香料工业组织（International Organization of Flavor Industry，简称 IOFI）成立于 1969 年，其有成员国 20 多个，绝大多数为发达国家（如英、美、日、法、意、加等）。1978 年 IOFI 制定了《实践法规》（Code of Practice）来约束其成员国。1985 年版的《实践法规》涵盖了几乎关于香料香精行业的所有方面，包括定义，香料香精在食品中的必要性和技术功能，基本的生产规范，标签，质量控制，天然的概念，热加工和烟熏香味料的工艺要求，香料名单等内容。法规对已知毒性的天然香料在食品用香精或最终食品中的最大量作了限定；对天然和天然等同香料采用"否定表"形式加以限制，而对人造香料则用"肯定表"来规定。2020 年 4 月《实践法规》进行了修订，除 1985 年版以上介绍内容外，还包括知识产权保护、保质期、职业安全与健康等方面的内容。

二、我国食品加香相关法规和标准

我国在 1977 年由原卫生部根据我国食用香料工业发展的情况，参照国际上的有关规定，将传统使用的食用香料进分类管理，并公布了第一批允许使用的食品用香料名单共 149 种。到 2014 年 12 月，我国正式批准允许使用的食用香料已有 1870 种（其中天然香料 393 种、合成香料 1477 种），我国将食用香料纳入食品添加剂范畴进行管理，允许使用的食品用香料以"肯定表"的形式列入国家标准《食品添加剂使用卫生标准》GB 2760—2014 中。2009 年 6 月 1 日我国废除了《中华人民共和国食品卫生法》，取而代之的是《中华人民共和国食品安全法》，2015 年 10 月 1 日起施行。现行《中华人民共和国食品安全法》于 2018 年 12 月 29 日修正，其对食品添加剂的标签标识、生产经营、使用、违法处罚等都作了明确的规定。2019 年 3 月 26 日国务院第 42 次常务会议修订通过《中华人民共和国食品安全法实施条例》，并于 2019 年 12 月 1 日起施行。这些法规的制定实施有力地保证了食品安全，保障了人民群众的身体健康和生命安全。

我国正式批准允许使用的食品用香料品种已达 1870 种，但是我国制定的单独食用香料国家或行业标准并不多。这是多方面原因造成的，主要是因为我国生产的食用香料只占了很小部分，大部分食用香料需要通过进口，未来还有很多的工作可以做。现行食品加香相关的标准主要有如下几个：

(1) 1977 年《食品添加剂使用标准》实施以来经过了多次的修订和增补，现行标准是 2014 年 12 月原国家卫生和计划生育委员会颁布的《食品安全国家标准 食品添加剂使用标准》(GB 2760—2014)，该标准规定了食品添加剂的使用原则、允许使用的食品添加剂品种、使用范围及最大使用量或残留量，同时，也规定了不得添加食用香料香精食品名单和允许使用的 393 种天然香料及 1477 种合成香料名单等。

(2) 2013 年 11 月，原国家卫生和计划生育委员会发布的《食品安全国家标准 食品添加剂标识通则》(GB 29924—2013) 规定食品添加标识的术语和定义、基本要求、提供给生产经营者的标识内容及要求、提供给消费者直接使用的标识内容和要求等。

(3) 2018 年 5 月，国家市场监督管理总局和中国国家标准化管理委员会发布的《香料香精术语》(GB/T 21171—2018)，该标准规定天然原料术语、香料术语、香精术语、调香术语等。

(4) 2020 年 9 月，国家卫生健康委员会和国家市场监督管理总局发布，2021 年 3 月起实施的《食品安全国家标准 食品用香料通则》(GB 29938—2020) 规定了食用香料的术语和定义、基本要求、天然香料允许使用的提取溶剂、海产品来源的天然香料、天然单体香料及合成香料的含量要求。

(5) 2020 年 9 月，国家卫生健康委员会和国家市场监督管理总局发布，2021 年 3 月实施的《食品安全国家标准 食品用香精》(GB 30616—2020)，规定食用香精的术语和定义、技术要求、标签、食品用热加工香味料的原料和工艺要求、允许使用的辅料名单、检验方法以及食品用香精辅料乙酸异丁酸蔗糖酯的质量规格等。

第二节　食品用香料、香精

一、食品用香料、香精的定义和分类

1. 食品用香料、香精定义

食品用香料是指添加到食品中以产生香味、修饰香味或提高香味的物质。从广义上说烟草香料、内服药香料等也可看作为食品用香料一类。食品用香料应在《食品添加剂使用标准》（GB 2760—2014）允许使用的列表中。

食品用香精是由食品用香料或食品用热加工香味料与食品用香精辅料组成的用来起香味作用的浓缩调配混合物（只产生咸味、甜味或酸味的配制品除外），它含有或不含有食品用香精辅料。通常它们不直接用于消费，而是用于食品加工。

2. 食品用香料、香精分类

食品用香料、香精的种类繁多，并且在不断发展变化，基本上是有什么食品就有什么香料、香精。食品用香料包含食用天然香味物质、食用天然香味复合物、食品用合成香料、食品用热加工香味料、烟熏食用香味料。通常可作如下分类：

食品用香料：
- 天然香料
  - 天然动物性香料(灵猫香膏、牛肉膏等)
  - 天然植物性香料(可可提取物、咖啡提取物等)
- 合成香料(醇、醛、酮、酸、脑、酚、萜烯等)

食品用香精的分类主要有以下几种：

（1）按香味物质来源分类如下：

食品用香精：
- 天然香精
- 等同天然香精
- 合成香精
- 微生物方法制备香精
- 反应型香精

① 天然香精：它是通过物理方法、酶法或微生物法工艺，从动植物来源材料中获得的具有香味物质的制剂或化学结构明确的具有香味特性的物质，包括食品用天然香味复合物和食品用天然单体香料。通常可获得天然香味物质的来源有动物器官、水果、叶子、茶及种子等，主要有通过萃取法得到的提取物、通过蒸馏法得到的精油、通过浓缩法得到的浓缩物等。

② 等同天然香精：该类香精是经由化学方法处理天然原料而获得的或人工合成的与天然香精物质完全相同的化学物质。

③ 合成香精：它是通过化学合成方式形成的化学结构明确的具有香味特性的物质，是尚未被证实自然界有此化学分子的物质。若在自然界中存在与此相同的化学分子，则为等同天然香精。只要香精中有一个原料物质是合成的，即为合成香精。

④ 微生物方法制备香精：它是经由微生物发酵或酶促反应获得的香精，通常是天然香精。

⑤ 反应型香精：此类香精是将蛋白质与还原糖加热发生美拉德反应而得到，常用于肉类、巧克力、咖啡、麦芽糖中。

（2）按香精状态分类如下：

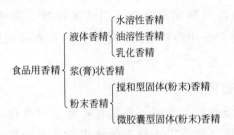

① 水溶性香精：以水或水溶性物质为溶剂的液体香精，适用于雪糕、碳酸饮料等不需高温加热的产品，也可用于冰品、软饮料等含水量高的食品。

② 油溶性香精：以油类或油溶性物质为溶剂的液体香精，适用于糖果、巧克力、膨化和烘焙食品，也可用于冰品和果味饮料。在冰淇淋中使用油溶性香精，需在均质前加入料中。在果味饮料中使用时应控制用量，过量易出现溶剂与水分离现象。

③ 乳化香精：以乳浊形态出现的各类香精。它是一种水包油型乳化液，在水中分散，一般可用于冰品中，也可用于果蔬饮料等有一定浊度的饮料。乳化香精比水溶性香精风味好，以乳化橙香精和水溶性橙香精为例，后者风味强度及风味可接受性都大大降低，前者风味饱满而持久；乳化香精与油溶性香精相比耐高温和抗氧化性能更优越，如在烘焙食品中油溶性香精易氧化，而乳化香精对风味油形成包埋，香味更持久。不过在果汁奶和果味饮料中使用时，需要考虑乳化香精在最终产品中的稳定性。

④ 浆（膏）状香精：以浆膏形态出现的各类香精。这类香精是以氨基酸、糖、脂肪等进行美拉德反应后，加以调香配以增稠剂加工而成，或者对动物肉及鲜骨进行高温高压反应后加以酶解调香而成，具有香味纯正、逼真、耐温性好的特点。主要用于肉制品等高温加工食品。

⑤ 搅和型固体（粉末）香精：香气和（或）香味成分与固体（含粉末）载体搅拌在一起的香精。

⑥ 微胶囊型固体（粉末）香精：香气和（或）香味成分以芯材的形式被包裹在固体壁材之内的微小颗粒型香精。香精经微胶囊化后，提高了耐高温性，适用于烘烤食品、膨化食品。这类香精通过喷雾干燥而制成，因此头香成分挥发较强。

（3）按香型分类　食品用香精的香型非常丰富，每一种食品都有自己独特香型。因此，食品用香精按香型可以分为很多类型，无法一一列举，概括起来主要有以下几类：

$$\text{食品用香精} \begin{cases} \text{水果香型香精} \\ \text{坚果香型香精} \\ \text{乳香型香精} \\ \text{肉香型香精} \\ \text{辛香型香精} \\ \text{花香型香精} \\ \text{蔬菜香型香精} \\ \text{烟草香型香精} \\ \cdots\cdots \end{cases}$$

每一类香精又可作进一步的细分，如花香型香精可分为玫瑰花香精、月季花香精、桂花香精等。

二、食品用香料、香精的使用原则和注意事项

1. 食品用香料、香精的使用原则

《食品添加剂使用标准》（GB 2760—2014）中规定了食品用香料、香精的使用原则，具体内容如下：

（1）在食品中使用食品用香料、香精的目的是使食品产生、改变或提高食品的风味。食品用香料一般配制成食品用香精后用于食品加香，部分也可直接用于食品加香。食品用香料、香精不包括只产生甜味、酸味或咸味的物质，也不包括增味剂。

（2）食品用香料、香精在各类食品中按生产需要适量使用，《食品添加剂使用标准》附表 B.1 中所列食品没有加香的必要，不得添加食品用香料、香精，法律、法规或国家食品安全标准另有明确规定者除外。《食品添加剂使用标准》附表 B.1 所列食品外的其他食品是否可以加香应按相关食品产品标准规定执行。

（3）用于配制食品用香精的食品用香料品种应符合本标准的规定。用物理方法、酶法或微生物法（所用酶制剂应符合本标准的有关规定）从食品（可以是未加工过的，也可以是经过了适合人类消费的传统食品制备工艺的加工过程）制得的具有香味特性的物质或天然香味复合物可用于配制食品用香精（注：天然香味复合物是一类含有食用香味物质的制剂）。

（4）具有其他食品添加剂功能的食品用香料，在食品中发挥其他食品添加剂功能时，应符合本标准的规定。如：苯甲酸、肉桂醛、瓜拉纳提取物、双乙酸钠（又名二醋酸钠）、琥珀酸二钠、磷酸三钙、氨基酸等。

（5）食品用香精可以含有对其生产、贮存和应用等所必需的食品用香精辅料（包括食品添加剂和食品）。食品用香精辅料应符合以下要求：a.食品用香精中允许使用的辅料应符合相关标准的规定。在达到预期目的的前提下尽可能减少使用品种。b.作为辅料添加到食品用香精中的食品添加剂不应在最终食品中发挥功能

作用，在达到预期目的的前提下尽可能降低在食品中的使用量。

（6）食品用香精的标签应符合相关标准的规定。

（7）凡添加了食品用香料、香精的食品应按照国家相关标准进行标示。

2. 食品用香精使用的注意事项

食品用香精具有挥发性、易氧化变质、"自我限量"等特点，因此在使用食品用香精过程中，应注意以下几点：

（1）多种香精混合使用时，要有正确的添加顺序　做到先加香味较淡的，后再加香味较浓的，以免较淡的香味被掩盖。

（2）选择合适的时机添加食用香精　食品用香精都具有挥发性，应尽可能在食品加热后且冷却时或在加工处理的后期添加，以减少食用香精的挥发损失。食用香精在敞开的体系中，易挥发损失，食品添加食用香精后，应尽快密封包装，以免长时间暴露在空气中。真空脱臭处理的食品，香精应在脱臭处理后再添加。

（3）选择合适的香精类型　有些食品在加工过程中，无法避免要跟大量的空气接触（如充气棉花糖、冰淇淋等），如果加入液态香精，赋香物质就易氧化变质或挥发，因此可选用微胶囊香精。在含油量较高的食品中添加香精，应选用油溶性香精，能更好地与食品混合均匀。在碱性食品中，要防止碱性物质与香精发生反应，从而影响食品的香味、色泽等。

（4）准确掌握合适的添加量　食品生产中，香精要在《食品添加剂使用标准》允许范围内选择适当的添加量。添加量过少，必然影响食品的风味；添加量过多，也会带来不良的效果。应在达到预期效果的前提下尽可能降低在食品中的使用量。液体香精用重量法比用量杯、量筒计量要准确。使用时应尽可能使香精在食品中分布均匀。

（5）禁止违法、违规使用香精、香料　食用香精、香料使用后，不能对人体产生任何健康危害；不应掩盖食品腐败变质的气味；不掩盖食品本身或加工过程中的质量缺陷或以掺杂、掺假、伪造为目的而使用香精、香料；0～6 个月的婴儿配方食品中不得添加任何香精、香料。

三、香料、香精在饮料中的应用

饮料又称饮品，是指经过定量包装的供直接饮用或按一定比例用水冲调饮用的，乙醇含量不超过质量分数 0.5% 的制品。也可以是饮料浓浆或固体形态。所含乙醇只能来自香精、香料、色素的溶剂或乳酸饮料在发酵过程的副产物。饮料的品种很多，根据《饮料通则》（GB/T 10789—2015）可分为包装饮用水、果蔬汁（浆）饮料、蛋白饮料、碳酸饮料、特殊用途饮料、风味饮料、茶（类）饮料、咖啡类饮料、植物饮料、固体饮料和其他饮料等 11 类。

在饮料当中，碳酸饮料一直是市场的宠儿，也使得可乐型香精长期占据较大的市场份额。奶香精和柑橘类香精也在饮料中广泛使用，是主流食品用香精。随着人们对饮料产品需求的多样化，果香型香精、花香型香精、茶香型香精的使用也逐步增多，但还不能动摇可乐香精、奶香精和柑橘类香精的主导地位。

在饮料中，单一的香精在表达实物香味时，往往会缺乏立体感，不能把实物的风味较好重现，通常会把香精进行复配使用，使产品主题更突出、香味更立体、口感更好。一般会采用不同厂家同一类型的香料香精复配，以保证饮料产品的头香、体香、尾香的协调；也可以用一种饮料中不同香型的香精进行复配，在把握好香味主题后，再辅以其他风味香精来丰富主体香，从而使产品风味更佳。如：在奶香主题中，根据需要可与水果类或坚果类香精进行复配，能取得较好的效果。

【实例1】水溶性和粉末型香精在液体饮料中的应用

1.液体饮料的一般工艺流程

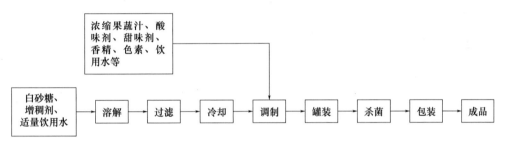

2.果蔬饮料配方

(1) 葡萄汁饮料配方

原料名称	质量分数/%	原料名称	质量分数/%	原料名称	质量分数/%
葡萄原汁	10	酒石酸	0.05	维生素C (V$_C$)	0.02
白砂糖	7	C.M.C	0.04	苯甲酸钠	0.01
柠檬酸	0.2	黄原胶	0.05	葡萄香精	0.03
食盐	0.03	焦糖色素	0.04	水	82.53

此为葡萄汁饮料配方，加入的香精是水溶性液体香精，为了减少芳香物质挥发，香精应在冷却后、罐装前加入，并进行充分的搅拌。

(2) 椰子汁饮料配方

原料名称	质量分数/%	原料名称	质量分数/%	原料名称	质量分数/%
椰子浓缩液	8	白砂糖	7	酪蛋白酸钠	0.4
黄原胶	0.05	柠檬酸	0.01	柠檬酸钠	0.03
乙基麦芽酚	0.02	苯甲酸钠	0.01	椰子香精	0.03

此为椰子汁配方，产品香味的主要来源是加入的椰子浓缩液，而加入的椰子香精主要是补充生产加工过程中的挥发损失芳香物质，因此可加入挥发性较强的水溶性椰子香精。

（3）混浊南瓜汁饮料配方

原料名称	质量分数/%	原料名称	质量分数/%	原料名称	质量分数/%
南瓜原汁	15	白砂糖	8	低聚果糖	0.4
黄原胶	0.1	柠檬酸	0.1	柠檬酸钠	0.04
三聚磷酸钠	0.05	异Vc	0.1	南瓜香精	0.01
橘子香精	0.003	菠萝香精	0.005	水	76.182

此配方为混浊南瓜汁饮料，主要香味来自南瓜原汁，加入香精可以补充生产加工过程中挥发损失的芳香物质，南瓜香精、橘子香精、菠萝香精经过复配后可以提升南瓜汁饮料的风味。

【实例2】水溶性和粉末型香精在固体饮料中的应用

1.固体饮料工艺流程

果香型固体饮料在配料后直接成型，蛋白型固体饮料在配料后需进行均质和脱气的操作。

2.固体饮料配方

（1）红枣固体饮料配方

原料名称	质量分数/%	原料名称	质量分数/%	原料名称	质量分数/%
红枣粉	45	糖粉	40	香橙粉	10
柠檬粉	2.5	单硬脂酸甘油酯	0.3	海藻酸钠	0.3
β-环糊精	0.4	红枣香精	1		

食用方法：将上述15g固体饮料加水配成100mL。

这是固体饮料配方，应选用粉末型红枣香精以便使饮料在存储过程中香味散失最少，从而提高产品的货架期。

（2）核桃粉配方

原料	有糖核桃粉/%	无糖核桃粉/%
麦芽糊精	10	32
白砂糖	28	—
淀粉	12	15

原料	有糖核桃粉/%	无糖核桃粉/%
大豆蛋白粉	7	7
植脂末	7	7
核桃香精	14	15
碳酸钙	1	1
核桃粉	7	7
膨化粉	14	15
可可粉	—	1

核桃粉配方中使用的核桃香精为粉末型香精，在配料过程中加入。

四、香料、香精在糖果中的应用

糖果是指以食用糖、糖浆或甜味剂等为主要原料，经相关工艺制成的甜味食品。糖果可分为硬质糖果类、焦香糖果类（太妃糖类）、凝胶糖果类、奶糖糖果类、胶基糖果类、充气糖果类、压片糖果类、流质糖果、膜片糖果类、花式糖果类和其他糖果类等。在我国，巧克力也属于糖果的一种；在欧美国家，糖果仅指使用白砂糖或麦芽糖制作的产品。

糖果行业是我国传统的两大支柱零食产业之一，一直以来保持着快速的增长，市场份额不断扩张，从而带动了食品用香精在糖果中的应用。食品用香精在糖果配料中虽然只占很小一部分，但对整个产品起到举足轻重的作用。糖果加香有两个目的：一是掩盖糖果原料自身的不良气味，赋予糖果诱人的香气，提高食欲和诱导消费。二是降低配方原料成本。在糖果中加入香精后，可以弥补天然物质自身香味的不足，同时也可以减少天然物质在糖果中的添加量，从而降低产品成本，达到较好的经济效益。糖果中使用最广泛的食品用香精是甜味香精，其具有热稳定性高的特点，不仅可以经受住高温的考验，还有助于香气在糖体中分散开来。有时为提高糖果的档次，也在产品中添加一些天然香料，如柠檬油、橘子油等。

糖果除了带给消费者嗅觉上的愉悦感，还应有味觉上的享受。因此，糖果往往会根据不同的香型辅以不同的口味，从而提升产品的香味口感。糖果的香型及口味特点如表 8-1。

表 8-1　糖果的香型及口味特点

类型	香型特点	辅助口味特点
水果型	柑橘、苹果、草莓、话梅等	酸为主，咸为辅
乳香型	牛乳、炼乳、酸乳等	咸为主，酸为辅

类型	香型特点	辅助口味特点
坚果型	椰子、榛子、杏仁、咖啡等	咸为主
巧克力型	可可为主，坚果、干果为辅	咸为主
焦香型	焦香和美拉德反应生香	咸为主，鲜为辅
茶香型	红茶、绿茶	—
辛香型	桂皮、大料、姜、薄荷、桉叶等	—

　　根据糖果的实物主题特点选择适宜的香型，将两种或多种香精进行复配，使香型更饱满，也避免香气雷同。调香是一个复杂的过程，所以不要指望加一种香精便能达到满意的效果。例如，胶基糖果类常用留兰香、薄荷、清凉剂等香料混配；巧克力糖果类常用巧克力香精和香兰素混配；润喉糖常用薄荷、桉叶、冰片、增凉剂等混配。用香精复配糖果创新研发的艺术，通过合理地复配，可以产生新的口味，得到食品的新品种。在香精复配时，既要保持原有香型的特征，也要追求新的风格，做到主题明确，避免香型不伦不类。

　　当主香、辅香等食品用香精的香型选定以后，确定搭配用量便成为关键性工作。这需要进行大量的比对工作才能得到最佳的结果，当然用量不能超出《食品添加剂使用标准》允许添加的限值，通常主香用量 $0.1\%\sim0.2\%$，辅香用量 $0.05\%\sim0.1\%$，香精总量不应超过 0.3%。糖果类型不同，香味释放特点也不尽相同，香精的添加量也会有较大的差别。如胶基糖果类的胶基紧密包裹香精及其他原料，香味是慢慢地被释放出来的，香精的添加量需要 $0.6\%\sim1.0\%$。同种类型的糖果在口腔中的融化速度不一样，香精的用量也会有所不同。如高熔点的代脂巧克力与低熔点的代脂巧克力比较，前者所添加香精的量要高于后者。需要指出的是，糖果标签应与实际情况相符，不得通过香精来弄虚作假。如：在奶糖生产中少加乳制品或不加乳制品，通过加入奶香精来代替乳制品。这样的产品不仅不符合大众对奶糖的认知，也不符合《糖果 奶糖糖果》（SB/T 10022—2017）标准的规定。

　　水溶性香精易溶于水、挥发性好、不耐高温，主要用于凝胶糖果类、流质糖果等含水量较高产品，一般以水果糖、果冻为主。油溶性香精耐温度较高，不易挥发、留香时间较长，主要适用于硬质糖果类、酥质糖果类、夹心糖果类及胶基糖果类、巧克力类等。微胶囊香精不易挥发、香味释放缓慢，香味让人更舒服，主要用于胶基糖果类等。在选择香精的剂型时，应根据产品的工艺特点和生产成本来决定，尽可能减少香气的损失。

　　当样品生产出来后，应根据香精的头香、体香和基香的特点分别对香质量、香强度、留香时间进行检验，综合评价并进行保存试验。每周或每月对样品香味进行一次检测，评定留存情况，以此确定香精的质量，最终选出适合于大生产所需香型的香精。

【实例3】油溶性和粉末型香精在硬糖中的应用

1. 硬糖的一般工艺流程

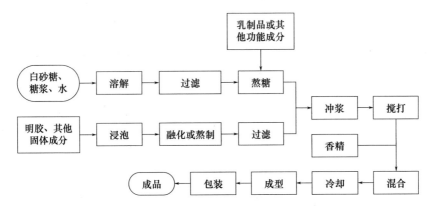

不管采用哪种工艺流程，香料香精的加入都是在混合环节完成，混合完之后再进行冷却等操作。在香精加入时产品温度较高，因此应使用粉末型或油溶性香精，而不易使用水溶性的香精。

2. 油溶性和粉末型香精的配方

（1）清咽润喉糖的配方

原料名称	质量/g	原料名称	质量/g	原料名称	质量/g
枇杷叶	25	甘草	15	乌梅	15
桔梗	15	金银花	10	薄荷	5
白砂糖	80	葡萄糖浆	30	薄荷油	10
桉叶油	10	枇杷香精	5		

此为清咽润喉糖的配方，薄荷油、桉叶油与枇杷香精复配使用，不仅突出了枇杷的香味，清凉的效果也更佳。

（2）咖啡硬糖的配方

原料名称	质量/kg	原料名称	质量/kg	原料名称	质量/kg
白砂糖	10	饴糖	2	速溶咖啡粉	0.3
甜炼乳	1	奶油	0.25	香兰素	0.005
食盐	0.003	咖啡提取物	0.01	牛奶香精	0.002

此为咖啡硬糖的配方，牛奶香精可与咖啡提取物更好地结合在一起，使香味更令人愉悦。

（3）奶糖的配方

原料名称	质量分数/%	原料名称	质量分数/%	原料名称	质量分数/%
白砂糖	30	淀粉糖浆	24	奶粉	10
无水奶油	10	炼乳	5	β-环糊精	4
大豆磷脂	1	明胶	3.5	纯净水	9
牛奶香粉	0.3	牛奶香精	0.2		

此为奶糖的配方，牛奶油溶性与粉末香精复配使用，使奶香味更浓郁、更柔顺。

【实例4】水溶性香精在软糖中的应用

1. 果冻布丁工艺流程

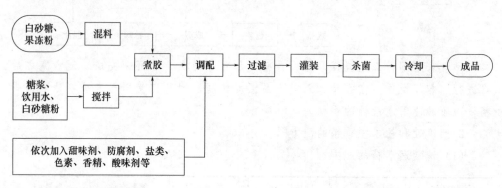

2. 果冻布丁的配方

（1）果肉果冻配方

原料名称	质量分数/%	原料名称	质量分数/%	原料名称	质量分数/%
卡拉胶	0.5	柠檬酸	0.3	水	91.2
魔芋胶	0.25	山梨酸钾	0.05	葡萄糖浆	7.2
果味香精	0.25	色素	0.25		

以上为果冻的配方，并按上述配方15%的罐头果肉，加入与果肉相匹配的水溶性香精。

（2）布丁配方

原料名称	质量分数/%	原料名称	质量分数/%	原料名称	质量分数/%
卡拉胶	1.7	柠檬酸	0.25	脱脂奶粉	0.15
糖	17.3	山梨酸钾	0.05	水	80.2
水溶性香精	0.1	色素	0.25		

以上为布丁配方，果冻类软糖中使用的香精为水溶性香精，不能使用油溶性香精。

五、香料、香精在肉制品中的应用

肉制品是指以畜禽肉或其可食副产品等为主要原料，添加或不添加辅料，经腌、腊、卤、酱、蒸、煮、熏、烤、烘焙、干燥、油炸、成型、发酵、调制等有关工艺加工而成的生或熟的肉类制品。肉制品可分为腌腊肉制品（咸肉类、腊肉类、腌制肉类）、酱卤肉制品（酱卤肉类、糟肉类、白煮肉类、肉冻类）、熏烧焙烤肉制品（熏烤肉类、烧烤肉类、焙烤肉类）、干肉制品、油炸肉制品、肠类肉制品（火腿肠类、熏煮肠类、中式香肠类、发酵肠类、调制肠类、其他肠类）、火腿肉制品（中式火腿类、熏煮火腿类）、调制肉制品、其他类肉制品。

在肉制品的制作中，香料是必不可少的调味物质。我国常见的香料有大茴香（八角）、小茴香（茴香）、肉桂（桂皮）、香叶、砂姜（山奈）、孜然、紫苏、薄荷、胡椒、花椒、陈皮、丁香、辣椒、姜、葱、蒜等。这些香料主要起到赋香、提香、去腥抑臭作用，有些香料还对食物起到着色作用，大部分香料是药食同源的，食用能对身体起到保健的作用。不同的地区、不同的文化习俗，对调味品有着不同的喜好，选用香料时应考虑到不同群体各自的特点。

蒸、煮、烤、炸的肉制品等制作过程温度较高，蒸煮温度最低也有80～95℃，热杀菌温度为120℃，烤、炸制作时温度会更高。在此高温下，有些香精成分会发生分解而失去原有的香味，甚至产生不愉快的杂味，而达不到预期加香的效果，起不到提香、赋香作用。因此给这类肉制品选用香精时，应考虑其耐高温的性能，最好选择反应型香精，其在高温条件下发生化学反应生成更多的呈味物质。这类肉制品用得较多的是膏浆型香精，其耐高温性较好、在肉制品表面附着力较强，能起到较好的留香作用。

腌、腊的肉制品等制作过程温度较低，这类肉制品在流通中一般采取冷藏方式，在食用时，大多都不再加热而直接食用，在这类肉制品中，香精的挥发性能起到很大作用，因此可选择香气浓、低温挥发性强的香精。油溶性香精是不错的选择。

在肉制品的加工过程中，调味辛香料和食品用香精通常要配合使用，前者能较好地去除和遮盖肉类的腥臭味，也给肉制品以特别的香味，如：鱼肉用姜去腥、羊肉用孜然去膻味等；后者用油溶性香精能提供较好头香，使肉产生诱人的香味；而膏浆型香精则使肉在入口之后有天然的肉香风味和香气，同时也使肉在下咽之后在口腔留有余香。一般来说，禽、畜类的肉在原生状态下都有腥的味道，肥肉都有腻的味道。如果不先去腥除腻味，将影响食品用香精的使用效果。因此，在肉制品中使用香料香精时,应先考虑去除或遮盖腥臭味,再调头香,最后考虑尾香。

【实例5】香料香精在肉丸中的应用

1.肉丸工艺流程

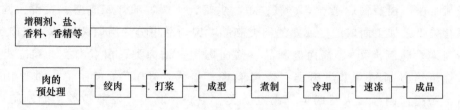

2.肉丸的配方

(1) 速冻猪肉丸配方

原料名称	质量分数/%	原料名称	质量分数/%	原料名称	质量分数/%
猪精肉	6.9	玉米淀粉	5	五香粉	0.1
肥肉	25	食盐	3	猪肉浸膏	0.3
大豆蛋白	2.18	植物油	0.8	水	0.02
离黄粉	0.7	大葱	2		

(2) 鱼肉丸配方

原料名称	质量分数/%	原料名称	质量分数/%	原料名称	质量分数/%
鱼肉	65	味精	0.2	蛋清	8
肥肉	8	白砂糖	1.2	玉米淀粉	4
食盐	1.4	白胡椒粉	0.08	大豆分离蛋白	1.35
肉丸增脆剂	0.22	姜粉	0.1	冰水	10
卡拉胶	0.3	海鲜粉	0.15		

以上肉丸配方中除了有大葱、五香粉、白胡椒粉、姜粉等天然香料被使用外,还使用了浆(膏)型香精"猪肉浸膏"和粉末型香精"海鲜粉"。

【实例6】香料香精在火腿肠中的应用

1.猪肉火腿肠工艺流程

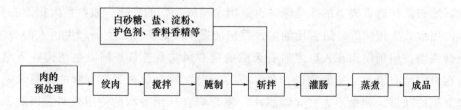

2.猪肉火腿肠配方

原料名称	质量分数/%	原料名称	质量分数/%	原料名称	质量分数/%
猪精肉	20	味精	0.3	猪肉精油	0.04
鸡肉	12	磷酸盐	0.1	猪肉浸膏	0.082
肥肉	9.9	分离蛋白	2	冰水	35
食盐	2.1	鸡蛋	4	色素	适量
白砂糖	1.5	动物蛋白	1.47		
硝酸盐	0.008	玉米淀粉	11.5		

火腿肠配方中选用了浆（膏）型香精"猪肉浸膏"和油溶性香精"猪肉精油"，两者复配使用让火腿肠更香、气味更纯正，增加人们的购买欲和食欲。

【实例 7】土耳其风味香肠的配方与工艺

1.土耳其风味香肠的工艺流程图

2.土耳其风味香肠的配方

原料名称	质量分数/%	原料名称	质量分数/%	原料名称	质量分数/%
牛肉	57	牛油	10	食盐	1.6
磷酸钠	0.3	蔗糖	2.5	牛肉浸膏	0.05
肉蔻粉	0.05	白胡椒粉	0.1	黑胡椒粉	0.04
辣椒粉	0.5	花椒粉	0.1	孜然粉	0.12
分离蛋白	0.64	水	27		

以上是土耳其风味香肠的配方，为了补充牛肉香味的挥发损失，在搅拌过程中加入牛肉浸膏。

第九章
加香技术在烟酒中的应用

第一节　加香技术在烟草制品中的应用

烟草制品的加香应用史最早可追溯到十五世纪末期。当时，印第安人用草药、柠檬皮及油类对雪茄烟进行加香。直到 1492～1500 年，哥伦布发现了美洲大陆，才开始将印第安人吸食的烟草带入欧洲大陆。19 世纪中期，国外最早出现手工卷烟工业。到 1881 年，随着卷烟机的应用，卷烟开始大量工业化生产。卷烟逐渐成为人们生活中的嗜好品与人们交际的用品之一。

烟草生产商遍布亚洲和美洲，其中，美国、中国、巴西、土耳其和印度尼西亚是世界五大烟草生产国。中国作为目前世界上最大的烟草生产和消费国家，其卷烟总产量占世界卷烟总产量的 30%，烟草消费也约占世界的三分之一。2019 年，我国烟草行业工商税收超过 1.2 万亿元。

一、烟草的品种和类型

1. 烟草的品种

虽然烟草的品种多达 60 种以上，但目前被人们广泛栽培食用的只有两个品种。一种是普通烟草，又叫红花烟草，另一种是黄花烟草。其中红花烟草种植面积最大，是一年生或二三年生的草本植物，喜温暖的生长环境，适宜种植在较温暖的地区，烤制后叶片呈橘黄色或者柠檬黄色。而黄花烟草是一年生或两年生草本植物，耐寒能力较强，适宜种植在低温地区，烤制后叶片呈黄色或者褐色。

2. 烟草的类型

（1）烤烟　烤烟原产地是美国的弗吉尼亚，因此也被弗吉尼亚烟草或火管烤烟，是卷烟的主要原料。烟叶收获以后放在干燥的室内，然后用火力辐射热慢慢加热，使烟叶内的酶发生作用。干燥后的烟叶呈橘黄色或柠檬色，含糖高，总氮和蛋白质含量低，烟碱含量中等。吸食柔和，劲头适中。缺点是焦油成分较多。

（2）晾烟　晾烟是制造混合型卷烟的主要原料。将烟叶或者整株烟草在通风阴凉环境下制备而得。干燥后的烟叶呈红棕色或者浅红棕色，含糖低，总氮和蛋白质含量高，焦油成分含量较少，烟味浓度大，劲头大。晾烟可分为淡色晾烟（白肋烟和马里兰烟）和深色晾烟（雪茄烟），通常将白肋烟看作晾烟的代表。

（3）晒烟　烟叶采摘后在日光下照晒调制而得。根据晒后颜色可分为晒黄烟和晒红烟。烟叶含糖量较低，蛋白质和烟碱含量高，为多种烟制品的原料。

（4）香料烟　香料烟也叫作东方烟、土耳其烟，主要产于地中海沿岸的土耳其、希腊、保加利亚等国家。收货后的烟叶于烈日下晒干而得，烟碱含量低，香气浓郁。通常将香料烟看作香烟的代表。

二、烟草制品的种类

烟草制品有卷烟、雪茄烟、斗烟、鼻烟、嚼烟和水烟等品种。

（1）卷烟　卷烟是目前烟草制品中最主要的品种。按卷烟类型可分为烧烟型卷烟、混合型卷烟、东方型卷烟、褐烟型卷烟、外向型卷烟和新混合型卷烟等。

（2）雪茄烟　雪茄烟也是烟草制品中较为重要的品种，其烟叶用量约占烟草总产量的9%～10%。基本是以晾晒烟叶为主，经醇化和重复发酵，使其自然产生香味物质。雪茄以古巴的"哈瓦那雪茄"为极品，菲律宾的"马尼拉雪茄"为中高级品种。也有做成卷烟样式的，一般有尖头、平头、粗支、细支、长支等形状。

（3）斗烟　斗烟也称旱烟或板烟，成品有板块状和条状。用烤烟、红晒烟、白肋烟、香料烟调配而成，也有用烤烟配制比较淡的斗烟。有些直接添加天然香料及干花。

（4）鼻烟　鼻烟是古老的烟草制品之一，其制法可分为干法和湿法。根据清代书画家赵之谦所著的《勇庐闲诘》所记载，我国最先传入的烟草制品是鼻烟，明万历九年（1581年）由意大利传教士利玛窦带入。法国的让·尼古特因用鼻烟治好了法国皇太后的头疼病而备受赞赏，从此法国开始大量种植烟草，吸食鼻烟也成为法国上层社会的时髦嗜好。目前已很少或已不用此产品。

（5）嚼烟　嚼烟是以晾晒烟为原料，加入香料、树胶制成条状或索状的成品，可供爱好者放在口中咬嚼。目前已经很少生产这类品种，民间可能还会有一些制作。

（6）水烟　水烟是我国烟草制品的传统品种。早在 1785～1845 年间已有生产。它是用特制的烟具——水烟筒燃吸的，烟气通过筒内的清水，经过滤、洗涤作用，使烟气内的一部分烟碱和焦油溶于水后再进入口腔。水烟是以晒烟为原料。有特色的以福建的皮丝烟、山西的青条烟、江西的西条烟以及兰州的黄花种烟丝最有名。

三、烟草制品的加香

考察烟草制品质量主要从其香气和吸味出发，而其香气和吸味主要取决于所用烟叶的种类及质量。卷烟生产中，不同批次的烟草常在各种影响因素的作用下质量发生改变。为了维持卷烟原有的香气和吸味，不但要调整叶组配方，选择更合适的烟叶原料，还要通过加料和加香，弥补叶组配方的不足，保持卷烟的品质。

1. 烟草的加料

加料是在卷烟的生产中，在烟叶（烟片）上喷洒"料液"的工艺过程。此料液即加料香精，是由多种烟用添加剂与丙二醇、乙醇和水调配而成的液体。通过加料，达到改善卷烟吸味、增加卷烟香气、提高烟丝湿润性、调整烟丝燃烧性、防止烟丝霉变和调整烟丝颜色的目的。

（1）料液的分类　按照烟草加工工艺不同，烟草料液可分为烧烟叶片料液、混合型卷烟料液（包括里料和表料）、雪茄烟料液、烟丝料液和薄片料液。

（2）料液的组成

① 调味剂：包括糖类和有机酸类。糖类物质是最常用的调味添加剂，适用于各种烟草制品，尤其适合于含糖低、含烟碱和氮高、刺激性大、烟味浓烈的白肋烟、晒红烟的调味，常用的糖类有红糖、白砂糖、糖蜜、葡萄糖等。有机酸类物质可调节烟气的 pH 值，减少烟气对喉头的刺激。常用的有乳酸、柠檬酸、苹果酸和酒石酸等。

② 增香剂：可调节烟香、掩盖杂气。增香剂包括水果浓缩液、中草药提取物、辛香料提取物、豆香类植物的叶或根提取物等天然香料以及合成香料。

常用的增香剂有：葡萄、草莓、无花果、红枣、柠檬、柑橘、桃、李子、杏、菠萝等水果的浓缩液；甘草酊（浸膏）、白芷酊、独活酊、罗汉果酊、小茴香酊（浸膏）、肉豆蔻酊（浸膏）、丁香酊（浸膏）、肉桂皮酊（浸膏）、黑香酊（浸膏）、可可酊（浸膏）、咖啡酊（浸膏）、茅香浸膏、环己基、环己酮、香兰素、乙基香兰素、麦芽酚、乙基麦芽酚、呋喃酮、羟甲基糠醛等。

③ 保润剂：可以保持烟片或烟丝的含水率，并减少加工碎损，改善烟丝的物

理性能，稳定烟香味。常用的保润剂有乙二醇、丙三醇、山梨醇、木糖醇、乳酸、蜂蜜等。

④ 助燃剂：可促进烟丝燃烧，灰化完全。常用的助燃剂有硝酸钾、磷酸钾、碳酸钾、柠檬酸钾、草酸钾、酒石酸钾或其他有机酸钾盐。

⑤ 防霉剂：通常使用食品常用的防腐剂，如苯甲酸（钠）、羟基苯甲酸、山梨酸、山梨酸钾、山梨酸钠等。

⑥ 着色剂：可用于对叶组配方中的浅色材料进行着色。常用的着色剂有番茄红素、樱桃红素、姜黄素等。

（3）料液的调配要求　料液的配方，要根据叶组配方和产品特点等因素，经多次试验确定。烤烟型卷烟料液用量为叶片量的 0.01%～1.0%，调配料液时用水量为叶片量的 2%～4%。混合型卷烟里料液用量为叶片量的 0.02%～2.0%，料液用水量为叶片量的 20%，表料料液与里料料液大致相同。

（4）加料工艺　有浸料法和喷料法两种。

① 浸料法：主要用于混合型卷烟生产中晾晒烟叶的加料，烟叶在料液和料槽内浸透后取出，再进行挤压、松叶、焙干、回潮。该法加料效果好，但设备复杂、能耗较大。

② 喷料法：目前晾晒烟叶和烤烟烟叶大多数采用喷料法加料。料液与蒸汽在润叶滚筒内一起喷洒在烟叶叶片上，加料回潮同时完成。该法设备简单、操作方便、经济实用。

2. 烟草的加香

烟草的加香包括烟丝加香、烟草薄片加香、梗丝加香、卷烟纸与滤棒加香等。通过烟草加香，可以增强烟叶原有的优美香韵、弥补产品中香气的不足、协调不同叶组间的差异，掩盖杂气，在一定程度上可提高卷烟的品质、赋予卷烟独特的风味。

（1）对香精的要求　应注意烟用香精自身的香气协调、加香后烟草与烟用香精的嗅香协调以及卷烟燃吸时烟草与烟用香精的香味协调。例如，烤烟型卷烟的加香应突出芬芳馥郁、香甜柔和的烤烟自然香味特征，抑制或掩盖辛辣粗刺和令人厌恶的杂味，对叶组配方进行必要的修饰和强化，加香量为 0.2%～0.3%；混合型卷烟的加香应着重掩盖烟叶中的不良气息和吸味，增补白肋烟和香料烟应有的香味特征，加香量为 0.5%～1.8%。

（2）香精的制备　烟用香精的产品形式有水溶性香精、油溶性香精、乳化香精和粉末香精。乳化香精和粉末香精只有国外少量使用，国内使用的大部分为水溶性香精。常用溶剂有水、乙醇（60%或70%）、乙二醇、1,2-丙二醇、甘油、三醋酸甘油酯等。

制备香精溶液时，对含有非水溶性化合物和天然精油的香精，应使用高浓度的乙醇溶液稀释；对原料为醇溶性和水溶性香料的香精，则使用较稀的乙醇水溶液稀释。配制好的香精溶液应澄清透明。

（3）加香工艺　卷烟加香主要采用喷雾法在滚筒内进行。加香设备包括香精储罐、空气压缩机、香精输送管道、流量计及喷雾嘴。香精溶液在压缩空气驱动下，经输送管道从滚筒的喷雾嘴呈雾状喷出，均匀喷洒在滚筒内不断翻动的烟丝上。

（4）卷烟用香精配方举例　见表9-1～表9-10。

表 9-1　苹果香型烟用香精配方

香料品名	质量分数/%	香料品名	质量分数/%	香料品名	质量分数/%
浓缩苹果汁	79	甘草酊	5	香兰素	5
桃醛	1	异戊酸异戊酯	5	香荚兰豆酊	5

表 9-2　可可香型烟用香精配方

香料品名	质量分数/%	香料品名	质量分数/%	香料品名	质量分数/%
可可壳酊	73	苯乙酸异戊酯	10	香豆素	2
乙基香兰素	2	香兰素	3	烟花浸膏	10

表 9-3　薄荷香型烟用香精配方

香料品名	质量分数/%	香料品名	质量分数/%	香料品名	质量分数/%
薄荷脑	40	薄荷素油	52	香兰素	3
烟花浸膏	5				

表 9-4　万宝路香型烟用香精配方

香料品名	质量分数/%	香料品名	质量分数/%	香料品名	质量分数/%
可可壳酊	62	灵香草浸膏	2	浓缩苹果汁	10
香兰素	2	香紫苏浸膏	2	烟花浸膏	3
香豆素	1	苯乙酸异戊酯	5	排草浸膏	2
云烟浸膏	5	乙基香兰素	1	甘草流浸膏	5

表 9-5　阿诗玛香型烟用香精配方

香料品名	质量分数/%	香料品名	质量分数/%	香料品名	质量分数/%
香兰素	5	黑香豆酊	5	香荚兰豆酊	10
浓缩苹果汁	32	云烟浸膏	10	香紫苏浸膏	2
独活酊	5	乙基香兰素	5	甘草流浸膏	3
浓缩葡萄汁	10	枣酊	10	烟花浸膏	3

表 9-6　玫瑰香型烟用香精配方

香料品名	质量分数/%	香料品名	质量分数/%	香料品名	质量分数/%
香叶油	8	丁酸戊酯	1	苦香木油	0.6
甜橙油	2	香荚兰豆酊	50	香豆素	1.4
香柠檬油	0.8	玫瑰油	0.4	鸢尾酊	20
丁香油	0.2	薰衣草油	1.6	黑香豆酊	14

表 9-7　青花香型烟用香精配方

香料品名	质量分数/%	香料品名	质量分数/%	香料品名	质量分数/%
黑香豆酊	59.1	香叶油	0.1	紫罗兰叶油	0.1
独活酊	2	吐鲁香膏	0.4	桂叶油	0.1
肉豆蔻酊	2	香荚兰豆酊	40	香紫苏浸膏	1
苦香木油	0.1	忽布酊	5	鸢尾浸膏	0.1

表 9-8　清香型烟用香精配方

香料品名	质量分数/%	香料品名	质量分数/%	香料品名	质量分数/%
枣酊	20	肉豆蔻酊	2	壬酸乙酯	0.1
黑香豆酊	30	丁香油	0.2	香豆素	0.2
苯甲醛	0.1	柠檬油	2	洋茉莉醛	0.1
安息香膏	0.1	香荚兰豆酊	38.3	独活酊	1
朗姆醚	4	欧莳萝酊	1	苦香木油	0.2
香兰素	0.1	鸢尾浸膏	0.1	小茴香酊	0.5

表 9-9　高级花香型烟用香精配方

香料品名	质量分数/%	香料品名	质量分数/%	香料品名	质量分数/%
鸢尾酊	70	晚香玉油	0.3	玫瑰油	0.5
黑香豆酊	10	薰衣草油	0.3	玳玳花油	0.5
广藿香油	0.2	香荚兰豆酊	16.9	茉莉油	0.2
香叶油	0.9	苯乙酸乙酯	0.1	金合欢油	0.1

表 9-10　双喜烟香型烟用香精配方

香料品名	质量分数/%	香料品名	质量分数/%	香料品名	质量分数/%
橡苔浸膏	2.5	茶醇	0.3	黄葵内酯	0.5
花青醛	0.2	兔耳草醛	0.2	乙基香兰素	0.5
悬钩子酮	0.2	苯乙醇	12.0	乙基葫芦巴内酯	0.5
二氢猕猴桃内酯	0.3	二氢香豆素	2.0	茶香酮	1.0

香料品名	质量分数/%	香料品名	质量分数/%	香料品名	质量分数/%
合成橡苔	0.6	丁香油	5.0	木瓜酊	50.0
乙酸乙酯	0.2	异戊酸	5.0	纯种芳樟叶酊	12.0
二氢茉莉酮酸甲酯	2.0	二甲基丁酸	5.0		

四、烟草加香评价及规范

加香或表香修饰是烟叶加工的一个部分，对开发具有可接受感官质量和烟气化学成分的烟丝有一定的积极作用。使用表香是为了赋予卷烟一种广为消费者接受的协调吸味，也可以改善与烟草成分有关的任何杂味或不利性质，使卷烟具有一种完美的、独特的吸味和香气。为了有助于调香师训练，并更好地评价香烟的吸味及香气，我们采用专业的评吸术语来对烟草的加香效果进行评价。

1. 烟草评吸术语

对评吸人员的基本要求中，不仅要求能对烟气质量做出准确判断，而且要求评吸人员能够运用专业术语正确描述烟气质量。因此，熟悉专业术语并理解其含义是很重要的。目前，国家标准规定的评吸术语大体有 24 个，分述如下。

① 油润：烟丝光泽鲜明，有油性而发亮。

② 香味：对卷烟香气和吃味的综合感受。

③ 味清雅：香味飘溢，幽雅而愉快，远扬而留暂，清香型烤烟属此香味。

④ 香味浓馥：香味沉溢半浓，芬芳优美，厚而留长，浓香型烤烟属此香味。

⑤ 香味丰满：香味丰富而饱满。

⑥ 谐调：香味和谐一致，感觉不出其中某一成分的特性。

⑦ 充实：香味满而富有，实而不虚，能实实在在感受出来。但比饱满差一些，即富而不丰，满而不饱。

⑧ 纯净：香味纯正，洁净不杂。

⑨ 清新：香味新颖，有一种优美而新鲜的感受。

⑩ 干净：吸食后口腔内各部位干干净净，无残留物。

⑪ 舌腭不净：吸食后在口腔、舌头、喉部等部位感受有残留物。

⑫ 醇厚：香味醇正浓厚，浑圆一团，给人一种圆滑满足的感受。

⑬ 浑厚：香味浑然一体，似在口腔内形成一实体，并有满足感。

⑭ 单薄：香味欠满欠实。

⑮ 细腻：烟气粒子细微湿润，感受如一下子滑过喉部，产生愉快舒适感。

⑯ 浓郁：香味多而富，芳香四溢，口腔内变有饱满感。

⑰ 短少：香味少而欠长，感觉到了，但不明显。

⑱ 充足：香味多而不欠，但却不优美丰满。

⑲ 淡薄：香味淡而少、轻而虚，感觉不出主要东西。

⑳ 粗糙：感受烟气似颗粒状，毛毛的，产生不舒适感。

㉑ 低劣：香味粗俗少差，虽有烟味但不产生诱人的感受。

㉒ 杂气：不具有卷烟本质气味，而有明显的不良气息。如青草气、枯焦气、土腥气、松质气、花粉气等。

㉓ 刺激性：烟气对感官造成的轻微和明显的不适感觉。如对鼻腔的冲刺，对口腔的撞击和喉咙的毛辣火燎等。

㉔ 余味：烟气从口鼻呼出后，口腔内留下的味觉感受。

2. 烟草香味添加剂的使用规范

烟草香味添加剂的代表性成分包括香味化合物、精油、天然香料或合成香精等。没有适合所有烟草产品的香料配方和用量。每种烟草产品都应针对其目标配方，开发相应香料配方和确定其用量。

一般来说，都是对烘丝和冷却后总配方烟丝进行加香。典型用量是使用 0.5%～1.0%在乙醇、PG（磷脂酰甘油）或水中稀释的香料。烟丝加香是在密闭旋转的香料滚筒中用超声喷嘴喷雾进行，滚筒连接在冷却滚筒的流出端。

（1）添加剂的作用　料液、香料香精和保湿剂都被称作添加剂。从技术上来说，添加剂术语涵盖了在整个加工过程中除了水以外其他任何加到烟草中的物质。因为它们有以下三个方面的枳极贡献，所以添加剂在产品的加工过程中起独特而又重要的作用。

① 感官质量：a.掩盖或改善烟气中的杂气；b.修正烟气中不良气味；c.赋予令人满意的芳香气息；d.提供独特的烟草品牌完整性的香味特征，从而得到消费者喜爱。

② 物理性质：a.提高加工性能、切丝质量和填充值；b.增加保湿性能，从而延长产品的保存期限。

③ 成本降低：在保持同样抽吸容量情况下，加料固体可取代烟支中一些烟草从而降低成本。

（2）添加剂的使用规范　添加剂应该补充而不是取代烟草的基本特征、增强烟草产品的特有风格和特征香味。对烟草生产企业来说，所有使用的添加剂都应该符合以下一个或多个组织的规范要求：

美国食品药品监督管理局（FDA）；

Institute of Food Technologists（IFT）in the USA，美国食品技术研究所；

Council of Europe（CoE），欧盟委员会；

American Society for Testing & Materials（ASTM），美国材料分析测试协会等。

第二节　加香技术在酒类中的应用

在我国悠久的文明历史中，酒一直是社会文化的重要载体。中国文化的诸多特质是通过酒来凝结和传承的。我国酿酒技术在先秦时期就已成熟，其"六必"原则仍是今天酿酒技术的精髓，即"秫稻必齐，麹蘖必时，湛炽必洁，水泉必香，陶器必良，火齐必得"。直至汉代，由于国家疆域广阔、政治统一、社会秩序相对安定、粮食产量大幅提高，加之尚酒之风盛行，人们开始注意改善酿酒技术，研究酒香的营造和调制，酿酒逐渐走向工业化发展。

多年来，随着社会的进步和科学技术的发展，酒饮品进入产业化生产阶段。酒文化也逐渐渗透到社会的各个领域，伴随而来的饮酒娱乐活动自然也十分兴盛，在祭祀、典礼、节日以及日常交往中莫不用酒，各地也形成了独具地方文化特色的饮酒风俗礼仪。酒饮品也从古代白酒为主的单一品种，演变发展到目前多酒种、多香型共存的盛况。

当前，中国是全球最大的酒类消费国。根据国家统计局数据，2016 年 1～12 月，主要经济效益汇总的全国酿酒行业规模以上企业总计 2742 家，饮料酒及发酵酒精制品累计进出口总额为 56.22 亿美元，同比增长 13.58%。其中，累计出口额为 13.09 亿美元，同比增长 14.88%；进口额为 43.13 亿美元，同比增长 13.19%。

一、酒的种类

酒的种类，按照制造的工艺以及酒的性质，基本上可以分为三大类，即发酵酒（酿造酒）、蒸馏酒和配制饮料酒（配制酒）。

1. 酿造酒

酿造酒是用谷物、果汁等作原料，经过发酵并在容器内窖藏一定时间而得到的低度含酒精饮品。包括葡萄酒、啤酒、米酒和果酒等。

（1）啤酒　用麦芽、啤酒花、水和酵母等发酵而得的含酒精的饮品的总称。其中，底部发酵的啤酒包括黑啤酒、干啤酒和慕尼黑啤酒等十几种；而顶部发酵啤酒包括苦啤酒、淡色啤酒和苏格兰淡啤酒等十几种。

（2）葡萄酒　以新鲜的葡萄味原料酿制而成。葡萄酒根据制造过程可分为以下四种：一般葡萄酒、气泡葡萄酒、酒精强化葡萄酒以及混合葡萄酒。一般葡萄酒常见的有红葡萄酒和白葡萄酒。气泡葡萄酒以香槟酒最为著名。酒精强化葡萄酒的代表则是波特酒和雪莉酒。混合葡萄酒的代表则有味美思等。

（3）米酒　主要以大米、糯米为原料，与酒曲混合发酵而成。主要有我国的黄酒和日本的清酒。

2. 蒸馏酒

蒸馏酒是把发酵原酒或者发酵醪等通过蒸馏而得到的高度蒸馏酒液，制造过程一般包括原材料的粉碎、发酵、蒸馏以及陈酿四个过程。按照制酒原材料的不同，可以分为中国白酒、白兰地、威士忌、伏特加、龙舌兰、杜松子酒和朗姆酒等几种。

（1）中国白酒　以小麦、玉米和高粱等原料经过发酵、蒸馏、陈酿制成。其品种繁多，分类方法也很多种。

（2）白兰地　以水果为原料，其中，白兰地特指以葡萄为原料制成的蒸馏酒。其他白兰地有苹果白兰地和樱桃白兰地等。

（3）威士忌　用处理过的谷物（包括大麦、玉米、小麦和黑麦等）制造而得到的蒸馏酒。其发酵和陈酿过程工艺特殊，陈酿在经烤焦过的橡木桶中完成，因此风味独特。

（4）伏特加　用任何可以发酵的原料如马铃薯、大麦、小麦、玉米、黑麦、葡萄和甜菜等酿造得到的蒸馏酒，最大特点是不具有明显的特性、香气和味道。

（5）龙舌兰　以植物龙舌兰为原料酿制的蒸馏酒。

（6）朗姆酒　主要以甘蔗为原料，经过发酵和蒸馏得到的蒸馏酒。一般分为淡色朗姆酒、深色朗姆酒和芳香型朗姆酒。

（7）杜松子酒　一种加入香料的蒸馏酒，也叫金酒、琴酒和锦酒。早期有人用混合法制，因此也有时被列入配制酒。

3. 配制酒

配制酒是以发酵原酒、蒸馏酒等作为酒基，加入各种天然或人造的原料，经特定的工艺处理后形成具有特殊色、香、味、型的调配酒。如国内的虎骨酒、参茸酒和竹叶青等。国外的配制酒种类繁多，常见的有鸡尾酒、开胃酒和利口酒等。

二、酒的加香类型

由于大部分的酒在制造过程中会因酿造工艺的不同而自然形成独特的风味，

不同种类的酒,本身就具有特色的酒香底蕴。目前在酒的加香方面研究和应用较多的是白酒的加香。

目前白酒香型有:清香、酱香、浓香、米香、豉香、芝麻香、特香、凤香、兼香及其他香十大香型。

对白酒香型的认识,需要建立在科学技术的基础上,从香气成分剖析、普查工艺等方面进行。比如茅台酒体是以酱香、窖底香和醇甜三种典型体构成,这对勾调和香味成分剖析创造了有利的条件。又如对微生物的查定,梭状芽孢杆菌的分离,指明了细菌参与发酵是传统多种香型白酒的"原动力"。再如经过试点剖析可认定汾酒主题香是乙酸乙酯为主的复合香等。

借助科学技术对香型有了深入认识后,还需要提升勾兑、勾调技术使白酒香型特征达到稳定。白酒的生产原料、糖化发酵剂、培养温度、发酵池(窖)的材质、贮存器的大小材质、制造工艺等方面的不同会导致所产的原酒各具风格。因此,勾兑勾调是把住成品酒质量关的最后一道主要工艺。勾兑勾调有"七分技术三分艺术"之说,这"三分艺术"便是经验的技巧。诚然,白酒香型特征的稳定和新香型的创立,勾兑勾调是至关重要的工艺环节。

【实例1】酱香型白酒的加香调配

1.酱香型白酒调酿的工艺流程

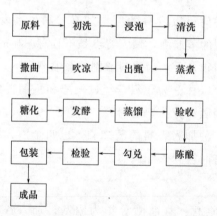

2.酱香型白酒调酿的配方示例

原料	用量/(mg/g)	原料	用量/(mg/g)
乙酸	300～450	己酸乙酯	2.0～5.0
己酸	1.0～4.0	丙酸异戊酯	5.0～6.0
菠萝酮	0.1～0.5	丁酸乙酯	1.0～5.0
麦芽酚	1.0～5.0	异戊酸异戊酯	1.0～9.0

原料	用量/(mg/g)	原料	用量/(mg/g)
香兰素	10～30	异戊酸乙酯	4.0～9.0
甲基环戊烯醇酮	0.5～9.0	β-突厥酮	1.0～5.0
乙酸苯乙酯	2.0～8.0	3-甲硫基丙醇	5.0～9.5
苯乙醇	1.1～6.0	菠萝乙酯	0.1～1.0
3-羟基-2-丁酮	1.0～5.0	溶剂	300～500
乙酸乙酯	4.0～8.0		

酱甜香韵是酱香型酒用香精的主体香气。该香韵选择了一些焦甜香、蜜甜香及蔬菜香（3-甲硫基丙醇）来增加酒用香的厚实、圆润感。选用恰当比例会不失整个香精的酒甜醇香，浓郁透发且香飘万里。所选调的香精头、体、尾香气连贯起来，平衡地形成一体，且每路香韵逐渐糅合在一起和谐地散发着诱人的米酒甜香。本配方加重了天然酒杳一路的香气，使整个香精整体协调，带有酒醇香韵，还有一定的逼真度。头子上的酸气和酒甜香协调较好。整个酸、酱、甜、酒、醇贯穿至尾，底蕴沉稳，酒醇较厚实。

【实例2】果味啤酒的加香调配

1.果味啤酒加香的工艺流程

去氧水
辅料(甜酸味剂)△→溶化→过滤→冷却 CO₂
啤酒(30%)————→冷冻→混合→灌装→杀菌—抽检—贴标→装箱→成品

2.果味啤酒加香的配方示例

原料	用量/%	原料	用量/%
蔗糖	4	菠萝香精	0.025
蛋白糖	0.1	啤酒	33.3
柠檬酸	1.5	去氧水	61.075

果味啤酒是一种既有啤酒风味，又散发果香的清甜可口的酒类饮品。本配方是以啤酒为基础，以菠萝香韵为主体香气的酒类饮料，它以麦芽、大米、砂糖、酒花等为原料，将啤酒醇厚的麦香与优质甜心菠萝成熟一刻散发的芬芳完美结合，再经蒸煮、糖化、发酵，并以科学方法精制而成。从而形成了果香浓郁、酸甜适中、营养丰富、口味清新怡神的独特风格。

表 9-11～表 9-20 列举了一些可适用于酒类的示范性应用香精配方。

表 9-11 葡萄酒香精配方

香料品名	质量分数/%	香料品名	质量分数/%	香料品名	质量分数/%
乙酸乙酯	10	十二酸乙酯	5	2-甲基丁醇	11
戊酸乙酯	5	邻氨基苯甲酸甲酯	20	杂醇油	7.5
己酸乙酯	9	N-甲基邻氨基苯甲酸甲酯	20	白柠檬油	1.5
己酸异戊酯	1.5	γ-丁内酯	2	甜橙油	3.5
丁酸乙酯	2	乙基麦芽酚	1	康涅克油	1

表 9-12 黄酒香精配方

香料品名	质量分数/%	香料品名	质量分数/%	香料品名	质量分数/%
乙酸乙酯	6	丙醇	19.6	赖氨酸	14
乙酸戊酯	0.4	异丁醇	12	组氨酸	4
乙酸己酯	2	乙醛	28	香兰素	2
壬酸乙酯	4	异丁醛	4	乙基麦芽酚	2
琥珀酸乙酯	2				

表 9-13 清酒香精配方

香料品名	质量分数/%	香料品名	质量分数/%	香料品名	质量分数/%
乙酸乙酯	12	癸酸乙酯	1	苯乙酮	0.2
乙酸异丁酯	0.1	十二酸乙酯	1.1	谷氨酸	17
乙酸异戊酯	1.5	桂酸乙酯	1.2	赖氨酸	5
乙酸苯乙酯	0.7	乳酸乙酯	0.4	丙氨酸	20
丁二酸二乙酯	0.2	丙醇	12	甘油	3.1
己酸乙酯	1	异丁醇	6		
壬酸乙酯	0.5	异戊醇	17		

表 9-14 剑南春香型酒类香精配方

香料品名	质量分数/%	香料品名	质量分数/%	香料品名	质量分数/%
己酸乙酯	42	丁酸乙酯	1.4	乙缩醛	4
乙酸乙酯	14	乳酸乙酯	20	甘油	18.6

表 9-15 五粮液香型酒类香精配方

香料品名	质量分数/%	香料品名	质量分数/%	香料品名	质量分数/%
己酸乙酯	30	戊酸乙酯	0.7	甘油	12
乙酸乙酯	12	辛酸乙酯	0.3	丁酸乙酯	3
乙醛	5	乳酸乙酯	20	庚酸乙酯	0.8
丁二酮	6	乙缩醛	10	壬酸乙酯	0.2

表 9-16 茅台香型酒类香精配方

香料品名	质量分数/%	香料品名	质量分数/%	香料品名	质量分数/%
乙酸乙酯	15	戊酸乙酯	0.5	糠醛	3
乙缩醛	12	丁酸	2	丙醇	2
异戊醇	5	丁二酮	0.2	庚醇	1.4
乳酸	11	丁醇	1	丁酸乙酯	3
己酸	2	乳酸乙酯	14	丙酸	0.5
异戊醛	1	乙酸	10	戊酸	0.4
异丁醇	2	乙醛	5	乙酸戊酯	3
甲酸乙酯	2	己酸乙酯	4		

表 9-17 白兰地香型酒类香精配方

香料品名	质量分数/%	香料品名	质量分数/%	香料品名	质量分数/%
癸酸乙酯	50	冷榨姜油	0.2	柠檬醛	0.7
朗姆醚	10	康涅克油	5	肉桂皮油	0.5
椰子醛	0.3	乙酸乙酯	20	杜松子油	0.1
肉桂叶油	0.5	香兰素	10	丁二酸二乙酯	2.7

表 9-18 威士忌香型酒类香精配方

香料品名	质量分数/%	香料品名	质量分数/%	香料品名	质量分数/%
朗姆醚	45	壬酸乙酯	4.5	乙酸乙酯	3
丁香油	7	己酸戊酯	1.5	己酸乙酯	0.5
苯乙醇	2	乳酸乙酯	4.5	辛酸乙酯	1.2
丁酸乙酯	0.8	康涅克油	23	癸酸乙酯	2.2
庚酸乙酯	1.5	桦焦油	3	乙酸苯乙酯	0.3

表 9-19 朗姆酒香型酒类香精配方

香料品名	质量分数/%	香料品名	质量分数/%	香料品名	质量分数/%
朗姆醚	40	秘鲁香膏	1.2	桦焦油	0.5
丁酸乙酯	16	乙酸	0.7	乙基麦芽酚	1
壬酸乙酯	2	乙酸乙酯	18	丁酸	6
乙酸苯乙酯	0.8	异戊酸乙酯	10		
香兰素	3	辛酸乙酯	0.8		

表 9-20 金酒香型酒类香精配方

香料品名	质量分数/%	香料品名	质量分数/%	香料品名	质量分数/%
杜松子油	70	肉豆蔻油	4	众香子油	1
香柠檬油	1	丁香油	1	艾叶油	2
康涅克油	1	当归根油	5	肉桂皮油	1
芫荽籽油	3	柠檬油	8	苦橙油	5

三、酒的加香法规及标准

目前酒类的加香正朝规范化和标准化的方向发展，其中，白酒的加香相对葡萄酒、啤酒等其他酿造酒来说在规范化方面具有较成熟的体系。

国家有关业务主管部门在白酒规范化、标准化方面进行了一系列的工作：

（1）1989 年前后，对浓香型高、低度白酒，清香型白酒、米香型白酒就制定了国家级标准。并在同年颁布了 GB 10344—89 饮料酒标签标准，其中含有白酒必须在标签上标注香型的规定。

（2）1994 年原国家技术监督局颁布 GB/T 15109—94 白酒工业技术国家标准，对酱香型、浓香型、清香型、米香型、凤香型有了明确定义。

（3）1998 年原国家技术监督局颁布了 GB/T 17204—1998 饮料酒分类标准。除了白酒制曲半固态法、液态法等工艺分类外，指出深层次白酒可按香型分类。

（4）20 世纪 90 年代初原轻工业部组织有关专家在陕西省西安市对白酒新香型制定了牵头企业产量方案，行业产量规模、香型的机理、独特工艺等六项原则，为成立新香型的工作铺平了道路。原国家质量监督检验检疫总局，根据国际传统产品原产地域保护的经验做法，发布了六号令。白酒行业的茅台酒、水井坊酒、古井贡酒、口子窖酒、道光廿五酒，按照原产地域要求，分别批准公布了原产地域国家强制性标准。原产地域强制性标准的实施，不仅保护了地域传统名优产品，而且净化市场、打击假冒伪劣也有了法制依据。原产地域产品标准，比原来的产品标准增加了地域范围内环境，酿造工艺特点，产品质量的特征等内容。促进了产品与世界接轨，与广大消费者当前和将来发展要求相适应，是我国白酒香型的新趋势。

由于上述标准的规范和引导作用，气相色谱分析技术在白酒领域得到迅速推广和应用，为中国白酒特征性香味成分的发现及定性定量分析提供了技术支撑，同时也为新型白酒的发展奠定了坚实的基础；白酒分析方法的建立和检验规则的标准化，使得企业除了能对终端产品进行检验外，还扩大应用到酿酒生产的过程控制、制曲控制、储存勾兑等诸多领域，对白酒质量的稳定和提高起到了积极的助推作用。

（5）进入 21 世纪，特别是我国加入 WTO 后，为了提高民族传统产品的质量和信誉，积极参与国际酒类市场竞争，2004 年国家标准化管理委员会加大了改革力度，加快了制定、修订标准步伐，本着"标准以企业为主导，面向国际竞争"的宗旨，对现行的国家标准进行了大规模的清理整顿。对清香、浓香、米香等香型白酒的标准、饮料酒标签标准、白酒分析方法等国家标准进行了修订；根据白酒的创新和发展需要，又新增几项新型香型国家标准或部颁标准，并制定了固液法白酒等国家标准。2009 年 12 月至 2010 年 4 月，全国白酒标准化技术委员会酱香型、浓香型、凤香型、豉香型、米香型以及清香型白酒分技术委员会的相继成立，为我国白酒标准化技术的快速发展构建了高层次的统筹指导、合作协调的平台。2010 年后，国家先后制定、修订和出台了《酒类流通管理办法》《发酵酒精工业污染物排放标准》《白酒制造业清洁生产标准》《纯粮固态发酵白酒行业规范》等。目前，我国白酒行业建立了以产品质量标准为主，配套基础标准、方法标准、管理标准、卫生标准、环保标准、产品标志认证标准等为辅的一系列技术标准体系，使我国白酒标准体系建设工作进入一个全新的时期。

第十章
加香技术在其他
工业产品中的应用

第一节　加香技术在饲料中的应用

随着人民生活水平迅速提高，食品类消费量快速增长，其中肉类消费量增长尤其明显，这就促使禽畜饲料生产业也随之飞跃发展。目前，我国年产饲料 1000 多万吨，其中配合饲料 7000 多万吨，已成为仅次于美国的世界第二大饲料生产国。饲料工业在我国已成为一个大规模的产业部门，因此饲料香精的研究开发也随之提上行业议事日程。认识和研究国内外饲料香精的发展状况和应用技术对提高我国饲料的质量、推动饲料工业的发展、提高动物生产水平都是很有意义的。

目前，我国的饲料香精正由早期的仿制和摸索阶段向着研制和创新阶段发展。香料香精、精细化工、生物化工以及微生物技术都得到了广泛的应用，极大地促进了饲料香精技术的发展。

饲料香精（feed flavor）常被称作饲料风味剂、饲料香味剂、饲料香味素、诱食剂等，是根据不同动物在不同生长阶段的生理特征和采食习惯，加在饲料中改善饲料香味，从而改善饲料的适口性、增加动物采食量、提高饲料品质的一种非营养性添加剂。饲料香精一般由醇、醚、醛、酮、酯、酸、萜烯化合物等具有挥发性的芳香原料组成。通过香味剂散发出来的浓郁香气感染周围环境，通过呼吸刺激嗅觉引诱动物采食量的增加。

一、饲料香精的作用机理

饲料香精的作用机理是非常复杂的，它与禽畜的嗅觉、味觉、呼吸系统、消化系统等功能都有密切的关系。动物的味觉是其味觉器官与某些物质接触而产生的，而嗅觉是其嗅觉器官与某些物质接触而产生的。有香气或味道的化学物质与感觉器官接触后，通过物理或者化学作用形成香气和味道的感觉。各种动物的嗅觉和味觉的灵敏度差别很大，大多数哺乳动物的嗅觉和味觉都比人的灵敏。

有实验证明，动物味蕾的数目和其分辨味道的相对能力有密切关系。通常地说，动物的味蕾越多，其味觉就越灵敏。表 10-1 列出了一些动物和人的味蕾数目。

表 10-1　动物和人的味蕾数目（平均值）

物种	平均味蕾数	物种	平均味蕾数	物种	平均味蕾数
鲇鱼	100000	狗	17000	鸡	20
牛犊	25000	人	900		
猪	15000	猫	700		

嗅觉灵敏度同嗅黏膜的表面积和嗅细胞的个数有直接关系，如狗的嗅觉灵敏度很高，对酸性物质的嗅觉灵敏度要高出人类几万倍，是因为狗的嗅黏膜表面积比人类多 3 倍，而嗅细胞数目比人类多约 40 倍。兔子的嗅细胞数目也比人类多1.5 倍（人类每侧的嗅细胞约 2000 万个，兔子约 5000 万个）。

饲料香精的香气、甜味、咸味、酸味、鲜味甚至有些苦味都能刺激嗅觉和味觉引起食欲。通过嗅觉、味觉的共同作用，经反射传到神经中枢，再由大脑发出指令，反射性地引起消化道的唾液、肠液、胃液、胰液及胆汁大量分泌，提高蛋白酶、淀粉酶及脂肪酶的含量，加快胃肠蠕动，增强胃肠机械性的消化运动，这样就促使饲料中的营养成分被充分消化吸收。禽畜吸收快除了长膘快外，还会让其更多、更快地进食，促使其产生更大的食欲和采食行为，提高采食量，促进禽畜生长发育，降低料肉比，提高其生产力和饲料报酬。

二、饲料香精的种类及添加方法

1. 饲料香精的产品特性

大多数食物和饲料即使不加香精也都有一定的香味，其中均含有各种各样的香味物质，这些香味物质主要是天然的醇、醛、酮、醚、酸、脂类、杂环类、含硫含氮化合物、各种萜烯以及食物和饲料加工过程中产生的美拉德反应产物等。而饲料香精目前还是以合成香料配制为主，今后有可能要从天然香料植物或美拉德反应产物、微生物发酵产物、"自然反应产物"中提取。

合成香料绝大多数是低分子有机化合物，有一定的挥发性，可一定程度地溶解于水、醇或油脂。单体香料含碳数在 10～15 左右时香气最强，分子量一般在

17～330 范围内。猪饲料中常用的香味有乳香味、果香味、香草味、巧克力味、豆香味、"五谷"香味、"泔水"香味、鱼腥香味、熟肉香味等，它们分别由带有这些香气的各种香料配制而成，例如乳香香精可以用丁酰基乳酸丁酯、乳酸乙酯、丁二酮、丁酸、丁酸乙酯、丁酸戊酯、香兰素、γ-癸内酯、δ-癸内酯等各种带有乳香香味的合成香料配制，也可以用微生物发酵法、美拉德反应得到带有乳香味的"天然产物"配制。

2. 微胶囊香精的产品特性

微胶囊香精又称微胶囊风味剂或微胶囊香味剂。微胶囊是指粒径为 $50～500\mu m$、由 $1～2$ 层不同物质构成的球形或类似球形的颗粒料，每个颗粒料的内容物为固体、液体或者气体。微胶囊香精有多种形态，除固态、液态及气态微胶囊香精外，还有复合单体多味微胶囊香精、缓释性微胶囊香精、热敏性微胶囊香精、喷涂型和搅拌型微胶囊香精、彩色微胶囊香精、过胃肠溶微胶囊香精等。饲料用微胶囊香精主要是水溶性微胶囊香精，它能使各种香料在饲料加工贮藏中挥发得慢一些，从而增强香味的持久性，动物在采食微胶囊香精后，在口腔唾液的作用下，被胶囊包裹的香味缓慢释出，刺激动物的食欲，增进动物采食。微胶囊香精具有很好的应用前景，经济效益也十分显著。

3. 甜味剂的产品特性

饲料的甜味来自饲料中的营养成分和非营养添加剂，如蔗糖、某些多糖、甘油、醇、醛和酮等，一些稀碱和无机元素也有甜味，大多数多肽、蛋白质无味，但有些天然多肽如托马丁多肽、莫尼林等是目前已知最甜的化合物。由于各种动物对甜味的嗜好，促使饲料甜味剂的大量使用。最早人们使用蔗糖、麦芽糖、糊精、果糖和乳糖等天然糖类作为饲料甜味剂，但因为这几种饲料甜味剂甜度较低，所以如果要达到甜化饲料的效果，需提高添加量，成本太高。后来人们陆续合成了一些新型甜味剂如天门冬酰苯丙氨酸甲酯、甘草酸（盐）、甜菊糖苷、糖精钠、环己基氨基磺酸钠（甜蜜素）、托马丁多肽及增效剂等。

糖精甜度为蔗糖的 $300～500$ 倍，但具有"金属"回味，仔猪对此较敏感，单独长期应用于动物，会引起动物反感，造成采食量下降。将糖精与某些强化甜味剂、增效剂配合使用，可掩盖糖精的不良味道。

甜菊糖苷的安全性较好，但有草药味，苦味浓重。

甜蜜素由于安全性有争议，美国 FDA 已禁用作为食品添加剂。

天门冬酰苯丙氨酸甲酯由于其安全性、味质都较好，作为食品添加剂被世界各国广泛使用，但作为饲料用甜味剂成本较高。

最近出现的一些新型长效强化甜味剂如新橘皮苷二氢查耳酮（可从柚皮或其他柑橘皮提取、制取）甜度较高，而且产生的甜味比较缓慢、持久，能够掩盖饲料的苦味及其他不良味道，是一种较理想的甜味剂新产品，目前也已得到一定范围内的应用。

4. 饲料香精的添加方法

液体饲料香精可以采用喷雾加香的方法加入饲料中，但目前应用最普遍的是把液体香精先同甜味剂、咸味剂、酸味剂、抗氧化剂和各种添加剂及载体拌成粉状"预混料"（俗称饲料香味素）后再加入饲料中。

在颗粒料、膨化料生产中，由于有高温处理过程，会造成一部分香精挥发损失。此时可以采用内外加结合的添加方法，在制粒前和制粒后各加入一部分香料，这样可使颗粒料里外都有香料，既能使头香浓郁，又保证了香味的持久性。对于不同香型的香味剂，添加方法也有差异，奶香型、豆香型、坚果香型等香精较耐高温，宜于内添加；果香型香味剂飘香性较好，宜于外添加。在颗粒料、膨化料、预混料、浓缩料中采用内加甜、外加香的效果也是不错的。

三、饲料香精的功能

禽畜饲料也存在着"色、香、味、形、质"问题。饲料添加香精的目的在于利用动物喜爱的香味促进其食欲，增加饲料的摄取量，提高喂饲效率和养殖业的经济效益。家畜的嗜好性问题主要发生在猪、牛等的哺乳期。一般哺乳动物的嗅觉发达。猪、牛的嗅觉敏感程度更在人类之上。为了使猪、牛等尽早断离母乳而用人工乳喂养，对于配合饲料除了要求营养均衡和饲养效率高之外，提高幼畜的嗜好性自然也是很重要的。在宠物方面，饲料的嗜好性也是非常重要的问题，现在市面上已有许多种宠物专用饲料，这些饲料不但饲养方便，而且能达到营养均衡、调整动物生理机能、避免生病的目的。专用饲料对于动物嗜好性的优劣已经成为市场销售量的决定性因素。

1. 饲料香精对动物食欲和生产性能的影响

动物食欲能否满足通常取决于饲料的适口性。所谓适口性是饲料或饲粮的滋味、香味和质地特性的总和，是动物在觅食、定位和采食过程中视觉、嗅觉、触觉和味觉等感觉器官对饲料的综合反应。适口性决定饲料被动物接受的程度，与采食量密切相关，它通过影响动物的食欲来影响采食量。要提高饲料的适口性，除了选择适当的原料、防止饲料氧化酸败、不让饲料霉变外，在饲粮中添加饲料香精是最有效的措施。

动物采食饲料的量直接影响到动物的生产水平和饲料转化率。最理想的状态是能够在不引起动物健康问题的情况下，维持较高采食量，用于动物生产的能量会相对增加，动物的生产效率可大大提高。采食量太低，饲料有效能用于维持的比例增大，用于生产的比例降低，饲料转化率下降。因此，饲粮中添加适当的饲料香精可提高采食量。增加采食的饲料用于生产的比例，从而提高饲料的转化率。

2. 饲料香精对饲料异味和调整饲料配方的影响

由于饲料中的药物及某些原料中的不适味道会引起禽畜拒食或采食量降低，有必要通过加入饲料香精来掩盖或减缓适口性较差的饲料组分和抗营养因子（如某些蛋白质、脂肪、维生素、抗生素等）的不良气味，使饲料的香味保持一致，从而扩大饲料资源，提高适口性差的原料或代用品的应用，增加动物的采食量。

在配制各种动物饲料时，有许多因素迫使配方需要调整：各种禽畜在不同生长阶段的营养需要不同，口粮配方也不一样；为了提高经济效益、降低饲料成本，需要开发新的饲料资源改变口粮组成；随着人口的增长，谷物用作饲料会越来越少，而农副产品饲料数量则会增加；工业化生产的蛋白质、油脂（如石油发酵蛋白、天然气发酵蛋白、秸秆水解物发酵得到的蛋白质和油脂、各种工业废料提取的蛋白质和油脂等）在今后可能会大量出现。通常情况下，饲料配方的变化将影响饲料的适口性，从而影响动物的采食量。由于动物对已经习惯的味道和气味有一种行为反应，当口粮中存在动物喜欢的某一特别香味时，即使口粮的其他组分变化不大影响它们的采食，这一特性也将有利于禽畜饲料配方的调整，节约饲料成本。饲料中添加香精能有效地保证在改变禽畜口粮的配方时，饲料适口性和动物采食量不受影响，并满足禽畜在不同生长阶段的多种营养需要。

此外，有些特定配方的饲料香精还可以对饲料中油脂的酸败起到抑制的作用。油脂的酸败产生不良气息，动物一闻到这种不良气味就拒绝或减少采食。天然香料和合成香料里的某些成分可以防止油脂在储存期间氧化酸败。

3. 饲料香精对动物采食行为和诱食的影响

某些动物具有天生对饲料的喜好厌恶，以及从过去的采食经历或通过人为的训练而对饲料产生的喜好或厌恶。由于动物只能通过感觉器官来辨别饲料，可能将饲料的适口性或风味（滋味和香味的总和）与过去某种不适（通常是胃肠道不适）或愉快的感觉联系在一起，产生厌恶或喜好，从而改变其采食行为。当动物对某种风味产生厌恶后，就会几乎或完全不采食含有这种风味的饲料；当动物对某种风味产生喜好后，就会喜爱含有这种风味的饲料。动物对某种风味产生的厌恶或喜好大部分取决于与该风味相关的饲料被采食后的效果，这种喜好一旦确立后就难以改变。幼畜与年长的动物相比，易产生喜好，也易引起厌食。

4. 饲料香精促进动物消化腺的发育和养分的消化吸收

饲料香精通过动物嗅觉和味觉产生食欲刺激，通过大脑皮层反射给消化系统，促进动物消化腺的发育，引起消化道内唾液、肠液、胰液及胆汁的大量分泌，各种消化酶如蛋白酶、淀粉酶、脂肪酶等分泌量相对加大，达到加快胃肠蠕动，促进饲料分解消化的效果，使饲料中的养分得以充分消化吸收，最终提高饲料消化率。饲料消化快速、良好又进一步刺激动物食欲，形成多量采食的良性循环。

5. 饲料香精对缓解动物应激的影响

动物在断奶、转群、高低温、预防接种、疫病等条件变化时，会产生应激反应，降低食欲，影响采食量，从而影响生产性能，这时饲喂添加香料的饲料能够提高其适口性，刺激动物食欲，保证其采食量，缓解应激带来的不良影响，保证动物不受条件变化对生长、生产的影响。

6. 饲料香精对饲料商品性的影响

商品饲料中添加香精不但能保证产品适口性，还能有效地保证商品饲料特定的商品风味和香型，达到区别于其他饲料产品，提高产品质量档次的目的；商品饲料中添加特定的香味剂，能产生特定的风味和香型，可防止饲料产品被假冒，增强饲料产品的市场竞争力。由于香味最难模仿而又最易于被消费者识别，添加某种特定风味的香精已成为一些大型饲料制造厂最简单易行、最有效的防伪手段之一。

表10-2～表10-10列举了一些可适用于饲料的示范性应用香精配方。

表 10-2　乳猪饲料香精配方

香料品名	质量分数/%	香料品名	质量分数/%	香料品名	质量分数/%
丁酸乙酯	8	丁酸戊酯	10	丁二酮	1
乳酸乙酯	20	戊酸戊酯	10	香兰素	4
丁酰乳酸丁酯	6	γ-壬内酯	10	乙基麦芽酚	2
乙酸戊酯	4	γ-十一内酯	10	对甲氧基苯乙酮	2
丁酸	2	δ-癸内酯	10	洋茉莉醛	1

表 10-3　牛饲料香精配方

香料品名	质量分数/%	香料品名	质量分数/%	香料品名	质量分数/%
甜橙油	10	大茴香油	12	丁二酮	1
丁酸乙酯	2	丁酸戊酯	3	香兰素	10
3-羟基-2-丁酮	4	戊酸戊酯	2	乙基麦芽酚	4
乳酸乙酯	19	γ-壬内酯	4	对甲氧基苯乙酮	2
丁酰乳酸丁酯	6	γ-十一内酯	10	洋茉莉醛	1
乙酸戊酯	1	δ-癸内酯	4	二氢香豆素	5

表 10-4　鸡饲料香精配方

香料品名	质量分数/%	香料品名	质量分数/%	香料品名	质量分数/%
大蒜素	30	甜橙油	20	乙基麦芽酚	6
大茴香油	20	丁酸乙酯	24		

表 10-5　鱼饲料香精配方

香料品名	质量分数/%	香料品名	质量分数/%	香料品名	质量分数/%
δ-氨基戊醛	1	甜菜碱	2	乙基麦芽酚	2
δ-氨基戊酸	2	壬二烯醇	1	鱿鱼浸膏	10
大蒜素	2	香兰素	2	味精	78

下列奶香、果香、酒香、巧克力香等饲料香精配置配方（质量分数）为：香精 10%，糖精 10%，载体 80%。

表 10-6　奶香型饲料香精配方

香料品名	质量分数/%	香料品名	质量分数/%	香料品名	质量分数/%
乳酸乙酯	50	γ-葵内酯	5	丁二酮	1
香兰素	10	丁酰乙酸丁酯	18	δ-葵内酯	5
乙基麦芽酚	1	乙基香兰素	10		

表 10-7　椰子香型饲料香精配方

香料品名	质量分数/%	香料品名	质量分数/%	香料品名	质量分数/%
椰子醛	47	苯甲醛	1	乙基麦芽酚	1
丁香油	2	苯甲醇	10	己酸	1
乙基香兰素	5	苯乙酸丁酯	2	乙酸乙酯	1
庚酸乙酯	3	香兰素	5	苯甲酸苄酯	20

表 10-8　草莓香型饲料香精配方

香料品名	质量分数/%	香料品名	质量分数/%	香料品名	质量分数/%
草莓醛	10	丁二酮	1	丁酸乙酯	20
草莓酸	2	乳酸乙酯	14	乙酸异戊酯	4
乙基麦芽酚	5	桂酸乙酯	10	γ-葵内酯	5
己酸乙酯	10	草莓酸乙酯	1	桃醛	3
乙酸乙酯	10	香兰素	5		

表 10-9　酒香型饲料香精配方

表 10-9　酒香型饲料香精配方

香料品名	质量分数/%	香料品名	质量分数/%	香料品名	质量分数/%
己酸乙酯	40	乙酸异戊酯	3	乙基麦芽酚	2
壬酸乙酯	6	乳酸乙酯	21	异戊酸异戊酯	10
香兰素	8	庚酸乙酯	10		

表 10-10　巧克力香型饲料香精配方

香料品名	质量分数/%	香料品名	质量分数/%	香料品名	质量分数/%
苯乙酸异戊酯	70	δ-癸内酯	5	乙基麦芽酚	2
乙基香兰素	10	香兰素	10	椰子醛	3

第二节　加香技术在塑料制品中的应用

改革开放以来，我国的塑料工业得到了蓬勃的发展，年平均增长速度达到 10％以上。早在 2001 年时，我国塑料制品总产量已达 2000 多万吨，位居世界第二。塑料已成为与钢铁、水泥、木材并驾齐驱的新型材料产业，广泛应用于农业、包装、建筑及人们日常生活相关的各种领域。

芳香塑料以其新型功能成为塑料制品中的新宠。在产品成型加工过程中加入了增香剂，使制品在使用时能发出芳香的气味，给人以新鲜舒雅、清新的感觉，如塑料骨花、塑料香味工艺品、塑料香味玩具等。

一、基质情况

塑料是分子量大、分子间距宽的高分子聚合物。在塑料分子结构中，既有分子规整排列的晶区，又有无序排列的无定形区，有的还含有极性基团，这就有利于用物理和化学方法使增香剂的有效性成分渗透到塑料分子中，形成增香剂与高聚物结构紧密的多相体。由于低分子物的易渗透性、挥发性及相溶性的差别，使塑料中的增香剂不断由高浓度区域向低浓度区域扩散，再从表面挥发到环境中去，塑料因此散发出芳香气味，从而达到长期散香的目的。

二、对香精的要求

塑料加工时需要 100℃以上的高温，因此必须选择沸点较高、耐热性能好、不易与塑料基体及其他助剂起反应、无毒性，且与塑料基体有一定相溶性的香精。当然，如果耐热性好但香精的释放量极低，也达不到使用要求。塑料加香用的香料品种可在酯类、醇类、醛类、羧酸类香料中选择。

三、加香工艺

芳香塑料通常是在塑料基体中添加香母粒制得。香母粒一般由载体、香精和添加剂组成，通过一定的工艺条件将香精均匀地分散在基体材料中制得。制备加香塑料的方法一般有下列几种：

（1）涂布法　将香精加入香基中勾兑后，在工艺温度下涂布于塑料制品表面。例如：将玫瑰香精加入蔗糖硬脂酸酯中，在50℃以下搅拌成透明黏稠状体，涂于塑料制品表面，可保香几个月。

（2）加压渗透法　将香精和流体状塑料充分混合后铸块。例如：将30g分子量为2000的聚乙烯蜡与1.5g香菜油，在3.54×10^5Pa下搅拌15min，然后铸成2.5g的模块，可保香几个月。

（3）加温渗透法　在塑料颗粒成型过程中严格控制反应条件并逐步加入特定香精以制备香母粒。例如：将醋酸乙烯（VA）含量较高的乙烯-醋酸乙烯的无规共聚物（EVA）颗粒放入能控温的专用混合器内，随着树脂的不断翻滚将香精逐步加入，可制成20%～30%（质量分数，下同）的香母粒。

（4）混炼造粒法　其配方为载体树脂57%，香精20%，二氧化硅等无机填料20%，聚乙烯蜡3%。其工艺流程如图10-1所示。

图10-1　混炼造粒法工艺流程示意图

四、香型及配方举例

目前塑料用香精的香型有：花香型，如茉莉、玫瑰、桂花、丁香、栀子花等；果香型，如柠檬、草莓、柑橘、水蜜桃、巧克力等；木香型，如松针、冷杉、樟脑、薄荷、檀香、冬青等；动物香型，如麝香、烤牛肉等。

适用于塑料制品加香的应用香精示范性配方如表10-11、表10-12所示。

表 10-11　栀子花香型塑料用香精配方

香料品名	质量分数/%	香料品名	质量分数/%	香料品名	质量分数/%
乙酸苏合香酯	4	新铃兰醛	5	芳樟醇	10
α-己基桂醛	20	羟基香茅醛	10	甜橙油	5
乙酸苄酯	20	吲哚	4	柠檬醛	1
铃兰醛	5	乙酸芳樟酯	14	椰子醛	2

表 10-12　檀香-玫瑰香型塑料用香精配方

香料品名	质量分数/%	香料品名	质量分数/%	香料品名	质量分数/%
檀香 803	15	紫罗兰酮	1	香兰素	2
檀香 208	4	芳樟醇	3	苯乙醇	10
血柏木油	18	乙酸芳樟酯	1	乙酸苯乙酯	2
广藿香油	2	甜橙油	4	乙酸松油酯	4
玫瑰醇	11	松油醇	12	异长叶烷酮	4
二苯醚	2	二甲苯麝香	4	十一醛	1

第三节　加香技术在纸制品中的应用

　　纸在生活中的应用非常广泛，与人们的衣食住行息息相关。书写、印刷需要大量的纸，日常生活对卫生纸、面巾纸的需求量同样很大，此外还有信封、扑克、各种宣传画、包装盒、贺卡等用纸需求。随着科技的发展和人们环保意识的提高，纸将发挥更大的作用，如塑料袋正在面临被环保纸袋取代的趋势。

　　生产中给纸制品加香已经流行多年，加香能提高纸制品的档次、增加对消费者的吸引力、提高在市场上的受欢迎程度。给纸张加香已渐成趋势，而要保证芳香纸制品质量的重要因素是纸用香精的质量。

一、基质情况

　　纸的主要化学成分是纤维素，纤维素几乎不与任何有机溶剂发生化学反应，也不溶于绝大多数有机溶剂，因此少量香精加在纸制品里一般不会有什么变化。

二、对香精的要求

　　不同的纸制品所要求的香精是不同的。下面以最常见的书写印刷纸和面巾纸为例。

书写印刷纸的成本不高，所以选用的香精成本也应该尽可能低；对白色纸制品来说应尽量用无色或浅色、不变色的香精；书写印刷纸一般都暴露在空气中，香气容易挥发，所以应该选择一些挥发度较低的香料。另外，人们往往不希望书写印刷纸的香气过于浓烈，反而希望它的香气比较淡雅，所以可选择一些具有文化底蕴的气息，如梅、兰、竹、菊、木香香型等用于书写印刷纸的加香。

与书写印刷纸一样，面巾纸也需要成本低、不变色的香精；由于不用担心油墨的问题，面巾纸可使用较高浓度的香精，使香气较为芬芳浓郁，但这也要因人而异，因为有些消费者更喜欢清淡的香气。

三、加香工艺

总体来说，相比于其他制品，纸制品的加香工艺算是比较简单的。纸制品具体加香方法有三种：传统的香精喷洒液、香味油墨和新兴的微胶囊香精加香。报纸、杂志、书籍、传单、说明书、扑克等印刷品可以事先将香精加在油墨中，印刷后这些制品就具有香气；卫生纸、卫生巾、纸巾、各种包装用纸、纸箱等可以在生产流水线上喷雾加香；油纸、油毡等可以预先把香精溶解在油里，也可在生产流水线上加香；用纸做的材料，可以先把纸浆与香精混合搅拌均匀再压制成型，这样香料进入纤维素材料里留香会较为持久一些，也可以在材料压制成型后在表面进行喷雾加香，香精通过纤维素的毛细管渗透到纸制品里面。值得注意的是，微胶囊香精的成本会略高，加香时可将其直接加到纸制品中，随着消费者的使用，微胶囊破裂，纸制品会释放出香气。

四、香型及配方举例

纸制品用香精常见的香型有：果香，如青苹果、柠檬、桃、草莓、甜橙、椰子等；花香型，如玫瑰、茉莉、薰衣草、梅花、菊花、兰花、橙花、桂花、康乃馨、铃兰、紫罗兰等；其他香型，如薄荷、森林、木香、素心兰、馥奇、辛香、香草、巧克力、可乐等。

各种纸制品的香精香型还要根据其不同用途来选择，如餐巾纸和餐具的加香可用水果、蔬菜、茶等的香气以增加食欲，如果采用浓郁的香水香气反而会使消费者倒胃口；各种宣传品的加香可以采用浓烈而独特的香气，以给人留下深刻的印象；贺卡、优惠券之类的纸制品则可采用素心兰、馥奇、木香等容易被人所接受的香型。

适用于纸制品加香的应用香精示范性配方如表10-13、表10-14所示。

表 10-13　茶香型餐巾纸用香精配方

香料品名	质量分数/%	香料品名	质量分数/%	香料品名	质量分数/%
叶醇	5	顺茉莉酮	2	芳樟醇	8
二氢-β-紫罗兰酮	10	苯乙醇	2	芳樟醇氧化物	5
二氢茉莉酮酸甲酯	15	橙花叔醇	30	香叶醇	15
吲哚	3	苄醇	5		

表 10-14　兰花香型纸用香精配方

香料品名	质量分数/%	香料品名	质量分数/%	香料品名	质量分数/%
二氢茉莉酮酸甲酯	20	芳樟醇	10	铃兰醛	10
橙花叔醇	30	乙酸芳樟酯	10	水杨酸戊酯	20

第四节　加香技术在涂料中的应用

作为一种新型装饰材料，建筑涂料因其良好的经济性、美观性、安全性，被广泛应用于建筑物内外墙装饰及地板、屋顶、门窗、路标、桥梁和工业设施的维护，呈现出替代传统装饰材料的趋势，并逐步形成了功能齐全、品种繁多的新型建材体系。建筑涂料是我国涂料产业增长最快的子产业。我国房地产业蓬勃兴起，为建筑涂料的应用提供了巨大的市场空间。有关市场调研资料显示，近年来我国每年对建筑涂料的需求达 20 万～30 万吨。

建筑涂料使用较多的是内墙涂料和外墙涂料。外墙涂料的加香不具有现实意义，但内墙涂料有其加香的必要性。在内墙涂料中加香以掩盖其不良气味，并散发出清新气味，满足人们追求高生活质量的要求，这也是建筑涂料今后发展的趋势。

一、基质情况

建筑涂料由基料、颜料、填料、溶剂（包括水）及各种配套助剂所组成。基料是涂料中最重要的组成部分，对涂料和涂膜的性能起着决定性作用。一般可分为以下几种类型。

（1）有机类　又可分为水溶性树脂、聚合物乳液和溶剂型高分子聚合物三种类型。

① 水溶性树脂：如聚乙烯醇、聚乙烯醇缩甲醛等。

② 聚合物乳液：如丙烯酸乳液、苯乙烯丙烯酸酯乳液、乙烯丙烯酸乳液、乙

酸乙烯乳液、有机硅丙烯酸酯乳液等。

③ 溶剂型高分子聚合物：如丙烯酸树脂、丙烯酸聚氨酯树脂、有机硅改性丙烯酸树脂、氯化橡胶、环氧树脂等。

（2）无机类　有水玻璃、硅溶胶等类型。

（3）有机-无机复合类　如硅溶胶-苯乙烯丙烯酸酯乳液、硅溶胶-乙烯丙烯酸酯乳液、硅溶胶-乙酸乙烯乳液、聚乙烯醇-水玻璃等。

其中，使用最为广泛的是聚合物乳液及溶剂型高分子聚合物。基料中残留的游离单体和助剂常带有不愉快的化学气息。

二、对香精的要求

内墙涂料一般为白色或浅色，这就要求香精颜色不要太深，更重要的是不能变色，应有适宜的香气，且要有一定的留香能力。

三、加香工艺

将香精加入内墙涂料中混合搅拌均匀，因为涂料中有一定比例的乳化剂，加上涂料的黏性有利于不溶物悬浮而不易沉淀，所以一般情况下香精可分散于涂料中。

四、香型及配方举例

目前市场上，在涂料中加入果香型和花香型香精尤其得到人们的喜欢。常用香型有青苹果、柠檬、香蕉、甜橙、哈密瓜、樱桃、草莓、茉莉和白兰等。

适用于涂料加香的应用香精示范性配方如表 10-15、表 10-16 所示，其中青苹果香型香精的加香量为 0.5%，茉莉香型香精的加香量为 0.2%。

表 10-15　青苹果香型内墙涂料用香精配方

香料品名	质量分数/%	香料品名	质量分数/%	香料品名	质量分数/%
苹果酯	25	反-2-己烯醇	0.5	α-己基桂醛	0.6
乙酸异戊酯	1	女贞醛（10%）	3	苯乙醇	2.1
丙酸异戊酯	0.6	乙酸苏合香酯	1.2	香茅醇	1
异戊酸异戊酯	1	乙酸芳樟酯	3	二氢月桂烯醇	2.2
桃醛（10%）	4.3	二甲基苄基原醇	1	甲基壬基乙醛	0.4
γ-癸内酯（10%）	0.5	乙酸诺卜酯	2.3	佳乐麝香	2.2

香料品名	质量分数/%	香料品名	质量分数/%	香料品名	质量分数/%
柠檬油	1.2	苯乙二甲缩醛	0.5	苯甲酸苄酯	35
柠檬醛丙二醇缩醛	1	乙酸苄酯	4.8	铃兰醛	1.1
己酸烯丙酯	0.5	丙酸苄酯	0.5		
苯甲醛（20%）	0.7	二氢茉莉酮酸甲酯	2.8		

表 10-16　茉莉香型内墙涂料用香精配方

香料品名	质量分数/%	香料品名	质量分数/%	香料品名	质量分数/%
乙酸苄酯	26.8	玳玳叶油	2.4	乙酸香叶酯	1.2
丙酸苄酯	5.3	橙叶油	2.4	柠檬油	0.6
二氢茉莉酮酸甲酯	9.6	邻氨基苯甲酸甲酯	2.5	苯甲醇	11.7
α-戊基桂醛	1.2	吲哚（10%）	0.6	二甲基苄基原醇	22.4
α-己基桂醛	3.7	苯乙醇	2.5	羟基香茅醛	2.4
茉莉酯	1.2	香叶醇	1	佳乐麝香	0.6
芳樟醇	9.7	玫瑰醇	1.6		
乙酸芳樟酯	10.1	苯乙醛	0.4		

第五节　新型加香技术在纺织品中的应用

　　经过加香处理的纺织品不仅能释放宜人的香气吸引消费者购买使用、丰富人们的物质生活，同时也能增加产品的美学艺术效果、丰富人们的精神生活。

　　生产加香纺织品的重要一环是解决香气在织物上缓释、留香的问题。普通香精容易挥发，使用中存在散发快、热稳定性差、留香时间短的缺点。国内外通过试验和研究发现，将普通香料、香精加工成微胶囊香精（具体技术处理方法详见本书第十一章第三节）是使加香纺织品缓释长效化的有效途径。

　　当前，微胶囊香精在纺织品上的较成熟的技术应用主要有四种方式：

　　（1）在涂料印花时将微胶囊香精加入涂料印花浆中或在涂料染色时将微胶囊香精加入涂料染色液中，然后按常规工艺印花或染色。

　　（2）在纺织品后整理过程中加入，即在柔软、防水、抗静电等后整理时将微胶囊香精加入整理液，同液整理。

　　（3）喷雾上香，将微胶囊香精调配成液状，用喷壶向各种需要加香纺织品的适当部位上进行喷雾加香。

　　（4）让微胶囊香精通过纺丝喷嘴直接进入聚酯纤维内部，制成各种芳香化纤纺织品。以该方式使用的微胶囊香精一般用 β-环糊精包结法制作。

在运用以上四种方式生产加香纺织品时，必须根据工艺要求先将微胶囊香精调配成适当的剂型，如：浆状、液状、粉状。若选择不当则不能收到理想的效果。

另外，常用的香精微胶囊制法各有优缺点（详见十一章第三节）：如 β-环糊精法，工艺简便，可连续大规模生产，但 β-环糊精原料价格较高，因此生产成本高；其他物理方法虽然成本较低，也可连续化自动化生产，但制得的微胶囊常存在致密性差、稳定性差、包囊率低等缺点。又如复相凝聚法有包囊率高、稳定性好的优点，但工艺流程长，技术要求高，操作也较复杂。因此，应根据实际需要确定合适的制法。

目前，香料香精微胶囊在我国纺织工业中主要应用于香味印花、织物卫生除臭整理、制造加香合成纤维等方面，并取得了一些可喜成果和市场回报。

一、香味印花

在印花浆中加入香精印制出有香味的印花布，不仅使人在视觉上获得美的享受，而且在嗅觉上得到愉快的满足。这种产品开始只限于印花布，由于深受消费者欢迎，目前已发展到服装、床单、手帕、袜子、围巾等多种纺织品上。

香味印花使用的香精一般是液体香精或其他的有机溶液，要求能与有色的涂料浆混溶并依靠黏合剂固着在织物上。香精的组成十分复杂，比如广泛应用于香味印花布上、备受人们喜爱的桂花香型香精，通常是由紫罗兰酮、甲基紫罗兰酮等 19 种原料按一定比例配制而成的。一般情况下，香精中含有的有机物成分多是易挥发、化学性质不稳定的物质，所以在使用和储存期间，难免会挥发散失或分解变质。为保护香精免受外界环境因素的影响，并延长其释香期限，最好把香精微胶囊化。在开孔型香精微胶囊的壁壳上有许多微孔通道，当气温升高或穿着时的体温作用都会使微孔扩大，胶囊内包裹的香精释放加速；反之，在不穿着的储存过程中，香精微胶囊表面温度较低，导致微孔缩小或紧闭，香精释放速度减缓。而封闭香精微胶囊壁壳上不含微孔，只有在人们穿着时与外界接触摩擦，使囊壁破裂才释放出香味。

采用微胶囊化的方法可以较有效地控制香精的释放，但存在生产成本提高、包囊率较低的缺点，那些未被包覆的香精仍在囊外自由释放。近年来纺织业应用一种新方法，即在织物上印上某些物质，这些物质在一般情况下不会相互反应，只有在紫外线（日光）照射、氧气（空气）流通、加热（体温或气温升高的影响）、湿度（出汗、阴雨）变化等环境因素催化作用下，才会互相反应，产生香味物质，这样就可以避免衣物在不穿时香味的无效逸散。

香味印花的加工工艺与通常的印花工艺基本相似。只要把制得的香精微胶囊与适当的黏合剂浆液混合（要求使用的黏合剂浆液与香精微胶囊及织物都有很好的相容性），再通过浸渍法、喷雾法或刮板法把印花浆施于织物上烘干即可。

【实例1】凝胶型香精微胶囊的制备及香味印花工艺

配制质量浓度为30g/L（3％）的明胶水溶液和同浓度的阿拉伯胶水溶液，两种溶液以1∶1（质量比）混合，保持溶液温度在40℃，pH值调整为7左右，即可得到均匀的单相溶胶。在搅拌条件下把香精加入溶胶中，形成O/W型乳状液。在保持40℃的条件下，搅拌并滴加10％的乙酸溶液直至混合体系的pH值为4，此时胶液黏度逐渐增大，外观变得不透明并发生相分离，形成一个由浓度为20％左右的明胶-阿拉伯胶组成的凝聚相和一个胶体浓度低于0.5％的液体连续相。离心使上述两相体系转变为油相、凝聚相和连续相三相体系，冷却至0～5℃，加入10％NaOH至pH值为9～11，再加入37％的甲醛，搅拌10min，然后升温至50℃进行固化处理，过滤干燥，得对应的香精微胶囊产品。

把上述制备好的香味微胶囊与适当印花浆料相混合制备印花浆，然后进行丝网印花。预烘条件为50℃、10min，烘焙条件为130℃、15s。此外，香味印花还可采用浸渍法、喷雾法等手段予以实现。

二、织物卫生除臭整理

在织物卫生除臭整理时要利用微胶囊的保护作用和缓释作用使整理剂起到更好的使用效果，这类整理剂微胶囊包括香料、除臭剂、驱虫剂、杀菌剂等。

用香精微胶囊进行织物的香味整理时，可以减少香精挥发损失使香味更持久。香味整理用的香精微胶囊通常是用凝聚相分离的方法制备的，其粒径在10～15μm，经干燥处理后分散到黏合剂溶液中，经涂敷施于织物表面。

由于香精微胶囊粒径很小，在滚压过程中可以不破裂而全部黏结到织物的缝隙中间。利用香精微胶囊不仅可以对织物进行香味整理，而且也广泛用于对缎带、手帕、围巾、领带、窗帘和其他家庭装饰品的香味整理上。

目前这种经过香精微胶囊整理的纺织品在国外已有出售，如长筒袜、紧身衣、毛衣、领带、短袖圆领衫等。如经过加香整理的一双长筒袜上可含有200万个粒径为5～10μm的香味微胶囊，穿着时正常的压力即可使微胶囊破裂而放出香味。由于香料微胶囊较牢固地固着在织物上，甚至经过10次手洗之后仍能保持香味。

【实例2】聚氨酯型香精微胶囊的制备及织物芳香整理

1. 聚氨酯型香味微胶囊的制备　第一步是预聚物的制备。根据微胶囊囊壁软硬要求不同来选择，将聚乙二醇400（PEG 400）或聚乙二醇1000（PEG 1000）完全溶解在丙酮中，水浴冷却，按照摩尔比3∶1的比例加入2,4-甲苯二异氰酸酯（TDI），然后加入适量引发剂，反应一定时间后停止。第二步是微胶囊的制备。

按照壁材：芯材为（1∶2）～（1∶3.5）的比例将香料与第一步所得预聚物混合均匀，在加热和快速搅拌的情况下加入含有乳化剂的水溶液中，形成 O/W 型乳状液，乳化到微胶囊粒径符合要求后再加入扩链剂，恒温搅拌条件下继续反应一定时间。

聚氨酯型芳香整理微胶囊的制备流程如图 10-2 所示。

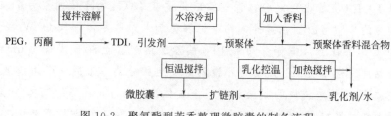

图 10-2　聚氨酯型芳香整理微胶囊的制备流程

2. 芳香整理工艺

采用浸→轧→烘或浸→甩→烘的流程。

参考配方：稀释比例（1∶15）～（1∶50）（根据香气浓度而定），轧余率100%，黏合剂 1%（可适当增加），于 100℃以下烘干。

聚氨酯型香味微胶囊克服了明胶-阿拉伯胶、脲醛树脂、蜜胺树脂微胶囊存在的甲醛残留问题，同时还克服了环氧树脂微胶囊制备中的变味、变色问题。但其留香时间相对较短。

三、加香合成纤维

自 20 世纪 80 年代以来，从日本的纺织业龙头企业开始，化学纤维加香技术在织物生产中开始兴起，在业内现已得到推广应用。

一般加香合成纤维及其制造方法如下。

1. 微胶囊复合物的制备

一般采用环糊精为壁材，用 15%～40%的乙醇水溶液溶解环糊精，配成饱和溶液。然后在其中加入香精，香精与环糊精的比例为（1∶3）～（1∶9），具体比例视香精分子量大小而定。在搅拌条件下加入香精，待 2.5～4.5h 后，白色物沉淀充分，将其过滤并用 5%～10%的乙醇溶液洗涤表面残留的香精。然后在 105℃下真空干燥 8～12h。

2. 合成纤维的制造

一般采用直接纺丝工艺或间接纺丝工艺。以聚酰胺 66、聚酰胺 6 香味纤维的直接纺丝工艺为例，其微胶囊复合物分散在水中形成 10%～30%的悬浮液，在搅拌条件下从生产线上的反应器出口注入聚合物中，进行熔融纺丝的温度较常规纺丝温度低 2～5℃。微胶囊加入量为物料的 0.3%～0.8%。而其间接纺丝工艺一般为：将聚酰胺 66、聚酰胺 6 切片烘干至含水量 0.03％以下，与微胶囊复合物混匀，在比常规纺丝温度低 2~5℃的温度下纺丝。

受篇幅所限，下面以技术运用比较成熟的涤纶（PET）纤维加香技术为例，简述化学纤维加香工艺。

【实例 3】长效加香涤纶（PET）纤维的制造

称取 1.0g 明胶和 1.0g 阿拉伯胶分别溶解于 100mL 蒸馏水中，加热至 50℃。

将 1mL 香精分散于 10mL 1％乳化剂溶液中，加入上述阿拉伯胶溶液，保持水浴 50℃，快速搅拌，乳化 3min；再缓慢加入上述明胶溶液，放慢搅拌速率，5min 后用乙酸调节 pH 值至 4.5 以下；继续搅拌 30min，将水浴温度降低至 5℃左右，即可制得微胶囊乳液。

在已制备好的微胶囊乳液中加入 1g 黏合剂，称取 10g PET 纤维浸没其中，然后取出甩干，控制其含液量为 80％，在 80℃下固化 60min，即可制得长效加香PET 纤维。经 GC（气相色谱仪）测定该法制得的长效加香纤维留香期可达一年以上。

第六节　新型加香技术在其他领域中的应用

除了前文所述的工业制品，加香技术在以下领域也取得一定的研究进展和应用成果，但受技术手段、生产成本等原因所限，尚未形成成熟且完善的应用体系。现将当前主要技术应用归纳整理如下。

1. 芳香疗法

目前在欧美国家，已不仅把香味添加当成一种简单的提高产品附加值的技术手段，还逐渐将其发展、应用成一种医疗的辅助手段。根据一些公开的临床医学和心理学的实证研究表明，芬芳的香味除了具备一定的消毒、杀菌、防病、保健作用外，对人的心理和情绪也有很大影响。

一些香味有使人神经松弛、精神压力减轻、肌肉放松的作用。令人愉快的香气能增加人大脑中类似吗啡物质的浓度，有帮助人振奋精神、克服消沉情绪的作用。周期性地嗅闻某些香味，能帮助人提高工作效率。如天竺葵香气有消除疲劳和镇静安眠的作用；水仙花香可诱发温馨的感情，使人精神焕发；玫瑰花香能激发人的开朗情绪，产生愉快感，并有镇静和催眠的作用；薄荷、铃兰的香气可使人注意力集中的时间延长；茉莉、薄荷、香豆素的香气有助头脑清醒的作用；苹果香气有使人情绪保持平静和降低血压的作用。适宜的香气能缓解人的消极情绪，减轻心理压力，甚至能帮助改善人际关系，减少人际交往中产生冲突的可能性。

不同的香气对性别和年龄不同的人还有特殊的生理作用，如水仙花和紫罗兰的香气能使妇女感到温馨缠绵、老人闻到康乃馨的香气容易唤起对早年生活欢乐的回忆、菊花的香气能促使孩子联想丰富及思路敏捷等。

香料香精之所以有一定的医疗辅助作用，是因为一些类型的香气被呼吸道黏膜吸收后能促进体内免疫球蛋白的增加，提高人体抵抗力，并有调节人体自主神经平衡的作用。另外，香精中含有的某些化学物质也确有一定的医疗功效，常被提取出来应用在制药领域，如菊花香精中含有龙脑、菊花环酮等芳香物质，有祛风、清热、平肝、明目等作用，可用于相应药物的制作及生产中。

2. 香料香精微胶囊技术在香烟中的应用

经过多年发展，目前香料香精微胶囊技术在香烟中开始大量应用。通常烟草在燃烧时会产生一些有辛辣味道的有机物，如果在香烟中加入一些樟脑、薄荷、柠檬、樱桃之类的香精，就可以用它们的香气来掩盖烟草燃烧过程中产生的辛辣味。通常在制造香烟过程中都加有香料，但香料都是易挥发的有机物。为了减少香料在香烟储存期间的挥发散失，可以把香料制成微胶囊形式。油性香料通常用复合凝聚法的明胶-阿拉伯树胶体系制备，如含有樟脑、薄荷的香料微胶囊都可用这种方法制备。把香料微胶囊悬浮在水溶性黏合剂溶液中后，就可以喷洒在烟丝上与烟丝一起形成烟卷。由于明胶-阿拉伯树胶体系有严密的包覆作用，储存期间香料不会从微胶囊中逸出而挥发散失，因而可长时间保存。吸烟时烟丝燃烧产生的热量会使微胶囊破裂而放出香料，并使其辛辣味得到掩盖。

3. 香料香精微胶囊技术在空气清新制品中的应用

香料香精微胶囊还可制成需持续释放香气的空气清新制品。凝胶化是固体空气清新制品制备的常用方法，它可分为水性凝胶和油性凝胶两类：①水性凝胶是以水为基材，用鹿角菜、琼脂、羟丙基纤维素等水溶性高聚物为凝胶剂。例如，由 3 份鹿角菜、0.2 份聚丙烯酸、3 份柑橘香精、6 份异丙醇、4 份乙二醇和 97.0mL 水组成一个水凝胶型空气清新剂。另一种就是 0.8% 的明胶、0.07% 的苯甲酸钠、0.18% 的对二氯苯、7% 的玫瑰香精、0.1% 的吐温、20.3% 的乙醇、4% 的甘油及 84.85% 的蒸馏水，该空气清新剂留香时间长且容易制备。②油性凝胶是以链烷烃、萜二烯系溶剂等为基材，用油性高聚物作为凝胶剂。例如将香精 10 份、$C_8 \sim C_{10}$ 异链烷烃 70 份、苯乙烯-乙烯-丁二烯三元共聚物 20 份相混合，在 100℃ 下搅拌 30min，然后趁热将其铸成一个直径为 7cm、高为 3cm 的凝胶状圆柱形固体空气清新制品。

第十一章
新技术在香料香精
工业中的应用

近些年，新工艺技术和仪器分析技术在香料香精工业中的应用愈加广泛，这给行业注入了新的生机和活力，在某些层面甚至带来了革命性的变化。结合文献资料，笔者在此介绍几种具有代表性的香料香精领域新应用技术。

第一节　分子蒸馏技术

分子蒸馏又叫短程蒸馏，是一种在高真空下操作的新型液-液分离技术。在极高真空度下，蒸气分子的平均自由程大于蒸发表面与冷凝表面之间的距离，从而可利用料液中各组分蒸发速率的差异，可以在远低于其沸点的温度下对液体混合物进行蒸馏分离。蒸馏物料的分子由蒸发面到冷凝面的行程不受分子间碰撞阻力的影响。对于组成固定的混合物，轻分子的平均自由程小。若能恰当地设置一块冷凝板，冷凝面与蒸发面的间距小于轻分子的平均自由程，而大于重分子的平均自由程，则轻分子到达冷凝板被冷凝排出，而重分子到达不了冷凝板随混合液排出。这样便可实现物质分离。

一、分子蒸馏工艺

分子蒸馏（图11-1）过程可分为如下四步。

1. 分子从液相主体向蒸发表面扩散
液相中的分子扩散速度通常是控制其蒸馏速度的主要因素，所以应尽量减少液层厚度及强化液层的流动。

2. 分子在液层表面上的自由蒸发

分子蒸发速度随着温度的升高而上升，但其分离效果有时却随着温度的升高而降低，所以应充分考虑加工物质的热稳定性，选择经济合理的蒸馏温度。

3. 分子从蒸发表面向冷凝面飞射

蒸气分子从蒸发面向冷凝面扩散的过程中，可能会相互碰撞，也可能会与位于两面之间的空气分子发生碰撞。因为蒸发分子远重于空气分子，且基本具有相同的运动方向，所以其相互碰撞对扩散方向和蒸发速度影响较小；而空气分子在两面间呈杂乱无章的热运动状态，故空气分子数目的多少是影响蒸气分子扩散方向和蒸发速度的主要因素。

4. 分子在冷凝面上冷凝

只要保证冷热两面间有足够的温度差（一般为 70～100℃），冷凝表面的形式合理且光滑，则可认为冷凝步骤能在瞬间完成，所以选择合理的冷凝器形式对冷凝效果有极大影响。

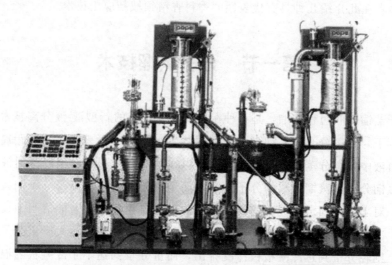

图 11-1　高效新型的绿色分离技术——分子蒸馏装置

二、分子蒸馏工艺特点

与传统蒸馏技术相比，分子蒸馏技术具备如下特点：

（1）分子蒸馏温度远低于混合物沸点，只要存在温度差就可以达到分离目的，这是分子蒸馏与常规蒸馏的本质区别。

（2）分子蒸馏装置内部真空度高（空载≤0.1Pa），常在很低的压强下进行操作，因此物料不易氧化受损。

（3）蒸馏液膜薄，传热效率高。

（4）受加热的液面与冷凝面之间的距离小于轻分子的平均自由程，由液面逸出的轻分子很快就能到达冷凝面。因此，分子蒸馏物料受热时间短，在蒸馏温度下停留时间一般以 s 计，降低了物料热分解的概率，特别适宜于高沸点、热敏性和易氧化物质的分离。

（5）分子蒸馏分离程度更高，能分离常规不易分离的物质，特别是可保持天然提取物原来的品质。

（6）分子蒸馏是在低压下发生在液层表面上的自由蒸发，液体中无溶解的空气，因此在蒸馏过程中整个液体不会沸腾，没有鼓泡现象。

（7）分子蒸馏为物理分离过程，无毒、无害、无污染、无残留，可得到纯净安全的产物，且操作工艺简单，设备少。

（8）分子蒸馏装置必须保证体系压力达到的高真空度，对材料密封要求较高，且蒸发面和冷凝面间距要适中，故设备加工难度大且价格昂贵。

（9）分子蒸馏整个分离过程热损失少，且由于分子蒸馏装置独特的结构形式，内部压强极低，内部阻力远比常规蒸馏小，因此产品耗能小。

关于分子蒸馏技术的应用研究，尤其是利用分子蒸馏技术分离提纯天然香料活性成分备受国内研究者们的关注。如任艳奎等优化了提取工艺，利用刮膜式分子蒸馏装置对玫瑰精油进行提纯，得到了纯度达 86% 以上的产品；应安国等利用分子蒸馏技术对合成胡椒基丁醚产物进行分离提纯，得到纯度为 98.35% 的产品；黄敏等报道了从天然香料肉桂油和山苍子油中分离提纯肉桂醛和柠檬醛，获得纯度为 98.2% 的柠檬醛和纯度为 98.7% 的肉桂醛等。

第二节　超临界流体萃取技术

超临界流体萃取是一种新型萃取分离技术。它利用处于温度高于临界温度、压力高于临界压力的热力学状态的超临界流体作为萃取剂，从液体或固体中萃取出特定成分，实现分离操作。

1879 年，英国科学家 Hamny 和 Hogath 发现了超临界流体（supercritical fluid，SF）的独特溶解现象。1970 年，Zosel 采用超临界 CO_2 萃取技术成功从咖啡豆中提取咖啡因。超临界流体萃取（supercritical fluid extraction，SFE）技术逐渐引起业界的极大关注，随后在香料香精基础理论和应用研究等方面都取得了很大进展。

一、超临界流体萃取工艺

超临界流体萃取是目前最先进的物理萃取技术之一。在低温下不断增加气体的压力，气体会转化成液体，当压力增高时，液体的体积增大，对于某一特定的物质而言，总存在一个临界温度（T_c）和临界压力（P_c），高于临界温度和临界压力时，物质并不会成为液体或气体，这一点就是临界点。在临界点以上范围时，物质状态处于气体和液体之间，称为超临界流体。超临界流体具有类似于气体的较强穿透力和类似于液体的较大密度和溶解度，具有良好的溶剂特性，可作为溶剂进行萃取、分离。

超临界流体萃取从近代化工分离技术中逐渐发展而来，它将传统的蒸馏和有机溶剂萃取合为一体，利用超临界 CO_2 优良的溶剂性能，实现对基质与萃取物的有效分离、提纯（图11-2）。CO_2 是安全、无毒、廉价的液体，超临界状态下具有类似气体的扩散系数、类似液体的溶解力，其表面张力为零，能迅速渗透进固体物料，浸取其精华，具有高效、难氧化、纯天然、无化学污染等特点。

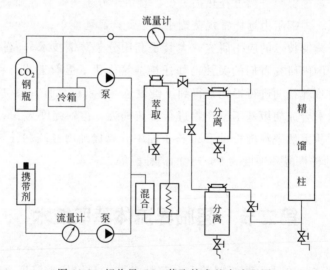

图 11-2　超临界 CO_2 萃取技术基本流程图

SFE 分离技术的原理即是利用超临界流体的溶解能力受其密度影响，通过改变压力或温度，可以使超临界流体的密度大幅改变。在超临界状态下，将超临界流体与混合物接触，使其有选择性地依次把极性大小、沸点高低和相对分子质量大小不同的成分萃取出来。

工业上常用于超临界萃取的流体有二氧化碳、氨、乙烷、丙烷、乙烯、甲苯和氟利昂等。

超临界萃取方法一般采用二氧化碳（CO_2）作为萃取剂提取天然产物。原因如下：

（1）临界温度和临界压力低（$T_c = 31.1℃$，$P_c = 7.38MPa$），操作条件温和（接近常温），对有效成分的破坏少，因此特别适合于处理高沸点热敏性物质（如香料、香精、油脂、维生素等），可几乎保留全部天然香气成分，故产品香气天然感好、香气醇正且得率高，大大优于传统的常规提取方法。

（2）CO_2 是无毒、廉价的有机溶剂。

（3）CO_2 在使用过程中稳定、安全、无毒、不燃烧、无污染，而且能有效避免产品的氧化。

（4）CO_2 的萃取物中不含硝酸盐和重金属，且无有害溶剂的残留。

（5）利用 CO_2 进行超临界萃取时，通过降低压力或升高温度即可控制被萃取物的析出，无需反复操作，故其流程简单。

二、超临界流体萃取工艺应用

因其特性，CO_2 超临界萃取特别适用于提取和纯化生物、食品、化妆品和药物等。

超临界流体萃取技术在烟草行业也有较好的应用前景。由于超临界流体萃取基本不破坏被萃取物的形态，可利用 SFE 技术对烟丝进行预处理，提取出部分烟碱或其他物质，改善烟丝的燃吸品质，能降低卷烟有害成分及有效处理低品质烟叶。此外，SFE 技术在烟草香味成分分析和有害物质分析方面也具有相当高的应用价值。

当前 SFE 技术无法得到纯度较高的产品。虽然使用改性剂可以改变超临界液体的部分性质，萃取出不同极性的产物，但无法选择性地萃取出被萃取物中某种特定组分或某些有效组分。SFE 技术必须和其他分离提纯技术相结合，对 SFE 产物进行再次提纯分离，才能得到高纯产物。

第三节　香精微胶囊技术

20 世纪初，已有科学家设想利用天然高分子材料对微小液滴进行包覆。直至 20 世纪 50 年代初期 National Cash Register Company 成功地以微胶囊化制成"不需炭粉的复写纸"且大量生产以来，微胶囊技术迅速发展。目前微胶囊技术已被广泛应用于食品、轻工、医药、石化、农业、生物技术等领域。微胶囊型香精的工业化生产始于 20 世纪 60 年代。微胶囊产品在欧美发达国家市场上已占香料销量的 50％之多。

一、微胶囊香精

微胶囊技术一般利用天然或合成的高分子材料作为成膜物质，将固体颗粒、液体、溶液或悬浮液等核心物质包裹后形成封闭性较好的微小胶囊。其直径一般为 $1\sim1000\mu m$，形状可为球形、米粒状、针状、方块状或不规则形状，内部可以是单核心或多核心。香料香精微胶囊是微胶囊技术中的一个重要分支，大多情况下指的是以芯材为液体香料香精的微胶囊。玫瑰、茉莉、晚香玉、桂花、百合、白兰等花香型香精，柠檬、甜橙、柑橘、葡萄、草莓、樱桃等果香型香精，姜油、黑胡椒油、檀香油、薄荷油、广藿香油等精油或树脂等均可以作为微胶囊芯材。另外，在芯材中还可以加入助剂，控制香料香精分子的释放速度，主体与助剂可依据具体情况选择混合囊化或分步囊化。

(一)香料香精微胶囊化目的和特点

对香料香精进行微胶囊化，主要有以下五个目的。

1. 抑制香精的挥发损失

香精组分复杂，许多组分挥发性极高且各组分的挥发性差异较大。组分的挥发不仅造成香精的挥发损失，而且由于挥发损失会改变香精的组成，从而使香精香型失真。通过将其微胶囊化，由于囊壁的密封作用，香精的挥发损失受到抑制，香气保留完整，从而提高了香精贮存和使用的稳定性，确保香精产品在货架期内香气强度和香型不发生明显变化。

2. 保护敏感成分

精油中的呈香物质易被氧化，导致香气的变质；还有一些芳香物质会和蛋白质反应，这使得在高蛋白质食品中保持风味存在困难。微胶囊化可使香精免受外界不良因素（如光、氧气、湿度、温度、pH 值等）的影响，有效提高其耐氧、耐光、耐热的能力，增强其稳定性。如实际应用中，微胶囊化可避免柑橘类精油中的柠檬烯氧化，导致风味的变质；微胶囊化也可提高香精的耐热性，从而增加其在糖果、焙烧食品、膨化食品等中的稳定性等。

3. 控制释放

微胶囊化可实现控制香精释放效果，如酸性或碱性释放、高温释放以及缓慢释放等。典型的应用案例就是口香糖中使用微胶囊化香精，使产品香气持久。

4. 避免香精成分与其他食品成分反应

微胶囊化可隔离、保护香精中的活性成分，避免与其他食品成分反应。如实际应用中，避免香精中不饱和的醛类与食品中的蛋白质反应，影响食品的风味和口感。

5. 改变香精常温物理形态

常温下为液体或半固体的香料香精能通过微胶囊化转变为自由流动的粉末，更易与其他配料混合，既利于提高水溶性香精在液体食品加香时的分散稳定性，也便于其加工、运输和贮存。

此外，香料香精的微胶囊化与其他物料的微胶囊技术相比，有自身特色：

① 一种香精或天然精油往往含有醇、酸、酯、酮等众多组分，它们在水相和油相中的溶解性有差异；且沸点一般为30～180℃，挥发性强。因此这些组分在微胶囊化过程中难免有所损失。

② 许多香料香精的加工、运输和贮存对 pH 值、氧、光热有严格要求，给微胶囊制作带来了难度。

③ 香精从微胶囊中的释放情况受壁材选用及制造工艺影响，这方面存在一定的技术挑战。

(二)香料香精微胶囊化壁材

香料香精微胶囊的壁材可依芯材而定，常分为天然高分子化合物、纤维素衍生物、合成高分子化合物三大类。香料香精微胶囊技术中常用的壁材均为天然高分子化合物，一般有：植物胶类（如阿拉伯胶、卡拉胶、海藻酸钠等）、淀粉及其衍生物（如各类糊精低聚糖、淀粉衍生物等）、蛋白质类（如明胶、酪蛋白、乳清蛋白、大豆蛋白等）、多种纤维素衍生物（如羟甲基纤维素、甲基纤维素、乙基纤维素等）以及各种蜡（如蜂蜡、石蜡等）等。

一般而言，微胶囊壁材都必须具备下列几种特性：

① 能形成稳定的乳化液；

② 能形成膜；

③ 低吸湿性；

④ 能形成低黏度的水溶液；

⑤ 无味及无臭；

⑥ 遇水时能释放出所包埋的芯材；

⑦ 低成本。

在生产中，只用一种包膜材料来实现微胶囊化是不现实的，常采用两种或两种以上的壁材复合以达到要求的包埋效果。

据文献记载，香料香精微胶囊化的方法已达二百多种，目前研究较成熟的微胶囊化技术主要有喷雾干燥法、聚合法、络合法、挤压法、共结晶法、喷雾冷凝法、多重乳浊液法和空气悬浮包埋法等。

下面列举几种最常用于香料香精微胶囊化的壁材。

1. 麦芽糊精

麦芽糊精是具有营养价值的多糖。它由 D-葡萄糖通过 α-1,4-苷键连接而成，其葡萄糖当量（DE）低于 20，当 DE 值大于或等于 20 时则为玉米糖浆（把淀粉经水解后，测量其糖的还原能力与等重量葡萄糖的还原能力的比值即是葡萄糖当量）。

将淀粉经煮熟或制浆后，再于酸、碱中水解到一定程度，即可制备麦芽糊精。待反应终止，过滤产物，去除不溶物质后干燥即得产品。麦芽糊精的功能及性质，主要包括以下几点：

① 乳化稳定性差，因此进行香料胶囊化时，常将麦芽糊精与淀粉、阿拉伯胶等混用，以改善其乳化稳定性。

② 麦芽糊精的成膜能力及保香效果随 DE 值的增加而改善。

③ 麦芽糊精不易吸水，受其包埋的粉状香料产品不易结块，能自由流动。

④ 进行香料胶囊化必须考虑其进料黏度不能超过机器的负荷。麦芽糊精的黏度会随 DE 值的增加而降低。低黏度对操作有利，但对香味成分的保留效果可能较差。

⑤ 麦芽糊精水溶性极佳，本身几乎不具甜味及气味，在遇水时即能释放出所包埋的香料。

⑥ 麦芽糊精价格便宜。

2. 改性淀粉

改性淀粉种类很多，主要利用植物的淀粉，如玉米淀粉、马铃薯淀粉等，经化学修饰，使其同时具备疏水性及亲水性的官能团，以提高其乳化能力。如实际应用中，用取代基环状双羧酸酐、八碳烷烯基琥珀酸酐等含 5～18 个碳原子的烷基、烷烯基酸酐，与淀粉发生酯化反应后得到亲油性淀粉。

据报道，用于香料胶囊化的改性淀粉主要有：

① Capsul（辛烯基琥珀酸酯化淀粉）：由玉米淀粉修饰而成的乳白色粉末，pH 值在 3 左右，水分含量 5% 左右。其黏度较低，与香料成分有很好的相容性，其经喷雾干燥后的粉末分散性良好。

② N-Lok：一种无刺激臭味的白色粉末，专为易被氧化的油类进行微胶囊化而设计的，其氧化稳定性优于阿拉伯胶，在冷水中溶解性良好，黏度低但乳化稳定性佳，释放香料物质速率快。

③ National 4b：略带褐色的白色粉末，pH 值在 3 左右，水分含量约 6%。其乳化稳定性良好，保香率也较高。主要成分是糊精和经修饰的食用淀粉，主要用

于柑橘类香料和化学性能不稳定的香料微胶囊化。

3. 环糊精

环糊精（CD）是一种由淀粉经过酶解后形成的具有环状结构的淀粉衍生物，常见的有 α-环糊精、β-环糊精和 γ-环糊精三种。环糊精由于其疏水性内腔的疏水亲脂作用及空间体积匹配效应，与具有适当大小、形状和疏水性的分子（香料、色素及维生素等）能通过非共价键的相互作用形成稳定的包合物。这种利用分子形成微胶囊的方法又称为分子包埋法。目前在包埋香料物质的研究中较多使用 β-环糊精，其结构如图 11-3 所示。

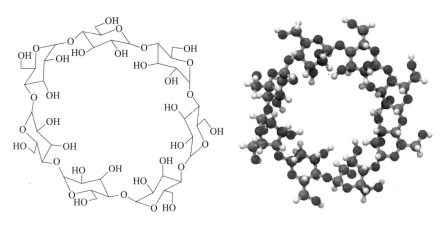

图 11-3　β-环糊精的结构

β-环糊精有一个相对疏水的中心和一个相对亲水的表面，所以它在水中会与香料物质发生络合反应，从而使香料物质"镶嵌"在环中间，对香料物质能够起到一定的保护作用。特殊的分子结构使其在水中溶解度有限，在 N,N-二甲基甲酰胺（DMF）、二甲基亚砜等有机溶剂中则有较大溶解度，但在其他有机溶剂中溶解度较小。

β-环糊精形成包合物的反应一般在水中进行。β-环糊精溶于水时，其环形中心空洞被水分子占据，当非极性外来分子进入环境时，具有疏水性的空洞更易与非极性的外来分子结合，外来分子迅速置换水分子，形成比较稳定的包合物，并从水溶液中沉淀出来。故可利用 β-环糊精的反应特性来包结形成微胶囊，或从水中去除某些尺寸合适的非极性分子。

由于以上特性，β-环糊精有两大用途：可用于与一些有机分子如香料包结络合形成微胶囊，使这些物质的挥发性降低，稳定性加强；亦可用于脱臭，如将 β-环糊精溶液与豆粉、奶酪、咖啡、海蜇、生鱼片、羊肉片等有腥味、臭味或苦味的物质浸渍混合，可去除其中各种不良气味。

β-环糊精在食品工业中还可用于改造乳化体系的稳定性，如把 β-环糊精与脂肪酸、甘油等物质制成的乳化剂加入蛋黄酱、人造奶油、起酥油中，可以改变乳化体系的流动性、发泡能力等，使乳化状态稳定，有透明感和可塑性。

4. 海藻酸钠

从海藻和马尾藻等褐藻类中提取出褐藻胶，加工可制得海藻酸钠。海藻胶（即海藻酸）是由 β-D-甘露糖醛酸和 α-L-古罗糖醛酸缩聚形成的多糖类化合物，相对分子质量为 1.5 万～5 万。

它的高分子链中存在三种 1、4 位交联结构，其中聚 β-D-甘露糖醛酸结构如下：

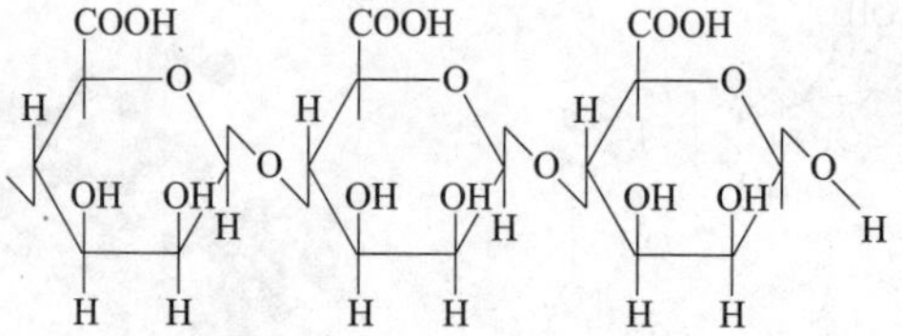

聚 α-L-古罗糖醛酸结构如下：

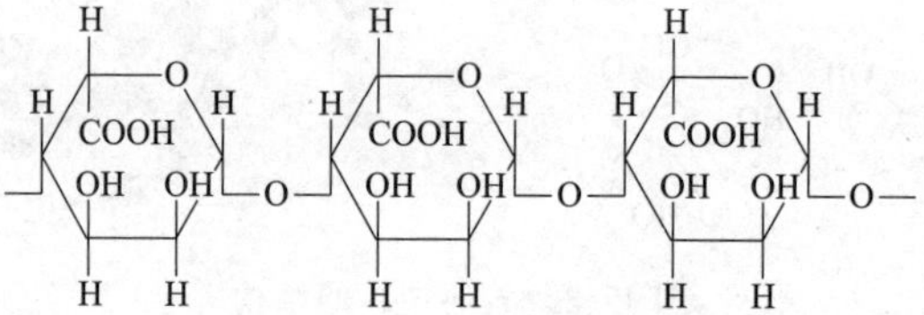

β-D-甘露糖醛酸和 α-L-古罗糖醛酸交替缩聚结构如下：

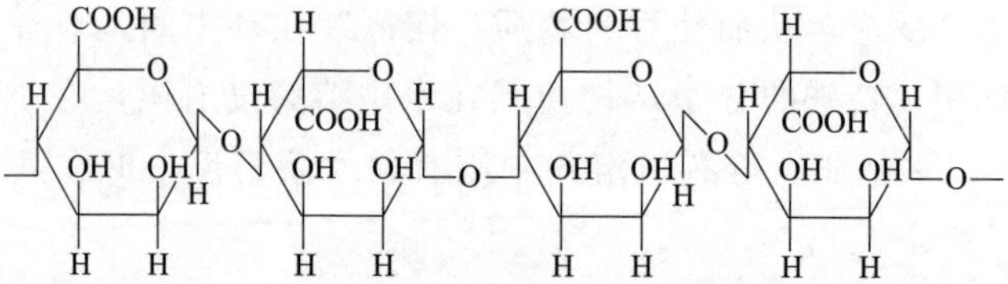

常温下海藻酸不溶于水，但海藻酸钠极易溶于冷水。低浓度的海藻酸钠水溶液已具备较高黏度，如 20℃时 1％海藻酸钠水溶液的黏度达 0.3～0.5Pa·s，可形成无毒且具备足够韧性强度和半透性的包覆膜。当海藻酸钠在凝固浴中接触 Ca^{2+}、Mg^{2+}、Fe^{2+}、Zn^{2+} 等金属阳离子时，即会转变成海藻酸盐沉淀从水中析出；当海藻酸钠遇到聚赖氨酸、聚精氨酸等阳离子高聚物时也会从水中凝固。一般使用氯化钙（$CaCl_2$）作其凝固浴成分。食品、医药生产中常用海藻酸钠制成膜材料。

5. 明胶

明胶是一种以牛、羊、猪等脊椎动物的皮、腱、软骨、硬骨或鱼皮为原料，在酸性或碱性条件下温和水解得到的水溶性蛋白质，无毒且成膜性良好，是应用广泛的微胶囊壁材。不同方法处理得到的明胶等电点有区别，使用前应了解明胶的来源及等电点。如用酸处理得到的明胶，分子链中氨基等碱性基团较多，等电点在8.8～9.1；而用石灰等碱处理得到的明胶，分子链中羧基等酸性基团较多，等电点在4.8～5.1。此外，从不同原料得到的明胶蛋白质链中含有的氨基酸成分也略有差别，甘氨酸一般占1/3，丙氨酸、脯氨酸、羟脯氨酸一般各占1/9，这四种氨基酸占总量的2/3。

明胶是典型的两性高分子电解质，在其等电点以上的溶液中以带负电的粒子形式存在，而在其等电点以下的溶液中以带正电的粒子形式存在。如浓度低于1%在室温下可形成黏稠的溶胶，而在30℃以上时转变成流动性好的溶胶。明胶不易溶于冷水；在40℃以上时有很强的亲水性，可任意溶于水；在80℃以上时会发生水解。因此，明胶的使用温度通常不宜超过70℃，且在0～5℃时明胶的溶胶即转化为凝胶。其凝胶与溶胶之间可互相转化：

$$凝胶 \underset{降温}{\overset{升温}{\rightleftharpoons}} 溶胶$$

当明胶在溶液中浓度低于1%时，即使温度降低到0℃也不会转变成凝胶。

复合凝聚法应使用一种阳离子高分子电解质与阴离子高分子电解质相互作用。而明胶是一种原料易得、无毒，在等电点以下以阳离子状态存在的高分子电解质，故实际中常用明胶而非其他合成阳离子高分子电解质。

6. 阿拉伯树胶

阿拉伯树胶又称金合欢胶，是由多种单糖缩聚形成的聚合物，从原产于北非和阿拉伯地区的金合欢、阿拉伯胶树、阿拉伯相思树等植物中提炼制得。由于阿拉伯树胶结构中含有自由的羧基，除在特低pH值之下（pH<3）外，在水中阿拉伯树胶分子都带有负电荷。阿拉伯树胶易溶于水，可溶至50%并形成透明黏稠的液体，有良好的附着力和成膜性，是一种性能良好的呈弱酸性的天然阴离子高分子电解质，但由于来源有限，价格较贵，这对其使用范围造成不利影响。

7. 蛋白质

蛋白质同时具有疏水基与亲水基的两性性质，有分子面与分子内吸引力，表面活性非常强，所以蛋白质的乳化性极佳且成膜性良好。各种动植物蛋白（如牛乳蛋白质、大豆蛋白质以及经蛋白分解酶作用得到的蛋白质分解物）皆可用于香料香精的胶囊化。

二、香料香精微胶囊化的方法

香料香精微胶囊化方法的分类有多种，按其微胶囊化方式可分为三大类：化学法（如分子包结法、界面聚合法、液中硬化包覆法等）、物理化学法（如凝聚法、复相乳液法、内包物变换法等）、物理机械法（如挤压法、喷雾干燥法、蔗糖共结晶法、空气悬浮包覆法等）。因篇幅有限，在此只介绍香料香精微胶囊化常用的几种方法。

1. 凝聚法

凝聚法微胶囊化基本操作步骤如下：首先将芯材稳定地乳化分散在壁材溶液中，然后加入另一种物质，或调节 pH 值、温度，或设法降低壁材的溶解度，使壁材自溶液中凝聚包覆在芯材周围，从而实现微胶囊化。根据操作条件可将其分为单、复凝聚法。

单凝聚法是指以一种高分子化合物为壁材，将芯材分散其中后加入乙醇、硫酸钠等凝聚剂，由于凝聚剂与大量水分结合，致使壁材的溶解度下降凝聚成微胶囊。复凝聚法是指以两种电荷相反的壁材物质作包埋物，芯材分散于其中后，在特定条件下壁材由于电荷作用使溶解度下降凝聚成微胶囊，分散在液体介质中的微胶囊颗粒通过过滤、沉降、离心等手段进行收集后干燥，使微胶囊产品成为可自由流动的分散颗粒。

图 11-4 为复合凝聚相微胶囊形成过程示意图。首先是把芯材分散到明胶水溶液中，溶液温度控制在 40～60℃；然后将聚阴离子或带负电荷的聚合物如阿拉伯胶加入体系，调节聚合物的 pH 值和浓度以形成液态复合凝聚相，典型的 pH 值为 4.0～4.5。液态凝聚相一旦形成，体系立即冷却到室温，凝聚相中的明胶形成微胶囊壁，有很强的黏弹性。除了增加水溶胀外壳的硬度外可形成一个热不可逆的凝胶结构，通常把微胶囊冷却到 10℃，并且用戊二醛处理。戊二醛通过和明胶链中的氨基反应而与明胶交联。戊二醛处理的微胶囊可以干燥成自由流动的粉末。

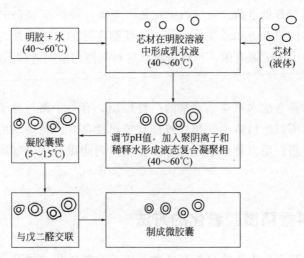

图 11-4　复合凝聚相微胶囊的形成过程示意图

2. 分子包结法

分子包结法是利用 β-环糊精作为壁材原料在分子水平上进行包结，络合形成微胶囊的方法。该法比较简便，通常有以下三种方式。

（1）囊芯加入 β-环糊精水溶液中反应　一般在70℃下配制15％浓度的 β-环糊精水溶液，将囊芯加入水溶液中搅拌混匀。如果囊芯不溶于水，则先用水溶性溶剂进行溶解。搅拌过程中逐渐降温冷却，使包结形成的微胶囊从溶液中缓慢沉淀析出，再进行过滤、干燥，即可制得微胶囊粉末。

（2）囊芯直接与 β-环糊精浆液混合　将囊芯材料加入固体 β-环糊精中，加水调成糊状，不必再加溶剂，搅拌均匀后干燥粉碎可制得微胶囊粉末。

（3）将油性囊芯蒸气通入 β-环糊精水溶液使之反应，也可形成微胶囊。

用 β-环糊精可形成各种香精包合物，其包合物中香精含量约为10％。具体应用比例如芥子油10.92％、大蒜油10.2％、薄荷油9.7％、肉桂油8.76％、柠檬油8.75％、莳萝子油6.92％、香兰素6.2％。

例如：将10g β-环糊精溶于100mL 55％的乙醇溶液中（用无水乙醇与水以1:2比例混合）形成环糊精溶液；然后将1g香精溶于10mL乙醇后加入上述环糊精溶液中，在55℃下保温搅拌4h，冷却至开始有 β-环糊精络合包结的微胶囊沉淀逐渐析出；再在4℃下保持16h；最后在0℃左右的冷冻条件下进行过滤分离后用喷雾干燥得到粉末状香精微胶囊。

以甜橙油为例说明该法应用。甜橙油是由橙子的全果或果皮经过冷榨法、冷磨法或水蒸气蒸馏法生产的，可用于调配各种不同的橙味香精，同时可配入其他味感的香精中以增加香精的清新飘逸感。但是甜橙油中主要香味成分萜烯对光、热、氧气极其敏感，在贮存和加工过程中的损失及变质现象十分严重，所以对甜橙油进行微胶囊化是非常必要的。

① 悬浮液法制备微胶囊化甜橙油的操作过程是：将一定量 β-环糊精均匀分散到水中，加热至55℃，持续搅拌并加入甜橙油，保温并继续匀速搅拌，在反应达到所需时间后停止搅拌，所得湿浆置于65℃烘箱中干燥7h，即可得最终产品。

② 溶液法制备微胶囊化甜橙油的操作过程是：将500mL食用乙醇与水配成1:2的乙醇溶液并加热至55℃，然后将15g的 β-环糊精均匀分散到溶液中。持续搅拌后加入甜橙油且立即停止加热，继续搅拌4h，在4℃下静置12h后离心分离，将所得沉淀置于65℃烘箱中干燥数小时后即可得最终产品。

用 β-环糊精制备的微胶囊，一般囊芯含量占微胶囊总质量的6％～15％，是一种没有味道的晶体状物质，温湿条件下（如放在嘴里）可释放囊芯。其囊芯与外界环境隔绝，防止其囊芯受紫外线、氧气等外界因素破坏而变质，即可减少囊芯挥发造成的损失，也可控制香料释放速度起到缓释效果，还可用于掩盖有苦味、臭味的药物中不良味道的作用。它具有包覆均匀、结合牢固的优点，但 β-环糊精的不足之处是其包络量低，要求芯材分子颗粒与其中间空腔大小相近，且必须是非极性分子，这限制了该法的应用范围。β-环糊精对体积过小的分子（如短链脂和酐等）络合能力低。

用 β-环糊精制备的微胶囊还有吸湿性低的优点，在相对湿度为 85％的环境中，其吸水率不到 14％。因此，这种微胶囊粉末不易吸潮结块，可以长期保存。β-环糊精已被广泛用于制备油溶性香精微胶囊。

3. 喷雾干燥法

喷雾干燥是一种工业上常用的方法，将固体水溶液以液滴状态喷入热空气中，当其水分蒸发后，分散在液滴中的固体即被干燥，可得到几乎成球形的粉末。由于液体经喷雾形成极细雾滴，其表面积大大增加，有助于良好的热交换，使水分可瞬间完全蒸发。目前许多商品如奶粉、速溶咖啡以及合成洗衣粉都是用喷雾干燥制成粉末的。

将香精与壁材混合乳化再进行喷雾干燥，即可得到香精微胶囊粉末。在微胶囊食用香精的生产中使用的壁材多为明胶、阿拉伯胶、改性淀粉等天然高分子材料，在某些微胶囊香精生产中也使用聚乙烯醇等合成高分子材料作为壁材。图 11-5 以甜橙微胶囊粉末香精的制备为例，介绍这种粉末香精的主要工艺步骤。

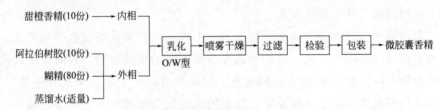

图 11-5　甜橙微胶囊粉末香精的喷雾干燥工艺

利用喷雾干燥也可以制备微胶囊，所使用的设备如图 11-6 所示，由喷雾干燥室和旋风分离器组成。

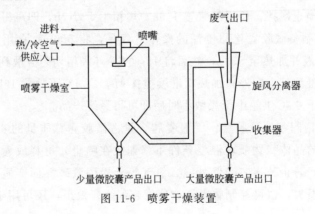

图 11-6　喷雾干燥装置

目前，各类喷雾干燥设备中热气流与雾滴的流动方向有并流、逆流和混合流三类。

并流操作可分为水平并流式和垂直并流式（又可进一步分为下降和上升两种）。水平并流式和垂直上升并流式仅适用于压力喷雾的场合；垂直下降并流式可适用于压力喷雾和离心喷雾的场合。并流操作中，热风与料液均自干燥室顶部进入，粉末沉降于底部，而废气则夹带粉末从底部的排风管一起排至集粉装置，这种设计有利于微粒干燥和产品卸出，但是加重了回收装置的负担。

逆流操作中，热风自干燥室底部上升，料液从顶部喷洒而下，干燥产品会与高温气体接触，不适用于干燥热敏性物料。逆流操作中废气由顶部排出，为了减少废气带走未干的雾滴，必须保持较低的气体流速，因而限制了生产能力。但逆流操作的传热、传质推动力都较大，故其热能利用率较高。

混合流操作的优点是气流与产品充分接触，有搅拌作用，脱水效率较高。图 11-7 为喷雾干燥操作示意图。根据芯材和壁材性质的不同，干燥室的废气出口可能需要安装尾气净化装置。

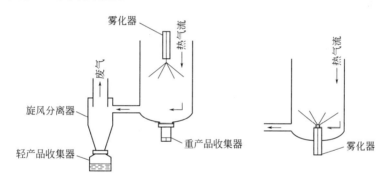

图 11-7　喷雾干燥操作示意图

喷雾干燥制备微胶囊时，首先制备好囊芯与壁材溶液形成的乳化分散液，并确保不出现破乳、过早固化或干燥等情况，再通过雾化装置使乳状液迅速形成圆球状小液滴。当其与以逆流方式通入的热空气接触时，液滴开始干燥，被热空气干燥的壁材将囊芯包覆并形成固化的微胶囊，然后微胶囊被气流带出喷雾干燥室并在旋风分离器中被分离。

喷雾干燥过程一般在 5～30s 内完成，大大优于传统工艺。在传统干燥工艺中，首先要用过滤器把溶液与被干燥物分离，然后用压滤机或离心分离器进一步去除残液形成滤饼，再将滤饼干燥后研磨成粉末并过筛，才能得到最终产品。而使用喷雾干燥工艺只需一步即可完成干燥。喷雾干燥可间歇操作，也可连续操作，有利于大规模生产，特别适用于对耐热性差的囊芯和易黏合的微胶囊进行干燥，制备性能良好的粉末状微胶囊。

喷雾干燥法的缺点有：在囊壁上易形成较大孔洞，因此它只适用于掩蔽苦味、臭味或把液态囊芯转变为固态，而不适合于制备缓释型的微胶囊；其设备成本也高，只有大量生产时这种方法在经济上才是合算的。

用喷雾干燥法生产微胶囊，制备由囊芯与壁材溶液组成的溶液体系后将其喷雾送入干燥室即可得到产品。根据溶液体系的组成可将其分为三种情况：

① 水溶液型：将油性囊芯或固体分散在水溶性壁材溶液中形成的水包油型乳液或水分散液。

② 有机溶液型：将水溶性囊芯分散在疏水性壁材的有机溶液中形成的油包水型乳液。

③ 囊浆型：用其他方法制成的湿微胶囊浓浆液。

具体影响微胶囊形成过程的因素有：囊芯与壁材的比例，初始溶液的浓度、黏度以及温度。

目前在食品工业中常用 β-环糊精作壁材包埋香料的喷雾干燥制作流程如图 11-8 所示。

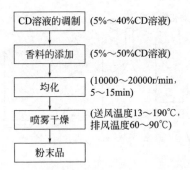

图 11-8　β-环糊精作壁材包埋香料的喷雾干燥制作流程

影响香料在喷雾干燥过程中保留率的因素如下：

① 香料载体在进料乳化液中，香料保留率随固态物质浓度增大而升高，但操作时必须考虑进料泵所能负荷的操作黏度范围。一般固态物质浓度在 50% 左右时，香料保留率能达到较良好状态。

② 所使用香料载体的种类和相对分子质量有关，一般认为阿拉伯胶改性淀粉（如 Capsul、N-Lok）及环糊精保香效果为佳。

③ 所加入香料的质量为载体质量的 10%～20% 时，保香效果最佳。

④ 与香料单体相对分子质量及蒸气压力有关，一般而言香料相对分子质量越高，其保留率越好。

⑤ 干燥塔内进口空气温度在 160℃、出口温度维持在 80℃ 时，或进口空气温度在 210℃ 及出口温度维持在 90℃ 时，会有较佳效果。

下面以喷雾干燥法制备茴香油微胶囊为例介绍喷雾干燥法的工艺应用。

茴香油是一种容易挥发和氧化的辛香料，微胶囊化可以在很大程度上防止茴香油的损失和变质。喷雾干燥法制备其微胶囊的工艺操作如下：将水溶性壁材溶于水，搅匀并加入茴香油，搅拌 1min 后用高速分散器分散（12500r/min，1min），再用高压均质机均质（25MPa），最后在气流式喷雾干燥器中进行喷雾干燥制得产品。对微胶囊产品的表面茴香油量和总茴香油含量进行测定，计算其微胶囊化的产率和效率，然后以其为指标，从进料浓度、进风温度、出风温度及壁材方面着手优化。

例如，采用大豆分离蛋白与多糖复合作为壁材时，常采用气流式喷雾干燥设备，其操作最优条件为：进料浓度为 30％，进风温度为 195℃，出风温度为（100±5）℃。又如，以明胶-阿拉伯树胶为壁材，采用复合凝聚的相分离法制备精油微胶囊时，调节 pH 值形成微胶囊后不进行固化，而在 pH＝4 条件下直接对微胶囊浆进行喷雾处理，也可使微胶囊壁膜固化干燥。将以此法制得的微胶囊放在温水中，其壁囊是可以溶解并释放出囊芯的。故可用此法制备可溶于温水中的香料香精微胶囊。

4. 挤压法

挤压法是一种在低温条件下加工生产微胶囊的技术，其工作原理是将液化的碳水化合物介质中处于悬浮状态的混合物经过一系列模孔，通过压力将其挤进凝固液的液浴中，当混合物接触到凝固液时，壁材从溶液中析出，对囊芯包覆并发生硬化，形成挤压成型的细丝状微胶囊。将细丝从凝固液中分离出来，加入抗结块剂（如磷酸钙）并加以干燥，即可得到初级微胶囊产品。

挤压法的基本操作步骤是：

① 在反应容器中充入 49～350kPa（7～50psi，磅力/平方英寸，1psi＝6.895kPa＝0.0689476bar＝0.006895MPa）N$_2$，以免香料在后续操作中发生氧化；

② 制备含水量 5％～10％的由一些低 DE 值的麦芽糊精、单糖或改性食用淀粉组成的熔融状面团，其温度在 110～130℃之间；

③ 随后将香料加入已加有乳化剂的热面团中，同时必须进行快速搅拌；

④ 接着使熔融状态的乳化混合物强制经过孔洞约为 0.4mm（1/64 寸）的压穿台，再进入异丙醇的液体中以脱去水和表面油。若使用易氧化香料，可于其中加入适量（0.05％）的 4-甲基-2,6-二叔丁基米酚或叔丁基化的羟茴香醚之类的油溶性及热稳定的抗氧化剂。

影响挤压法的操作要素主要有：

① 所加入的乳化剂如单双甘油酯，加入量宜为面团的 0.5％～5％之间；若加入卵磷脂，则宜加入量为 1.9％左右；

② 加入香料油的量宜为面团总重的 8％～20％之间；

③ 乳化槽的乳化压力宜在 N_2 的 49~350kPa（7~50psi）间，图 11-9 是利用挤压法制备微胶囊的流程图。

当前广泛采用的挤压工艺是将精油加入合适的乳化剂，使其以微滴形式混悬在已液化的由固体玉米糖浆粉和谷氨酸组成的基质中。在带夹层的反应釜中经110~115℃的混合熔化，然后倒入另一密闭反应釜中并充入 N_2 加压，混合液经过一系列管模孔被挤压成细丝，然后流进冷凝用的异丙醇凝固液中进行固化。通过搅拌作用把细丝打断形成长度约 1mm 的棒状颗粒，然后从凝固液中分离出微胶囊颗粒，经真空干燥成为能自由流动的固体。

挤压包囊工艺（图 11-10）特别适用于热稳定较差的囊芯物质，在实际生产中已被广泛应用于水溶性的香料香精、维生素 C 以及色素的微胶囊生产。用挤压包囊生产工艺的香料香精微胶囊在冷、热水中都是稳定的，在饮料粉、蛋糕粉、凝胶点心混合料以及鸡尾酒混合料等干态食品的生产中用于制备产品。

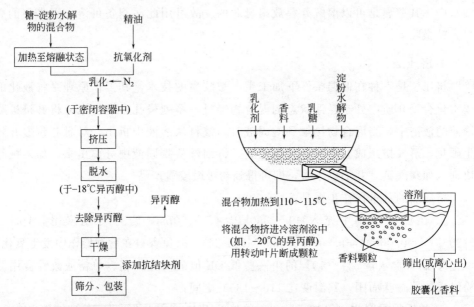

图 11-9　利用挤压法制备微胶囊流程图　　　图 11-10　挤压包囊过程的示意图

5. 锐孔-凝固浴法

凡是利用锐孔装置和凝固浴制备微胶囊的方法都可归为锐孔-凝固浴法。将海藻酸钠水溶液用滴管或注射器逐滴加入氯化钙溶液中，液滴表面会凝固形成胶囊，这就是一种最简单的锐孔-凝固浴法操作。

与界面聚合法和原位聚合法所依据的化学反应不同，锐孔-凝固浴法不是以单体为原料通过聚合反应生成壁材的。此法一般是以可溶性高聚物作壁材包覆囊芯，在凝固浴中固化形成微胶囊，固化过程可能是化学反应或物理变化。采用锐孔-凝固浴法可把壁材包覆囊芯的过程与壁材的固化过程分开进行，有利于控制微胶囊的大小、壁厚。

在锐孔-凝固浴法中常用的壁材有蜡、明胶、琼脂、海藻酸钠、酪蛋白质和硬化油脂等。

在凝固浴中发生的固化反应一般都迅速进行，必须使含有囊芯的聚合物壁膜在加到凝固浴之前预先成型，这就需要锐孔装置辅助完成。锐孔装置利用压力喷射或重力作用，把在细孔附近形成的聚合膜包覆小液滴送入凝固液中。最早使用的锐孔装置有三种基本类型，如图 11-11 所示。

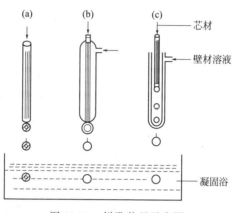

图 11-11　锐孔装置示意图

第一种锐孔的结构如图 11-11（a）所示，是由一根管子或喷嘴构成。囊芯在壁材溶液中形成分散液或乳状液，自管子或喷嘴的末端滴落，形成球形液滴，然后此球形液滴在凝固浴中固化，形成微胶囊。

第二种锐孔的结构如图 11-11（b）所示，是一个由带有同轴的内、外管的双锐孔组成双层流动喷嘴。液态囊芯自内管流出，壁材溶液同时自外管流出，中央的囊芯被壁材溶液包覆，自双层流动喷嘴中落下，形成微胶囊。

第三种锐孔的结构如图 11-11（c）所示，也是一个同轴的双锐孔，内管的末端放在外管的内部，内管不与外管接触。固态或液态囊芯的小液滴自内管的末端降落，冲击到外管末端形成的壁材薄膜之上，形成微胶囊。

目前，企业对第二、三种类型的锐孔做出了许多改进。例如，改变喷射角度或变更结构，使其可以利用离心力；又如，通过使用转动的齿轮将液滴破碎成更细小的液滴。这些改进使微胶囊的生产得以实现自动化、连续化、快速量产。

除上述五类常用香料香精微胶囊化的方法外，在各领域的实际应用中还有蔗糖共结晶法、空气悬浮包埋法、聚合物浸渍法、玻璃化技术等微胶囊化技术手段，因这些方法应用限制较多、应用面不广，故在此不作详细介绍。

三、微胶囊化香料香精技术的应用

随着科学的进步及消费水平的提高，人们对各种加香产品的兴趣正日益浓厚，加香产品的范围也在不断扩大。微胶囊化香料香精技术在食品、日化品及纺织工业已得到较广泛的应用，下面作简要介绍。受技术手段、生产成本等原因所限，微胶囊化香料香精技术在其他产品领域尚未形成成熟且完善的应用体系，相应内容已在本书第十章整理归纳，在此不再赘述。

1. 在食品工业中的应用

食品工业上使用香料香精微胶囊技术，主要用于将液体香料香精转变为固体的微胶囊，便于使用并起保护作用，还可用于各种酸味剂、甜味剂等添加成分。例如，将辛香料与阿拉伯胶、环糊精等壁材的水溶液混合、乳化，再经喷雾干燥，制得的香料香精微胶囊在食品中的分散性、抑臭效果好，微生物污染少，氧化或挥发等变化少。目前工艺条件下，将柠檬、甜橙、草莓、薄荷、葡萄、樱桃、香蕉、苹果、蒜油、姜油、芥子油等天然精油或风味剂进行微胶囊化，其产品香气、香味保留率可达 50%～95%。

将稳定性较差的香料微胶囊化成粉末香料，可提高其耐热性，避免食品烘烤时的香味损失，扩大了香料的适用范围。例如，桂皮中含有的天然香料桂皮醛能阻止酵母生长，故将桂皮醛经脂肪微胶囊化后添加于发酵食品中，既可保持桂皮香味，又不妨碍焙制食品时发酵反应的进行。

生产口香糖时，应用香精微胶囊，食用时其与唾液接触，立即释放香味，香味比直接用薄荷油时更浓。生产硬糖果时，加入 β-环糊精包结的香料，能防止加工时的香料损失，提高产品香味持久性。

溶液中的香料，也能用环糊精包结后降低其挥发性。例如，大茴香脑溶液在 30℃存放，经 5h 放置后其挥发损失为 68%，但以 1∶1 比例加入 β-环糊精，经 5h 放置后其挥发损失仅为 5%。环糊精能稳定稀溶液中的香料，保持果汁、饮料等液体食品的风味。

微胶囊化技术也可用于速溶茶、速溶咖啡，能防止干燥时香味的损失，改进风味。若用于香烟，可避免加工、贮存时香料的损失。

【实例 1】 β-环糊精包结法制作茉莉微胶囊香精

在 300mL 的 30%乙醇水溶液中加入 25g β-环糊精，水浴加热至 50℃，搅拌并加入 20mL 含 15%茉莉香精的乙醇溶液，40℃下保温搅拌 2h，自然冷却至室温，静置 24h 后用布氏漏斗抽滤、洗涤，于 50℃烘干制得茉莉微胶囊香精粉末。

【实例2】 *β*-环糊精包结法制作微胶囊香兰素

环糊精及其衍生物包埋香兰素的工艺条件为 pH＝6，环糊精（或环糊精衍生物）：香兰素＝2：1（摩尔比），水：乙醇＝60：40（体积比），环糊精衍生物（或环糊精）浓度为20％（或饱和溶液）。该法具有设备简单、适于大规模生产的特点。经紫外分光光度计分析，经过环糊精或环糊精衍生物包结的香兰素香味释放缓慢，留香时间延长且香气柔和，耐高温性得到提高，烘烤时的香气损失随之降低，烘烤食品时香味更加厚实。

【实例3】 微胶囊化茴香油

微胶囊化茴香油的制备是将水溶性壁材溶于水并搅拌均匀，加入茴香油后继续搅拌，用高压均质机均质后再经喷雾干燥制成粉末。

首先将溶解好的胶质溶液溶解在水中，恒温后加入麦芽糊精搅拌均匀，使溶液中没有未溶解的固体颗粒；然后将已经溶解的乳化剂加入已经溶解的油中，搅拌均匀并保持温度恒定；再将油相和水相混合均匀，使总固形物含量在20％～35％之间，并在55～60℃条件下乳化5min。将上述混合溶液在高压灭菌锅中进行灭菌，恒温121℃处理5min后在20～30MPa的条件下均质两次。最后在气流式喷雾干燥器中进行喷雾干燥，进风温度为195℃，出风温度为85～95℃，出塔的产品自然冷却到室温，过筛后即得到微胶囊化茴香油产品。

2. 在日化品工业中的应用

化妆品生产中也大量使用香料香精微胶囊。香料香精微胶囊化后，可降低其挥发损失。利用微胶囊的控制缓释作用，可使化妆品中的香气更持久。

化妆品用香料香精微胶囊除了使用传统的喷雾干燥法、简单凝聚法、复合凝聚法、锐孔-凝固浴法等制备外，目前还常用*β*-环糊精络合包结法。用这种方法得到的微胶囊，可防止香料香精氧化、汽化挥发或感光变质。

在合成洗涤剂中加入香料，不影响原有的去污效果，还可赋予衣物香味。但天然香料多为易挥发物质，在洗涤过程中将其转移到衣物上是有难度的，特别是用较热的水洗衣服时，它更易挥发散失。衣物在洗涤后的熨烫烘干中也会造成香料的大量挥发。用普通加香洗衣粉，只能使洗后的衣物获得微弱的香味。将香料微胶囊化可保证香料在合成洗涤剂及贮存期间减少挥发散失，也能避免香料与洗涤剂中的其他组分相互作用而失效。在洗涤和烘干、熨烫过程中，一部分香料微胶囊破裂，使衣物带上香味；同时仍有相当数量的香料微胶囊未破裂而渗入到织物缝隙内部得以保留，并在穿着过程中缓释出香味。

洗涤剂中使用的香料在室温下通常呈液态，从化学成分看大多属于醛、酮、酯类有机物，从香味来源看通常是茉莉、玫瑰、紫罗兰、甜橙、柠檬、菠萝、草莓、檀香、灵猫香等香味。还有一些不具有特别香味但能抵消或降低令人不愉快的气味的香料，也可用于洗涤剂。

香料微胶囊的壁材要求不能被香料溶液所溶解，一般也不具有半透性，只有在摩擦过程中才破裂释放出香味。这些香料微胶囊通常是用明胶-阿拉伯树胶体系的复合凝聚法或尿素-甲醛预缩体、蜜胺-甲醛预缩体的原位聚合法制备，此法制得的微胶囊密封性良好。应注意的是，要使香料微胶囊在洗涤过程中沉积到衣物纤维的缝隙中并在穿着时仍能释放香味，一般香料在微胶囊中质量占 50%～85%，微胶囊壁厚在 $1\sim10\mu m$ 之间，粒径最大不得超过 $300\mu m$，才能确保在穿着和触摸时微胶囊是易碎的。研究表明，香料微胶囊在不同织物上附着能力不同，它在具有平滑表面的棉、锦纶织物上附着能力低，而在表面粗糙的涤纶针织物上附着能力高，因此香料微胶囊用量应根据不同织物有所变化。能够渗入织物内部并牢固附着的香料微胶囊，才能确保其经得住多次洗涤而不脱落并能使衣物较长时间保持香味。在合成洗衣粉中，通常是在加好各种配方组分后再加入香料微胶囊，而在液体洗涤剂中香料微胶囊是以悬浮物的形式存在的。

3. 在纺织工业中的应用

我国的纺织界、香料界正在调整产品结构，寻找新的经济增长点。将传统纺织品进行加香创新改造，可以提高产品的附加值，开拓新的市场销路，创造经济效益。目前，香料香精微胶囊在我国纺织工业中主要应用于香味印花、织物卫生除臭整理、制造加香合成纤维等方面，取得了一些可喜成果和市场回报。具体应用方面的介绍详见本书第十章第五节，在此不再赘述。

四、香料香精微胶囊技术发展趋势

(1) 随着微胶囊壁材中蛋白使用量的增多，以廉价蛋白为壁材的新技术更受专业技术人员的关注。通过高温高压手段来处理蛋白包埋香料香精活性分子，囊芯损失小，工艺步骤简单易于控制，胶囊表面光滑无凹痕。弥补该类技术包埋效率较低的缺陷应是香料香精行业将来的一大研究热点。

(2) 纳米级香料香精微胶囊具备更完美的分散性和融合性，更适用于香料香精行业。设计新工艺技术生产纳米级香料香精微胶囊是香料香精行业将来的另一大研究热点，受到研究学者和专业技术人员的广泛关注。

(3) 脂质体俘获技术可以形成亲水且亲油的包埋脂质体的微胶囊壁材，具备更好的生物相容性和特香性，是最受欢迎的香料香精包埋技术之一。

(4) 在崇尚回归自然的 21 世纪，天然绿色的产品更符合消费者的心理需求，利用微生物制备微胶囊日益引起从业者的重视。天然微生物胶囊具有无毒、可生物降解、大小均匀等优点。只要其来源易得，成本就极低。科学家经过研究，发现以酵母菌作微胶囊原料效果较好。纯生物微胶囊制剂必将拥有广阔的市场。

(5) 寻求香料香精微胶囊的新生产工艺，最直接的途径就是将其他领域的高新技术予以演变、改造。如演化自陶瓷工业的溶胶-凝胶体系，原料便宜，操作条件特别温和，产品颗粒大小合适，尤其适用于规模化生产香料香精微胶囊。

香料香精微胶囊技术作为一项用途广泛而又发展迅速的新技术，已给许多行业带来了极大的革新和进步。在微胶囊技术的发展进程中，美国的研究一直处于领先地位，而日本次之。我国在这方面的研究稍落后于欧美发达国家，目前国内香料界和相关行业在深入研究囊芯的释放机理，加强开发新型壁材，努力设计新工艺路线，结合其他领域高新技术，力求创造出更多的新型香料香精产品。随着科学技术的进步，香料香精微胶囊技术将会愈加完善，其研究和应用领域也将得到发展和提高。

第四节　其他香料香精工业新技术应用

一、微波辐射诱导萃取技术

根据报道，微波萃取（microwave extration，ME）技术始于 1986 年，匈牙利学者 Ganzler 等发现应用微波能加速提取食品中的某些有机成分。不久，该课题组又将 ME 技术应用于提取植物细胞中的天然产物，并获得了极大的成功。

微波辐射诱导萃取技术（microwave radiation induced extraction）是将植物组织浸于某选定的溶剂中，通过微波反应器发射辐射对其进行加热，植物组织内部的液体是极性分子，能吸收微波透过介质的能量并产生热量。由于植物组织内部温度突然升高，并保温直至其内部压力超过细胞壁膨胀的能力，导致细胞破裂同时释放出其中所含的精油，并溶解在萃取剂中。

20 世纪 90 年代，欧美各国研究人员利用微波萃取技术提取有应用价值的化学、医药组分，取得了不俗进展。近年来，我国的科技工作者也进行了广泛的探索性研究，取得了大量的研究成果。例如，微波辐射诱导短时间萃取所得薄荷油的质量优于水蒸气蒸馏法的产品，20s 的微波诱导提取效果与 2h 的水蒸气蒸馏或 6h 的索氏提取法相当。与传统提取方法相比，微波萃取法具有操作简便、经济省时、有效保护功能成分和风味物质等优点，同时可以提高产品的收率和纯度。虽然目前的微波萃取技术存在设备难以防止微波泄漏等一些缺点，但一经改进，该技术作为一种新型、高效、节能的方法，应用前景十分广阔。

二、多元溶媒转移萃取技术

多元溶媒转移萃取技术是将传统萃取技术加以改进，采用两种或两种以上的能互溶的溶媒所组成的多元溶媒对天然香料进行萃取，多采用降膜式分馏塔对多元溶媒的组分进行调整，同时把在溶媒中溶解的香气组分转移到最终的多元溶媒中。该法相对简便、有效，能将天然植物中的各种成分最大限度地萃取出来，能得到性能稳定、香气逼真、香味醇厚的天然香料。

第五节　新技术在香料香精仪器分析中的应用

常规的分析方法很难分离香料香精中的挥发性成分并对其进行全面分析，因此必须借助现代仪器分析手段辅助，如气相色谱法、高效液相色谱法、红外吸收光谱法、质谱法等技术以及其联合应用。两种或两种以上的分析技术的联用，可形成优势互补。面对品种繁多的天然香料和合成香料产品，不仅要分析其香气组分的结构，还需通过嗅觉感官分析进一步获得对多组分混合香气的综合感觉，以此作为香气鉴定的客观依据。

一、气相色谱/质谱联用技术

1. 气相色谱分离

香料香精根据其沸点高低大致可分为挥发性组分（如萜、醇、酯、烃等）和不挥发性组分（如香豆素、黄酮、黄烷酮、花青素等）两类。对于挥发性组分的分析，气相色谱（GC）法是当前最为常用的方法。GC 最早采用填充柱来分离香气成分，但其柱效不高，难以满足复杂的香料香精样品的分析要求。现在柱效更高的毛细管柱成为分析香气成分的主要工具。另外，随着毛细管柱外涂层技术的发展，出现了操作温度为 440℃的高温毛细管柱，大幅度提高了分离香料香精样品的沸点范围。

（1）二维色谱（GC+GC）　一根色谱柱仅适用于几十种到几百种物质的样品分析，复杂的香精样品往往难以通过单一色谱柱得到预期的分离效果。偶合柱系统是分离复杂香精成分的新研究方法。GC+GC 一般采用中心切割法，从第一根色谱柱预分离后的部分馏分，被再次进样到第二根色谱柱作进一步分离，而样品中的其他组分或被放空或也被中心切割。通过增加中心切割的次数可以实现对目标组分的分离。

（2）全二维气相色谱（GC×GC）　GC×GC 是多维色谱的一种，它提供了一个不同于通常二维色谱的正交分离系统，它把分离机理不同而又相互独立的两根色谱柱以串联的方式结合组成二维气相色谱。两根色谱柱间装有一个调解器，起到捕集再传输的作用。经第一根柱分离后的每一馏分，在调解器进行聚焦后再以脉冲方式送到第二根色谱柱进行进一步的分离，所有组分从第二根色谱柱进入检测器。信号经数据处理后，得到以第一根柱上保留时间为第一坐标，第二根柱上的保留时间为第二坐标，信号强度为纵坐标的三维色谱图或三维轮廓图。GC×GC 分辨率高（是两根色谱柱各自分辨率平方和的平方根）、峰容量大（是两根色谱柱各自峰容量的乘积）、灵敏度高（比通常的二维色谱高 20～50 倍）、分析时间短，定性可靠性增强。故这项技术会在复杂样品体系如中草药中挥发性化合物、白酒中风味成分及多环麝香化合物的分离分析中发挥重要作用。

2. 质谱检测

质谱（Mass Spectrum，MS）分析能根据有机化合物的分子离子和碎片离子所提供的信息来推测化合物的相对分子质量和分子结构，是目前最有效的定性分析手段之一。MS 是最早实现和 GC 联用的定性分析仪器，GC/MS 联用使香料香精成分研究的效率大幅度提高。GC 灵敏度高、分离效率高、定量分析准确，而MS 鉴别能力强、响应速度快、适用于对单一组分进行定性分析，两者的灵敏度都较高、最小检出量都十分接近。同时，两系统都要求样品必须转换成气态，因此 GC 和 MS 的共性特点为联用技术的成功奠定了基础。GC/MS 联用是当前香料香精分析中应用最多的方法，适用于多组分混合物的一次性定性、定量分析。随着近年技术发展，出现了许多特殊离子源和质谱分析器，不同类型的质谱分析器在同时分析中发挥了重要的作用。

（1）飞行时间质谱（TOFMS）　TOFMS 是在 20 世纪 90 年代随着快速信号采集和处理技术的发展而得以迅速发展的新型质谱分析技术。它是以飞行时间（TOF）作为质量分析器的 MS 检测器，采用延迟引由技术和离子反射技术进行高速扫播（＞100 次/s），分析频率达到 2000 以上，全二维气相色谱与飞行时间质谱的联用（GC×GC/TOF/MS）已成为分析挥发性组分的高效分析手段。

（2）同位素比质谱（IRMS）　IRMS 是近几年才被用作在线检测器的 GC/IRMS 联用，不仅可用于分析复杂混合物中的组分，而且可以推断组分来源。

（3）串联质谱（MS/MS）　MS/MS 技术是将两个质量分离器串联起来，在电子轰击源（EI）基础上，进一步将分子离子击碎成碎片离子的技术。它能利用时间编程和多通道检测将色谱上不能分开的共流物尤其是一些空间异构体完全分开。MS/MS 为复杂的香料香精定性、定量分析提供了新途径。随着仪器分析技术的不断发展，近年来又将高效液相色谱/质谱联用法（HPL/MS）引入到香味检测中，其分离效能、分析速度、检测灵敏度等明显优于经典液相色谱。

二、气相色谱/嗅觉检测器（GC/O）法

传统的 GC/MS 能在一次运行中分离和检测数百种挥发性化合物，但事实上并非所有的挥发性物质都对整体香气有贡献。为了确定这些挥发性物质是否具有香味活性（Aroma Active），人们通过主观嗅觉对气相色谱馏出成分的气味进行评定，此法即为气相色谱/嗅觉检测器法（GC/Olfactometry，GC/O）。其原理非常简单，在 GC 末端安装分流口，分流样品到 FID 检测器/嗅觉检测器。将经过前处理的样品注入在检测器端连有嗅觉检测器的 GC 中，而检测人员则坐在嗅觉检测器出口处，嗅闻、辨识、记录他们在气体馏出物中所闻到的香味。GC/O 不但能对单一组分进行定性分析，而且能检测出复杂风味中起决定性作用的香气成分，还可以对风味体系香气中的单一组分的贡献进行定量分析。1964 年，Fuller 等就报道了最简单形式的气相色谱/嗅觉检测器联用仪，即直接吸闻从 GC 中馏出物的气味。1971 年 Dravnieks 等改进该技术，在 GC 馏出组分中增加湿润的空气后再进行吸闻，以减少嗅觉器官的干燥感。该设计一直沿用至今。

经过 40 多年的发展，GC/O 技术已派生为以下四大类。

1. 稀释分析法

将样品梯度稀释至阈值以得到表征香气物质重要性的数值，Charm 分析法和芳香萃取物稀释分析法（Aroma Extract Dilution Analysis，AEDA）是该类中具有代表性的方法。稀释法操作简便，而且连续嗅闻同一萃取样品的稀释物能有效保证最终结果。此法可用于确定不同食品如烤牛肉、烘烤咖啡、茶叶、爆米花、谷物类、鸡汤、白酒和鳕鱼等中香气化合物的贡献大小。但此法存在两个缺点：非常耗时；会将在最高稀释度闻到的物质错误地认为是最重要的香气成分。

2. 频度法

此法是将能够闻到某物质气味的感官鉴定人员人数记作该物质的香气强度。此法克服了感官鉴定人员人数少导致的误差，不需使用阈值。频度法可以用来评价胡椒粉、炸土豆、巧克力、奶酪、矿泉水和咖啡等食品中的香气化合物。不过此法亦有缺陷，尽管响应频度和感觉强度两者存在良好的相关性，但直接获得的频度并不是真正的强度。

3. 强度法

芳香萃取物只注射一次，感官鉴定人员利用可变电阻器的移动，记录香气随时间变化的强度。此法成功应用于苹果、橘子汁、牛奶、干奶酪等香气的分析，

因感官鉴定人员间的结果差异较大，其应用范围并不广。

4. 时间/强度法

此法通过记录每个时间段色谱峰馏出物的强度加和来对香气强度进行定量，该类中具代表性的是 Osmevalue 技术。Osmevalue 一词来源于希腊语，意思为"闻香"。经过训练的闻香人员在闻香口直接记录嗅闻到的香气化合物强度和持续时间，并描述该香气化合物的香气特征。同时，通过计算机记录持续时间的图谱，以帮助闻香人员鉴别香气化合物的出现位置。在此实验中，需要一组人员对香气物质强度和浓度之间的联系进行鉴定。香气化合物的最大强度和峰面积都与该香气化合物的浓度有很好的线性关系。目前，时间/强度法在 GC/O 中的应用不多，据文献报道有应用于酒、苹果和奶酪的香气分析。

故应综合考虑研究目的、闻香人员的水平及计划所需的时间等因素，选择合适的检测方法。例如，频度法能够用最少的时间确定香味活性化合物而不要求闻香人员经过特殊的训练，而时间/强度法则比频度法有更好的精确性。

此外，GC/O 还可与 SPME 和 MS 等技术联用，在香味研究中发挥着愈加广泛而重要的作用。由于不同个体对不同香味的敏感度有所不同，而个体的嗅觉灵敏度在长时间中甚至是同一天的不同时段内都会存在差异等，GC/O 应用中存在不足。

三、电子感官分析

1. 电子鼻

电子鼻也称人工嗅觉系统，是应用了先进的传感器和计算机技术仿生嗅觉系统的电子仪器，一般用于检测、分析和识别复杂气味和常见挥发性化学成分。其最早应用可追溯至 1982 年，英国 Warwick 大学的 Persaud 和 Dodd 教授用商品化的 SnO_2 气体传感器模拟哺乳动物嗅觉系统对乙醇、乙醚、戊酸、乙酸戊酯、柠檬油、异茉莉酮等有机挥发气体进行了类别分析。

电子鼻一般由三大部分组成：气敏传感器阵列、信号预处理单元和模式识别单元，其工作原理（图 11-12）与生物嗅觉相似：①气体分子被传感器阵列吸附而产生信号；②信号经各种方法处理和传输；③处理后的信号经模式识别单元作出判断。

图 11-12　电子鼻的工作原理

气敏传感器阵列能感应气体中的化学成分，产生可以用来测量的物理量的变化。它由多个单独的传感器组成，具有交叉灵敏度高、响应频带宽等特点。正确地选择传感器的种类和材料很大程度上影响着整个电子鼻系统的性能。

信号预处理单元对传感器阵列的响应模式进行预加工，完成滤波、交换和特征提取，其中对信号的特征提取尤为关键。例如，在香气的定性认识中，采用归一化处理能在一定程度上消除其浓度对传感器输出响应的影响。

模式识别单元对提取的信号特征参数进行模式识别，运用特定的算法对香气进行定性或定量辨识，功能上相当于动物和人类的神经中枢。

凭借分析快速、简便、客观和重现性好等特点，电子鼻已应用于医学、食品、烟草、环境监测、公共安全等诸多领域。在食品工业中，电子鼻可用来实现食品生产过程的监测，如检测鱼、肉等的新鲜度，判别贮存的粮食是否发生霉烂变质，评价水果的成熟度，评价和识别不同品牌的牛奶、茶叶、果汁、白酒、葡萄酒等。在烟草行业中，电子鼻广泛应用于卷烟质量评价与真伪鉴别。

近年来，电子鼻的研究取得了长足的进展。尽管受限于敏感膜材料、制造工艺、数据处理方法等方面，电子鼻的检测与识别范围仍有不足，但是其应用于香料香精、化妆品和食品的香气质量评定的技术已经成熟。

2. 电子舌

电子舌也称人工味觉系统，是一种仿生味觉系统的智能仪器，具有识别单一和复杂味道的能力。与电子鼻类似，它主要由三部分组成：味觉传感器阵列、信号处理以及模式识别系统，其工作原理与生物味觉相似：①味觉传感器阵列如同人的舌头感受溶液的味道一般，能将味觉感知信号转换成容易分析处理的电信号；②信号处理模块将信号样本收集并存储在计算机内存中；③模式识别系统则是利用各种数学手段，模拟人脑对采集的电信号进行分析、识别。

自 1990 年 Toko 教授研制开发出世界上第一个电子舌系统至今，电子舌的应用研究异常活跃，在食品、医药、环境、安全领域中得到广泛应用。例如，电子舌可实现茶叶品质评价、发酵过程控制、酒饮料鉴别等。

附录

附录一　香料管理机构、法规及其缩略语

1. 中国香料香精化妆品工业协会（Chinese Association of Fragrance Flavor Cosmetic Industries，CAFFCI）

2. 联合国粮农组织/世界卫生组织联合食品法典委员会（Joint FAO/WHO Codex Alimentarius Commission，FAO/ WHO-CAC）

3. 国际标准化组织（International Organization for Stantardization，ISO）

4. 国际日用香料研究所（Research Institute for Fragrance Materials，RIFM）

5. 国际日用香料香精协会（International Fragrance Association，IFRA）

6. 国际食品香料香精工业组织（International Organization of the Flavor Industry，IOFI）

7. 国际精油和香料贸易联合会（International Federation of Essential Oil and Aroma Trades，IFEAT）

8. 欧洲理事会及食品香料物质专家委员会（Council of Europe and Experts on Flavoring Substances，COE-EFS）

9. 美国食品药品监督管理局（Food and Drug Administration，FDA）

10. 美国食品香料与萃取物制造者协会（Flavor and Extract Manufactures Association of the United States，FEMA）

11. 美国日用品香料协会（Fragrance Materials Association of the U.S.，FMA）

12. 美国调香师学会（American Society of Perfumers，ASP）

13. 美国食品香料化学家学会（Society of Flavor Chemists，SFC）

14.美国水果、香料和糖浆协会（National Association of Fruits，Flavors & Syrups，NAFFS）

15.美国化妆品、盥洗品与日用香料香精协会（The Cosmetic Toiletry and Fragrance Association，CTFA）

16.国际精油香料和香精会议（International Congress of Essential Oils，Fragrances and Flavors，ICEFF）

17.美国食用化学品法规（Food Chemicals Codex，FCC）

18.一般认为安全（美国FDA评价食品添加剂的安全性指标）（Generally Recognized As Safe，GRAS）

附录二　QRA对产品的11种分类

根据QRA（日用香料香精对皮肤过敏的定量危险评估），对产品的11种分类如下。

1类产品：所有类型的唇用产品（固体和液体唇膏、香脂、透明或彩色的等）；玩具。

2类产品：所有类型的祛臭和抑汗产品（喷雾的、棒状的、走珠式腋下和身体用等）。

3类产品：用于刚剃过须毛的皮肤上的水醇基产品；所有类型的眼用产品（眼影、睫毛油/膏、眼线膏/笔、眼美容品、眼罩、眼枕等）；男性脸用膏霜；棉塞（止血塞）；婴幼儿膏、霜、露、油。

4类产品：用于未剃须毛皮肤上的水醇基产品；定发助剂、所有类型的喷发产品（泵压式、气溶胶、喷雾等）；体用膏、霜、油、露，所有类型生香膏霜（婴幼儿膏霜露除外）；成套芳香产品组成；用于成套化妆品的日用香精；香垫、箔包；水醇基产品用香条；护足产品；发用祛臭剂。

5类产品：女性脸用膏霜/脸部美容品；手用膏霜；面膜；婴幼儿用粉和滑石粉；长期烫发剂和其他头发化学处理剂（如直发剂），但不包括染发制品；脸、颈、手、体用擦拭物或清新纸巾。

6类产品：漱口水；牙膏。

7类产品：私生活用擦拭用品；婴幼儿用擦拭用品；昆虫驱避剂（有意用在皮肤上的）。

8类产品：所有类型的卸妆用品（不包括脸用清洁剂）；所有非喷雾型的定发助剂（摩丝、凝胶、滞留型调理剂等）；护甲用品；所有粉类制品和滑石粉（不包括婴幼儿用粉和滑石粉）；染发用品。

9 类产品：块皂（香皂）；浴用凝胶、泡沫、摩丝、盐、油和加入洗澡水中的所有产品；所有类型的身体洗涤用品（包括婴幼儿洗涤用品）；即洗型调理剂；脱毛用品；所有类型的脸部清洁剂（洗涤用品、凝胶、磨面用品等）；脸用纸巾；妇女卫生垫；液皂；餐巾；纸巾；所有类型香波（包括婴幼儿用香波）；所有类型的剃毛（须）膏霜（棒状、凝胶状、泡沫状等）；其他气雾胶产品（包括空气清新喷雾剂，但不包括祛臭/抑汗用品、定发喷雾助剂）。

10 类产品：所有类型手洗衣服洗涤剂；包括织物柔软片在内的所有类型的织物柔软剂；其他家用清洁用品（织物清洁剂、软表面清洁剂、地毯清洁剂）；机用衣服洗涤剂（液、粉、片等），包括洗衣漂白剂；手工清洗餐具洗涤剂；所有类型的硬表面清洁剂（浴室和厨房清洁剂、家具上光剂）；婴儿尿布；宠物用香波；干洗成套用品；座厕座位擦洗品。

11 类产品：所有不与皮肤接触或偶尔与皮肤接触的产品，包括所有类型的空气清新剂和芳香用品（插入式、固体底物型、膜传递型、电热式、组合式、粉末状、香袋/囊、线香、重注液）；动物用喷雾用品；蜡烛；猫砂；不与皮肤接触的祛臭剂/掩盖剂（如织物干燥机除臭剂、地毯粉）；地板蜡；加香灯环；燃料；杀虫剂（如蚊香、纸、杀虫电器、防昆虫衣服）；朝用香；机用衣服洗涤剂（如泡腾片）；加香蒸馏水（可加入蒸汽熨斗中）；涂料；塑料制品（不包括玩具）；簧片扩散器；鞋油；座厕去垢剂；处理过的纺织品（如淀粉喷雾剂、洗涤后加香的织物、织物祛臭剂、加润湿剂的紧身衣）。

附录三　IFRA 实践法规对所限用物质的标准

1		α-戊基肉桂醇			CAS：101-85-9			NESIL 值：3500μg/cm²			
在各类别中的使用界限	1	2	3	4	5	6	7	8	9	10	11
	0.1%	0.1%	0.5%	1.6%	0.8%	2.5%	0.3%	2.0%	5.0%	2.5%	—
2		α-戊基肉桂醛			CAS：122-40-7			NESIL 值：23600μg/cm²			
在各类别中的使用界限	1	2	3	4	5	6	7	8	9	10	11
	0.7%	0.9%	3.6%	10.7%	5.6%	17.1%	1.8%	2.0%	5.0%	2.5%	—
3		α-己基肉桂醛			CAS：101-86-0			NESIL 值：23600μg/cm²			
在各类别中的使用界限	1	2	3	4	5	6	7	8	9	10	11
	0.7%	0.9%	3.6%	10.7%	5.6%	17.1%	1.8%	2.0%	5.0%	2.5%	—
4		α-甲基肉桂醛			CAS：101-39-3			NESIL 值：3500μg/cm²			
在各类别中的使用界限	1	2	3	4	5	6	7	8	9	10	11
	0.1%	0.1%	0.5%	1.6%	0.8%	2.5%	0.3%	2.0%	5.0%	2.5%	—

5	对甲氧基苯甲醇				CAS：105-13-5			NESIL 值：1500$\mu g/cm^2$			
在各类别中的使用界限	1	2	3	4	5	6	7	8	9	10	11
	0.04%	0.1%	0.2%	0.7%	0.4%	1.1%	0.1%	1.5%	5.0%	2.5%	—

6	苯甲醇				CAS：100-51-6			NESIL 值：5900$\mu g/cm^2$			
在各类别中的使用界限	1	2	3	4	5	6	7	8	9	10	11
	0.2%	0.2%	0.9%	2.7%	1.4%	4.3%	0.4%	2.0%	5.0%	2.5%	—

7	苯甲酸苄酯				CAS：120-51-4			NESIL 值：59000$\mu g/cm^2$			
在各类别中的使用界限	1	2	3	4	5	6	7	8	9	10	11
	1.7%	2.2%	8.9%	26.7%	14.0%	42.8%	4.5%	2.0%	5.0%	2.5%	—

8	肉桂酸苄酯				CAS：103-41-3			NESIL 值：4700$\mu g/cm^2$			
在各类别中的使用界限	1	2	3	4	5	6	7	8	9	10	11
	0.1%	0.2%	0.7%	2.1%	1.1%	3.4%	0.4%	2.0%	5.0%	2.5%	—

9	水杨酸苄酯				CAS：118-58-1			NESIL 值：17700$\mu g/cm^2$			
在各类别中的使用界限	1	2	3	4	5	6	7	8	9	10	11
	0.5%	0.7%	2.7%	8.0%	4.2%	12.8%	1.3%	2.0%	5.0%	2.5%	—

10	*dl*-香茅醇				CAS：106-22-8			NESIL 值：29500$\mu g/cm^2$			
在各类别中的使用界限	1	2	3	4	5	6	7	8	9	10	11
	0.8%	1.1%	4.4%	13.3%	7.0%	21.4%	2.2%	2.0%	5.0%	2.5%	—

11	香叶醇				CAS：106-24-1			NESIL 值：11800$\mu g/cm^2$			
在各类别中的使用界限	1	2	3	4	5	6	7	8	9	10	11
	0.3%	0.4%	1.8%	5.3%	2.8%	8.6%	0.9%	2.0%	5.0%	2.5%	—

12	水杨酸己酯				CAS：6259-76-3			NESIL 值：35400$\mu g/cm^2$			
在各类别中的使用界限	1	2	3	4	5	6	7	8	9	10	11
	1.0%	1.3%	5.3%	16.0%	8.4%	25.7%	2.7%	2.0%	5.0%	2.5%	—

13	异环柠檬醛				CAS：1335-66-6			NESIL 值：7000$\mu g/cm^2$			
在各类别中的使用界限	1	2	3	4	5	6	7	8	9	10	11
	0.2%	0.3%	1.1%	3.2%	1.7%	5.1%	0.5%	2.0%	5.0%	2.5%	—

14	甲基紫罗兰酮及其异构体的混合物				CAS：1335-46-2，127-42-4，127-43-5，127-51-5，79-89-0，7779-30-8，79-70-9			NESIL 值：71000$\mu g/cm^2$			
在各类别中的使用界限	1	2	3	4	5	6	7	8	9	10	11
	2.0%	2.6%	10.7%	32.1%	16.9%	51.4%	5.4%	2.0%	5.0%	2.5%	—

15	1-辛烯-3-醇乙酸酯				CAS：2442-10-6			NESIL 值：3500$\mu g/cm^2$			
在各类别中的使用界限	1	2	3	4	5	6	7	8	9	10	11
	0.1%	0.1%	0.5%	1.6%	0.8%	2.5%	0.3%	2.0%	5.0%	2.5%	—

16	2-甲氧基-4-甲基苯酚				CAS：93-51-6			NESIL 值：118μg/cm²			
在各类别中的使用界限	1	2	3	4	5	6	7	8	9	10	11
	0.003%	0.004%	0.02%	0.05%	0.03%	0.09%	0.009%	0.1%	0.6%	1.0%	—
17	肉桂醇				CAS：104-54-1			NESIL 值：3000μg/cm²			
在各类别中的使用界限	1	2	3	4	5	6	7	8	9	10	11
	0.09%	0.1%	0.5%	1.4%	0.7%	2.2%	0.2%	2.0%	5.0%	2.5%	—
18	肉桂醛				CAS：104-55-2			NESIL 值：900μg/cm²			
在各类别中的使用界限	1	2	3	4	5	6	7	8	9	10	11
	0.02%	0.02%	0.09%	0.3%	0.1%	0.4%	0.04%	0.6%	3.0%	2.5%	—
19	丁香酚				CAS：97-53-0			NESIL 值：5900μg/cm²			
在各类别中的使用界限	1	2	3	4	5	6	7	8	9	10	11
	0.2%	0.2%	0.9%	2.7%	1.4%	4.3%	0.4%	2.0%	5.0%	2.5%	—
20	羟基香茅醛				CAS：107-75-5			NESIL 值：5000μg/cm²			
在各类别中的使用界限	1	2	3	4	5	6	7	8	9	10	11
	0.1%	0.2%	0.8%	2.3%	1.2%	3.6%	0.4%	2.0%	5.0%	2.5%	—
21	异环香叶醇				CAS：68527-77-5			NESIL 值：3900μg/cm²			
在各类别中的使用界限	1	2	3	4	5	6	7	8	9	10	11
	0.1%	0.1%	0.6%	1.8%	0.9%	2.8%	0.3%	2.0%	5.0%	2.5%	—
22	异丁香酚				CAS：97-54-1			NESIL 值：250μg/cm²			
在各类别中的使用界限	1	2	3	4	5	6	7	8	9	10	11
	0.01%	0.01%	0.04%	0.1%	0.1%	0.2%	0.02%	0.3%	1.3%	2.1%	—
23	甲氧基双环戊二烯（甲）醛				CAS：86803-90-9			NESIL 值：5600μg/cm²			
在各类别中的使用界限	1	2	3	4	5	6	7	8	9	10	11
	0.1%	0.2%	0.8%	2.3%	1.2%	3.6%	0.4%	2.0%	5.0%	2.5%	—
24	庚炔羧酸甲酯				CAS：111-12-6			NESIL 值：120μg/cm²			
在各类别中的使用界限	1	2	3	4	5	6	7	8	9	10	11
	0.003%	0.004%	0.02%	0.05%	0.03%	0.09%	0.009%	0.1%	0.8%	1.0%	—
25	辛炔羧酸甲酯				CAS：111-80-8			NESIL 值：24μg/cm²			
在各类别中的使用界限	1	2	3	4	5	6	7	8	9	10	11
	0.001%	0.001%	0.004%	0.01%	0.01%	0.02%	0.002%	0.02%	0.1%	0.2%	—
26	秘鲁香膏提取物和蒸馏物				CAS：8007-00-9			NESIL 值：950μg/cm²			
在各类别中的使用界限	1	2	3	4	5	6	7	8	9	10	11
	0.03%	0.04%	0.1%	0.4%	0.2%	0.7%	0.07%	1.0%	4.8%	2.5%	—

27		铃兰醛			CAS：80-54-6			NESIL 值：4100μg/cm²			
在各类别中 的使用界限	1	2	3	4	5	6	7	8	9	10	11
	0.1%	0.2%	0.6%	1.9%	1.0%	3.0%	0.3%	2.0%	5.0%	2.5%	—
28		对叔丁基苯甲醛			CAS：18127-01-0			NESIL 值：1100μg/cm²			
在各类别中 的使用界限	1	2	3	4	5	6	7	8	9	10	11
	0.03%	0.04%	0.2%	0.5%	0.3%	0.8%	0.1%	1.1%	5.0%	2.5%	—
29		反-2-己烯醛			CAS：6728-26-3			NESIL 值：24μg/cm²			
在各类别中 的使用界限	1	2	3	4	5	6	7	8	9	10	11
	0.001%	0.001%	0.004%	0.01%	0.01%	0.02%	0.002%	0.02%	0.1%	0.2%	—
30		玫瑰酮类			CAS：23696-85-7（突厥烯酮）、43052-87-5（α-突厥酮）、21720-09-0（2E-反-α-突厥酮）、23726-94-5（顺-α-突厥酮）、23726-92-3（2Z-顺-β-突厥酮）、23726-91-2（反-β-突厥酮）、57378-68-4（δ-突厥酮）、71048-82-3（反-δ-突厥酮）、39872-57-6［E-1-(2,4,4-三甲基-2-环己烯-1-基)-2-丁烯-1-酮］、70266-48-7［1-(2,4,4-三甲基-1-环己烯-1-基)-2-丁烯-1-酮］、33673-71-1［1-(2,4,4-三甲基-2-环己烯-1-基)-2-丁烯-1-酮］、35087-49-1［1-(2,2-二甲基-6-亚甲基环己基)-2-丁烯-1-酮］（γ-突厥酮）			NESIL 值：100μg/cm²			
在各类别中 的使用界限	1	2	3	4	5	6	7	8	9	10	11
	0.003%	0.004%	0.02%	0.05%	0.02%	0.07%	0.008%	0.1%	0.5%	0.8%	—
31		柠檬醛			CAS：5392-40-5			NESIL 值：1400μg/cm²			
在各类别中 的使用界限	1	2	3	4	5	6	7	8	9	10	11
	0.04%	0.05%	0.2%	0.6%	0.3%	1.0%	0.1%	1.4%	5.0%	2.5%	—
32		金合欢醇			CAS：4602-84-0			NESIL 值：2700μg/cm²			
在各类别中 的使用界限	1	2	3	4	5	6	7	8	9	10	11
	0.08%	0.11%	0.4%	1.2%	0.6%	2.0%	0.2%	2.0%	5.0%	2.5%	—

33			茶叶净油				CAS：84650-60-2		NESIL 值：480μg/cm²		
在各类别中的使用界限	1	2	3	4	5	6	7	8	9	10	11
	0.01%	0.02%	0.07%	0.2%	0.1%	0.3%	0.04%	0.5%	2.4%	2.5%	—
34			苯乙醛				CAS：122-78-1		NESIL 值：590μg/cm²		
在各类别中的使用界限	1	2	3	4	5	6	7	8	9	10	11
	0.02%	0.02%	0.09%	0.3%	0.1%	0.4%	0.04%	0.6%	3.0%	2.5%	—

注："—"代表不超过此类产品中香精的使用浓度；NESIL（No Expected Sensitization Induction Level）：非引发致敏性的水平。

另有部分 IFRA 有关法规摘要如下。

IFRA 法规中禁用与限用的日用香料
（与本书内容有关者）

1. 所有柑橘类精油在与阳光接触的肤用产品香精中使用时，香柠檬烯含量不超过 0.0015%。

2. 肉桂油在日用香精中用量不超过 1%。

3. 肉桂醛应与丁香酚或 d-苧烯共用。

4. 肉桂醇在最终产品中用量不超过 0.8%。

5. 柠檬醛应与 d-苧烯或 α-蒎烯共用。

6. 兔耳草醛兔耳草醇含量不得超过 1.5%。

7. 金合欢醇异构体总量 96% 以上方可用于日用香料。

8. 反-2-己烯醛在最终产品中用量不超过 0.002%。

9. 羟基香茅醛在日用香精中用量不得超过 5%。

10. 异丁香酚在消费品中用量不得超过 0.02%。

11. 庚炔酸甲酯、辛炔酸甲酯在消费品中用量不得超过 0.01%。

12. 葵子麝香禁用。

13. 橡苔浸膏与净油在日用香精中用量不超过 3%。

14. 紫苏醛在消费品中用量不超过 0.1%。

15. 苯乙醛应与等量苯乙醇或一缩丙二醇共用。

16. 紫罗兰酮含假性紫罗兰酮最高量为 2%。

17. 黄樟素禁用。

18. 苧烯过氧化物含量不超过 20mmol/L。

19. 茶树油不能用作日用香料。

附录四 常用合成香料名称中英文对照表

现将本书第四章涉及的常用合成香料按照叶心农香气分类中拟定的十二种非花香香韵分类，将其中英文名称对照列表如下，以便读者查阅外文文献。

香气类别	序号	中文名称（商品名/化学名称）	英文名称（标准名称）
青滋香	1	乙酸苄酯	Benzyl acetate
	2	二氢茉莉酮；2-戊基-3-甲基-2-环戊烯酮	Dihydrojasmone
	3	二氢茉莉酮酸甲酯；2-戊基环戊酮-3-乙酸甲酯	methyl dihydrojasmonate；hedion
	4	α-戊基桂醛；甲位戊基桂醛；素馨醛；α-戊基-β-苯基丙烯醛	alpha-Amylcinnamaldehyde
	5	α-己基桂醛；甲位己基桂醛；α-己基肉桂醛；α-己基-β-苯基丙烯醛	alpha-Hexylcinnamaldehyde
	6	茉莉酯；4-乙酰氧基-3-戊基-四氢吡喃	Jasmopyrane, pentitol, 1,5-anhydro-2,4-dideoxy-2-pentyl-3-acetate
	7	羟基香茅醛；3,7-二甲基-7-羟基辛醛	Hydroxycitronellal
	8	兔耳草醛；仙客来醛；对异丙基-α-甲基苯丙醛	3-p-cumenyl-2-methylpropionaldehyde
	9	铃兰醛；百合醛；α-甲基对叔丁基苯丙醛	Lilial
	10	新铃兰醛；4-(4′-羟基-4′-甲基戊基)-3-环己烯-1-甲醛	4-(4-Hydroxy-4-methylpentyl) cyclohexene-3-carbaldehyde
	11	叶醇；顺-3-己烯醇	(Z)-3-Hexen-1-ol
	12	辛炔羧酸甲酯；2-癸酸甲酯	Methyl 2-nonynoate
	13	女贞醛；2,4-二甲基-3-环己烯甲醛	Ligustral
	14	二氢月桂烯醇；2,6-二甲基-7-辛烯-2-醇	2-methyl-6-methyleneoct-7-en-2-ol, dihydro derivative
	15	芳樟醇；沉香醇；3,7-二甲基-1,6-辛二烯-3-醇	Linalool
	16	乙酸芳樟酯；3,7-二甲基-1,6-辛二烯-3-醇乙酸酯	3,7-Dimethylocta-1,6-dien-3-yl acetate
	17	乙酸苏合香酯；乙酸甲基苯基原酯	1-Phenylethyl acetate
	18	乙酸香茅酯；3,7-二甲基-6-辛烯酯	Citronellyl acetate
	19	乙酸香叶酯；反-3,7-二甲基-2,6-辛二烯乙酸酯	2,6-Octadien-1-ol, 3,7-dimethyl-, 1-acetate

香气类别	序号	中文名称（商品名/化学名称）	英文名称（标准名称）
青滋香	20	乙酸苯乙酯；乙酸苄基甲酯	Phenylethyl acetate
	21	β-苯乙醇；乙位苯乙醇；2-苯基乙醇	2-Phenylethanol
	22	苯乙醛	Phenylacetaldehyde
	23	苯乙二甲缩醛；1，1-二甲氧基-2-苯基乙烷	Phenylacetaldehyde dimethyl acetal；1，1-Dimethoxy-2-phenylethane
	24	松油醇	alpha-Terpineol
	25	乙酸松油酯	alpha-Terpinyl acetate
	26	大茴香醛；4-甲氧基苯甲醛	4-Methoxybenzaldehyde
	27	大茴香醇；4-甲氧基苯甲醇	(4-Methoxyphenyl) methanol
	28	薄荷醇；薄荷脑；dl-薄荷醇；1-甲基-4-异丙基-3-环己醇	Menthol
	29	龙脑；冰片；合成右旋龙脑；1,7,7-三甲基二环（2.2.1)-2-庚醇	dl-2-Bornanol
	30	橙花素；2-[（7-羟基-3,7-二甲基辛亚基）氨基]苯甲酸甲酯	methyl 2-[（7-hydroxy-3，7-dimethyloctylidene)amino]benzoate
	31	风信子素；2-(1-乙氧代乙氧代)乙基苯	[2-(1-Ethoxyethoxy)ethyl]benzene
草香	1	水杨酸甲酯；柳酸甲酯；邻羟基苯甲酸甲酯	Methyl salicylate
	2	水杨酸异戊酯；柳酸异戊酯；邻羟基苯甲酸异戊酯	Isoamyl salicylate
	3	β-萘甲醚；乙位萘甲醚	2-Methoxynaphthalene
	4	乙酸三环癸烯酯	Verdyl acetate
木香	1	檀香醇	2-Methyl-5-((1S，2S，4R)-2-methyl-3-methylenebicyclo [2.2.1] heptan-2-yl)pent-2-en-1-ol
	2	檀香803；4-(5,5,6-三甲基双环 [2.2.1]庚-2-基)环己-1-醇	Sandacanol；4-(5，5，6-Trimethylbicyclo [2.2.1] hept-2-yl)cyclohexan-1-ol
	3	檀香208；2-亚龙脑烯基丁醇；2-乙基-4-(2,2,3-三甲基-3-环戊烯基)-2-丁烯-1-醇	Sandacanol
	4	柏木醇；柏木脑	Cedrol
	5	乙酸柏木酯	Cedryl acetate
	6	甲基柏木醚	Cedryl methyl ether
	7	甲基柏木酮	Acetyl cedrene
	8	异长叶烷酮	(2S，4aS)-1，1，5，5-Tetramethylhexahydro-1H-2,4a-methanonaphthalen-8(2H)-one

香气类别	序号	中文名称（商品名/化学名称）	英文名称（标准名称）
蜜甜香	1	紫罗兰酮	Ionone
	2	甲基紫罗兰酮	Methylionone
	3	香茅醇；反-3,7-二甲基-6-辛烯醇	Citronellol；(S)-3,7-Dimethyloct-6-en-1-ol
	4	玫瑰醇；左旋香茅醇；3,7-二甲基-6-辛烯醇	Rhodinol；(S)-3,7-Dimethyl-7-octen-1-ol
	5	香叶醇；反-3,7-二甲基-2,6-辛二烯醇	Geraniol；(S)-3,7-Dimethyloct-6-en-1-ol
	6	橙花醇	Nerol
	7	四氢香叶醇；3,7-二甲基辛醇	3,7-dimethyl-1-octanol
	8	结晶玫瑰；乙酸三氯甲基苄酯	2,2,2-Trichloro-1-phenylethyl acetate
	9	苯乙酸	Phenylacetic acid
	10	苯甲醇；苄醇	Benzyl alcohol
	11	桂醇；肉桂醇；3-苯基-2-丙烯醇	Cinnamyl alcohol；3-Phenyl-2-Propen-1-ol
脂蜡香	1	壬醛；天竺葵醛	1-Nonanal
	2	癸醛	Decyl aldehyde
	3	十一醛	Undecanal
	4	甲基壬乙醛；2-甲基十一醛	2-Methylundecanal
膏香	1	苯甲酸苄酯；苯甲酸苯甲酯	Benzyl benzoate
	2	桂酸乙酯	Ethyl decanoate
	3	桂酸苄酯；β-苯基丙烯酸苄基酯	Benzyl cinnamate
	4	溴代苏合香烯；1-溴-2-苯基乙烯；β-溴苯乙烯	beta-Bromostyrene
琥珀香	1	水杨酸苄酯；柳酸苄酯；邻羟基苯甲酸苄酯	Benzyl salicylate
	2	降龙涎香醚；404定香剂	Ambroxan
动物香	1	黄葵内酯；黄蜀葵内酯；葵子内酯；氧杂环十七碳-10-烯-2-酮	Ambrettolide；Oxacycloheptadec-10-en-2-one
	2	麝香R-1；麝香105	1,6-Dioxacycloheptadecan-7-one
	3	麝香T；昆仑麝香；巴西酸乙二醇酯	1,4-Dioxacycloheptadecane-5,17-dione
	4	佳乐麝香；1,3,4,6,7,8-六氢-4,6,6,7,8,8-六甲基-环戊-γ-2-苯并吡喃	Galaxolide
	5	吐纳麝香	Tonalid；1-(3,5,5,6,8,8-Hexamethyl-5,6,7,8-tetrahydronaphthalen-2-yl)eth-anone
	6	酮麝香；4-叔丁基-2,6-二甲基-3,5-二硝基苯乙酮	4-tert-butyl-2,6-dimethyl-3,5-dinitroaceto-phenone

香气类别	序号	中文名称（商品名/化学名称）	英文名称（标准名称）
动物香	7	二甲苯麝香	5-tert-butyl-2,4,6-trinitro-m-xylene
	8	乙酸对甲酚酯	*p*-Tolyl acetate
	9	吲哚；粪臭素；2,3-苯并吡咯	Indole
	10	四氢对甲基喹啉；6-甲基-1,2,3,4-四羟基喹啉	6-Methyl-1,2,3,4-tetrahydroquinoline
辛香	1	丁香酚	Eugenol
	2	异丁香酚	Isoeugenol
	3	大茴香脑；茴香脑；丙烯基茴香醚；1-甲氧基-4-丙烯基苯；对丙烯基苯甲醚	*p*-Propenylanisole
豆香	1	香兰素；4-羟基-3-甲氧基苯甲醛	Vanillin
	2	香豆素；邻羟基桂酸内酯；1,2-苯并吡喃酮	Coumarin
	3	洋茉莉醛；胡椒醛；3,4-亚甲二氧基苯甲醛	Piperonal
	4	对甲氧基苯乙酮；山楂花酮；对乙酰基苯甲醚	4′-Methoxyacetophenone
果香	1	苯甲醛	Benzaldehyde
	2	草莓醛；杨梅醛；3-甲基-3-苯基环氧丙酸乙酯；3-甲基-3-苯基缩水甘油酸乙酯	Ethyl methylphenylglycidate
	3	柠檬醛；3,7-二甲基-2,6-辛二烯醛	3,7-Dimethyl-2,6-octadienal
	4	γ-十一内酯	5-Heptyldihydrofuran-2(3*H*)-one
	5	γ-壬内酯；椰子醛	gamma-nonanoic lactone
	6	己酸丙烯酯；凤梨醛	Allyl hexanoate
	7	邻氨基苯甲酸甲酯	Methyl anthranilate
酒香	1	庚酸乙酯；人造康乃克油；水芹醚	Ethyl heptanoate；Cognac oil artificial；Oenanthic ether

注：表中部分香料因成分较复杂，其对应的英文名称是其提取物的主成分的化学名称。

参 考 文 献

[1] GB/T 21171—2018 香料香精术语.

[2] 李明，王培义，田怀香.香料香精应用基础［M］.北京：中国纺织出版社，2010.

[3] 林翔云.调香术.第 3 版［M］.北京：化学工业出版社，2017.

[4] 杨志刚.解析中国香精香料进化发展史［J］.中国化妆品，2019（4）：82-86.

[5] 周付科，张爱欣.基于专利研究分析香料香精行业的发展现状［J］.中国食品添加剂，2019，30（6）：157-165.

[6] 黄雪琳，刘淑君，平庆杰，等.香精香料安全性研究进展［J］.粮油食品科技，2013，21（3）：90-94.

[7] 曹蔚.日化调香开发的理念和方法探讨［C］.第十届中国香料香精学术研讨会论文集，2014：291-302.

[8] 刘思然，朱英.化妆品中香料的安全性及检验技术研究进展［J］.中国卫生检验杂志，2017，27（9）：1365-1368.

[9] 林翔云.化妆品的加香［J］.日用化学品科学，2015，38（6）：45-49.

[10] Api A M，Basketter D A，Cadby P A，et al. Implementation of the dermal sensitization quantitative risk assessment（QRA）for fragrance ingredients［J］.Regulatory Toxicology and Pharmacology，2008，52（1）：3-23.

[11] 田红玉，陈海涛，孙宝国.食品香料香精发展趋势［J］.食品科学技术学报，2018，36（2）：1-11.

[12] Wylock C，Eloundou Mballa P P，Heilporn C，et al. Review on the potential technologies for aromas recovery from food industry flue gas［J］.Trends in Food Science & Technology，2015，46（1）：68-74.

[13] Motta S，Guaita M，Petrozziello M，et al. Comparison of the physicochemical and volatile composition of wine fractions obtained by two different dealcoholization techniques［J］.Food Chemistry，2017，221：1-10.

[14] 太志刚，马红俊，宋国宝，等.烟用香味物质稳定缓释技术研究进展［J］.昆明理工大学学报（自然科学版），2020，45（5）：82-86.

[15] 杨旭明.香精香料在白酒勾兑中的应用探析［J］.食品安全导刊，2014，（22）：34-35.

[16] 刘思然，朱英.化妆品及香精中 27 种香料的气相色谱-质谱检测方法［J］.色谱，2019，37（9）：1026-1033.

[17] 王玉娇，邓伟，刘通，等.食品中香料香精分析方法研究进展［J］.食品安全质量检测学报，2019，10（2）：400-406.

[18] 朱为宏.前言：纳米香精与香料专刊［J］.中国科学：化学，2019，49（4）：573-574.

[19] 肖作兵，雷东华，朱广用，等.香精微胶囊的制备方法及其研究进展［C］.第十届中国香料香精学术研讨会论文集，2014：277-283.

[20] 张瑞，刘璇，纪红兵.天然香料纳微胶囊中间体［J］.化学进展，2018（1）：29-43.

[21] 邓晶晶，彭姣凤.新剂型香精及其包埋技术的应用［J］.食品工业科技，2018（7）：308-314.

[22] Han G T，Yang Z M，Peng Z，et al. Preparation and Properties Analysis of Slow-Release Microcapsules Containing Patchouli Oil［C］.International conference on biotechnology，chemical and materials engineering，2012：935-938.

[23] Song L L，Liu S，Tao H，et al. Characteristics of weaving parameters in microcapsule fabrics and their influence on loading capability［J］.Textile Research Journal，2013，83（2）：113-121.